The Atlas of Life on Earth
The Earth, Its Landscape and Life Forms

地球生命的历程 修订版

【英】理查德·穆迪（Richard Moody）

【俄】安德烈·茹拉夫列夫（Andrey Zhuravlev）　　著

【英】杜戈尔·迪克逊（Dougal Dixon）

【英】伊恩·詹金斯（Ian Jenkins）

王烁 王璐 译

人 民 邮 电 出 版 社

北 京

图书在版编目（CIP）数据

地球生命的历程：修订版 /（英）理查德·穆迪
(Richard Moody) 等著；王烁，王璐译. -- 2版. -- 北
京 : 人民邮电出版社，2023.9
ISBN 978-7-115-61298-4

Ⅰ. ①地… Ⅱ. ①理… ②王… ③王… Ⅲ. ①生命起
源－普及读物 Ⅳ. ①Q10-49

中国国家版本馆CIP数据核字(2023)第040019号

版 权 声 明

内 容 提 要

46 亿年是一个极其漫长的地质进程，伴随着地球内部构造和外部环境的巨大变化，生命从无到有并不
断演化。这些生命形式适应并改造着生态环境，逐步达到了令人惊讶的多样性。每一次地质事件都对地球当
前的面貌产生了重大影响。本书分为 6 章 18 个小节，这 18 个小节分别对应于 18 个主要的地质时期，每个
小节都对一个地质时期重要的地质和生物演化事件进行了翔实的介绍。本书还在最后对现代地球及生物圈的
演化方向进行了总结。

本书的每一章都由该领域的资深学者执笔，使得这部巨著能够清晰和全面地展现我们地球的非凡历史。

◆ 著 [英]理查德·穆迪（Richard Moody）
       [俄]安德烈·茹拉夫列夫（Andrey Zhuravlev）
       [英]杜戈尔·迪克逊（Dougal Dixon）
       [英]伊恩·詹金斯（Ian Jenkins）
  译 王 烁 王 璐
  责任编辑 刘 朋
  责任印制 陈 犇
◆ 人民邮电出版社出版发行   北京市丰台区成寿寺路 11 号
  邮编 100164   电子邮件 315@ptpress.com.cn
  网址 https://www.ptpress.com.cn
  北京富诚彩色印刷有限公司印刷
◆ 开本：787×1092 1/16
  印张：27   2023 年 9 月第 2 版
  字数：646 千字   2023 年 9 月北京第 1 次印刷
  著作权合同登记号 图字：01-2014-5628 号
  审图号：GS 京（2023）0026 号

定价：168.00 元
读者服务热线：(010)81055410 印装质量热线：(010)81055316
反盗版热线：(010)81055315
广告经营许可证：京东市监广登字 20170147 号

推荐序

地史学是地球科学的一门基础学科，对于每个从事地学研究的人来说，它是一门必修课。我们知道，地史学是讲述地球历史的学科。从这个意义上讲，不仅每个从事地学研究的人需要了解它，即便是普通公众也有必要了解我们唯一的家园——地球的演化历史。《地球生命的历程》一书是一本优秀的"科普版"的地史学教材，是我见过的综合性和人文性最强的一部有关地球生命历史的著作。

本书的总体布局以时间为序，始于地球的形成过程和早期环境，讲到了早期生命的出现和寒武纪之前地球上各类生物的情况，然后逐一介绍从寒武纪到第四纪各个时期地球大陆和海洋的变迁、气候和环境的变化，以及生物类群的情况。在时间框架的基础上，作者在书中穿插了23个专题，用以介绍主要生物类群的演化。

从宇宙的大爆炸起源到现代生物多样性的危机，从基础地质概念的介绍到重要发现和研究的具体过程，从化石和矿物的形成到地球主要圈层和板块的演化，从研究方法的介绍到著名物种的展现，本书显然是一本综合性极强并带有浓厚人文色彩的图书。强调地球岩石圈、大气圈和生物圈相互作用的演化历史，是一本好的地史书的核心，本书显然在这方面表现突出。

本书的另外一个特点是极其丰富的插图。书中有许多精美的照片，也有很多栩栩如生的灭绝生物复原图和古生态复原图。尤其值得一提的是，书中有大量的解释性示意图，不仅绘制精美，而且形象直观，能够帮助读者快速把握科学内容。

需要指出的是，因为原著出版于本世纪初期，所以一些数据和概念与目前学术界的主流或者前沿观点有所出入。比如，在时间框架上，近年来宇宙起源时间和各个主要地质时期划分的时间点已经有了很大变化，像著名的恐龙大灭绝时间应该是6600万年前，而不是书中沿用的6500万年前。另外，书中的某些生物分类学观点也有些落伍，比如爬行动物依据颞孔分类的方法已经不再使用。其他还有些小瑕疵，比如把中国鸟龙放在了镰刀龙类当中，把阿尔瓦兹龙类放入了鸟类当中。为了便于读者阅读和正确理解，译者对这些问题做了详细注解，从而弥补了这一缺憾。

瑕不掩瑜，《地球生命的历程》值得每个希望了解地球生命演化历史的人阅读，相信本书系统的知识、浅显而生动的文字以及优美的插图能让读者享受到阅读的乐趣。

中国科学院古脊椎动物与古人类研究所研究员 徐星

译者序

　　几年前，人民邮电出版社的刘朋编辑将《地球生命的历程》一书介绍给我们翻译。由于国内尚未有像本书这样图文并茂、深入浅出地系统介绍地球和生命演化历史的科普书籍，因而我们受此委托备感荣幸。能够将这本书呈现给国内读者，也算是我们为地球科学和古生物学知识的传播与普及尽了一份微薄之力。

　　但是在翻译过程中，我们也深感自己视野狭隘，对许多研究领域知之甚少、认识粗浅。原著内容涉及天文学、地球科学、生命科学和考古学，文字细腻而又舒卷自如。我们在翻译过程中时常因译文无法传神而绕室徘徊，偶有所得而又不敢妄下定论，只得请教各领域学者加以确定。为了尊重原著而又不使译文晦涩，我们在词句上尽量还原原著文字和图片想要传达的信息。和大多数生物学译著一样，我们在翻译过程中遇到的最大挑战并不是语言本身，而是书中涉及的大量动植物拉丁名的翻译。我们在译文中保留了中文文献中从未提及的一些动植物拉丁名、专有名词和地名的原文，从而最大限度地减少由译者望文生义而产生的歧义和误译。尽管如此，恐怕仍有不少拉丁名和专有名词的译法不甚准确，难免贻笑大方。在此，对这些名词译法可能给读者带来的不便深表歉意。

　　本书原著作者均来自欧美，因而全书的文字和图片也均来源于欧美相关领域的研究成果，在诸如地层名称的叫法和动植物分类阶元等细节上与我国存在一定的差异。为了尊重原著，我们将这些细节完全保留。对于原著中一些陈旧的知识点，我们以译者注的方式予以更新和说明。作为译者，在翻译的同时感到自己仿佛置身于博物馆中，跟随原著作者穿越近46亿年的时空，目睹地球上的沧海桑田和波澜壮阔的生命历程。最后，我们要感谢中国科学院古脊椎动物与古人类研究所的郭建崴、徐星、董丽萍、王海冰、陈瑜以及首都师范大学的各位同人在本书翻译过程中提供的帮助。由于时间仓促，书中如有遗漏和错译之处，恳请广大读者和同行专家不吝赐教。

王烁　王璐

前言

如今，人们对地球的起源、生命的出现、恐龙时代、人类的祖先以及冰河时期这些话题大都不会感到陌生。但令人惊讶的是，所有这些知识都是过去200年里人们通过在采石场和海滩上的散乱岩石中偶然发现的化石获得的。

最早对自然界进行科学观察的是古希腊人和古罗马人。中国古代对海陆变迁和地壳运动的认识最早可以追溯到宋代。公元1200年之前，宋代著名的思想家和诗人朱熹就曾写道："尝见高山有螺蚌壳，或生石中。此石即旧日之土，螺蚌即水中之物。下者却变而为高，柔者却变而为刚。"然而，600年之后，欧洲的自然科学发展依然缓慢。虽然一些关键的科学问题得到了解释，但是主流的观点依然认为地球是最近才由至高无上的造物主创造出来的。

这一观点随即遭到了挑战。1788年，苏格兰农场主和业余地质学家詹姆斯·赫顿找到了有力的证据，证明地球远比想象的古老。他观察了苏格兰河流的泥沙沉积和河岸遭受侵蚀的过程，并从巨厚的岩层中得到启发，认为它们代表了亿万年来的沉积——"既找不到开始的痕迹，也看不到结束"。在此基础上，赫顿提出了均变论[1]，认为现在是通往过去的一把钥匙，即自然法则是始终如一的，发生在历史时期的地质现象虽已不复存在，但可以用正在发生的地质现象加以解释。因此，他摒弃了中世纪的地质学理论，并将地质学确立为一门科学。

在赫顿生活的年代，化石逐渐从私人收藏者手中的玩物转变为研究生命起源问题时的关键证据。直到1750年，大多数博物学家（包括很多牧师）还认为地球上的动植物是从来不发生改变的，并且总是认为灭绝事件只不过是造物主犯了一个严重的错误而已。然而，随着大探险和机械化挖掘的进行，人们发现了越来越多的未曾见过的动植物化石。

早期的探险家把他们在北美洲采集到的标本

---

[1] 译者注：19世纪英国地质学家莱伊尔继承了均变论的观点，并将其演绎为"将今论古"的现实主义方法。这一方法在地质学和古生物学中影响颇深，并且推动了现代地质学的发展。

运回欧洲进行研究。起初运回的贝壳和蕨类植物化石看上去与我们今天看到的并没什么两样。但是1750年前后，大批从美国俄亥俄州表层沉积物中发现的巨大骨骼和牙齿被运抵伦敦和巴黎。欧洲的科学家认为它们属于某种大象，但肯定不是现代的亚洲象和非洲象。他们甚至怀疑，这种未知的大象（Incognitum）现在依然生活在遥远的北美洲西部。显然，这种推测根本站不住脚，因为曾经到过北美洲西部的探险家从未发现任何象类的踪迹。到了1795年，法国解剖学家和古生物学家居维叶宣布，Incognitum是一种已经灭绝的动物，名叫乳齿象。除此以外，他还描述了包括产自西伯利亚的猛犸象以及南美洲的大地懒在内的其他动物。这些动物除了骨骼化石以外并无任何现生代表，居维叶认为它们也都是已经灭绝了的动物。

居维叶把这些动物消失的原因归咎于毁灭所有生命的全球性大灾难，即灾变论[1]。这种推测与均变论主张的渐进、稳定的变化背道而驰，而与圣经故事中的大洪水和瘟疫不谋而合，因而得到了传统派的支持。然而，就像当年赫顿将地质学确立为科学一样，所有的证据看上去似乎都对均变论更加有利。直到20世纪60年代，大多数地

质学家还是激进的均变论拥护者，认为我们今天看到的自然界发生的现象在地球历史上的任何阶段也必然发生过。事实上，灾变论的主张在很多情况下都是正确的，尽管在现在看来都是再正常不过的自然现象，但是像小行星撞击地球和冰河时期这样的灾难性事件的确可以导致生物大灭绝。

支持均变论的证据主要来自19世纪二三十年代出现的地层学原理，即岩石的层序。在赫顿

> 时间、岩石和化石之间错综复杂的关系直到19世纪初才被揭开。

确立了地层的时间框架以后，人们发现很多地区都会重复出现特定的岩层分布，而且都可以发现类似的化石组合。比如，英格兰南部的一套地层可以与苏格兰或法国的具有相同化石组合的地层进行对比。通过与已知地层的对比，地质学家可以准确判断一套地层的上覆和下伏地层是什么。通过这样的手段，石炭纪、侏罗纪、白垩纪和志留纪这些关键的地质时代被一一划定和命名，但命名的顺序并不是严格按照时间的先后。

化石又意味着什么呢？它们显然不是恒久不变的。那么它们是像居维叶认为的那样反映了地史时期一连串的物种形成和灭绝呢，还是代表了不同时代的同一物种呢？虽然英国和法国的哲学家在19世纪上半叶就讨论过这个问题，但并没有

[1] 译者注：18世纪末到19世纪初，大量古生物化石的发现表明很多在地史上曾经出现过的物种如今已完全灭绝。虽然《圣经》当中有关于大洪水的记录，但其强调物种可以在大洪水过后复活，并不能解释灭绝现象。为了调和古生物学发现和圣经故事的矛盾，就有了所谓的灾变论。按照灾变论的说法，地球历史上周期性地爆发足以导致全部物种灭绝的灾难性事件，灾难过后地球表面又会被新创造出来的物种占据，即所谓周期性的物种更替。

形成一致的意见。直到 1859 年，达尔文才最终提出了生物演化[1]的基本规律。他认为已有物种在时间维度上的延续构成一个线系，我们今天看到的生物多样性只能通过线系的分支缓慢形成，并且所有的物种都能追溯到远古时期的共同祖先。在达尔文理论的框架下，19 世纪的古生物学家根据越来越多的化石证据勾勒出一幅清晰的、几乎不需要任何修改的生命历史画卷。虽然 20 世纪的大发现，特别是遗传定律的发现进一步阐明了生命演化的过程，但是现代古生物学的任务依然是寻找演化过程中的缺失环节。

在 1915 年前后，两个重要的成就使地质学发生了革命性的变化。首先是放射性同位素测年技术的应用，即将 19 世纪 90 年代居里夫妇发现的放射性衰变原理应用在岩石测年上。利用这一手段，地质学家首次测定出岩层的绝对年龄，并把它们标注在 19 世纪 30 年代就已经确定的地质年代表上。

> 发现一只 5.5 亿年前的现代兔子一定会推翻整个进化论，但是这样的事情从未发生过。

紧接着，大陆漂移学说的提出标志着第二次革命。1915 年以前，绝大多数地质学家相信地球是稳定的，只有很少人注意到非洲西部和南美洲东部海岸的轮廓可以完美拼合，另外一些人注意到相隔很远的两地产出了相似的化石。德国气象学家和地球物理学家魏格纳是第一个提出异议的人，他认为这一切并非巧合。魏格纳认为现代大陆都是 2.5 亿年前二叠-三叠纪时期巨型古陆的一部分，并且现代大陆依然在移动着。不过，当时大多数地质学家对魏格纳的理论不屑一顾，他们搬出几位伟大的地球物理学家的观点，强调地球不但是固态的，而且根本不存在什么推动板块移动的机制。

20 世纪五六十年代人们对大洋的探索使魏格纳的理论得到了确证。推动大陆漂移的"马达"实际上是板块构造。大陆和海洋分别处于各自的板块上。在洋盆的中心地带，地幔物质对流上涌形成年轻的地壳，将板块向两侧推挤。为了有足够的空间容纳年轻的地壳，板块边缘地带发生汇聚和俯冲，形成了像今天安第斯山脉和喜马拉雅山脉这样的高山。

虽然地质学家无法知晓地球历史上发生的每一个事件，古生物学家也无法悉数清点所有的化石物种，但是依然有足够的证据重塑地球 45 亿多年的历史，并且证据高度吻合。比如，很多证据表明北美洲的大部和欧洲在大约 100 万年前是被冰层覆盖的，而且至今也没人在加拿大发现这个时期的干旱沙漠和热带礁石。尽管每年都有大量的化石发现，但是古生物学家从未在寒武纪页岩中找到兔子化石，以及在恐龙生活的时代找到人类化石。基于现有的知识，我们完全可以预知演化的缺失环节，并知道哪些发现可以填补它们。当然这样说多少有点吹牛的成分，但是至少在有足够的证据证伪它们之前，岩石和化石都是地球及其生命历史的忠实记录者。

在本书中你将有机会了解到地质学和古生物学的最新研究成果。其中，地层学原理、同位素测年和板块构造搭建了基本知识框架，而详细的古地理图展示了地球亿万年来的惊人变化。这些资料都是由各国地质学家收集整理和汇总的。

本书前两章从地球的起源、适合生命生存的外部环境的形成讲到早期生命的出现，第三、四章讲述了地球陆地的沧桑巨变、森林的发展以及两栖动物到爬行动物再到鸟类的神奇演化历程，第五、六章讲述了新生代以来地球环境的快速变化、哺乳动物和人类的起源以及人类对大自然前所未有的影响。一句话，这本书里的故事远比 200 多年前赫顿想象的更加精彩。

迈克尔·本顿　于英国布里斯托大学

---

[1] 译者注：考虑到 evolution 指生物随时间推移产生的特征改变，很难说是"进"还是"退"，因此译者在本书中将 evolution 译为"演化"，将 evolutionary theory 译为"进化论"。

地质年代图

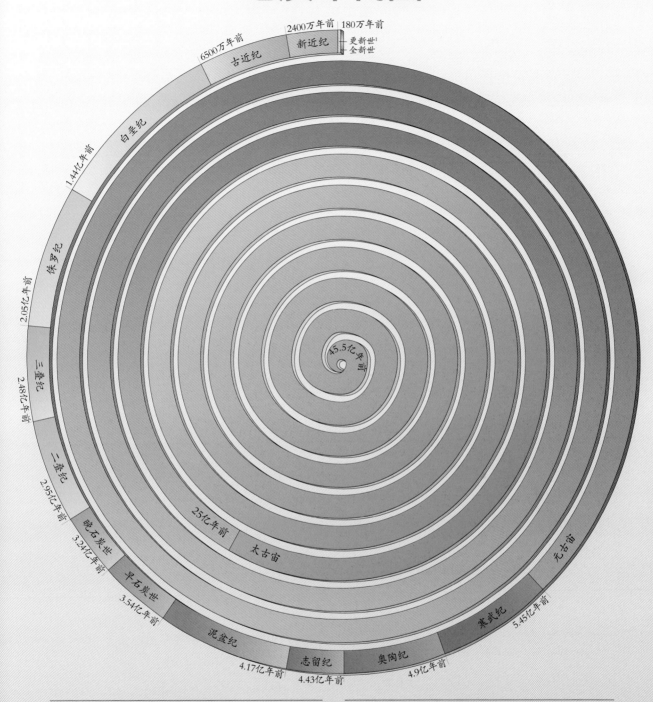

2400万年前　180万年前

6500万年前

新近纪　更新世[1]
　　　　全新世

古近纪

白垩纪

1.44亿年前

侏罗纪

2.05亿年前

三叠纪

2.48亿年前

二叠纪

2.95亿年前

晚石炭世

3.24亿年前

早石炭世

3.54亿年前

泥盆纪

4.17亿年前

志留纪

4.43亿年前

奥陶纪

4.9亿年前

寒武纪

5.45亿年前

元古宙

太古宙

25亿年前

45.5亿年前

真实的线性比例

这幅地质年代图之所以做成螺旋形，是为了展示真实的线性比例。因此，在这幅图里，从历时20.5亿年的太古宙到只有不到200万年的更新世，所有地质年代的线性长度都是成比例的。

从古至今？

地质学里所有的概念都是建立在时间的基础上的。除了个别来自其他出处，这幅图涉及的大部分地质时间引自1998年哈克和范埃森格编著的地质年代表。

[1] 译者注：根据最新的地质资料，更新世的下限为距今259万年。

目录

第一章　地球的早期历史：开篇　1

地球的起源及其自然环境　4

专题 1　化石是怎样形成的　28

专题 2　化学循环　32

生命的起源及其特点　34

专题　生命的五界系统　45

太古宙　48

专题　藻类的演化　59

元古宙　62

专题　早期无脊椎动物的演化　72

第二章　生命大爆发：早古生代　75

寒武纪　78

专题　节肢动物的演化　96

奥陶纪　100

专题　三叶虫的演化　120

志留纪　124

专题　脊索动物的演化　144

第三章　陆生生物的出现：晚古生代　147

泥盆纪　150

专题　鱼类的演化　165

早石炭世（密西西比亚纪）　166

专题　两栖动物的演化　174

晚石炭世（宾夕法尼亚亚纪）　178

专题　昆虫的演化　192

二叠纪　194

专题　似哺乳类爬行动物的演化　208

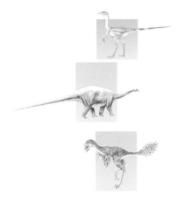

第四章　爬行动物统治地球：中生代　**211**

三叠纪　214

专题　爬行动物的演化　223

侏罗纪　228

专题 1　菊石的演化　246

专题 2　恐龙的演化　248

白垩纪　250

专题 1　被子植物的演化　269

专题 2　鸟类的演化　270

第五章　哺乳动物的兴起：第三纪　**275**

古近纪　278

专题 1　哺乳动物的演化　306

专题 2　肉食性动物的演化　308

新近纪　312

专题 1　有蹄类的演化　340

专题 2　灵长类的演化　344

第六章　走向现代：第四纪　**349**

更新世　352

专题　人类的演化　382

全新世　386

专题　现代生物灭绝　416

推荐阅读　419

致谢　420

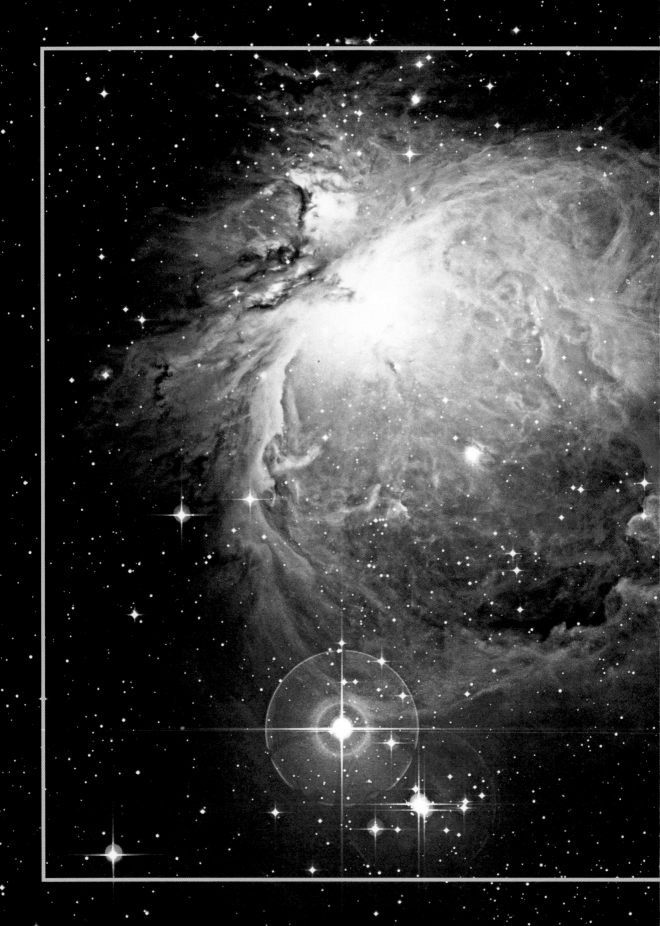

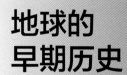

开篇

距今 45.5 亿 ~5.45 亿年

地球的起源及其自然环境 ▶

生命的起源及其特点 ▶

太古宙 ▶

元古宙 ▶

过去，地球的大小、年龄以及与日月的关系问题曾经困扰人们数千年。古希腊人认为，太阳、月球和其他行星都是围绕地球运转的。公元前6世纪，古希腊数学家毕达哥拉斯提出我们脚下的大地其实也是一个球体，地球上的四季就是由倾斜的地轴造成的。古希腊萨摩斯的天文学家阿里斯塔克斯是最早提出地球围绕太阳运转的学者之一，但是这个观点直到1543年波兰天文学家哥白尼提出完整的"日心说"理论之后才被接受。随后，第谷·布拉赫和约翰尼斯·开普勒进一步完善了哥白尼的理论，其中包括开普勒提出的行星运动三大定律。随着望远镜的发明，伽利略验证了哥白尼的学说，牛顿则对太阳系的物理特性进行了系统的理论阐释[1]。

在欧洲，有关地球年龄的问题长期被《圣经·创世记》所左右。17世纪的神学家认为地球的年龄不超过6000岁。然而，对这个答案的质疑在18世纪末和整个19世纪就一直没有停止过。例如，苏格兰业余地质学家詹姆斯·赫顿根据所掌握的地层学证据，就坚持认为地球的年龄远比6000岁大。事实上，这个问题直到20世纪初放射性同位素被发现后才得到解决。放射性同位素的应用使得对岩石的测年变得更加精准。利用这一手段，科学家测得地球上最古老的岩石的年龄大约为46亿岁。

我们的太阳和太阳系内的其他行星并不是宇宙中最古老的天体。早在它们诞生之前，许多由氢、氦等简单元素组成的天体就已经出现。宇宙本身诞生于大约137亿年前的一次大爆炸，大爆炸后形成的云骸四处飘散，形成最初的恒星。这些恒星或者燃尽自己，或者发生剧烈的爆炸，或者与其他天体发生猛烈的碰撞。我们的地球正是在大约46亿年前诞生在这样的云骸中的。

如今，天文学家已经能够利用先进的技术手段来观测深空中行星系的形成过程，比如利用哈勃空间望远镜去研究星际云以及恒星和行星的演化。因此，地球诞生过程中发生的许多重大事件的时间尺度和顺序都已被确认。

陨石、月岩、地球上最古老的岩石矿物和早期的化石记录，都为我们了解地球最初10亿年的历史提供了重要的信息。然而，地球早期的岩石大都被之后频繁的地外天体撞击所破坏，抑或被撞击产生的高温熔化，因此能够保存至今的少之又少。随后，地球又被一颗与火星大小相仿的天体撞击，导致二者受到不同程度的破坏。撞击产生的碎片溅射到太空中，最终形成了月球。这一事件大约发生在距今45.1亿年前，这个精确的时间是通过20世纪60年代末宇航员从月球上带回的岩石样本测得的。

质量较小的物体也可以蕴藏巨大的能量。例

---

[1] 译者注：牛顿论证了开普勒的行星运动定律与他的引力理论的一致性，认为地球上的物体与天体的运动都遵循着相同的自然定律。他的工作为"日心说"提供了更为有力的理论支持，并推动了科学革命。

如，直径仅有10米大小的陨石撞击地球所释放的能量相当于一次中等强度的地震。当然，对于行星而言，其初始质量越大，所蕴藏的能量也越大，并且维持的时间也就越长。在最初的10亿年里，大量行星碎片的撞击使地球获得了无尽的能量。这些碎片在撞击地球之前的温度可能极低，但撞击产生的巨大能量正是导致地球各个圈层（如地核、地幔等）形成的主要因素。

这些巨大能量的产生使得地球就像一台热力发电机。能量与液流启动内部的"发电机"，在地球深部产生对流。后来，这些对流成为导致大陆漂移的主要驱动力。地球内部的"发电机"和机械流导致了地磁场的形成。有证据表明，地磁场早在35亿年前就已经出现；并且，根据其形成时"封存"在海底火山岩中的证据可知，地球磁场的方向并不是稳定的，而是周期性地发生改变的。

> 随着地球温度的降低，地壳活动趋于平静，早期大陆开始形成。不久，水、二氧化碳和氮气出现，早期微生物开始演化。

在地球诞生之初的5亿年里，高温和频繁的陨石撞击阻碍了地壳的形成。到了40亿~35亿年前，随着地幔的冷却和对流运动的减弱，花岗岩开始出现并构成了最初微大陆的核心。地球的另一个重要变化是大量水的形成。水分由陨石等地外天体裹挟进入地球，并通过火山活动等地球早期的一系列化学和物理变化逐步释放。原始海洋中的物质也很可能来自地外。这些富含盐类的水体逐渐汇聚成海洋，为生命的演化提供了不可或缺的环境。海水使地球表面进一步冷却，因此地球表面的温度也很可能变得比之前更加稳定了。

大气层是地球最晚形成的几个主要结构之一。最初，太阳风驱散了地球表面的所有气体。此后，富含二氧化碳、氮气和水蒸气的大气层逐渐取代了原有的气体，并且在地球周围形成了一个能够阻挡紫外线和阻止热量散失的保护层。温度的差异使大气分层，进而产生了对流运动，全球的大气开始循环。但是，这一时期形成的富铁沉积物大都还处于还原态，说明彼时的大气层依然是缺氧的。尽管如此，原始的生命依旧出现了。到了大约35亿年前，当它们能够进行光合作用时，大气中的氧含量才开始逐渐增加。

理查德·穆迪

地球的起源及其自然环境

毫无疑问，地球在太阳系中是独一无二的。但是在宇宙深处，在人类未知的遥远星系中，很可能存在着成千上万个和地球一样的行星，它们也围绕着一颗类似于太阳的恒星运动。它们的轨道与恒星保持着适当的距离，为生命的繁衍创造了适宜的温度。和地球一样，它们可能也有大气作为保护层，该保护层不仅可以阻挡有害射线的穿透，还能避免其他天体的撞击。不仅如此，这些行星上可能也存在着大片的海洋，孕育着勃勃生机。然而，到目前为止，地球依然是我们已知的唯一拥有这一切的行星。

有关地球的故事要从大约137亿年以前的大爆炸说起。大爆炸发生之前，宇宙中所有的物质都集中在一个极其致密的点上，这个点又被称作奇点。大爆炸相当于无数次核爆同时发生，其规模难以想象。大爆炸之初产生了氢、氦和其他元素。氢和氦是两种质量最轻的元素，它们在大爆炸中先于其他元素出现，组成了90%以上的可见物质，它们也是构成宇宙、地球乃至生命的基本元素。

宇宙起源于大约137亿年以前的一次大爆炸。在大爆炸后最初的几秒，物质只能以电子、质子、中子等基本的亚原子粒子形态存在。同时，大爆炸产生的巨大能量使温度达到了令人难以置信的100亿摄氏度。

氢可能是宇宙中最原始的物质，也是质量最轻、数量最多的元素，其他的元素可以通过氢的聚变形成。

关键词

大气层、地核、地壳、气体产生、分化、火成岩、岩石圈、地幔、变质岩、光合作用、沉积岩、层序、板块学说、不整合、均变论

参考章节

生命的起源及其特点：蓝细菌，氧气与光合作用

太古宙：早期大陆与古老的岩石

元古宙：复杂生命形式的演化

千摄氏度的时候，原子开始形成。作为质量最轻的元素，氢可能是最早形成的元素，而氦紧随其后出现。

在大爆炸之后不久，氢和氦被抛射到远离奇点的宇宙空间中。它们在引力作用下聚集形成致密的气体云，即星际云。这是所有恒星和星系诞生的摇篮。氢及其同位素通过恒星内部的热核反应形成氦。换句话说，氦就是氢燃烧后的产物。

早期形成的元素都可以通过核聚变的方式产生新的元素，比如氢的燃烧产生了碳和氧。当然，这些元素都是在恒星演化的早期阶段形

然而，仅仅几分钟之后，温度就迅速下降到了10亿摄氏度以下，这时大爆炸产生的基本粒子也开始发生聚合，形成轻元素的原子核。大约过了100万年，当温度下降到只有几

120亿年前	110亿年前	100亿年前	90亿年前	80亿年前
大爆炸	现代宇宙诞生		星际云收缩	
80%的物质为氢，15%为氦				

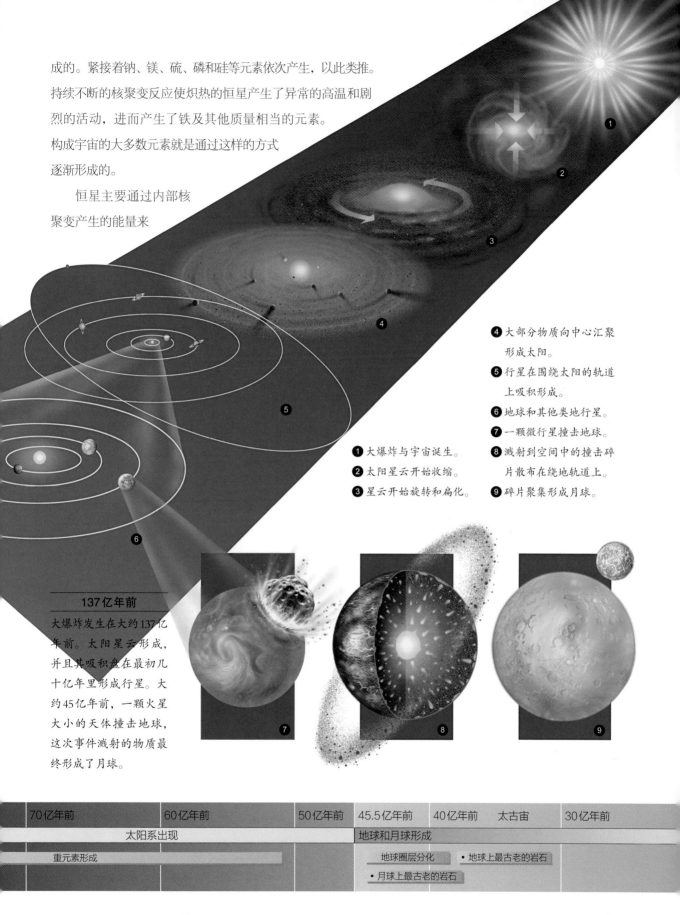

成的。紧接着钠、镁、硫、磷和硅等元素依次产生，以此类推。持续不断的核聚变反应使炽热的恒星产生了异常的高温和剧烈的活动，进而产生了铁及其他质量相当的元素。构成宇宙的大多数元素就是通过这样的方式逐渐形成的。

恒星主要通过内部核聚变产生的能量来

❹ 大部分物质向中心汇聚形成太阳。

❺ 行星在围绕太阳的轨道上吸积形成。

❻ 地球和其他类地行星。

❼ 一颗微行星撞击地球。

❽ 溅射到空间中的撞击碎片散布在绕地轨道上。

❾ 碎片聚集形成月球。

❶ 大爆炸与宇宙诞生。

❷ 太阳星云开始收缩。

❸ 星云开始旋转和扁化。

137亿年前

大爆炸发生在大约137亿年前。太阳星云形成，并且其吸积盘在最初几十亿年里形成行星。大约45亿年前，一颗火星大小的天体撞击地球，这次事件溅射的物质最终形成了月球。

70亿年前	60亿年前	50亿年前	45.5亿年前	40亿年前	太古宙	30亿年前
	太阳系出现		地球和月球形成			
重元素形成			地球圈层分化	• 地球上最古老的岩石		
			• 月球上最古老的岩石			

对抗引力，从而维持自身的稳定。当早期恒星耗尽核聚变燃料的时候，其核心在引力的作用下发生坍缩。这时，中子和质子的轰击作用变得更加强烈。最终，恒星会以超新星爆发的形式瓦解，在这个过程中产生了比铁更重的新元素，也将更多的物质抛射到空间中。如今，天文学家依然能够在宇宙中观测到恒星从诞生到毁灭的过程。

超新星爆发产生的气体和尘埃大多形成了星云。以我们的太阳系为例，这些气体和尘埃聚集在一起形成了炽热的、高度压缩的中央球体，即原太阳。在原太阳的周围，各种元素构成了一个围绕其转动的原行星盘。它们不断地冷却，以形成更大的天体。其中的一些行星碎片（即微行星）相互碰撞形成原行星和卫星，而另一些碎片则按照自己的轨道继续围绕太阳运动，形成了小行星带。

在原始星云开始聚集的20亿~30亿年后，太阳系初步成型。太阳在其核心温度达到1000万~1500万摄氏度的时候开始发光。与此同时，氢通过核聚变形成氦。在随后的1000万年里，核聚变形成的猛烈风暴将大量的不稳定元素抛向宇宙空间。其中一部分元素参与了原行星的形成，它们最终形成了水星、金星、地球、火星等太阳系内行星；还有一些元素在距离太阳较远处吸积形成了气态的外行星，包括木星、土星、天王星和海王星。

由于微行星的不断聚集和轻元素的缺失，早期的地球除了熔融的岩石以外并不存在大气。但是，万有引力很快就起了主导作用，连续的撞击和放射性元素衰变产生的能量加剧了高温和熔化过程。在大约45亿年前，地球与另一颗巨大的微行星发生剧烈碰撞。这次碰撞释放了更多的热量，并且形成了月球。目前，宇航员带回的最古老的月球岩石可以追溯到44亿年前，这比任何已知的地壳样品都要古老。

在形成之初，地球上的硅酸盐矿物和金属矿物是混杂在一起的，因此地球深部与地表的成分没什么两样。物质吸积和放射性元素衰变产生的热量使地球的温度不断升高，进而导致地球组分开始分层。在这个过程中，铁原子和次生重矿物开始下沉形成相对较软的地核。计算显示，当物质的吸积达到现在地球质量的1/8时，金属铁即开始下沉。需要指出的是，此时的地球还远没有吸积完全。轻元素（包括气体元素）开始向上运动，质量最轻的气体逃逸到了宇宙中。大约在35亿年前地球刚形成不久，地核还是呈半熔融状态的。但是随着压力的不断增大，内核变成了固态，而外核由于承受的压力较小，依然保持着液态。

在地球结构分层的伊始，地核被厚厚的岩浆海所包围。在此后的4亿年里，随着温度较低的轻物质与重物质的进一步分离，地幔和地壳也逐渐形成

> 没人知道地球究竟是怎么形成的。但是科学家们相信，在吸积结束以前地核就已经开始形成了，并且内核的温度高到足以熔化铁的程度。

> 地球和它的邻居们几乎由相同的物质同时形成，但是它们之间还是有明显区别的。

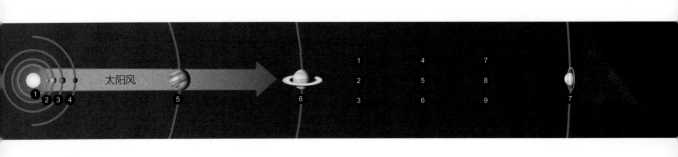

太阳风

1 4 7
2 5 8
3 6 9

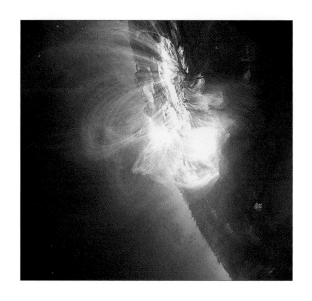

太阳系大家庭

太阳就是一个巨大的核反应堆。太阳内部的核聚变将氢转化为氦，同时释放出巨大的能量。在太阳表面，带电物质的喷发可以形成耀斑（左图）。而其他带电粒子被抛射到空间中，形成太阳风。在太阳系形成之初，太阳风将氢、氦、甲烷、氨和水分子等较轻的物质吹向外层空间，形成了低密度的外行星。而硅酸盐、氧化物和金属等重物质留在了近日轨道，形成了类地行星。

了。在地球结构分化的同时，大量微行星继续坠入岩浆海，这一过程使地球的温度进一步升高。

行星的组成成分能够反映形成它们的气体星云的成分。物质的聚集和轻质量气体的缺失，导致距离太阳较近的内行星由一些重元素（比如硅和金属元素）组成。相反，距离太阳较远的外行星主要由氢和氦等气体组成。内行星的形成大约需要1亿年，这刚好相当于从太阳系形成到月壳形成的时间。在形成过程中，这些行星内部的压力不断增大，温度也随之升高。持续熔化使不同密度的元素彼此分离，重元素下沉，轻元素上升。需要指出的是，与它的3个邻居相比，地球还是有着明显不同的。

水星是体积最小的类地行星（岩态行星），但是因为拥有巨大的铁质核心，它的质量几乎与地球相同。水星的"地核"大小相当于水星半径的75%，质量相当于水星总质量的80%。有证据表明，水星

可能曾经遭受过一颗巨大的微行星的撞击，这次撞击剥离了大量的水核及其以外的部分，因此水星的核外圈层相对较薄。水星与月球的体积相当，二者也都是死寂的，几乎没有任何内热和火山活动的迹象。

地球圈层的分化

早期地球上的硅酸盐和金属矿物是均匀混合的。铁和镍逐渐下沉形成了最初的地核，随后被金属氧化物与硅酸盐形成的地幔所包裹。而地壳是由最轻的物质固化形成的。

❶ 吸积作用使地球温度升高，呈熔融状态的铁开始下沉形成地核。

❷ 低密度的硅酸盐上升到地表。

❸ 地核、地幔和地壳的分化完成。

由碳、氮、氧的化合物组成的外核

由硅酸盐矿物和铁组成的内核

液态金属氢[1]和氦

太阳系的小天体

陨石可以为我们了解太阳系的年龄和特点提供重要的线索，因此通过陨石研究太阳系的起源可以节省大笔的科研经费。幸运的是，绝大多数陨石的质量都很小。但是几吨重的庞然大物偶尔也会造访地球，比如美国亚利桑那州巨大的陨石坑（直径约为1.2千米，深170米）就是由这样的陨石撞击形成的。根据其中硅酸盐和铁的组成比例，陨石主要分为铁陨石、石陨石和石铁陨石三大类。绝大多数的陨石通过原始行星物质的熔化和重结晶形成。但是，球粒陨石（石陨石的一种）未曾遭受过熔融过程，并且在其内部曾经发现有机物和简单的氨基酸，这些都是形成生命的基本原料。

---

[1] 译者注：液态氢在上百万个标准大气压（1标准大气压=101.325千帕）下可以转变成导电体，由于导电是金属的特性，故称其为金属氢。金属氢是一种简并态物质，是双原子分子 H_2 的同素异形体。

大质量与小质量的行星

距离太阳最近的4个小质量的行星主要由岩石组成（左图）。金星与地球的大小相仿，而火星和水星则相对较小。地球的天然卫星月球与水星的大小差不多。木星是气态巨行星中体积最大的。距离太阳最远的冥王星[1]与内行星相似，也是由岩石组成的。但是相对于内行星，它的温度更低，并且被甲烷冰晶所覆盖。

❶ 水星
❷ 金星
❸ 地球
❹ 火星
❺ 木星
❻ 土星
❼ 天王星
❽ 海王星
❾ 冥王星

木星和土星
非常浓密的大气
由液态氢、氦以及少量甲烷、氨和水组成的海洋

天王星和海王星
由硅酸盐矿物和铁组成的核心
由碳、氮、氧的化合物组成的原行星物质
由液氢和液氦形成的海洋
浓密的大气

行星内部的结构

行星内部的结构多种多样。由气体构成的外行星的核心大多由硅酸盐和铁组成，而拥有固态表面的内行星的核心主要由铁和镍组成。气态巨行星巨大的体积和质量使它们的引力足以控制住氢、氦等质量最轻的气体，它们在浓密的大气层下以液氢和液氦的形式存在。与木星和土星相比，天王星和海王星的质量较小，因而含有的氢和氦也较少。所有外行星都不具有硅酸盐矿物所组成的"地幔"和"地壳"，这些结构是类地行星所特有的。

---

[1] 译者注：1930年天文学家克莱德·汤博发现了冥王星，它曾被认为是太阳系九大行星中最小的行星，但因体积小，质量轻，运行轨道不稳定，其行星地位一直有争议。2006年8月24日，在捷克首都布拉格举行的第26届国际天文学联合会通过第五号决议，正式将冥王星从行星当中除名，划为矮行星。

火星的体积比水星略大，但它的质量比地球还要小。它的核心要么体积很小，要么密度很低，并且是以冷却的固态形式存在的。这些都与地核的状态有所不同。金星在体积、组成和质量上与地球最为相似。外行星由于质量巨大而形成了强大的引力，以至于连质量最轻的氢和氦都难以摆脱它们的引力的束缚。

与地球相比，水星、金星和火星这3个内行星的体积相对较小，因此它们的冷却速度也比地球快得多。在缺少内热和火山活动的情况下，它们无法形成大气，并且相对较小的体积和引力也无法控制住气体和水分的逃逸。地球的体积较大，它的引力足以控制住其内部活动产生的气体和水分。不仅如此，由地外天体裹挟进入地球的水也被保留了下来，它们最终形成了海洋和大气。

地核的质量约占地球总质量的31%。地震资料显示，地核主要由铁元素组成，可能还包括大约10%的硫黄充当稀释剂。地核分为外核和内核。外核呈熔融状态，厚度大约为2270千米，其密度至少是水的10倍。由于压力的上升，内核以固态形式存在。它的直径大约为2400千米，密度不高于水的13倍（大约相当于水银的密度）。内核中心附近的温度可能超过4000摄氏度，压力相当于400万个标准大气压。如此高的温度是由岩石中放射性元素衰变释放的热量维持的，又因引力压缩而进一步加剧。虽然地核在45亿年前就已经形成，但至今依然源源不断地产生热量，因此放射作用可被看作一个持续性热源。

> 要想形成地壳，地球就必须冷却下来——因为只有重熔过程停止，岩石才得以形成。然而，地核从来都是呈部分熔融状态的。

早期地球由于温度太高而无法形成原地壳。但是随着圈层的分化、降水和表面冷却，地球表面必

熔融的地幔

熔融的地幔物质可能有点儿像流动缓慢的绳状熔岩。火山爆发是地幔物质到达地表的直接途径。岩浆房在地壳的薄弱处形成。随着压力的上升，岩浆通过岩层裂隙上涌，然后突然喷发，其结果是喷出的熔岩逐渐冷却、凝固，最终形成火成岩。

然一度出现过由矿物晶体组成的晶浆。只要地表维持一个较高的温度，这种晶浆就会再度熔化。但是一旦温度下降，一小片地壳就会形成。这种地壳由硅、铝及其他低熔点轻元素的化合物组成。随着地球圈层的分化，这些轻元素逐渐在地球表层富集。

现代大陆地壳（又称陆壳）的厚度为30~40千米，而大洋地壳（又称洋壳）则要薄得多，甚至比月球、金星和火星的"地壳"都要薄。在地壳下面，熔融的岩石形成地幔。地幔位于地核与地壳之间，其中重元素的下沉和轻元素的上升至今依然存在。地幔在距地表大约3000千米处包裹着地核。有些时候，熔融的地幔物质也可能通过火山爆发喷出地表。

大约38亿年前，地球表面形成并保存了足够的岩石，它们组成了原始大陆的核心。地壳在形成过程中逐渐分化为陆壳和洋壳，二者分别由不同类

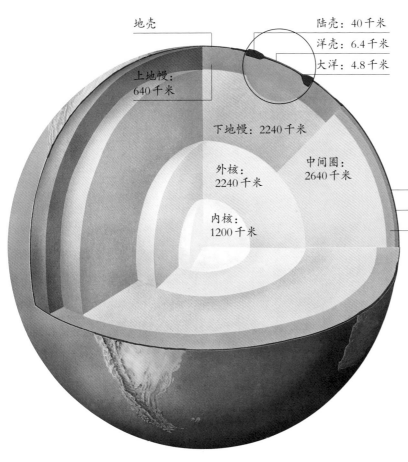

地壳

陆壳：40千米

洋壳：6.4千米

大洋：4.8千米

上地幔：640千米

下地幔：2240千米

外核：2240千米

中间圈：2640千米

内核：1200千米

水圈：4.8千米

岩石圈：50~70千米

软流圈：200千米

地球内部构造

地球内部包括很多圈层，从内向外包括地核（又分为内核和外核）、地幔（又分为下地幔和上地幔）和地壳。地核外部是大约2880千米厚的地幔。上地幔顶部与地壳共同组成岩石圈。地壳在大陆以下的厚度约为40千米，在山系以下尤厚，但是在大洋以下只有大约6.4千米厚。

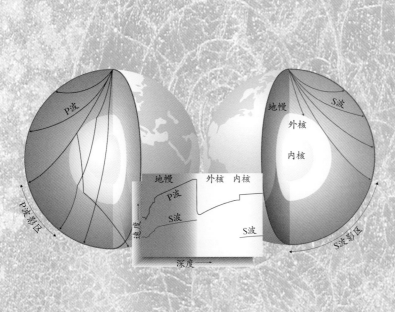

P波

地幔

S波

外核

内核

P波影区

P波

S波

地幔

P波

外核　内核

S波

S波影区

深度

探测地球内部

科学家通过分析地震产生的地震波来研究地球内部的结构。激波从靠近地表的震源向外传播。而体波可以穿过地球内层，它的速度取决于地震的强度和介质的密度。P波是一种压缩波，它的传播速度较快，并且可以在固体和液体介质中传播。S波是剪切波，它的传播速度较慢，并且只能在固体介质中传播。

在距离地面约2900千米的深处，S波消失，P波的速度也大大降低。这里即为下地幔和外地核的交界处。地震学家可以计算地震波通过地球内部到达地球另一端的时间，从而确定地球各个圈层的厚度和密度。

地球的起源及其自然环境

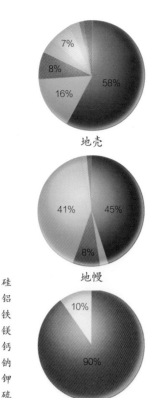

地壳

41% 45%

8%

地幔

10%

90%

地核

硅
铝
铁
镁
钙
钠
钾
硫
其他

型的岩石组成。通过这些岩石的类型可以确定地壳的组成成分。为了达到这一目的，地质学家收集和分析来自不同地层的特有岩石并确定其中一些元素的相对丰度，然后计算出这些元素在陆壳和洋壳中的平均丰度，其中就包括氧元素，但是陆壳和洋壳中都不含有比铁更重的元素。

地壳的密度大约是水的3倍。陆壳主要由建立在花岗岩（一种火成岩）基底上的沉积岩组成，比如砂岩和石灰岩。而洋壳主要由玄武岩组成（一种基性火成岩）。相对来说，地幔的成分更难以确定，但是对海床、岩浆和金伯利岩（一种岩石）的分析能够获得重要信息。金伯利岩与钻石的勘探紧密相关，这种岩石包括一些破碎的地幔物质，比如丰富的橄榄石、辉石与石榴石等硅酸镁和硅酸铁矿物。钻石是碳在高压状态下形成的一种晶体，含钻石的金伯利岩的矿物组成说明它们形成于地表以下150千米的深

地球的元素组成

地核、地幔和地壳的组成元素不同且厚度迥异。地壳上部的主要成分是二氧化硅和铝（即硅铝层），而地壳下部主要是二氧化硅和镁（即硅镁层）。地幔主要由铁镁矿物组成，而地核几乎全部由铁组成。

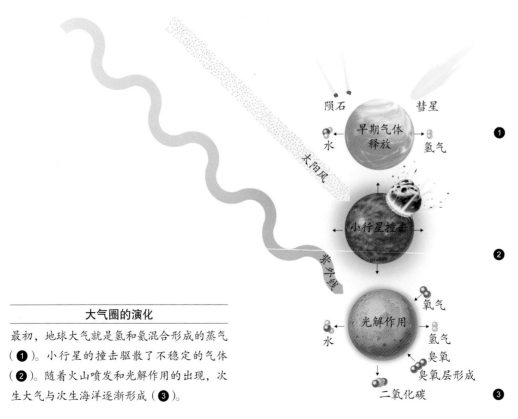

陨石 彗星

早期气体释放

水 氢气

太阳风

小行星撞击

紫外线

光解作用

氧气

水 氢气

臭氧

臭氧层形成

二氧化碳

❶

❷

❸

大气圈的演化

最初，地球大气就是氢和氦混合形成的蒸气（❶）。小行星的撞击驱散了不稳定的气体（❷）。随着火山喷发和光解作用的出现，次生大气与次生海洋逐渐形成（❸）。

处。通过这些研究，人们知道硅和镁是组成上地幔的主要元素。随着深度的
增加，上地幔的密度从水密度的3.3倍逐渐增加到3.5倍。

　　岩石圈由上地幔顶部和地壳组成，厚度为50~70千米。岩石圈
分裂成若干板块，它们"漂浮"在半熔融状态的软流圈[1]上，
并随后者的运动而移动。

　　地球形成之初的环境十分恶劣。它是一个被宇
宙大爆炸产生的氢和氦包围的、酷热的甚至是
熔融状态的星球，并且这种局面在接下来
的5000万年里没有任何变化。但是，导
致月球形成的撞击事件将大量地球

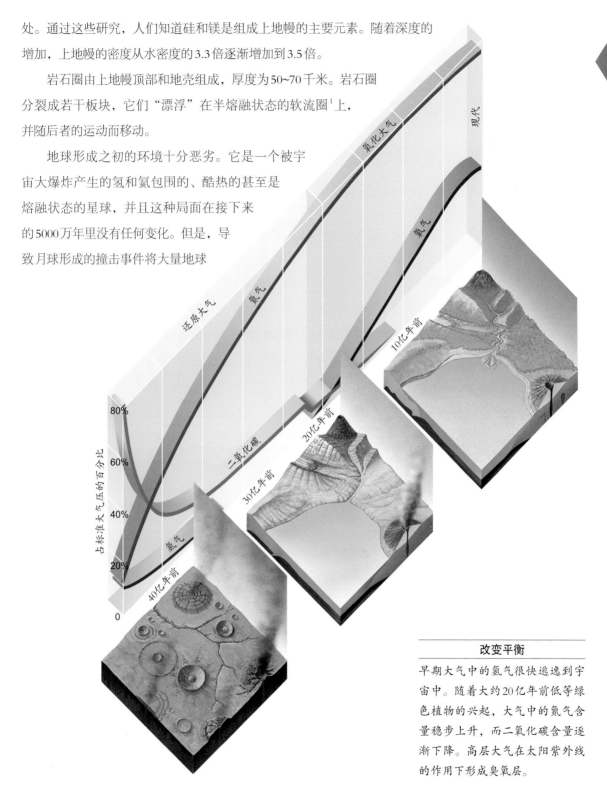

改变平衡

早期大气中的氢气很快逃逸到宇
宙中。随着大约20亿年前低等绿
色植物的兴起，大气中的氧气含
量稳步上升，而二氧化碳含量逐
渐下降。高层大气在太阳紫外线
的作用下形成臭氧层。

---

[1] 译者注：软流圈（asthenosphere）由 J. 巴拉鹿于1914年命名，该词来源于希腊语单词asthenēs（weak）与英文单词sphere的组
　合。它是地幔上部的弱塑性变形区域，位于岩石圈的下面、中间圈的上面。岩石圈与软流圈的边界定义在1300摄氏度等温
　线，其上的岩石圈为刚性变形，其下的软流圈为黏滞变形。

表层物质抛向外层空间，包括原始地壳、所有的地表水和一部分大气。残存的气体，包括氢气、氮气和二氧化碳，一部分来自原始太阳星云，一部分来自陨石，一部分还可能来自由冰块和气体组成的彗星。需要指出的是，在地球圈层分化和地壳物质重组的过程中，矿物的熔化也释放出部分气体。一开始，这些气体与组成原始地球的其他物质混在一起。然后，引力使大气的成分发生变化，就像引力导致不同的元素形成地壳、地幔和地核一样。

地球的体积是建立和维持大气圈的一个重要因素。小型类地行星具有较小的表面引力，甚至连最重的气体都能发生逃逸。地球的引力可以控制住一些较重的气体，因此原始的大气可能包括二氧化碳、氮气和水蒸气等。而一些较轻的气体，比如氢气和氦气等则可能在太阳风的作用下发生逃逸。氧气在这个时期是不存在的，因为所有氧气在释放出来的瞬间都会与地球表面易被氧化的矿物发生反应。

火山活动释放出水蒸气，继而冷凝形成降水，降水受热再度蒸发，这些过程循环往复。在最早的

几亿年里，地球原始大气的成分很可能与火山喷发时产生的气体成分没什么两样。然而随着地球表面的冷却和稳定，大气中的水蒸气逐渐被太阳光中的紫外线分解为氢气和氧气。氢气相对来说更容易逃逸到宇宙中，而积累下来的氧气则不断地改变着大气层的组分，而这一重要的过程一定是在臭氧层形成之前发生的。

这一时期形成的几种特殊岩石见证了大气缺氧的那段历史。比如，燧石（又称打火石）是一种在酸性缺氧环境中形成的坚硬的沉积岩，而地球早期就曾经具有这样的环境。另一种岩石叫作条状铁石，其交替出现的灰色和赫石色条纹记录了大气含氧量由低（灰色）到高（赫石色）的波动过程。但是到了大约18亿年前，所有新形成的含铁沉积物全部变成了赫石色，说明氧气在这一时期开始出现。不仅如此，页岩和砂岩也在这一时期出现了。这两种岩

大气圈中的二氧化碳含量逐渐降低，氧气含量不断增加，而古老的岩石是这一过程的忠实记录者。

石都是通过风化作用产生的，而风化作用在没有大气圈的情况下也是不可能出现的。同样，碱性的白云岩和石灰岩的出现说明大气层因为二氧化碳浓度的降低而逐渐趋于中性。

科学家推测，电离风暴、冰川作用和岩浆运动的共同作用促使生命形成所必需的化学物质形成。富氧的大气很可能抑制这些化学物质的形成，但是接下来的变化再一次对地球的命运起到了至关重要的作用。第一个生命体一旦出现，一系列不可逆的事件就会发生。各种细菌和后来出现的绿色植物通过同化作用产生氧气，进而改变了我们的世界。因此，直到25亿年前元古宙开始时，大气的成分才变成今天的样子，其中氮气约占总体积的78%，氧气约占21%，而二氧化碳仅占1%。

随着地球的逐渐冷却，空气中的水蒸气开始凝结形成雨滴降落到地表。虽然一开始，降水在接触炽热地表的瞬间就会被重新蒸发，但是这个过程无形中降低了地球表面的温度，因

大气圈就像一枚薄薄的信封

大气圈是一个仅能允许部分光和热穿透的气体层，厚度约为700千米（对页下图）。由于气压随着海拔的增加而快速下降，因此整个大气圈3/4的质量都集中在距地表8千米的范围内。

大气圈的结构

大气圈中不同层次的温度差异很大，比如中间层顶部的温度只有零下90摄氏度，而电离层顶部的温度陡然上升到了1300摄氏度（右图）。天气变化过程主要发生在大气圈底部的对流层，在此之上的平流层富含臭氧，能够阻挡大部分未被电离层反射的紫外线。如果没有平流层，地球可能瞬间变得酷热难耐。

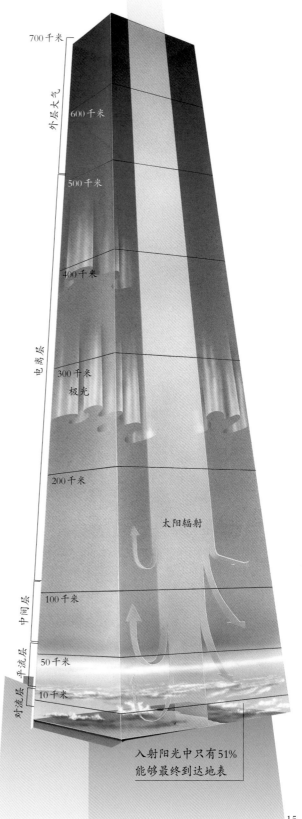

700千米

外层大气

600千米

500千米

400千米

电离层

300千米

极光

200千米

太阳辐射

100千米

中间层

50千米

平流层

对流层 10千米

入射阳光中只有51%
能够最终到达地表

此一小块地壳很可能就此形成。之后，陨石撞击和火山活动产生的水与大气降水最终汇聚了湖泊和海洋。

虽然早期的海水主要由大气降水形成，但其中也不乏火山喷发和陨石撞击所产生的水分。当大气中二氧化碳的含量依然很高的时候，大气降水和海水较现在都更偏酸性。它们与岩石发生化学反应溶出的钙盐和镁盐最终汇入海洋，并逐步建立了早期海洋的化学环境。科学家认为，40亿年以来海水的化学成分几乎没有发生太大的变化。如今，海水中可溶性盐类的平均浓度为3.5%，其中绝大部分是氯化钠，除此之外主要是钙盐和镁盐。地球内部源源不断地产生热量，其形成的热流及与之相关的火山活动都是板块演化的重要因素。地球内部的诸多活动（比如一些重元素的放射线衰变）都可以产生热量，然后通过简单的方式向上和向外传导。这一传导过程在地壳中非常典型，地球内部产生的热量正是通过冰冷坚硬的岩石传导到大气中的。

地震资料显示，岩石圈（包括地壳和上地幔）下部的软流层有一部分呈熔融状态。地表200千米

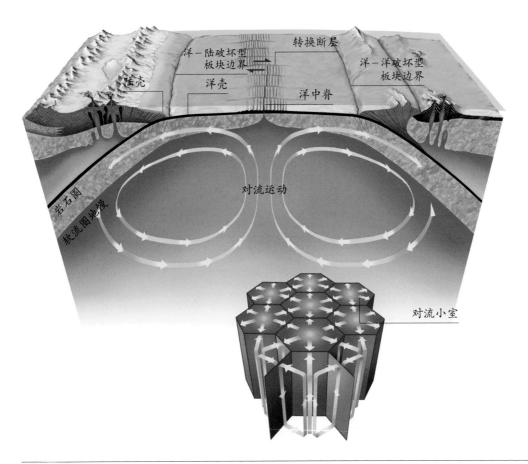

推动板块运动的力量

地壳应力可以引起地表岩石的褶皱和破裂，进而诱发地震和火山活动。如果应力继续累积，那么可以推动整块大陆运动。地壳由许多巨大的板块组成。对流运动推动呈熔融状态的地幔物质向上流动，并在到达地壳之前再度冷却下沉。在岩石圈以下，岩浆活动推动板块漂移。在板块分离处（生长型板块边界），涌出的岩浆形成年轻的地壳。而在板块汇聚处（破坏型板块边界），地壳发生俯冲和回收。这种巨大的力量正是促使高山和洋中脊形成的因素。

以下的地幔是固态的，其温度约为1500摄氏度，但是到了大约2900千米的地幔与地核的交界处，温度陡然超过3900摄氏度。地震资料还显示，随着深度的增加，压力逐渐升高，原子堆积也变得越来越紧密。正是这样的高压和高密度阻止了地球内部的极热区变成沸泉。

固态物质在高温和高压状态下熔化后可以产生缓慢的对流运动，并且温度和压力越高，对流就越显著。向上运动的地幔物质遇到组成岩石圈的坚硬板块时会向四周分流，这一过程在地球内部形成无数岩浆对流小室。这些小室及其内部的各层对流都会影响地幔的状态。因此，地幔物质的对流就像一台巨大的发动机，推动了板块的水平转动。这种运动是引起大陆漂移的主要因素，表现为大陆在地球表面缓慢而持续的移动。换句话说，板块漂浮在呈熔融状态的地幔上。

如今，地球上除了七大板块以外还有很多较小的板块，它们都围绕各自的欧拉极[1]（一根通过地心的假想旋转轴）与地面的交点进行旋转。因而相邻板块在水平滑动处的旋转角速度较小，而在相背运动的洋中脊处的旋转角速度较大。前者即为板块的转换边界，而后者则为海底扩张的地带（离散边界）。北美洲太平洋沿岸的圣安的列亚斯断层就是转换边界的代表，而大西洋中脊则是一个离散边界，非洲板块和南美洲板块在这里彼此缓慢分离。

板块边界的另一个主要类型是汇聚边界，表现为一个板块俯冲到另一板块之下，因此也被称作俯冲带。在这个过程中，下沉板块俯冲进入炽热的地幔并再度熔化。深海沟一般都是在俯冲带附近形成的，它与深源地震和火山活动密切相关。

如今，地质学家能够利用卫星来监测板块在地球表面小至1厘米的微小位移。虽然古代板块的漂移过程并没有被很好地记录下来，但是地磁场倒转和化石记录都能为海底年龄和两块大陆曾经相连的历史提供佐证。以铁元素为主要成分的液态外地核在对流过程中会产生电流，这不仅是地磁场产生的主要原因，而且是每隔50万年发生一次地磁倒转

海底结构

地球上的板块此消彼长，循环往复。地幔物质在以洋中脊为代表的离散边界处涌出形成新的岩石圈（上图），而岩石圈则以山脉和海沟为标志的汇聚边界再度俯冲进入地幔，因此地震和火山活动在这些区域不足为奇。

> 地震、火山活动和造山运动只发生在板块运动的活跃地带。如果地球上的每一个角落都是板块运动的活跃地带的话，那么所有的大陆和岩石都将不复存在。

---

[1] 译者注：欧拉极又称扩展极或转动极。瑞士数学家欧拉提出，一个刚体沿球面的运动应是环绕过球心的轴的旋转运动。刚体板块沿地球表面的运动也遵循这一原理，即必定围绕通过地心的轴旋转。正因为如此，板块上不同位置的线速度随着与欧拉极的距离的增大而增大。

的主要原因。洋中脊处的年轻岩石记录了其形成时地磁场的方向，科学家正是通过对比地磁数据发现了地磁倒转的现象。因此，板块边界处呈明显的条带状分布的地磁场被认为是一种海底异常，这种分布方式能够用于建立详细的磁性地层序列。

并不是所有的火山活动都发生在洋中脊和板块

边缘地带，板块内部的热点和熔岩高原也都是地幔物质活动的产物——它们都是由规模巨大的溢流玄武岩组成的。热点和熔岩高原的出现说明，庞大地幔羽的形成与地幔物质的对流息息相关。印度的德干高原就是熔岩高原的一个代表，它形成于白垩纪末期，厚度在1000米左右。

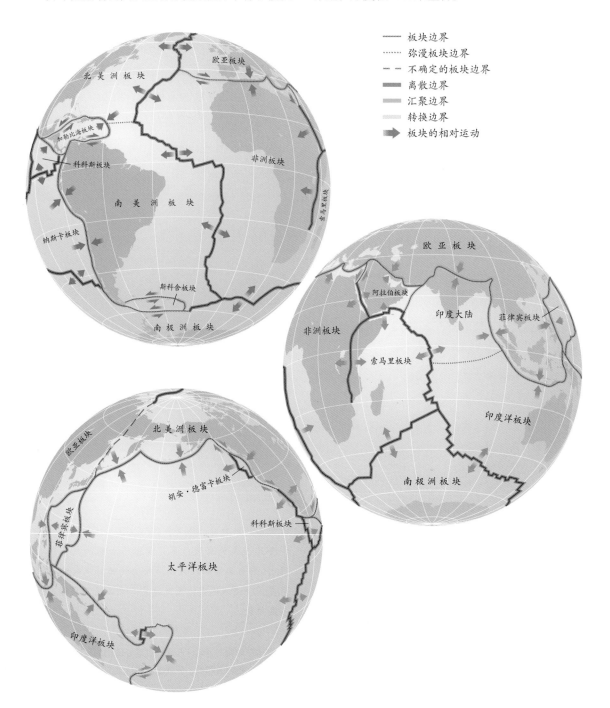

板块边界
弥漫板块边界
不确定的板块边界
离散边界
汇聚边界
转换边界
板块的相对运动

火成岩、沉积岩和变质岩这3种岩石的循环往复，展现了地球上岩石的形成过程。

地壳由岩石组成，而岩石是矿物的集合。无论产自何处，每种矿物都是天然形成的具有相同化学组分的化合物（有时是元素单质），而每种岩石则包含一种或多种矿物，其成分可能会因形成条件的不同而有所差异。因此，我们把石英叫作一种矿物，而花岗岩是由多种矿物组成的岩石，这就是矿物和岩石概念的区别。根据形成方式的不同，地球上的岩石主要分为三大类，即火成岩、沉积岩和变质岩。岩浆要么从地壳的裂缝中涌出，要么通过火山喷发的方式喷出地表。这些涌出或喷出的岩浆逐渐冷却、结晶，即形成了火成岩。晶体的大小完全取决于岩浆的温度以及结晶的速度。地质学家把地球上最早的晶质火成岩叫作原生岩，包括玄武岩和其他细晶火成岩。而粗晶火成岩则主要形成于低温和较厚的地壳中，其中不同矿物的组分反映了不同的结晶温度。早期地壳可能仅由火成岩组成。

最初，裸露在地表的这些火成岩在风、雨以及其他物理因素的作用下风化并产生矿物碎屑。这些碎屑矿物胶结形成了最初的砂岩、砾石和滨岸砾岩。而被水流冲走的细小颗粒会在某个地方沉积下来，通过压实作用形成各种沉积岩，比如页岩、石灰岩和砂岩。

如果沉积岩被埋藏在很深的地下，高温和高压则会逐渐使它们形成变质岩。沉积岩与炽热的火成岩相接触可以形成变质岩。当熔融的岩浆流入沉积岩层中时发生的热接触变质作用称为侵入作用。烘烤、熔化、挤压和断裂等变质作用可以形成不同类型的变质岩，范围从变质程度较轻的板岩直到深度变质的片岩和片麻岩。变质程度可以用来衡量形变的强度或者烘烤的温度，变质程度越深，说明导致变质作用的温度或者压力越高。风化作用和侵蚀作用亦可以使变质岩再次转变为沉积岩。这样，3种岩石的类型相互转变，周而复始。

岩石类型的转变并非总是遵循某一严格的顺序，有时也会被打乱。例如，火成岩如果不喷出地表而只是被埋在地层深处，那么它很可能在板块运动产生的热量和压力的作用下直接转变为变质岩。

现代大陆内部的克拉通（地盾）正是由古老的变质岩组成的。古大陆的缝合和洋壳的消减形成了山系。小溪变成大河，冰雪汇成冰川，湖泊形成内海，所有这些变化都会将高山上岩石风化形成的碎屑带走。最初形成的沉积岩富含长石等硅质矿物，

岩石循环

右图展示的是各种类型的岩石相互转换的过程。岩浆冷却结晶形成的火成岩，可以通过风化、搬运、胶结等一系列过程形成沉积岩。沉积岩在高温和高压的作用下可以转变为变质岩，也可以再度熔化形成岩浆。

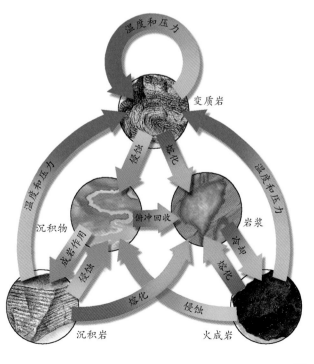

而黏土矿物是后来才开始出现的。由于剧烈的火山活动和频繁的岩石消长，最初形成的沉积岩并没有保存至今。晚期形成的沉积岩大约占据地表可见岩石的70%，正是这些岩石不断地被风化和侵蚀，并且与空气、水和有机物经历数百万年的相互作用，才最终形成了土壤。

在地质学界有这样一种说法，即"现在是通往过去的一把钥匙"。这句话的意思是说一些基本的地质现象在过去和现在

地质过程

岩石的形成与破坏是一个循环过程。地表的岩石风化形成的碎屑通过搬运、沉积、压实等一系列过程形成沉积岩。岩层可以发生抬升而被再次剥蚀，也可以在高温或高压的条件下形成变质岩，还可以在地球深部重新熔融形成火成岩。

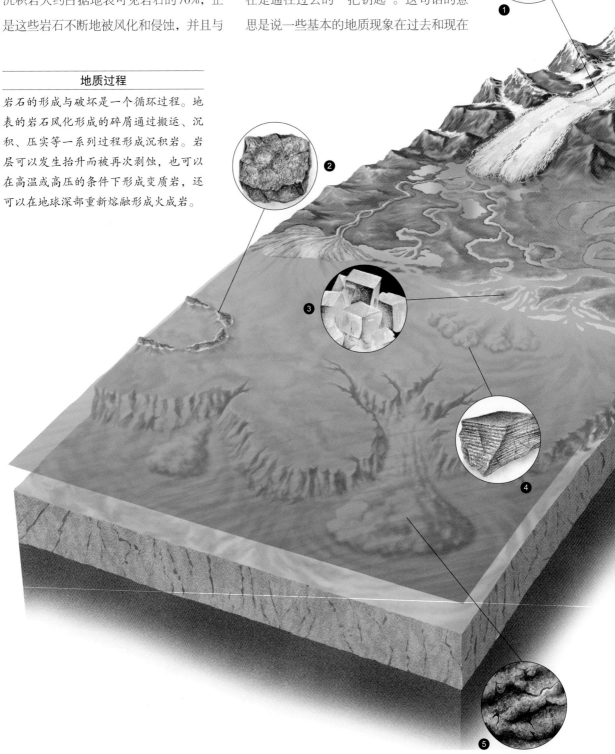

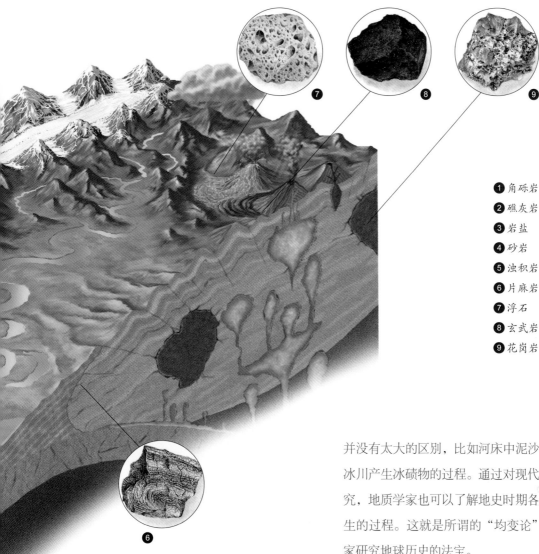

❶ 角砾岩

❷ 礁灰岩

❸ 岩盐

❹ 砂岩

❺ 浊积岩

❻ 片麻岩

❼ 浮石

❽ 玄武岩

❾ 花岗岩

沉积岩

沉积岩是通过水流和冰川产生的沉积物与空气中的颗粒胶结形成的，比如石灰岩和砂岩等。沉积岩在水中和陆地上都可以形成。

变质岩

变质岩是岩石在极高的温度和压力下发生重结晶而形成的，比如片麻岩。变质作用通常发生在地球深部。

火成岩

火成岩是通过岩浆冷却和结晶形成的。喷出地表的岩浆冷却形成喷出岩，而入侵地壳深层的岩浆缓慢冷却则形成深成岩（又叫侵入岩）。

并没有太大的区别，比如河床中泥沙的沉积过程和冰川产生冰碛物的过程。通过对现代地质现象的研究，地质学家也可以了解地史时期各种地质现象发生的过程。这就是所谓的"均变论"，它是地质学家研究地球历史的法宝。

火成岩和变质岩通常形成于地壳深部，因此它们的形成过程研究起来相对困难。沉积岩形成于地表，并且充当了环境记录者的角色。虽然连续的沉积并不多见，但是这样的岩层一旦保存下来，对其形成过程的研究将会变得相对容易。虽然通常情况下新鲜的岩层总是形成于古老岩层之上，但是某一时期的地层也会因为侵蚀作用而缺失。因此，如果两套地层之间出现这样的沉积间断，我们就把这两套地层的接触关系叫作不整合。地壳运动也会使原来水平沉积的地层发生倾斜，有时还会导致地层出现褶皱。在褶皱被夷平之后，还可能形成新的上覆

要想清楚地了解一套岩层的历史并不容易，因为岩层本来就是不完整的。

岩层。在这种情况下，新、老两套岩层之间存在一个角度，这样的接触关系叫作角度不整合。如果在下伏地层的侵蚀面上形成产状一致的上覆岩层，这样的接触关系称为假整合。而如果新形成的沉积岩覆盖在火成岩或变质岩基底之上，这样的不整合关系称为非整合。

近岸沉积物的相对密度较大，因为这里是陆地表层风化物被流水搬运的最终目的地。在距离海岸越远的地方，陆源沉积物越少，到了洋中脊附近几乎看不到任何陆源沉积物的踪迹。海平面也会周期性地上涨淹没陆地，这个过程叫作海侵，这个时候

岩层中的记录

1500米深的科罗拉多大峡谷是由科罗拉多河切割形成的，展现了一幅壮丽的地质画卷。大峡谷崖壁出露的岩层时间跨度很大，其中最古老的可以追溯到22亿年前。它们形成于浅水环境中，并在之后的造山运动中被琐罗亚斯德花岗岩体侵入，受热变质形成毗湿奴片岩。之后，岩层进一步受到剥蚀并被熔岩流和沉积岩覆盖，且在与上覆的古生代地层之间形成巨大的不整合接触。

岩石的相对年龄

岩石相对年龄的确定主要基于尼古拉斯·斯坦诺于1669年提出的地层叠覆律，即在未经扰动的沉积顺序中，上覆岩层永远比下伏岩层古老，而下伏岩层永远比上覆岩层年轻[1]。斯坦诺的另一个贡献是提出了原始水平定律，简述为沉积层在沉积时是水平的或接近水平的。在前两条定律的基础上，斯坦诺提出第三条定律，即原始侧向连续律。这条定律解释了山谷两侧为什么具有相似的地层。

然而，在漫长的地质年代里，地层不可能不被扰动。亿万年来，地表岩层的侵蚀、抬升、破裂、褶皱的形成以及其他岩体的侵入从未间断过，并且这些地质过程一般发生在岩层形成之后（即著名的穿切关系原理）。上、下地层在沉积顺序上连续的接触关系叫作整合，而非连续的接触关系叫作不整合。角度不整合一般是指年轻的水平岩层与倾斜或出现褶皱的老岩层之间的接触。假整合是指年轻的水平岩层与受到剥蚀的、接近水平的老岩层之间的接触。非整合则指的是年轻的水平岩层和下伏变质岩或火成岩基底之间的接触。

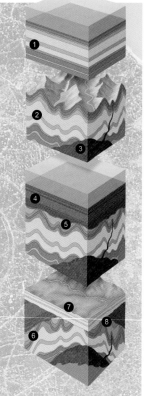

❶ 沉积物的叠覆
❷ 变质作用、变形和抬升
❸ 花岗岩侵入体
❹ 下沉并再度接受沉积（页岩）
❺ 剥蚀面形成不整合
❻ 倾斜、抬升并再度剥蚀
❼ 剥蚀面上形成的砂岩沉积
❽ 角度不整合

---

[1] 译者注：此处疑为作者笔误。地层叠覆律的正确表述为，在未经扰动的沉积序列中，上覆岩层永远比下伏岩层年轻，而下伏岩层永远比上覆岩层古老，即先形成的岩层总是位于后形成的岩层的下面。

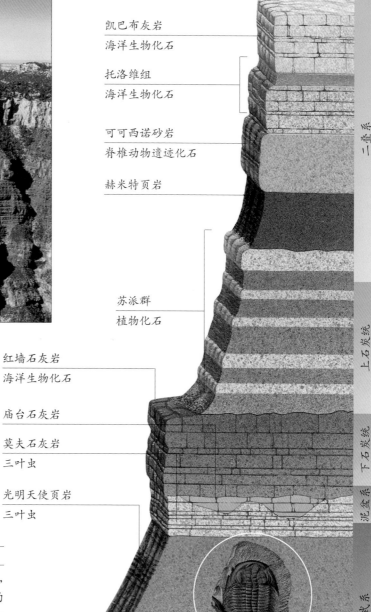

凯巴布灰岩
海洋生物化石

托洛维组
海洋生物化石

可可西诺砂岩
脊椎动物遗迹化石

赫米特页岩

苏派群
植物化石

红墙石灰岩
海洋生物化石

庙台石灰岩

莫夫石灰岩
三叶虫

光明天使页岩
三叶虫

二叠系

上石炭统

下石炭统

泥盆系

寒武系

前寒武系

化石证据

大峡谷中的一些岩层产出相同的化石，这说明它们可能是在同一时期相邻的环境中形成的。比如，寒武纪的一些三叶虫在塔碎砂岩及其上覆的光明天使页岩下部都有产出。

大峡谷超群
单细胞生物

毗湿奴片岩
无化石

琐罗亚斯德花岗岩

海洋沉积物也会覆盖在陆源沉积物之上。巨厚的岩层可能代表数百万年来的沉积。当侵蚀作用出现的时候，沉积即发生间断，在岩层上则表现为不整合面。

每一层沉积岩都有自己独特的颜色、粒度、矿物组成和结构，也可能含有这一时期这一地点特有的标志性化石。粗砾岩的出现往往指示着不整合面的存在，也是海平面上涨的一个重要标志。因此，不整合面指示了老岩层剥蚀和新岩层沉积的过程；并且，由于沉积环境的不同，老岩层在水平方向上的岩石类型可能有很大差异。比如，在陆地或滨岸地带发生侵蚀作用的同时，沉积可能正在离岸地带发生。

美国亚利桑那州的大峡谷是世界上最壮观的裸露地层之一。20亿年前的造山运动形成的火成岩和变质岩组成了峡谷的底部。直到大约700万年前，当科罗拉多河的冰川融水切开峡谷时，这些岩层才展现在我们眼前。

褶皱和断层可以使正常的沉积岩层序完全倒转。褶皱和断层有多种类型。向上隆起的岩层顶部被夷平，会形成中间古老、两侧年轻的地层排列方式，这样的褶皱叫作背斜。而向下弯曲的褶皱顶部被夷平，会形成中间年轻、两侧古老的地层排列方式，这样的褶皱叫作向斜。如果褶皱的轴面和枢纽都接近水平，这样的褶皱叫作平卧褶皱。当地壳中大块的岩石发生位移时就会形成断层。和褶皱一样，断层也分为很多不同的类型。其中，上盘沿断

难以磨灭的化石

古代动物和植物的遗骸保存在岩层中，经过矿化形成化石。纵然经历了亿万年的风雨，它们依然坚硬。有些化石甚至比围岩还要坚硬，以至于在围岩被风化后可以得到保存较好的三维化石。上图所示的腕足类化石就是例子。

海岸线的变迁

一套岩层的上、下界线年代是不同的。寒武纪时期，塔辟砂岩沿着北美洲西海岸沉积。随着海平面的上涨，海岸线在原来的基础上向东扩展，海相沉积覆盖在原来的滨岸沉积物上，这个过程叫作海侵。

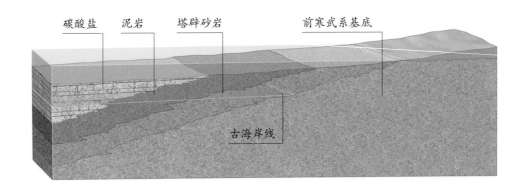

碳酸盐　泥岩　塔辟砂岩　前寒武系基底

古海岸线

化石的地史分布

右图展示的是一些常见的无脊椎动物化石的地史分布。左边的4个类群一直延续到现代，而三叶虫则在二叠纪完全灭绝。每个类群图示的宽度代表该类群在那个时代的繁盛程度，图示越宽，代表这个类群在那个时代越繁盛。灰色区域表示该类化石在这个时代可被用作确定地层年代的标准化石。

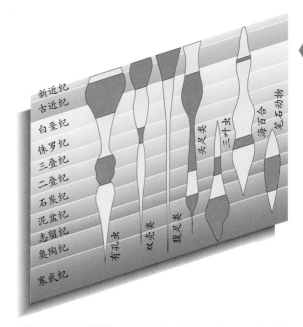

面向下运动形成的断层叫作正断层，而上盘沿断面向上运动形成的断层则称为逆断层或冲断层。有时，断层两侧的岩石也会发生水平运动，形成走滑断层。当褶皱和断层遭受侵蚀后，就会展现出明显异常的岩层顺序。

在过去的20年里，研究碳氢化合物的沉积学家和地层学家逐渐意识到不整合面和海平面变化在地层学研究中起到了非常重要的作用，并且据此发展出一套精细的研究理论，即层序地层学。该理论将新地层覆盖在老地层以上作为基本的地层层序。连续的地层有它自身的特点，并且地层序列之间都是由不整合面分割的。岩层层序和不整合面一样，实际上都是时间的量度。但是，岩层层序和不整合面只能反映相对的时间量度，因为我们并不知道岩石的绝对年龄，也不知道一套岩层的形成究竟经历了多长时间。岩层之间的对比只能反映哪层比哪层更古老。

> 地质学家从19世纪开始汇总整理地球历史的地层记录。

地质学家首先将岩层划分为不同的层或组，并赋予不同的名字。比如，苏格兰的老红砂岩（18世纪90年代确定）这个名字不仅能反映这个特定岩层的基本属性和出露位置，还能反映它与其他岩层的相对位置关系。绝大多数这样的地层单元都裸露于地表，有的还形成了壮美的地质奇观。接下来，地质学家要用同样的方法对地下的岩层进行划分，并且根据产出的化石确定每一层的年代，进而形成一个系统的地质年代表。

丹麦人尼古拉斯·斯坦诺和英国测量员威廉·史密斯是相对地质年代理论的奠基人。斯坦诺提出了地层的叠覆律，认为在正常的沉积岩层序中上覆岩层永远比下伏岩层年轻，即先形成的岩层总是位于后形成岩层下面。史密斯则是第一个根据岩层中的化石来确定地层顺序的人，他认为产出相同化石的岩层具有相同的时代，并且地层的新老关系可以通过其中产出的不同类型的化石确定。这样，地层的相对年龄就可以确定，并且全世界同时代的地层也可以相互对比。从此，化石就成为地层学研究的重要工具之一。

利用这一手段，地质学家将得到的信息汇总成一幅地层柱状图，并最终形成完整的地质年代表。这张地质年代表将地球历史分为3个主要时期：太古宙、元古宙和显生宙。地球历史的最初20.5亿年属于太古宙[1]，这一时期形成的沉积岩大都遭到破

---

[1] 译者注：不同的文献有不同的划分方式，除上述3个时期以外，一般将距今46亿~40亿年这一阶段称为冥古宙。

坏，只有少量保存至今。不仅如此，这一时期的化石也十分稀少，即使有也是简单的单细胞生物。元古宙距今25亿~5.45亿年，这一时期地球逐渐稳定，多细胞生物开始出现。而从距今5.45亿年至今都属于显生宙，这一时期又进一步细分为古生代（距今5.45亿~2.48亿年）、中生代（距今2.48亿~6500万年）和新生代（6500万年前至今）。显生宙的生物化石非常丰富，因此人们对这一时期生命演化过程的了解也比其他时期更加清楚。

只有使用放射性同位素测年等绝对年代测定方

标准化石

根据原生标准化石可以确定一套地层的年龄。标准化石具有分布广、数量多、易辨认以及仅在某一特定时代的地层中产出的特点。如果两个地点的岩层产出相同的标准化石，这两套地层可以确定为同一年代。如果两种以上的标准化石同时出现，地层的年代可以确定得更加精确。例如，三叶虫（*Shumardia pusilla*）和腹足类（*Cyclonema longstaffae*）的延续时代在奥陶纪末期有短暂重合（图❶），那么另一套包含这两个物种的地层的时代就可以确定为奥陶纪末期，即距今4.48亿~4.42亿年（图❷）。

从不稳定到稳定

放射性同位素是不稳定的，它们能够从不稳定的原子核内部自发地放出粒子或射线，同时释放出能量，从而达到稳定状态。铀-238（^{238}U）衰变产生 α 粒子（即氦原子核，由两个质子和两个中子组成，相对原子量为4）形成钍-234（^{234}Th），而后者依然是不稳定的同位素，它可以继续衰变，形成稳定的铅-206（^{206}Pb）。因此，我们说^{206}Pb是^{238}U的子元素。

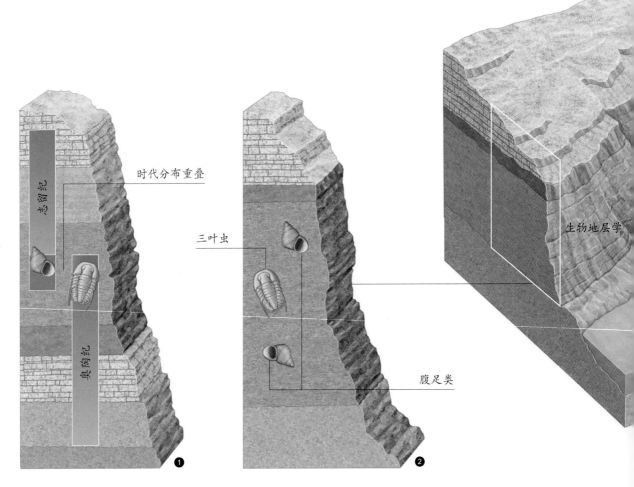

时代分布重叠

三叶虫

腹足类

生物地层学

志留纪

奥陶纪

❶ ❷

放射性时钟

半衰期是指放射性同位素的原子核有半数发生衰变所需要的时间。比如，^{238}U 衰变为 ^{206}Pb 的半衰期约为 45 亿年，科学家通过计算岩石中这两种同位素的比例，即可得到岩石形成的时间。

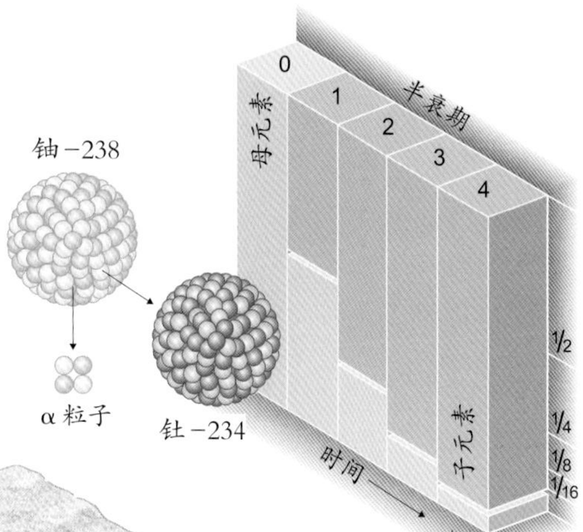

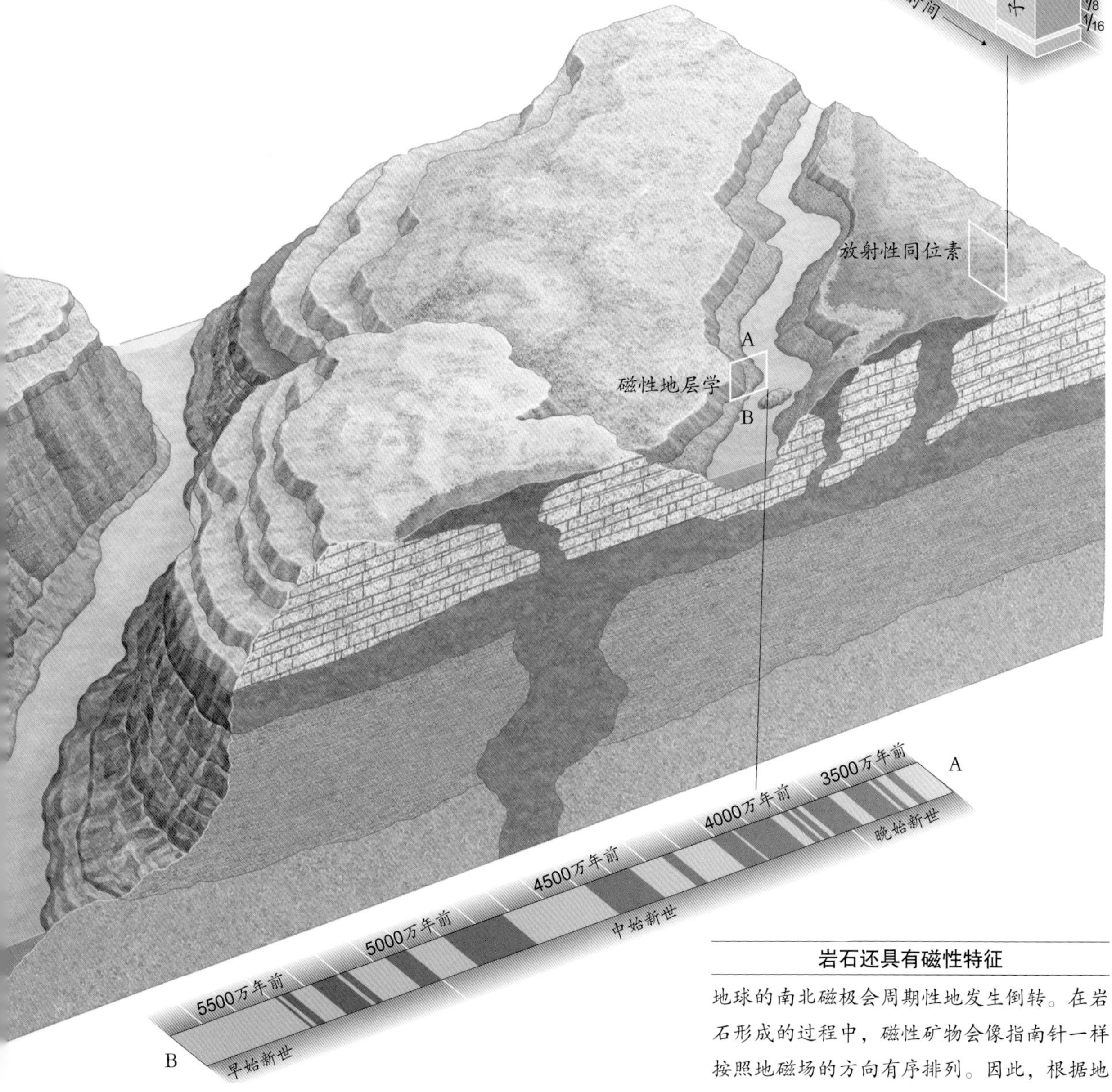

铀-238

α 粒子

钍-234

母元素

半衰期

0　1　2　3　4

时间

子元素

$1/2$

$1/4$

$1/8$

$1/16$

放射性同位素

磁性地层学

A

B

3500万年前

4000万年前

晚始新世

A

4500万年前

中始新世

5000万年前

5500万年前

早始新世

B

岩石还具有磁性特征

地球的南北磁极会周期性地发生倒转。在岩石形成的过程中，磁性矿物会像指南针一样按照地磁场的方向有序排列。因此，根据地磁正（深色）、负（浅色）极性转换序列就可以在世界范围内测定这些岩石的年龄。

法才能使地质年代表准确可靠。放射性同位素测年的应用是在安东尼·亨利·贝克勒尔发现放射性同位素衰变之后逐渐兴起的。比如，放射性同位素铀-235（^{235}U）和钍-232（^{232}Th）可以分别衰变成铅-207（^{207}Pb）和铅-208（^{208}Pb）。^{235}U 衰变为 ^{207}Pb 的半衰期为7.13亿年，而 ^{232}Th 衰变为 ^{208}Pb 的半衰期为141亿年。也就是说，每经历这样的周期就会有一半的初始元素衰变形成新的元素。原子核的衰变周期是恒定的，每经历7.13亿年误差仅为±1400万年。不同半衰期的放射性同位素可以用来测定不同时代的岩石，比如碳-14（^{14}C，半衰期为5730年）仅能用于测量年轻岩石的年龄，其测量上限不超过7.5万年。

> 放射性同位素的发现和技术进步催生了岩石绝对年龄测定方法。

然而，放射性同位素测年法并不能解决地质年代表中涉及的每个问题。这种方法对于测定火成岩的年代很适用，因为火成岩中的矿物差不多都是同时形成的。

但是对于沉积岩来说，放射性同位素测年法表现出很大的局限性。从本质上说，沉积岩中的矿物来自不同年代形成的各种岩石，因此用放射性同位素测年法测沉积岩的年龄时会不准确。因此，地层学家必须利用穿插在沉积岩中的火成岩建立区域性的年代框架，以确定某一特定沉积岩层的绝对年代。

专题1　化石是怎样形成的

尽管保存形式多种多样，但化石的形成必须经过生物的死亡、埋藏和封存等过程。最早形成的化石显然是偶然保存下来的微小生命体，比如封存在硅胶中的微体化石，或是被泥浆或泥沙快速掩埋的水母。不仅快速掩埋可以使生物遗骸免遭食腐动物和自然风化的破坏，缺氧的环境也能抑制遗骸的腐烂和细菌的生长。这些都使化石的形成成为可能。当生命体演化出硬质结构时，它们通常较软体动物更易保存为化石，这也是软体动物在化石记录中相对匮乏的原因。

无脊椎动物化石和脊椎动物化石是绝大多数岩层中的主要化石。这是因为它们的骨骼都是由几丁质、碳酸钙、磷酸钙或二氧化硅等构成的。次生矿物在原有的结构中形成，虽然增加了质量，但保存了所有原有的细微结构。矿物的交代作用可以形成精美的化石，比如黄铁矿化。这些溶解在水中的矿物缓慢地渗入动物的遗骸，并且可以在埋藏过程中的任何时期结晶矿化。

植物和笔石动物（一种具有纤维状骨骼的古生代群居海生动物）可以保存为黑色或银黑色的薄膜状化石。这种黑色物质是一种碳质薄膜，是由动物组织中的有机物蒸馏形成的。有时双壳类动物原来的壳被酸性的液体溶解，仅留下一个由次生矿物充填形成的铸模。如果次生矿物在动物死亡之前就已经充填，那么充填物甚至有可能反映动物内部结构的本来面目。这样的化石叫作内核。

生物体挖掘或钻进沉积物的过程中可能会留下掘迹、行迹或者印痕，形成遗迹化石。如果生物体死在泥潭沼泽或冻土中，哪怕是像猛犸象和人类这样的大家伙，也能像木乃伊一样完整地保存下来。

化石的形成过程

脊椎动物的肉体部分在死后很快就会腐烂或者被其他动物吃掉，而骨骼在腐烂之前得以掩埋。随着时间的推移，次生矿物逐渐渗入骨骼的微小结构中形成化石，这就是脊椎动物大多保存为骨骼化石的原因。之后，地壳运动使化石层裸露出地表，风化作用将亿万年前的生命再度呈现在我们眼前。此外，动物的行迹和蠕虫的掘迹形成的化石叫作遗迹化石。

岩石中的复制品

很多化石并不是真实的远古生物遗骸。举个例子，几百万年前一个海生双壳类动物死后沉到海底，它的软体部分可能很快腐烂或被其他动物吃掉，但是硬壳可能逐渐被沉积物覆盖。随着时间的推移，酸性的液体可能渗入沉积物中，将原来的碳酸钙硬壳溶解，只留下保存较好的三维动物体铸模。溶解在水中的矿物渗入到铸模中，即可结晶形成内模，保存为化石。因此，这样的化石完全是由次生矿物充填的，原先的生物体已经不复存在。

永恒的瞬间

4500万年前的一个水塘逐渐干涸，导致这群鱼儿被永远尘封在岩石中形成化石。

地球的
起源及其自然环境

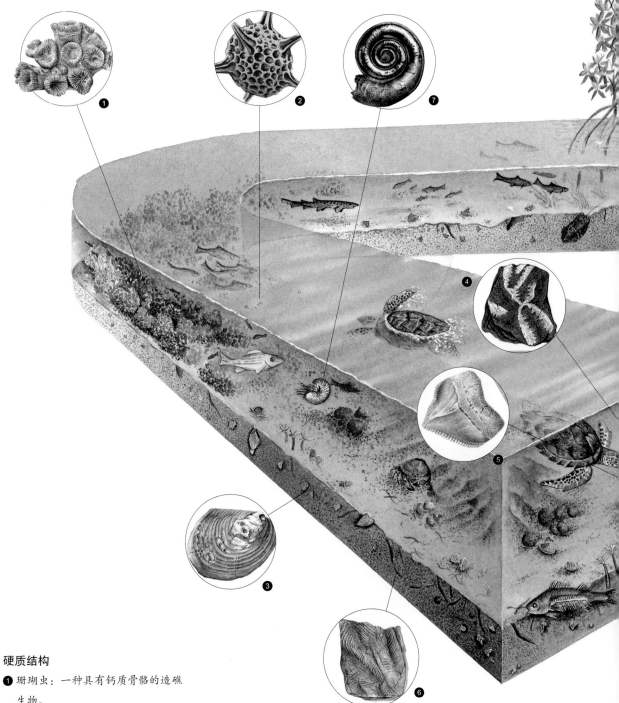

硬质结构

❶ 珊瑚虫：一种具有钙质骨骼的造礁
生物。

❷ 放射虫：一种具有硅质骨骼的微体
浮游生物。

❸ 双壳类：具有碳酸钙成分的坚硬外
壳，可以保存为化石，也可以被酸
溶解形成铸模。

❹ 笔石动物：一种具有有机质骨骼的
群居海生动物，黑色页岩中常见。

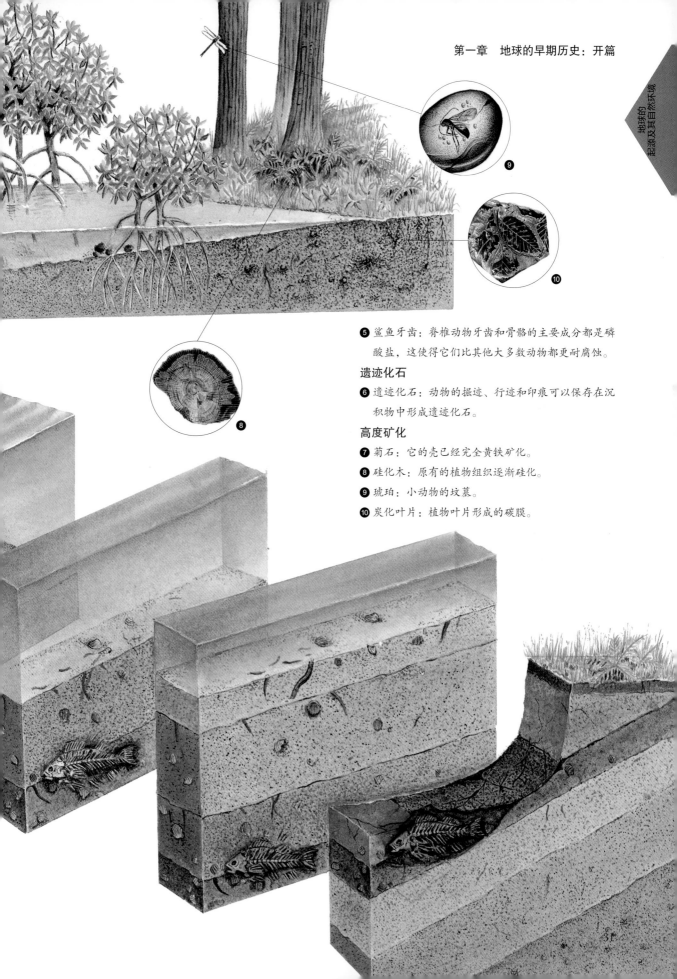

❺ 鲨鱼牙齿：脊椎动物牙齿和骨骼的主要成分都是磷酸盐，这使得它们比其他大多数动物都更耐腐蚀。

遗迹化石

❻ 遗迹化石：动物的掘迹、行迹和印痕可以保存在沉积物中形成遗迹化石。

高度矿化

❼ 菊石：它的壳已经完全黄铁矿化。

❽ 硅化木：原有的植物组织逐渐硅化。

❾ 琥珀：小动物的坟墓。

❿ 炭化叶片：植物叶片形成的碳膜。

专题2　化学循环

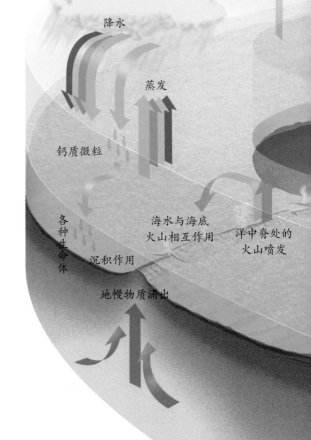

氢气逃逸

降水

蒸发

钙质微粒

各种生命体

沉积作用

海水与海底火山相互作用

洋中脊处的火山喷发

地幔物质涌出

虽然今天的地球已不像它最初的几百万年那样混乱，但也远不是平静的。板块运动、侵蚀作用和生命演化依然不断地改变着我们的世界，而人类活动带来的变化则更为快速和剧烈。这种变化继而影响化学循环，即地球表面和内部各种化学平衡的动态变化过程。碳元素是组成生命形式的基本元素之一，它比其他元素更能反映这种变化。

地球上绝大多数碳以二氧化碳的形式存在。在工业革命之前，大气中的二氧化碳主要来自生命体的呼吸作用和分解作用、火山喷发、变质作用以及石灰岩和其他碳酸盐岩的形成过程。从长远来看，这些过程弥补了因光合作用、风化作用、有机物的掩埋等造成的大气中二氧化碳的缺失。

在显生宙（5.45亿年前至今），大气中二氧化碳和氧气含量的波动引起气候变化，这一点能够通过碳的稳定同位素证据加以证明。地球化学家分析石灰岩中的碳同位素组分，并把不同原子量的碳同位素随时间变化的规律标示出来。结果显示，有机物的快速掩埋导致大气和海水中的^{12}C减少，进而导致大气和海水中^{13}C的比例增加。如果以碳同位素含量与时间的对应关系作图，则可以将大气中的二氧化碳含量随时间变化的曲线直观地展示出来。利用同样的方法，也可以分析大气中的氧气含量随时间的变化。

温度的改变可以直接影响化学循环，比如温度上升导致风化作用加强。而大气中二氧化碳水平的

石灰岩地貌

怪石嶙峋的石灰岩地貌是化学风化的结果。大气中的二氧化碳与水汽结合形成的酸雨能够溶解石灰岩中的部分碳酸钙，流失的碳酸钙最终进入海洋，这一过程是碳循环的重要组成部分。

石灰岩的组成

大部分碳酸盐岩石是由海生无脊椎动物体内的碳酸钙结构沉积形成的（对页小图）。比如像有孔虫这样的微体浮游动物从海水中摄取钙质形成壳或"骨骼"，它们死后在海底形成白垩质软泥，最终变成石灰岩。

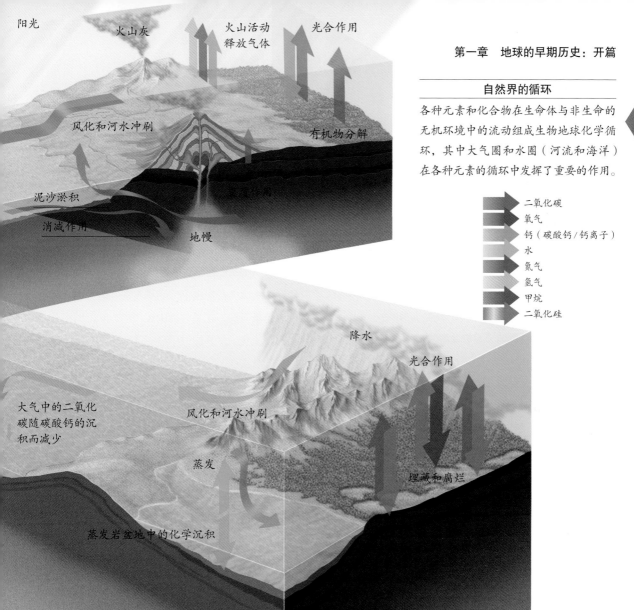

阳光　火山灰　火山活动释放气体　光合作用

风化和河水冲刷　　有机物分解

泥沙淤积

消减作用　　地幔

地球的起源及其自然环境

自然界的循环

各种元素和化合物在生命体与非生命的无机环境中的流动组成生物地球化学循环，其中大气圈和水圈（河流和海洋）在各种元素的循环中发挥了重要的作用。

二氧化碳
氧气
钙（碳酸钙/钙离子）
水
氮气
氢气
甲烷
二氧化硅

降水　　光合作用

大气中的二氧化碳随碳酸钙的沉积而减少

风化和河水冲刷

蒸发　　埋藏和腐烂

蒸发岩盆地中的化学沉积

显著升高，会引起降水量增加和化学风化作用的加剧。这些变化反过来降低了大气中的二氧化碳含量，并且有可能导致冰河时期再次到来。

珊瑚、双壳类动物和微体浮游生物可以反映温度的季节性波动，这是因为骨骼中氧-18（^{18}O）和氧-16（^{16}O）的含量可以指示海水温度和咸度的变化。海水中含有^{16}O的水分子比含有^{18}O的水分子更容易蒸发，因此大气降

水和地表水中^{16}O的含量会高于^{18}O。从前寒武纪晚期开始，冰川的形成不仅使海平面降低，还冻结了大量富含^{16}O的地表水。因此，冰河时期的海水比任何时候都更富含^{18}O。

这些变化都是化学循环的直观反映。这些化学循环之间相互依存、彼此偶联，并且波动和平静总是周期性地交替出现。

生命的起源及其特点

在宇宙中，地球上的生命可能是独一无二的。然而，生命在地球上的出现可能并非偶然。如果地球的质量再大一些，大气就会更加稠密，以致太阳光可能无法穿透，光合作用（绿色植物同化作用的一种）也就无法进行。然而，如果地球的质量很小，大气就可能逃逸到宇宙中，也不会有氧气存在（虽然氧气是地球上大多数生命体所必需的，但是它很可能抑制了最初生命体的出现，因为氧化作用可能破坏最初的生命体结构）。由于海水蒸发到太空中，地球上也不会出现海洋。地球上适宜的温度决定了液态水的存在，这对于生命的出现也是至关重要的。

所有的生命体都是由相同的基本构件构成的。最先出现的是氨基酸，它是一类由碳、氢、氧、氮组成的水溶性有机物。氨基酸进而形成蛋白质，它是所有生命形式的物质基础。

1953年，芝加哥大学的两位化学家斯坦利·米勒和哈罗德·尤里设计了一个实验，他们将甲烷、氢气、氨气和水蒸气混合来模拟早期地球大气的成分，并通过电极放电模拟自然界的闪电作用于混合气体，最终得到了4种氨基酸——它们

> 生命很可能是在早期地球的风暴中偶然形成的，因为那里并没有自由氧的存在。

都是构成蛋白质的基本单位。随后米勒和尤里按照同样的思路，又得到了碳水化合物以及组成核糖核酸（RNA）和脱氧核糖核酸（DNA）的核苷酸，而它们都是组成遗传物质的重要原料。

关于生命起源的另一种假说将注意力集中在了地球早期的环境上，认为地球早期的环境必须能够

关键词

氨基酸、大爆炸、碳、陨石、染色体、蓝细菌、DNA、原核生物、演化、基因、自然选择、光合作用、真核生物、蛋白质

参考章节

地球的起源及其自然环境：大爆炸、早期大气层

太古宙：黑烟囱、最初的生命形式、绿岩带、光合作用

二叠纪：大灭绝

保护原始生命免受紫外线照射和氧化作用的伤害。这种环境包括间歇泉、火山泥浆池和深海。如今，人类在洋中脊附近发现了大量"黑烟囱"——它们是从洋中脊裂谷处喷涌而出的富含矿物质的深海热液流。尽管"黑烟囱"附近的水温和压力都很高，但这里依然有生物生存。从一些生活在"黑烟囱"附近的蠕虫和其他耐热生物中提取到的DNA说明，生命很可能起源于这样的环境中。

还有一种说法，认为在地外空间中，早期太阳星云的冰冻碎片中可能存在着形成生命体的原始化学物质。如果这些推测能够得到验证的话，那么地球上的生命就很可能来自地外。虽然很多碳质陨石含有类似于氨基酸的化合物，但是地球早期大气中的氧很可能将任何来自地外的早

40亿年前	生命起源（单细胞微生物）			最早的真核生物（具有细胞核的生物）	
40亿年前	35亿年前	太古宙	30亿年前	25亿年前	20亿年前

生命的
起源及其特点

生命真的起源于这里吗

间歇泉为生命起源提供了理想的环境。它像一锅富含矿物质的"原始汤"，保护原始生命体免受氧化作用和紫外线电离作用的损伤。如今，一些古老的细菌种类依然可以在热泉、泥浆池以及动物的消化道等缺氧的环境中生活。

演化不是一蹴而就的

起初，生命的演化是极其缓慢的。大爆炸产生了生命起源所需的所有元素，但是像氨基酸、RNA和DNA这样复杂的生物大分子可能到晚些时候才形成。最古老的细菌出现在距今38亿~35亿年，而第一个后生动物则是直到10亿年前才出现的。生命起源于海洋，陆生植物直到4.5亿年前才出现，而陆生动物出现的时代要更晚。后生动物的繁盛始于大约5.45亿年前的寒武纪"生命大爆发"。虽然历次大灭绝事件将数不清的物种从地球上抹去，但是新的物种很快就占领了它们的生态位，生命的演化就这样永不停息。

期生命形式扼杀在摇篮中。

　　无论生命是如何起源的，化石证据显示地球上的生命至少存在了35亿年。这些证据包括在澳洲西部和非洲南部富含硅质的燧石中发现的蓝细菌（原名蓝绿藻），以及在南非巴伯顿绿岩带中发现的与现代蓝细菌类似的微体化石，它们都是已知最古老的单细胞生物。多细胞生物与蓝细菌几乎在同一时期出现，说明生命的演化早已开始。

> 最早的细菌很可能是厌氧的，后来出现的生命能够进行光合作用并产生氧气，进而改变了世界。

　　蓝细菌能够进行光合作用，即利用太阳的光能制造自身需要的能量、物质并释放氧气。在格陵兰发现的

100个科出现

海洋生物　　　　陆地生物

最早的多细胞生物

5亿年前	元古宙	10亿年前		6亿年前	5.45亿年前　古生代	4亿年前　2.48亿年前	2亿年前	6500万年前 中生代	现代 新生代

有机物证明这样的过程早在38亿年前就出现了。如果真是这样的话，那么最早的生命很可能比我们想象的更加古老。最早出现的细菌是古细菌，它们不仅是厌氧的，而且无法进行光合作用，只能通过其他方式来获取能量。

光合细菌的出现使大气中的氧气含量逐步上升，进而显著地改变了地球早期的大气成分。其他

突变

基因突变造成对页上图中右侧的果蝇眼睛较左侧的小，而且更不规则。所有突变都是由DNA复制过程中的差错造成的。大多数突变都是中性的，只有少数是有害的。其中有害的突变会被自然选择所淘汰，而中性的突变则主要发生在DNA的非编码区，或者发生在不影响蛋白质结构和功能的编码区域。

为生命编码

DNA以染色体的形式存在（右图），染色体是由DNA双螺旋结构围绕一种特殊的蛋白质形成的，它是遗传物质的载体。具有遗传效应的DNA片段叫作基因，每一段基因都能编码一段特殊的氨基酸序列（氨基酸是组成蛋白质的基本单位）。在有性生殖中，亲代的染色体通过复制和分裂传递给子代，如右图所示。如果亲代的两套染色体加倍后只进行有丝分裂，那么子代中的染色体数量就会加倍。因此，只有通过减数分裂才能使子代染色体的数量与亲代的完全一致。来自亲代的两套染色体两两配对，从而增加了遗传的多样性。

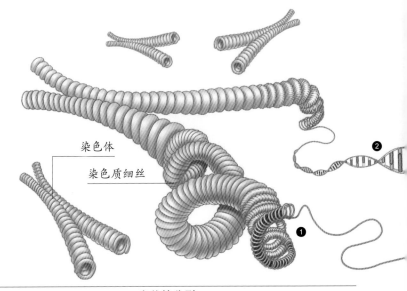

染色体

染色质细丝

完美的分裂

所有生命体的繁殖都是通过细胞分裂完成的（左下图），而有性生殖所采取的减数分裂更有利于生物的生存。在有性生殖中，两个亲代各有一套遗传物质遗传给子代，其中任何一个都可能在完全不同的环境中发挥优势，大大增加了子代存活的可能性。

❶ 染色体螺旋化以便最大限度地节省空间。

❷ 碱基互补配对。

❸ 在通常情况下，腺嘌呤与胸腺嘧啶组成一个碱基对，而鸟嘌呤与胞嘧啶组成一个碱基对。

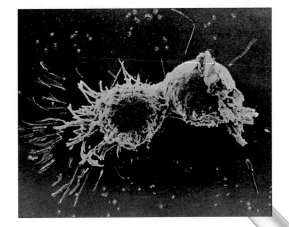

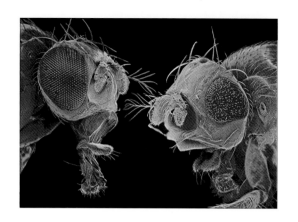

DNA双链解旋

如下图所示，DNA在自我复制之前先要解旋，即碱基对之间的氢键发生断裂，形成由游离碱基、脱氧核糖和磷酸基团组成的半个"软梯"。游离的脱氧核糖核苷酸与DNA单链中游离的碱基互补配对，形成两条完全一样的双链DNA分子。

碱基的突变

如左图所示，胞嘧啶与腺嘌呤互补配对形成一个点突变，一个多余的胞嘧啶的随机插入形成插入突变，一个与鸟苷酸互补配对的胞嘧啶缺失形成缺失突变。

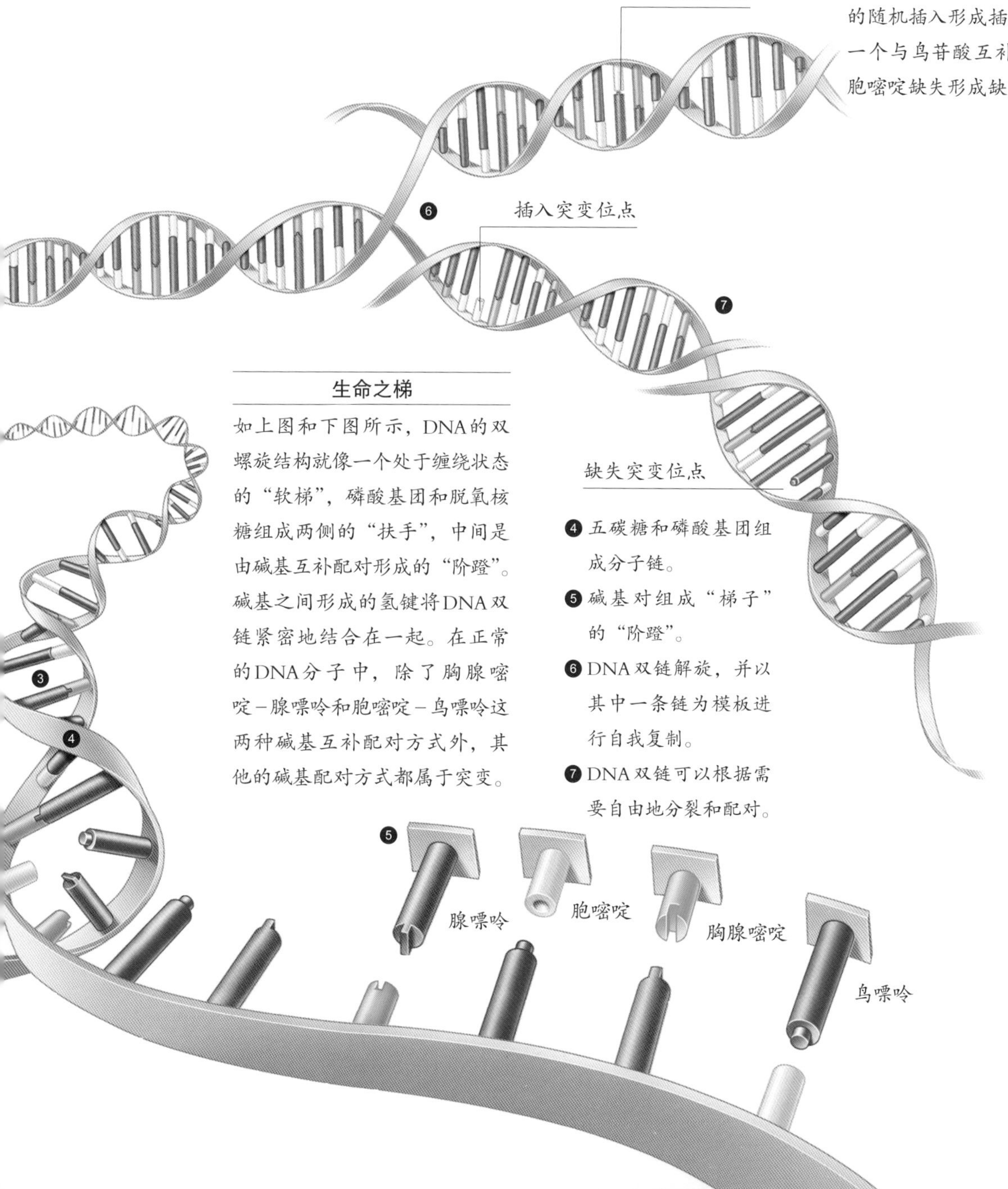

生命的
起源及其特点

突变位点

插入突变位点

❻

❼

生命之梯

如上图和下图所示，DNA的双螺旋结构就像一个处于缠绕状态的"软梯"，磷酸基团和脱氧核糖组成两侧的"扶手"，中间是由碱基互补配对形成的"阶蹬"。碱基之间形成的氢键将DNA双链紧密地结合在一起。在正常的DNA分子中，除了胸腺嘧啶-腺嘌呤和胞嘧啶-鸟嘌呤这两种碱基互补配对方式外，其他的碱基配对方式都属于突变。

缺失突变位点

❹ 五碳糖和磷酸基团组成分子链。

❺ 碱基对组成"梯子"的"阶蹬"。

❻ DNA双链解旋，并以其中一条链为模板进行自我复制。

❼ DNA双链可以根据需要自由地分裂和配对。

❸

❹

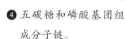

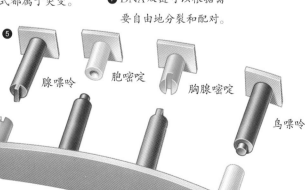

❺

腺嘌呤　　胞嘧啶　　胸腺嘧啶

鸟嘌呤

细菌能够利用氧气并通过有氧呼吸作用释放能量来满足自身的需要。这种获取能量的方式较古细菌更为有效，使得这些细菌开始迅速繁殖并变得多样化。当古细菌还在深海、湖泊或泥淖中安静生活的时候，这些更高级的细菌已经开始统治这个年轻的星球了。

古细菌和真细菌都属于原核生物，它们是一类没有细胞核且DNA不以染色体形式存在的单细胞生物。与原核生物不同的是，真核生物具有典型的细胞核结构，它们的DNA是以染色体的形式存在的，并且具有各种细胞器结构。今天，地球上除了原核生物以外的其他生物都属于真核生物[1]，它们演化形成了更为复杂的生命形式。

> 细菌具有巨大的演化潜能：它们的生命周期很短，并且以DNA作为遗传物质，在紫外线的照射下可以发生很多变异。

真核生物与原核生物在营养方式和繁殖方式上都有很大不同。叶绿体（绿色植物光合作用的主要场所）和线粒体（高等生物细胞有氧呼吸的主要场所）的出现使得真核生物比原核生物能够更加有效地利用能量。早期的生物体进行的是无性生殖，它们通过简单的分裂来实现自我复制。生殖细胞的出现是生物演化历史上又一次重要的革命。有性生殖是一种更为强大的生殖方式，它能够将双亲的遗传物质重组并传给下一代。一个种群中所有个体的基因的总和称为基因库。在一个庞大的种群中，基因库的多样性更为丰富，并且亲代的遗传物质可以有数不清的排列组合方式，这也可以解释为什么人类的面孔存在着巨大差异。更重要的是，遗传物质经过数代的不断重组将会产生长久的改变，从而更加有利于生物适应周围的生存环境。

早在19世纪现代自然科学研究起步之前，人们就已经注意到生命形式的多样化程度之高简直令人难以置信。奥地利生物学家、修道士格里格·孟德尔通过豌豆实验发现了遗传法则。1865年，他在一种自然历史杂志上发表的研究成果首次阐述了承载生物自然特征的物质（现在称为基因）从亲代传给子代的现象。孟德尔发现，亲代可以将这些物质完整地传递给子代，但是并非所有的特征在每一子代中都能观察到，有些特征绝大多数时候是不表现出来的。他把频繁可见的特征称为显性性状，而将未表现的特征称为隐性性状。但是，孟德尔的研究成果一直没有引起人们的注意。直到1900年遗传学家再次读到他的论文时，他的成果才得到了广泛的接受。

20世纪上半叶，细胞生物学家发现基因在细胞核内形成线性的染色体。每套染色体组都包括特定数量的染色体，并且就像成对出现的基因一样，染色体组也是成对出现的。从本质上来说，每条染色体就是一条长链DNA分子，它的形状就像高度螺旋化的"软梯"，由磷酸基团和脱氧核糖组成的分子链是软梯的"扶手"，被中间由碱基互补配对形成的"阶蹬"分隔在左右两侧。其中，半个"阶蹬"作为一个变换单位，其碱基组合的方式千变万化，无穷无尽。而遗传信息就是蕴藏在不同排列组合的"阶蹬"中世代相传的。

> 孟德尔通过豌豆实验发现了遗传法则，该法则适用于所有生物。

DNA的中文全称叫作脱氧核糖核酸，它是一种由磷酸、脱氧核糖和含氮碱基组成的化合物。科学家推测，DNA很可能是在太古宙早期由RNA突变产生的。RNA是单链核酸，能够转录DNA编码的

---

[1] 译者注：这种说法并不准确，以病毒为代表的一些生物既不属于原核生物又不属于真核生物。

遗传信息并转运氨基酸。RNA被认为存在于大多数最古老的生命形式中，并在很早以前通过某些方式转变为DNA。

在生命演化的过程中有诸多戏剧性的变化，其中由RNA突变形成DNA的过程可能是最早出现的。如果生物体暴露于紫外线、伽马射线或某些化学物质中，突变就有可能发生。当然，这些物理和化学因素并不是突变发生的必要条件，突变也可以在没有这些因素存在的情况下自然发生。突变可以导致某一遗传信息丢失，发生错误的复制，或插入到非正常的序列中。如果生殖细胞发生突变，无形中就增加了基因库中的变异，将进一步提高物种的多样性水平。一个新的生命形式能否存活下来在很大程度上取决于它所生存的环境。一旦一个生物生存下来，其基因中出现的"错误"也会随着正常的遗传信息一起传给它的下一代。如果这些子代个体也都存活了下来并继续繁衍，那么它们很可能成为这个种群中的优势群体。这样看来，一些个体的遗传密码即使发生极其微小的改变也可能产生巨大而深远的影响。

> 基因编码有时会发生突变形成新的蛋白质，如果这些变异传递给子代，很可能逐渐演化出新的物种。

一群能够相互交配产生可育后代且具有相似遗传性状的生物称为一个物种。在自然界中，绝大多数物种通过产生足够多的后代确保它们当中至少有一些能够发育成熟并有机会交配。某些个体具有天生的优势，比如速度快、身体强壮或其他有利的特点，它们能够更好地适应环境，生存和繁衍的机会也更大。而那些不能很好地适应环境的个体或

成功的演化

鲨鱼是游泳健将，流线型身体使它比猎物游得更快，因而得以从泥盆纪延续至今。

趋异演化

虽然人类和蝙蝠都是哺乳动物，但是趋异演化使得二者在形态特征和生活方式上都有很大的差异。人和蝙蝠都具有五指，这是二者具有的共同祖征。所不同的是，人类演化出了具有抓握能力的手，而蝙蝠的五指逐渐演化成了翅膀。我们认为人和蝙蝠的手指是同源的，这是因为它们的功能虽然迥异，但具有相似的结构。鸟类与蝙蝠的亲缘关系较远，但是鸟类的翅膀与蝙蝠的极为相似。这些证据证明了达尔文的理论，即不同的物种完全有可能是由同一祖先演化来的，环境在演化过程中起到了决定性作用。

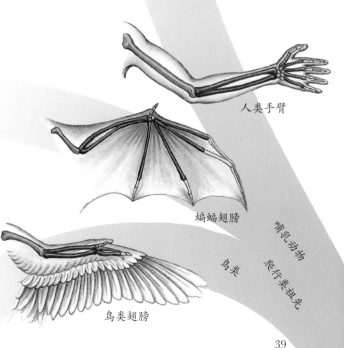

人类手臂

蝙蝠翅膀

鸟类翅膀

鸟类

哺乳动物

爬行类祖先

生命的
起源及其特点

菊石是具有卷曲螺壳的头足类动物，起源于泥盆纪。迭代演化在菊石的演化过程中曾多次出现，表现为发育过程中不同种类的螺壳多次出现类似祖先型的卷曲方式。左图所展示的菊石种类在地史上一直延续到晚白垩世，大约持续了4亿年的时间。

时候，所有当时坚信神创论的保守派人士都为之震惊。彼时，一位欧洲的大主教甚至已经将上帝创造世界的时间精确到了公元前4004年10月23日（星期日）上午9点（著名的法国博物学家布丰曾质疑过这个时间），但是坚不可摧的进化论最终还是由达尔文、法国的博物学家拉马克以及英国博物学家华莱士等人提了出来。

拉马克是一位非常杰出的古生物学家，由于他认为获得性性状是可以遗传的，所以在那个年代经常遭到嘲笑。例如，拉马克认为动物为了获得高处的食物，脖子能够逐渐变长，而这些特征都可以世世代代遗传下去。如今越来越多的发现都支持拉马克的观点。比如，许多刚出生的动物在没有亲代帮助的情况下，天生就具有某些适应复杂环境的能力。这个现象引发了学者更深层次的思考，难道新生动物的某些先天记忆也是一个演化的特征？

华莱士不仅是一个收藏家，也是一位著名的博物学家，他与达尔文几乎在同一时间得出了自然选择导致生物演化的结论。这两位博物学家共同发表了一些研究成果，如果他们没有发表，其他人通过相同的证据也会很快得出同样的结论。尽管如此，最终还是达尔文的《物种起源》奠定了现代进化论的基础。反对达尔文的声音主要是针对人类和猿类拥有相同的祖先的观点。但是，这些反对声与达尔文搜集的证据相比，显得微不足道。

者物种将很快被环境淘汰。如果一种生物无法适应环境，那就只有走向灭亡，或成为其他物种的盘中餐，或被更加强壮和灵活的个体取代。这就是生物演化所谓的"自然选择"和"适者生存"。

英国伟大的博物学家和作家查尔斯·达尔文第一个找到了物种起源和适应性演化的原因。达尔文的理论是在深刻理解19世纪自然科学基本理论的基础上，通过历时5年（1831~1836年）的环球旅行才逐步形成的。这次环球旅行中的所见所闻，加上在地质学、植物学和动物学方面良好的知识背景，引发了

> 达尔文将生物的演化解释为遗传信息与环境相互作用的结果。他并不是第一个提出进化论的人，但是他是第一个能够用事实证明进化论的人。

达尔文对物种起源问题的深刻思考。不仅如此，达尔文自己还收集了一系列珍贵的化石，成为支持他的理论的强有力证据。他花了5年时间搜集这些证据，又花了整整25年时间解释这些证据，形成理论并整理成文。

1859年，当达尔文的著作《物种起源》出版的

每一个物种都要经历变异、

❸

成种、适应性辐射和灭绝这4个阶段。用通俗的话来说，就是一个相对较小的种群产生了能够适应特殊环境的微小变异，最终形成与祖先完全不同的群体，即演化出一个新的物种。有时自然环境的改变形成了地理隔离，将一个种群分成两个或两个以上孤立的小种群，造成种群间无法交配繁殖。经过一段时间，被分开的种群逐渐产生了适应各自环境的变异，如果这些差异足够明显或者造成这些差异的因素持续的时间足够长的话，那么每一个小的种群都将演化为不同的物种。这个过程叫作成种。如果种群的分裂不是由地理隔离造成的，而是种群中的一部分个体迁徙到一个远离种群的地方，这部分迁徙个体也有可能形成新的物种。

当一个新的生态位空出的时候，其他物种将会迅速占据它。能够迅速占据该生态位的物种一定是能够快速繁殖并很快适应不同生境的种类。在500

万年甚至1000万年以后，当年从老物种分离出来的这个很小的种群可能发展成为一个新物种的优势种群。这个过程叫作适应性辐射。适应性辐射通常发生在占据这一生态位的物种灭绝（通常指一个物种在剧烈的环境变化后突然消失）之后。因此，从一定意义上来说，灭绝反过来也是推动物种演化的动力。

由同一祖先演化形成适应不同环境的新物种的过程即为趋异演化。但是很多时候，情况恰恰相反：在地理上相隔很远且没有任何亲缘关系的物种经常独立演化出相似的形态特征，以适应相似的生活环境。例如，有袋类哺乳动物如今只生活在澳大利亚大陆，在世界上的其他地区没有发现它们的近亲[1]。但是，袋鼹、袋食蚁兽和袋熊看起来非常像在其他大陆上发现的有胎盘鼹鼠、食蚁兽和土拨鼠。这表明不同的物种在相似的生境中可以独立演化出相似的形态和生活方式，这种现象又叫作趋同演化。

生境相似的物种总是平行演化，也就是说，如果它们生活在相似的环境中，就会演化出适应相似环境的特征来。比如，晚中新世出现在北美洲和南美洲的单趾马的祖先在晚古新世都是五趾的。由于趾的结构限制了马的奔跑耐力，所以经过长期演化，五趾逐渐减少到一趾。因此，阿根廷的滑距马灭绝了，而真马延续至今。

年轻的物种与它们的祖先相似的情况并不多见，这种现象称为迭代演化。只有在生

> 在我们周围，演化的证据比比皆是。除了化石证据以外，通过现生动物形态特征的对比也可以推测出它们的共同祖先。

趋同演化

狼和林姬鼠都是有胎盘动物，它们分布在除澳大利亚以外的其他大陆上。在澳大利亚，对应它们的分别是袋狼和 *Dasycerus cristicauda*。由于生活环境相似，这两组动物在不同的大陆上独立演化出了相似的外形。

❶ 狼（*Canis*）

❷ 袋狼（*Thylacinus cynocephalus*）

❸ 林姬鼠（*Apodemus sylvaticus*）

❹ *Dasycerus cristicauda*

[1] 译者注：这种说法并不准确，一些有袋类还生活在南美洲和东南亚的一些岛屿上。

食物链的顶端

作为百兽之王，狮子在生态系统中处于食物链的顶端。然而，它们祖先的体型小得可怜。大约5500万年前，一种属于古灵猫亚科的小型树栖动物逐渐朝着两个方向发展，并逐步分化为猫型总科和犬型总科。猫型总科又逐渐分化出獴科、灵猫科、猫科和鬣狗科。猫科起源于大约2000万年前，包括猫亚科、豹亚科及已灭绝的剑齿虎亚科。剑齿虎是中新世陆地上的顶级掠食者，它们主要捕食犀牛和其他大体型的植食性动物。随着草原的扩展，羚羊等小体型的植食性动物出现。猫科动物中随即分化出一支善于捕食体型小巧、行动敏捷的动物的新类群——猎豹。斑马这样的猎物对于剑齿虎来说跑得太快，而对于猎豹来说又过于强壮。于是，在大约60万年前狮子出现了，它填补了这个生态位。

种　狮子

属　豹属（包括狮子、虎、雪豹等）

科　猫科（包括狮子、猎豹、云豹、野猫等）

目　食肉目（包括狮子、狼、熊、浣熊、鼬、獴等）

纲　哺乳纲（包括狮子、大象、鲸、猴子、老鼠、袋鼠等）

门　脊索动物门（包括狮子、鹦鹉、鳄、蟾蜍、金枪鱼、鲨鱼、海鞘等）

界　动物界（包括狮子、章鱼、螃蟹、蚂蚁、蚯蚓、水母、阿米巴变形虫等）

生物分类阶元

狮子属于脊索动物门（具有脊柱或脊柱的前体）哺乳纲（恒温、胎生，且能通过乳腺分泌乳汁哺育幼体）食肉目（肉食性动物）猫科（前足五趾，后足四趾）豹属。

物的多样化受到限制且环境条件允许的情况下，迭代演化才能够发生。通过化石记录，不仅可以推断出演化的法则或模式，还能够解释为什么物种通过这样的方式演化。例如，海克尔法则指出一个物种胚胎发育的过程可以重演这个物种的演化过程[1]。事实上，鱼、猪、兔子和人类的早期胚胎看起来的确有很多相同点，它们都具有鳃和尾巴。与达尔文同时期的生物学家路易斯·阿加西曾说，他甚至无法分辨一个胚胎究竟属于哺乳动物、鸟类或者爬行类。然而，一些生物的发育省略了其中的某些阶段，因此它们的成体看上去与它们祖先的幼体很相似，这与海克尔定律是相违背的。

其他定律（比如威利斯顿法则）认为动物体的结构都是由一系列重复的结构单元组成的，比如牙齿和四肢。越低等的动物重复的结构单元数量越多。在演化过程中，重复的结构单元逐渐变少，功能也逐步特化。又如，多洛法则认为在演化过程中退化或者完全消失的器官在以后的演化过程中绝不会再现，而且一旦某个物种灭绝，它们也将永远消失[2]。

柯普氏定律认为，后代的体型总有比亲代更大的趋势，但是它们的种群数量会相对减少。体型较大的生物更易超过它们的捕食者的体型，它们对食物的利用率更高（大体型生物比同样质量的若干小体型生物的能量损耗要小），但是适应环境变化的能力相对薄弱，更易灭绝。恐龙大灭绝是柯普氏定律的真实写照，庞大恐龙的灭绝与微小细菌的存活形成了鲜明对比。在过去的40亿年里，细菌几乎没有发生什么变化，它们演化的成功是显而易见的。

物种灭绝既可以由像陨石撞击这样的突发性灾难事件引起，也可能由病害、捕食、种间竞争或者食物及栖息地的丧失等因素导致。自从寒武纪大爆发开始，新物种的形成和老物种的灭绝总是如影随形。有些物种在濒临灭绝的时刻又重新繁盛起来，否则它们的生态位很快就会被其他物种占据。

在达尔文的进化论提出之前，物种灭绝的观点已被人们广泛接受。最初，化石的发现使科学家产生了一个疑问：为什么在今天的地球上从未见过化石中的生物？一种解释是这些生物还生活在地球上，只是在那些人类未曾到过的遥远地区，所以没人见过。但是，到了1786年，人类的足迹已经遍布地球上的大部分地区，可是依然没有发现任何像猛犸象那样巨大的动物，这正好支持了法国博物学家居维叶提出的猛犸象已经灭绝了的观点。

如今，地球上有200万~500万个物种。对这些物种的命名和分类都源自人类语言的伟大力量。史前的人们也需要鉴别不同种类的动植物，以便区分哪些可以食用，哪些有毒，哪些比较温和，哪些有可能伤害到自己。古希腊博学家亚里士多

加拉帕戈斯地雀

加拉帕戈斯地雀的演化向我们展示了一个物种分化成若干个新物种的过程。这些地雀的祖先来自南美大陆，它们在加拉帕戈斯群岛的不同岛屿各自适应了种子、果实、昆虫甚至仙人掌等不同类型的食物，而逐渐分化为不同的物种。不同种类地雀的喙因为食性不同而有所差异。由于占据的生态位不同，不同种类的地雀在岛上相安无事。

生命的起源及其特点

---

[1] 译者注：严格来说，一个物种的胚胎发育过程并不是完全重演系统发育。

[2] 译者注：这种说法并不准确。最近的研究表明，一些生物消失了的器官在之后的演化过程中有可能再次出现。

德是最早尝试对动植物进行分类的人。他注意到鸟与昆虫的区别，并根据它们各自的特征将其归为两个大类。命名一种生物就没那么简单了。18世纪以前，生物的命名并没有什么章法可循，这种情况直到瑞典植物学家林奈创立了生物命名的双名法之后才得以改善。根据这个命名规则，每一个物种的名称都由一个属名和一个种名组成，所有的名称采用拉丁语并以斜体书写。比如，*Felis* 是野猫的属名，它的种名是 *silvestris*。野猫和其他家猫都属于猫科。野猫只能与野猫交配繁衍，而不能与山猫（*Felis rufus*）、美洲狮（*Felis concolor*）、狮子、老虎等任何大型猫科动物交配产生后代。

今天，林奈提出的生物命名体系依然是现代生物分类学的精髓。如今，所有的动植物被分成5个界（有些分类系统是6个界）。这5个界从大到小又被依次划分为门、纲、目、科、属、种6级分类单元，其中属和种两级分类单元是由林奈提出的。现生生物根据它们的特征很容易被划归为某个大的门类（如界、门、纲等），但是鉴定种和亚种级别的特征是非常具有挑战性的。

林奈发现了生物分类的自然层次，达尔文解释了其中的含义，即所有生命都起源于一个共同的祖先，然后在自然选择的作用下演化得千差万别。如果在演化树中沿着某个物种的分支一直追溯到它在该生物界中的祖先，基本上就可以知道这个物种大致的演化过程。演化树的基部由原始的类群组成，它们是其他物种的祖先。这个结论有力地回击了从《物种起源》出版至今160多年来所有反对达尔文的声音。演化树的分支反映了不同类群生物之间的亲缘关系的远近。

分支系统学是研究生物分类的一种手段，它通过定义原始与进步的特征来反映祖先和后裔之间的亲缘关系的远近。进步特征（比如头发或羽毛）在

大灭绝事件

各种生物集群灭绝的现象叫作大灭绝。在泥盆纪末期的大灭绝事件中，海洋生物中大约1/3的科遭受灭顶之灾。虽然后来很多类群出现了复苏，但是在二叠纪末期又有54%的科从地球上消失。两次大灭绝事件共造成地球上90%的生物灭亡，接下来的一次大灭绝事件发生在白垩纪末期。

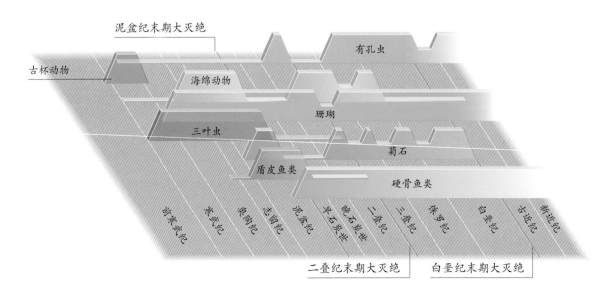

演化过程中只产生一次。因此，所有具有这些特征的后裔都可以被视作一个单系类群。另外一个有巨大潜力的研究手段是DNA测序技术。每个物种的DNA和RNA的碱基序列都是独一无二的。两个物种产生分歧的时间越早，它们的DNA和RNA的碱基序列的差异就会越大。利用这一原理，通过比对序列的相似性，就可以知道两个物种的演化关系。

专题　生命的五界系统

对生物进行分类是一种标记演化史的简便方法，可根据生物彼此间的差异将其分成若干层次，而界是最大也是最重要的一个层次。林奈最早提出了生物分类的二界系统，将生物要么归入动物界，要么归入植物界。正如著名生物学家林恩·马古利斯所说的，在那时，人们把所有不认识的东西都当成细菌归入植物界[1]。但是到了19世纪末，人们意识到很多微小的生物既不属于动物，也不属于植物，因此急需将这些生物归入一个新的分类单元。原生生物界的概念就是在这个时候提出的。

随着自然科学的进一步发展，人们发现了大量微小且奇特的生命形式。这时，三界系统也不能满足生物分类的需求了。终于，到了1963年[2]，一种基于解剖学、生物化学和营养方式的五界系统被提了出来。五界系统认为，原核生物界代表了最古老和最原始的生命形式，其他界的生物都是由原核生物界演化而来的。原核生物界由原核生物组成，它们没有细胞核和其他细胞器结构。该界的生物种类和数量是地球上最为庞大的，并且直到今天它们依旧繁盛。目前，绝大多数学者倾向于将原核生物界分成古细菌界和真细菌界，形成六界系统。

除了古细菌界和真细菌界以外，其他各界都是由真核生物组成的，它们具有细胞核和其他细胞器结构。最早出现的真核生物是单细胞的原生生物。此后，动物、植物和真菌才相继出现。

由于营养方式的不同，植物、动物和真菌被归入不同的界。植物是自养生物（即生产者），它们通过光合作用合成有机物来满足自身对能量的需要。动物是异养生物（即消费者），它们通过摄取食物获取自身所需的能量。真菌属于分解者，它们通过分解其他生物的残骸获得能量。

幸存者

细菌是地球上演化最为成功的生命形式，它们成功地生存了将近35亿年，并且躲过了造成大量物种消失的历次大灭绝事件。下图所示的螺旋菌是一种真细菌，它属于现代生物系统里的真细菌界。

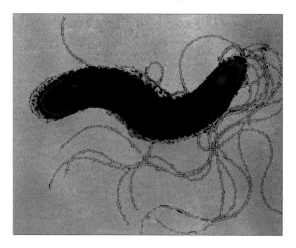

---

[1] 译者注：在林奈的二界系统中，细菌类、藻类和真菌类被归入植物界，原生动物类被归入动物界。
[2] 译者注：此处疑为作者笔误。五界系统是由魏特克在1969年提出的。

哪些是植物

植物最早出现于距今4.5亿年前。和细菌不同，植物是由种子发育而成的。目前，人类命名了大约50万种植物，而自然界中的植物种类估计是这个数字的两倍。已知的大多数植物都是陆生植物。

原生生物

这种具有细胞核结构的微小生物在地球上存在了将近12亿年，包括藻类、原生动物和黏菌。这些生物可能会颠覆你的想象，它们既不是动物，也不是植物，更不是真菌，而是由不同类型的细菌通过共生演化出来的。

真菌

真菌是由原生生物演化而来的。自然界中的真菌估计有约150万种，其中只有很少一部分被人们所熟知。真菌曾经被归入植物界，但是它与动物有很多共同点。

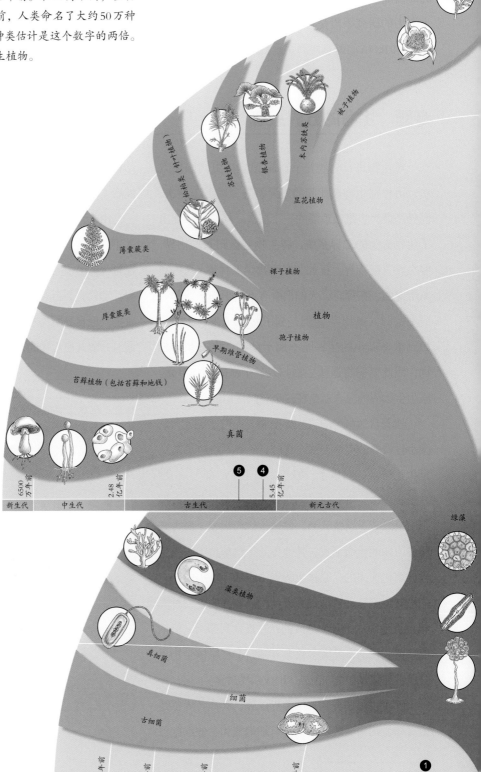

松柏类（针叶植物）

苏铁植物

银杏植物

本内苏铁类

种子植物

显花植物

薄囊蕨类

裸子植物

厚囊蕨类

植物

早期维管植物

孢子植物

苔藓植物（包括苔藓和地钱）

真菌

❺ ❹

6500
万年前

2.48
亿年前

5.45
亿年前

新生代 | 中生代 | 古生代 | 新元古代

绿藻

藻类植物

真细菌

细菌

古细菌

5.45亿年前

10亿年前

16亿年前

25亿年前

❶

显生宙 | 元古宙 | 太古宙

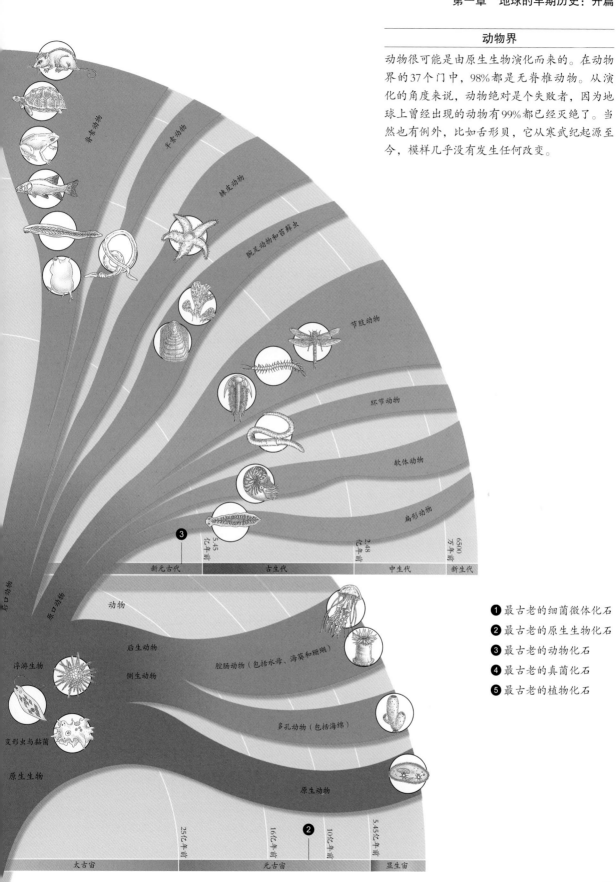

动物界

动物很可能是由原生生物演化而来的。在动物界的37个门中，98%都是无脊椎动物。从演化的角度来说，动物绝对是个失败者，因为地球上曾经出现的动物有99%都已经灭绝了。当然也有例外，比如舌形贝，它从寒武纪起源至今，模样几乎没有发生任何改变。

❶ 最古老的细菌微体化石
❷ 最古老的原生生物化石
❸ 最古老的动物化石
❹ 最古老的真菌化石
❺ 最古老的植物化石

太古宙
距今45.5亿~25亿年[1]

太古宙横跨地球最初的20.5亿年，几乎相当于地球历史的一半。而太古宙和稍晚的元古宙共同组成的前寒武纪相当于地球历史的90%。虽然前寒武纪这个名词很少出现在地质年代表上，但在描述寒武纪之前地球的历史时经常用到。太古宙，地球从一个由尘埃、气体和宇宙碎片组成的炽热星球变成一个生机勃勃的世界。在这一时期，地核、地幔和地壳初步形成，大气圈和海洋逐步建立。早期的微大陆经过剥蚀形成了最初的沉积岩。在现存的太古宇岩石中，人们发现了原始的单细胞生物化石，它们是记录地球生命历史的最古老证据。

早期大气中充满了水蒸气，在地球表面冷却以后，活跃的火山裂隙将地表分割成大小不一的区域，这就是科学家描绘的太古宙早期地球的样子。随着地球表面冷却，液态水开始富集，地壳逐渐形成。虽然40亿年前的原始地壳厚度还不到30千米，比今天的地壳要薄很多，但在结构和化学组成上它已与现代地壳并无二致。最终，漂浮在岩石圈上的小片原始地壳聚集形成原始大陆的雏形。但是，早期大气富含氩、氖等稀有气体，和现代大气的成分完全不同。这些稀有气体并不稳定，很快就被太阳风吹散并逐步被二氧化碳、氮气和水蒸气所取代。

大约40亿年前，原始大陆可能只是直径不超过500千米的小片地壳，比现代大陆的规模要小很多。由于这一时期地幔的对流运动依然强烈，原始大陆存在的时间可能非常短暂。到了38.5亿~37.5亿年前的依苏阿代，花岗岩在地球表面形成，成为日后火成岩和沉积岩的基底。这些花岗岩基底由于深埋于地下，在高温高压

> 由于剧烈的火山活动和频繁的陨石撞击，地球最初的5亿年被称为冥古宙，这个名字源于希腊语中的"hell"（意为"地狱"）一词。

关键词

带纹铁石、生源论、碳酸盐沉积、燧石、克拉通、地壳、真核生物、长英质地壳、绿岩、铁镁质地壳、地幔、原核生物、地盾、叠层石、超铁镁质地壳

	45.5亿年前	45亿年前	44亿年前	43亿年前	42亿年前	41亿年前	40亿年前	39亿年前	38亿年前	太古宙
欧洲分期				冥古宙					依苏阿代	
南非分期										斯威士代
地质事件		地球形成/地球各圈层分化 月球形成				活跃的地球表面/原始大陆形成				最古老的岩石——绿岩形成
大气圈		地球表面冷却 大气圈尚未形成		火山喷发出的气体形成原始大气圈						
地表水				水蒸气冷凝形成降雨/原始海洋形成						
生命形式				生物大分子（原始的RNA）					最早的生命体	

---

[1] 译者注：根据最新的地质年代表，太古宙距今40亿~25亿年。

月球的形成

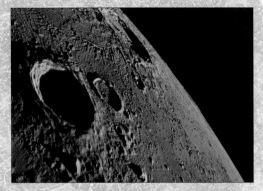

科学家认为，大约44亿年前一个与火星大小相仿的天体撞击了地球。这次撞击导致大量物质被抛射到外层空间，形成一个环绕地球的"碎片带"，"碎片带"内的物质不断聚积形成月球。

月球从形成到变成我们今天看到的样子大约用了10亿年。起初，月球也经历了一个吸积和圈层分化的过程。随着熔融的表面逐渐冷却，月球变成了一个死寂的世界。在月壳形成以后，陨石的撞击使得月球表面布满了大大小小的环形山。距今38亿~31亿年[1]的几次大规模撞击事件导致月幔物质溢出形成月海。从地球上看，由玄武岩覆盖的月海颜色较暗，而由斜长岩组成的高地颜色明亮，年代也较月海更古老（形成于44亿年前）。

月球表面环形山形成的年代久远，有些环形山可能早在30亿年前就已经存在。有的大型环形山内部还有小环形山，它们都是月球频繁遭受陨石撞击的证据。月球表面的岩屑也都是由历次撞击形成的。

作用下变质形成片麻岩。在格陵兰岛的依苏阿地区发现的已知地球上最古老的沉积岩大约为38亿岁，这套岩层中的含铁矿物记录了彼时的大气圈依然处于缺氧状态。到了40亿~30亿年前的斯威士代，地幔对流趋于平缓，科学家认为构造板块很可能在这一时期已经形成。一旦地幔物质的对流趋于平缓，地壳的面积就会迅速扩张。此时，只有位于板块边缘的岩石下沉到地幔中，而绝大部分地壳得以完整地保存下来。在距今35亿~25亿年的这段时间里，陆壳的增生是十分显著的。

参考章节

地球的起源及其自然环境：大陆、地壳、岩石圈、地幔、板块构造
生命的起源及其特点：蓝细菌、原核生物、真核生物
元古宙：藻类植物、叠层石
志留纪：深海热液喷口

现代陆壳的厚度为25~95千米不等。科学家估计，35亿年前的陆壳厚度可能仅相当于今天的5%，然而仅仅过去10亿年，陆壳的厚度就超过了今天的60%。

大陆板块在30亿~25亿年前的兰丁代完全形成。虽然板块边缘的俯冲和回收在继续进行着，板块中心区域却相对稳定。这些稳定的区域称为克拉通或地盾，至今依然是现代大陆的中心。

早期大陆经过剥蚀形成最早的沉积岩，主要包括砂岩、砂砾岩和砾岩。所有这些岩石都富含硅酸盐矿物，它们的

34亿年前	33亿年前	32亿年前	31亿年前	30亿年前	29亿年前	28亿年前	27亿年前	26亿年前	25亿年前	元古宙
				兰丁代						
地表布满火山和熔岩				早期大陆形成并趋于稳定						
·自由氧出现						光合作用使大气圈的含氧量增加				
				区域性水体和热带海洋出现		海水总体积达到现代的90%				
·蓝细菌和叠层石出现									·真核生物出现	

---

[1] 译者注：此处疑为作者笔误。原文为"3.8~3.1 million years ago"，但根据上下文关系应为距今38亿~31亿年。

母质都是由花岗岩、玄武岩和变质岩风化形成的。剥蚀作用产生的大量钙质矿物随溪流汇入大海，逐渐沉积形成石灰岩。已知最古老的石灰岩是在大约28亿年前形成的。随着大气圈含氧量的增加以及溶解在海水中的二氧化碳的增多，形成的带纹铁石越来越少。到了元古宙，碳酸岩成为沉积岩的主要类型。因此，从太古宙开始，剥蚀和沉积就成为维持海洋化学平衡的主要方式。

太古宙，地球上的海陆格局基本形成。彼时的陆地一片荒芜，但是海洋中已经孕育出能够进行光合作用的生命体，它们正一步一步地改变着地球。

和现代大陆板块一样，太古宙的原始大陆也不是静止的，而是"漂浮"在软流圈之上。仅存的太古宙原始大陆形成了位于所有现代大陆中心的克拉通。大规模的克拉通在加拿大、格陵兰岛、斯堪的纳维亚半岛、俄罗斯、非洲、南美洲和澳大利亚都曾发现过，并且很可能也存在于南极大陆。加拿大克拉通是迄今已知面积最大的克拉通，在更新世冰

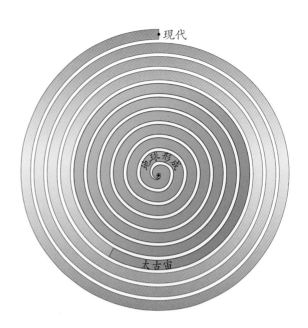

川的作用下得以广泛暴露。克拉通为大陆演化提供了非常宝贵的证据，能够帮助古地理学家重建亿万年来的海陆变迁。

克拉通之所以能够保存至今，是因为它们存在于稳定的大陆内部，而不是活跃的大陆边缘。由于板块边缘扩张形成洋盆，大陆也在缓慢并持续地彼

太古宙的世界

太古宙的地球表面被广阔的海洋覆盖。最初的地壳通常由"热点"上方凝固的火成岩组成。由于地幔剧烈的对流运动，这些小片的地壳可能只是短暂出现，然后随即消失。"热点"的位置也是经常变换的，可以在不同的区域形成新的地壳。

最初的大陆

最早形成的原始大陆面积很小。组成原始大陆的火成岩通过风化和剥蚀逐渐形成了泥岩、砂岩和页岩，原始大陆继而汇聚形成了中等面积的新大陆。这一时期的一些岩石至今依然可以在克拉通中找到。

此远离。人们在克拉通的结构中还发现了早期岛弧和海沟存在的证据，证明原始的洋壳与陆壳是相连的。

如果简单地将每一块克拉通都理解为曾经的一块大陆，那就大错特错了。元古宙最初的超大陆，实际上是由太古宙的许多原始大陆经过15亿~18亿年的缓慢移动逐渐汇聚而成的。

大约35亿年前，所谓的原始大陆依然是浩瀚海洋中的片片岛屿。大约到了30亿年前，由于火成岩、变质岩和沉积岩的不断积累，中等面积的稳定大陆才逐渐形成。其中，火成岩和变质岩组成了稳定大陆的核心。这两种岩石风化形成的碎屑通过搬运最终在大陆边缘形成沉积岩。与此同时，大量的火山灰被雨水冲入大海，在近岸形成巨厚的火山沉积物。火山灰还能通过风力被搬运至深海大洋，因此深海沉积相也是太古宙岩层的特点之一。虽然真正意义上的冰河时期是到了元古宙才出现的，但太古宙海拔较高的火山也可能曾经被冰雪覆盖。

如前文所述，原始大陆是在大约40亿年前由上地幔冷却形成的。所以，一般认为陆壳的年龄至少有40亿年。这些漂浮在软流圈上的原始大陆之所以保存到现在形成克拉通，是因为原始大陆的形成必然导致该地区的地幔变薄，该地区地幔的对流运动可能趋于平缓，而其他地区的地幔羽和地幔对流活动都较剧烈。

需要强调的是，地核及其外部圈层形成过程中发生的强烈对流曾经在4亿~5亿年的时间里阻碍了稳定大陆的形成。这一时期的地幔羽和"热点"可能远比想象中的要多。与这些对流构造相对应的不稳定的微

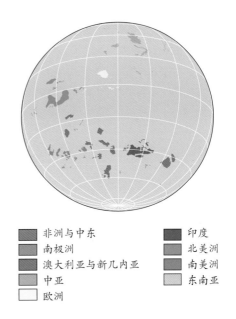

非洲与中东
南极洲
澳大利亚与新几内亚
中亚
欧洲
印度
北美洲
南美洲
东南亚

小地壳，或许可以为研究早期大陆的形成过程提供更多的线索。

大陆板块边缘的火山活动形成岛弧，而地幔羽还可能与早期弧后盆地的形成存在密切的关系。正因如此，这些由火山活动形成的沉积岩在大陆形成的早期可能也遭受了同等规模的地质作用并随大陆一起抬升，所以在克拉通的边缘经常能找到这些扭曲的沉积岩层。

通过研究克拉通中岩石的组成成分，人们可以了解早期大陆的物质组成和形成过程。世界上最古老岩石的形成都与克拉通有关，比如格陵兰岛的带纹铁石和南非巴伯顿地区的燧石。燧石的主要成分是硅酸盐，可能通过火山活动或生物活动产生（即由生物体产生），当然也可能是成岩作用的产物。

可以确定的是，巴伯顿燧石的形成与火山活动密切相关，其中保存的细菌化石表明这些生物可能曾经生活在热泉和富含淤泥的间歇泉中。与燧石的形成过程不同，带纹铁石主要在浅海大陆架上的盆

太古宙

太古宙

太古宇地层

澳大利亚西部的皮尔巴拉地区出露规模巨大的太古宇花岗岩侵入体。侵入体将上覆富铁沉积岩和绿岩带推成拱形，有些围绕侵入体岩层的产状甚至接近竖直。

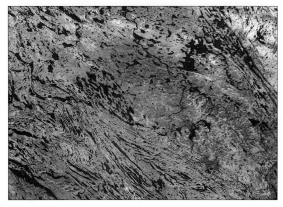

布满褶皱的克拉通

左侧这幅卫星照片展示的是加拿大的拉布拉多褶皱带，图片的右上角和左下角是由太古宇的花岗岩构成的规模巨大的克拉通。这些克拉通的组成成分与陆壳十分相似，通常较普通花岗岩含有更多的长石。它们形成于地球深部，随后不断抬升。褶皱区域的岩层严重扭曲，高温和高压使这些岩石变质形成片麻岩并发生进一步的扭曲。

地中一层一层地沉积形成。人们在北美洲、澳大利亚西部、俄罗斯和乌克兰境内均发现了大规模的带纹铁石，当地人将它们当作铁矿开采。

这些分布在世界各地的带纹铁石为研究早期地球的自然环境提供了非常重要的信息。一二百米厚的带纹铁石在方圆数百千米的浅海大陆架盆地中形成，不仅揭示了大陆的形成方式，而且证明了当时的地球大气依然是缺氧的。

虽然人们在更为古老的格陵兰依苏阿含铁沉积物中并没有找到确切的化石，但是其中包含的碳元素证明生命起源的时间绝不会晚于38亿年前。这些都是太古宙生命演化的有力证据。而巴伯顿燧石形成于大约35亿年前，其中保存下来的单细胞生物化石确定无疑地记录了早期生命演化的过程。细菌和蓝细菌就是这类单细胞原核生物的重要代表，它们通过进行光合作用一刻不停地改变着我们的地球。

一些矿物也能够帮助人们了解早期大陆的形成和演化。通过分析克拉通中变质岩和火成岩的矿物特征，人们能够判断这些岩石形成时的埋藏深度、变质作用的强度以及地幔的组成成分。造成克拉通岩石变质的因素主要有两种：一种是引起褶皱或断层的机械作用，另外一种则是后期侵入岩的高温烘烤。

> 古老的岩石和矿物记录了太古宙的地质构造过程。

在地壳形成后不久，构造运动产生的断层和地壳裂隙为地幔物质的涌出提供了通道，也成就了日后丰富的矿产资源。比如，地球上大约50%的金矿都与太古宙破裂的岩层有关。绝大部分金矿是通过岩浆房中金属流体沉积时的水热作用产生的。这些滚烫的液体在冷却沉淀形成矿脉之前能够沿着断层流动很远的距离。同样，地球上大约50%的铅矿和锌矿也都发现于太古宙的克拉通中。这些金属矿物

最古老的岩石

地球上已知最古老的岩石发现于太古宇的克拉通中。右图中展示的具有强烈褶皱的片麻岩发现于格陵兰依苏阿地区，它们是大约38亿年前火山活动的产物，并在漫长的地质年代中经受强烈的变质作用。这些片麻岩中的绿岩带富含非金属矿物，它们是重要的矿产资源。有些时候地幔物质侵入到片麻岩裂隙中，形成年轻的火成岩脉。

古老的侵入体

与格陵兰依苏阿地区条带状的绿岩带不同，南非巴伯顿的绿岩带并无规则的形状。这是因为从35亿年前这些绿岩带形成至今，它们经受了无数次构造运动和花岗岩体的侵入。巴伯顿绿岩带富含镁，这种金属元素是那个遥远年代炽热环境的标志。巴伯顿绿岩带上覆的沉积岩中含有丰富的金矿，这些黄金都是从古老的火成岩中逐渐风化出来的。例如，威特沃特斯兰德地区的金矿从1886年发现至今产出的黄金相当于全世界黄金总量的50%。

太古宙

太古宙的克拉通

大约7%的现代陆壳由太古宙原始大陆形成的克拉通组成。绝大多数克拉通至少都有25亿年的历史，有一些甚至在35亿年前就已经形成。

● 该地点岩石的年龄在35亿岁以上。

▨ 该区域岩石的年龄在25亿岁以上。

太古宙

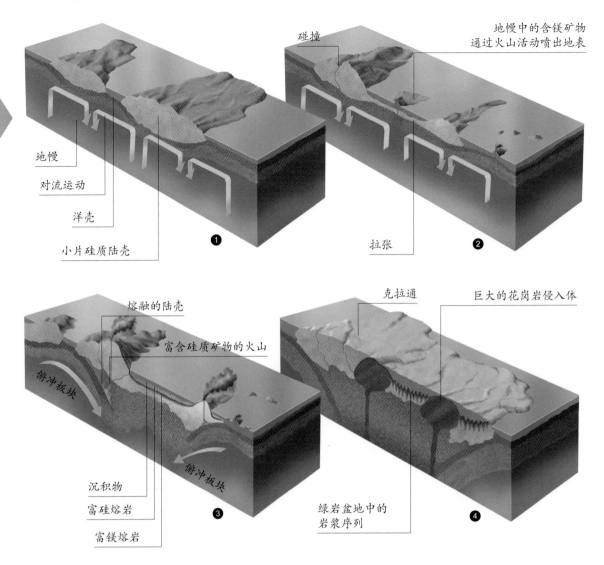

地幔
对流运动
洋壳
小片硅质陆壳
❶

碰撞
地幔中的含镁矿物
通过火山活动喷出地表
拉张
❷

熔融的陆壳
富含硅质矿物的火山
俯冲板块
俯冲板块
沉积物
富硅熔岩
富镁熔岩
❸

克拉通
巨大的花岗岩侵入体
绿岩盆地中的
岩浆序列
❹

绿岩带的形成

绿岩带是变质的火成岩。小片的地壳在地幔对流的作用下碰撞或拉张（❶），地幔物质通过火山活动喷出地表（❷）。更大规模的板块运动引起地壳的回收（❸），同时伴随新的火山喷发。绿岩带发生挤压和变质（❹）。

很可能是在海水循环过程中通过深层的裂隙从上地幔涌至海底的。

钻石是在地下 200 千米处高温高压的环境中形成的。它们形成于几十亿年前的太古宙，但是直到显生宙晚期才被侵入的金伯利岩脉（一种火成岩）

从地球深部裹挟到地表。地幔的高压环境赋予了钻石无与伦比的硬度，这个压力同时也作用于地球深部的水和二氧化碳，推动金伯利岩迅速到达地面。如今，深埋于地下的金伯利岩中依然有大量的钻石因为埋得太深而无法开采。

海沟、深海峡谷和海底山脉是构成现代海底的基本地貌。在大西洋洋底，洋中脊是主要的地貌特征，它是一条从大西洋延伸至北极的海底山脉。洋中脊的两侧是若干条平行排列的海底山脉，它们都是由年代更久的洋中脊形成的。在山脉与大陆坡之间是非常广阔平坦的海底平原，主要由海底巨厚的沉积物形成。海底平原上偶尔也会出现高耸的山峰，这些山峰可能是那些深埋于沉积物之下的火山构造。

> 洋中脊是绵延数千千米的海底山脉，它是由熔融的地幔物质涌出形成的年轻洋壳。

大陆坡和大陆地台是洋底转变为大陆架以及洋壳转变为陆壳的过渡地带。洋壳在45亿年前岩浆海刚一开始冷却的时候就开始形成，是地球上最古老的结构之一（迄今发现的陆壳年龄一般不超过40亿岁）。原始的洋壳曾经主要是由科马提岩组成的，科马提岩是在极高温度的环境中形成的一种超铁镁岩。而现代洋壳主要是由玄武岩在大约1100摄氏度的较低温度下形成的。

> 虽然洋壳早在陆壳出现之前就已经形成，但是由于不断回收，已知最古老的洋壳年龄仅为1.8亿岁。

年轻的洋壳在洋中脊附近不断形成，每年都要扩展大约3.5平方千米的面积。大西洋洋壳由于扩张缓慢，在洋中脊两侧形成阶梯状的海底山脉和峡谷，而太平洋洋壳扩张快速，没有形成这样的海底地貌。

随着年轻地壳在洋中脊附近不断形成，古老的洋壳在远离洋中脊的俯冲带俯冲到陆壳以下并重新回收。正是由于这个原因，如今几乎找不到太古宙的洋壳，但是依然可以找到30亿年前太古宙形成的陆壳。因此，在现代洋壳边缘地带发现的最古老的洋壳年龄仅为1.8亿年。

即使在太古宙，洋壳也是不稳定的。由于剧烈的地幔物质对流，古老的洋壳被重新熔化，年轻的洋壳不断形成。早期微板块边界处的岩石大多在板块运动和碰撞的过程中被破坏。如果这些岩石得以完整保存的话，其中包含的古地磁方向信息将为确定现代洋壳的年龄提供重要的参考。

尽管如此，随着剧烈的地质活动趋于平静，太古宙的海底开始出现许多与现代海底相似的地貌，而高耸的海底火山和海底山脉无疑是最好的证据。海底平原在这个时期也出现了，大量陆源沉积物在海底平原地带形成的深海沉积代表了绝大部分的太古宙沉积岩。随着洋壳不断形成和海底逐渐扩张，如今地球表面的绝大部分都被洋壳覆盖。

海底火山形成的裂隙也为海水对流提供了通道。

"黑烟囱"

左图展示的深海热液喷口周围的黑色矿物沉积俗称"黑烟囱"。"黑烟囱"主要由铜、铅、锌等金属的硫化物组成。这些溶解在350摄氏度高温海水中的矿物在遇到低温海水时会发生结晶，围绕热液喷口形成烟囱状结构。太古宙的原始古细菌很可能会像现代微生物利用氧气一样利用这些金属硫化物完成代谢。一些科学家甚至怀疑这些嗜硫古细菌很可能是地球上最早的生命形式。

❶ 休眠火山

❷ 寄生火山锥喷发

❸ 形成不久的月球

❹ 电离风暴

❺ 间歇泉

❻ 高温泥浆池

❼ 叠层石

太古宙

深海热液喷口

洋中脊附近的深海热液喷口（又称深海热泉）在太古宙就已经出现了。它的形成与海水的冷热对流密切相关。温度较低的海水在洋中脊处沿岩石裂隙向下渗入岩浆房，加热后又重新喷涌出海底。喷出的高温海水包含大量微小的矿物颗粒，形成"黑烟囱"。

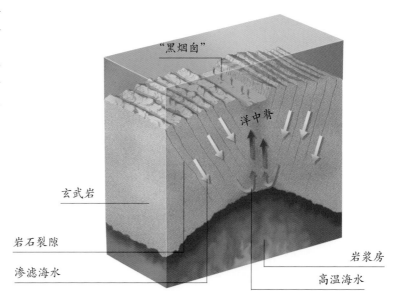

温度较低的海水在洋中脊处沿岩石裂隙向下渗入岩浆房，加热后又重新喷涌出海底，形成深海热液喷口。喷口处的海水温度高达350摄氏度，并且富含硫化物和大量微小的矿物颗粒，形成"黑烟囱"。20世纪70年代末，人们在太平洋洋底首次发现了太古宙的"黑烟囱"。不仅如此，现存太古宙富含硫化物的沉积岩也是这些古老的深海热液喷口的见证。尽管水温高达数百摄氏度，现代的"黑烟囱"附近依然生活着蠕虫、软体动物和鱼类。一些科学家甚至认为在太古宙早期，生命很可能起源于"黑烟囱"。

> 大洋底部的岩石裂隙为高温海水的涌出提供了通道，海水裹挟着微小的矿物颗粒形成"黑烟囱"，生命就起源于这样一个复杂的化学环境中。

大约35亿年前，叠层石开始出现，它们是由大量蓝细菌堆积的层状结构石化形成的。虽然叠层石在元古宙较为普遍，但是它们在太古宙晚期就已

细菌"建造者"

右图中的纵切片展示了叠层石的形成过程。叠层石是由蓝细菌周期性生命活动富集的碳酸盐逐步转化为硅酸盐形成的。这一过程有力地证明了生活在浅海中的微生物至少在32亿年前就具备了进行光合作用的能力。而来自格陵兰依苏阿绿岩带的证据甚至将光合作用出现的时间向前推进了至少5亿年。在澳大利亚鲨鱼湾地区发现的由微生物搭建的层垫状构造则是现代叠层石的代表。

经遍布世界各地。世界上最古老的叠层石发现于澳大利亚皮尔巴拉地区的太古宙克拉通。如今，现代的叠层石依然生长在澳大利亚鲨鱼湾附近温暖的潮间带。

> 炽热、潮湿、贫瘠、爆炸这些都是太古宙的代名词。太古宙的地球一片荒芜，但是生命还是在这里悄然出现。

和今天的地球相比，太古宙的地球简直是地狱般的景象：沸腾的泥浆池不停地冒着蒸汽，间歇泉喷出滚烫的热水，火山喷发将炽热的岩浆和大量火山灰抛向空中，整个世界一片死寂。空气中回荡的只有火山喷发时的闷响和旷野中肆虐的电离风暴的爆裂声，暴雨从灰色的天幕中倾泻而下。在乌云散开的夜晚偶尔可以看到形成不久的月球。此时的月球形状还是不规则的，但是已然成为了地球最忠实的伴侣。

即使环境如此恶劣，在古海洋的边缘依然出现了早期生命。由蓝细菌搭建的叠层石在温暖的浅海地带形成，它们的出现证明在32亿年前光合作用已经成为维系生命的重要条件。

与此同时，地球内部正发生着另一个演化过程：固态地壳形成了最初的微大陆，其中一部分至今依然以克拉通的形式存在于现代大陆的中心。除此以外，绝大部分早期形成的地壳在地幔物质对流的作用下被再次回收，只有当这个作用逐渐减弱了以后，成片的、稳定的陆地才开始形成。

专题　藻类的演化

藻类是最接近植物的原生生物，包含从单细胞微小生物到多细胞大型生物的众多类型。大多数藻类生活在水中或潮湿的陆地环境中，并且都能进行光合作用。蓝细菌具有原始的单细胞结构，被认为是地球上最早的生命形式。最早的多细胞藻类卷曲藻（*Grypania*）出现在大约22亿年前的元古宙早期。原始藻类通体柔软且缺乏维管系统，因此化石记录非常有限，我们很难详细重建它们的早期演化过程。

大约19亿年以前，早期疑源类和绿藻类出现在卷曲藻之后。值得注意的是，疑源类成为了前寒武纪末期和古生代浮游生物的重要组成部分。相比之下，一直延续到今天的绿藻有运动和固着两种生活方式，其中营固着方式生活的绿藻形成单独的种类。疑源类生物和绿藻类都是真核生物，因为它们都具有细胞核结构。

绿藻和红藻的起源也可以追溯到元古宙。这两种藻类中的一些超科甚至演化出了坚硬的白垩质骨骼以起到支撑和保护作用。到了显生宙，石灰藻类对石灰岩和礁体的形成起到了重要作用，一些浅海种类的骨骼还参与了钙质珊瑚砂的形成。不仅如此，包括蓝细菌在内的藻类还在全球碳循环过程中起到了关键作用。前寒武纪末期，可能由于腹足类的取食，蓝细菌的数量有所减少，因而其他藻类开始繁盛起来。浮游藻类，比如颗石藻、硅藻和甲藻等通常被用作确定沉积岩层年龄的依据。藻类在显生宙也可能断断续续地繁盛过，但是现代藻类的繁盛通常与水体的富营养化有关。因此，地史时期藻类的繁盛与衰落也可能与全球变暖、环境污染和大灭绝等诸多事件存在着某些复杂的联系。

藻类有哪些门类

藻类包括很多相互独立的门类，因此关于它们的分类存在巨大的争议。目前只有疑源类、甲藻类、绿藻类、颗石藻类、硅藻和石灰藻类有比较明确的化石代表，但可以肯定的是大多数藻类的演化都是相对独立的。每一种藻类可能都起源于一种单细胞生物。尽管有些藻类（例如沟鞭藻）也会形成群落，但它们依然是单细胞生物。以疑源类为代表的一群分类位置不明的浮游藻类具有很多不同类型的结构，它们可能代表了地球上最早也是最广布的化石藻类。

❶ 最早的蓝细菌出现。与细菌不同，它们的代谢依赖阳光（光合作用）。

❷ 最早的多细胞藻类出现。这些原始多细胞藻类的细胞各自独立且尚未分化。

❸ 最早的疑源类出现。随着植食性动物的增加，它们演变为多刺的形式。

❹ 最早的红藻门植物（红毛菜科）出现。

❺ 最早的轮藻门植物出现。

五颜六色的藻类

根据颜色，可以将藻类划分为很多独立的分类单元。大多数藻类都具有叶绿体（进行光合作用的细胞器），但是褐藻门、甲藻门、红藻门、黄藻门和绿藻门各自具有不同类型的色素。这些色素能够吸收不同波长的太阳光，因此不同的藻类可以根据光线的变化生活在不同深度的海域，占领不同的生态位。

酷似高等植物的藻类

海藻属于藻类，但因具有宽阔的"叶片"和"根"而与高等植物颇为相似，其中一些种类可以长达30米，比如我们熟知的海带。

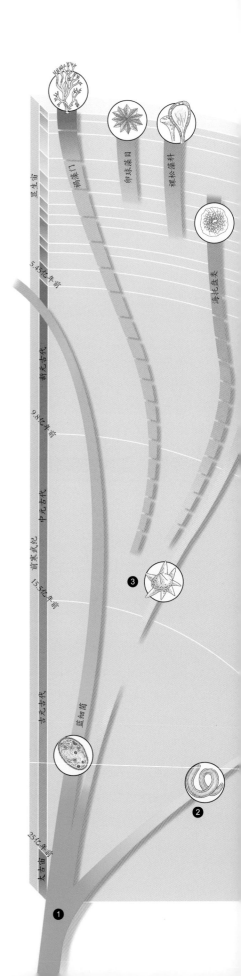

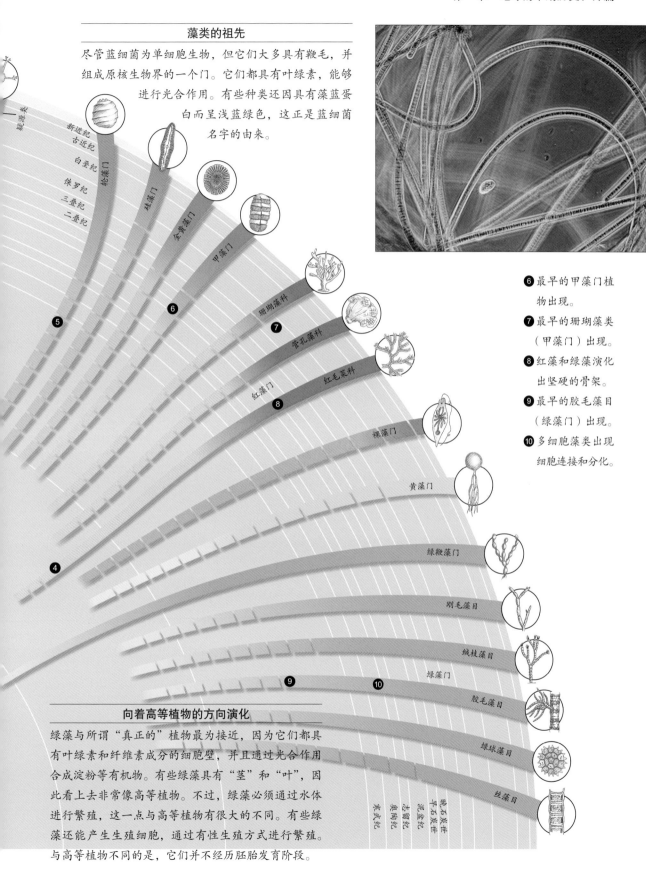

藻类的祖先

尽管蓝细菌为单细胞生物，但它们大多具有鞭毛，并组成原核生物界的一个门。它们都具有叶绿素，能够进行光合作用。有些种类还因具有藻蓝蛋白而呈浅蓝绿色，这正是蓝细菌名字的由来。

❻ 最早的甲藻门植物出现。

❼ 最早的珊瑚藻类（甲藻门）出现。

❽ 红藻和绿藻演化出坚硬的骨架。

❾ 最早的胶毛藻目（绿藻门）出现。

❿ 多细胞藻类出现细胞连接和分化。

向着高等植物的方向演化

绿藻与所谓"真正的"植物最为接近，因为它们都具有叶绿素和纤维素成分的细胞壁，并且通过光合作用合成淀粉等有机物。有些绿藻具有"茎"和"叶"，因此看上去非常像高等植物。不过，绿藻必须通过水体进行繁殖，这一点与高等植物有很大的不同。有些绿藻还能产生生殖细胞，通过有性生殖方式进行繁殖。与高等植物不同的是，它们并不经历胚胎发育阶段。

61

元古宙
距今 25 亿~5.45 亿年

元古宙是前寒武纪最后一个时期，延续时间长达20亿年之久，相当于地球历史的40%。在这20亿年时间里，地球发生了翻天覆地的变化，尤以第一块超大陆分裂、冰河时期的到来和生物群落的形成最为显著。元古宙这个名称有"最初的生命"的意思，它区别于之前的太古宙和之后的显生宙（"可见的生命"）。

到了元古宙，海底松散的沉积物形成了沉积岩，太古宙的深海也逐渐变浅。虽然这些沉积岩很少遭受变质作用的影响，但无法逃脱造陆和造山运动带来的改变。地层中的化石记录了更高等的单细胞生物和多细胞动植物的演化过程，其中包括一些现生动物的近亲。

从太古宙到元古宙的过渡是以一系列地质事件为标志的，包括花岗岩结构和组分的改变，以及石灰岩、砂岩和其他沉积岩的增厚。花岗岩来源于地幔，我们利用同位素测年方法

> 岩石的组成、结构和沉积相的改变标志着元古宙的开始。

可以测定花岗岩的年龄，特别是那些20亿年以来形成的岩石。因此，以同位素测年为代表的先进地质学手段对于划分全球范围的元古宙地层起到了非常重要的作用。

陆相红层最早出现于大约18亿年前。它们的

关键词

弧后盆地、大陆、成岩作用、真核生物、冰河时期（冰期）、无脊椎动物、劳伦古陆、活动带、造山运动、原核生物、红层、罗迪尼亚超大陆

出现不仅表明这一时期大气中的氧含量显著升高，而且指示出含铁矿物已经发生氧化。这一时期气候的变化可能与大陆板块的运动有关。比如，科学家在北美洲元古宙休伦期（距今21亿~16.5亿年）的岩石中首次发现了大陆冰川作用的证据，卡累利阿、沃普梅、格伦维尔和哥特等造山运动也证明元古宙的确发生了局部的构造运动。其中，卡累利阿造山运动发生在瑞典北部，哥特造山运动发生在斯堪的纳维亚，格伦维尔和沃普梅造山运动分别发生在加拿大东部和西部。这些地质运动表明山脉在这一时期陆续形成。

太古宙	25亿年前	24亿年前	23亿年前	22亿年前	21亿年前	20亿年前	19亿年前	元古宙	16亿
时代				古元古代					
阶段				休伦期					
前寒武纪分期	成铁纪		层侵纪		造山纪			固结纪	
地质事件						卡累利阿运动			
						大规模带纹铁石形成			
海平面升降/冰川作用	浅海		冰河时期						
大气成分/气候						富氧大气出现			
生命形式			· 真核细胞出现				有性生殖方式出现		

真核生物的起源

地球上已知最古老的生物是35亿年前出现的原核生物，包括细菌和蓝细菌。它们都是单细胞生物，没有由核膜包被的典型细胞核结构，因此它们的遗传物质散乱分布在细胞中。紧接着，真核生物出现了。虽然它们也是单细胞生物，但已经演化出由核膜包被的典型细胞核以及以染色体形式存在的DNA。此外，真核生物还具有由膜结构包被的细胞器。这些细胞器很可能是通过原核细胞内的好氧细菌演化来的——这个过程叫作内共生。形象地说，内共生就是当好氧细菌侵入原核细胞时，细菌并没有被消化掉，而是与宿主形成了共生关系，由宿主为其提供必要的营养物质和保护。细菌依靠宿主生存，反过来又为宿主提供必需的能量。好氧细菌演化为线粒体，它们随宿主细胞的分裂而复制，

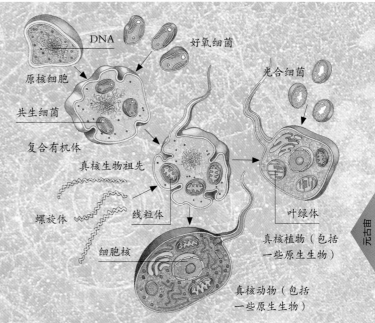

一代一代周而复始。这些被好氧细菌侵染的原核细胞逐步演化为真核动物细胞。通过相似的途径，光合细菌侵入原核细胞并与宿主共生，且通过光合作用为宿主细胞提供必需的能量，逐步演化为真核植物细胞的叶绿体。动物和植物就是通过这样的方式演化出来的，有性生殖方式随之出现了。

随着地球深部对流的减弱和陆壳的增生，元古宙早期的大陆板块面积比太古宙有了大范围的扩大。大陆边缘开始出现带状沉积物，表明弧后盆地已经形成且完全封闭。这些构造称作造山带或活动带。

西伯利亚板块、澳大拉西亚板块、南极板块和美洲板块彼此相向移动，因此较

参考章节

生命是如何演化的：原核生物、真核生物、繁殖

太古宙：最初的大陆、蓝细菌与早期生命

寒武纪：寒武纪大爆发、布尔吉斯页岩

小的板块之间发生碰撞是在所难免的。在元古宙早期，广阔的加拿大克拉通组成了劳伦古陆。大约14亿年前，一些较小的大陆聚集形成罗迪尼亚超大陆。到了12亿年前，大陆板块间发生碰撞，在超大陆的边缘地带发生了格伦维尔造山运动和其他造山运动。大陆的形成可能引起了气候和海

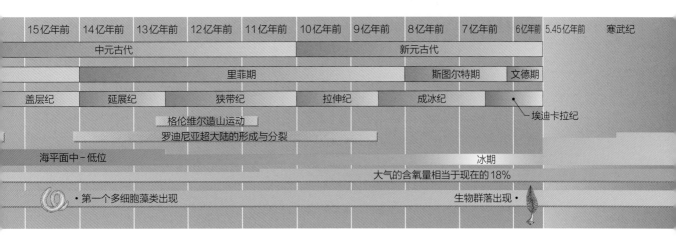

水流动的强烈变化。有资料显示，在距今20亿年到6亿年前的这段时间里，地球曾经历了4次冰河时期。

随着罗迪尼亚超大陆的形成和造山运动的发生，山脉成为新元古代陆地的典型地貌。强烈的冰川作用及冰川融水的侵蚀和搬运导致巨厚的沉积物形成。持续不断的化学风化不仅降低了大气中二氧化碳的含量，而且岩层中溶出的钙质还参与了石灰岩和其他碳酸盐岩的形成。作为全球碳循环的重要组成部分，二氧化碳在这些沉积岩中将储存相当长的时间。

每经过一段时间，海平面的上涨就会淹没一部分陆地。因此在一些地区，元古宙－寒武纪过渡时期的地层是以不整合接触和浅海沉积物的出现为标志的。元古宙末期出现的新物种到了这一时期逐渐能够适应各种不同的环境。

元古宙的海洋以中、深海为主。近岸浅海处的叠层石形状各异，说明这一时期的藻类开始出现分化且能够适应不同的生境。但是，到了大约10亿年

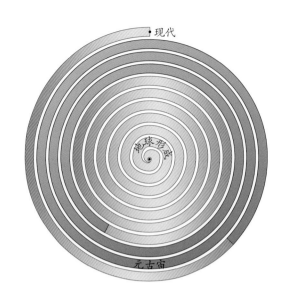

前，叠层石的数量开始锐减。环境变化可能是导致叠层石生物减少的主要因素，但是原始植食性动物取食的因素也不能被完全排除。

前寒武纪晚期常见的真核软体动物不知在什么时候就消失了。它们在元古宙早期由简单原核生物演化而来，并通过有性生殖这种新的繁殖方式使种群的多样性迅速提高。海绵、珊瑚、软体动物和蠕

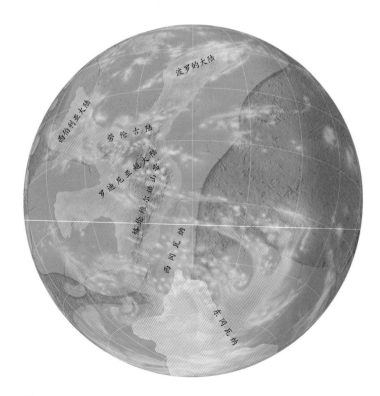

最早的超大陆

太古宙末期微大陆逐渐聚集，形成了元古宙的罗迪尼亚超大陆。大约10亿年前，年轻的地壳把这些微大陆连接成巨大的陆地（罗迪尼亚超大陆），而劳伦古陆则位于这个超大陆的中央；在罗迪尼亚超大陆的南方，还有很多微大陆。大约8亿年前，罗迪尼亚超大陆开始沿着西北方向和东南方向分裂为两片陆地，中间的海洋即为日后的太平洋。大约5.5亿年前，亚马孙克拉通、西非克拉通、圣法兰西斯科克拉通最先合并，形成了位于南极点附近的冈瓦纳大陆。

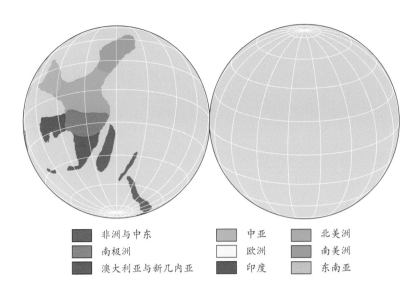

非洲与中东　　中亚　　北美洲
南极洲　　　　欧洲　　南美洲
澳大利亚与新几内亚　印度　东南亚

非洲冰原

元古宙末期，非洲和中东几乎全部被冰原覆盖。如今，遍布非洲的冰川遗迹说明即使靠近赤道的地带也曾经历过冰川作用。

虫的祖先可能在10亿~8亿年前就出现了，只是它们柔软的身躯无法经过成岩作用（化学和结构改变）保存下来。在大约8亿年前，最早具有骨骼的生物 *Cloudina* 出现了。到了6亿年前的文德期，在一些大陆边缘的浅海地带出现了更为高等的生物群落。不久之后，它们便扩散至世界各地。

原始的生物群落看上去十分古怪，它们的生存时代非常短暂，绝大多数物种都没有延续到寒武纪，这很可能与当时的冰川作用和海平面的变化有关。新元古代的碳同位素波动至少持续了3.5亿年（距今9.5亿~6亿年）。较低的同位素比值和深海中的带纹铁石反映出冰川作用在彼时发展到最大规模。富氧的冰冷海水下沉可能引起带纹铁石的形成，这些溶解氧直到2000万~3000万年后才以自由氧的形式重新循环到大气中。因此，在6亿~5.5亿年前，当大气中的含氧量达到相当高的水平时，各种生命形式在短时期内呈爆发式出现，显生宙开始了。

> 大约8亿年前罗迪尼亚超大陆一分为二，但是有地质学家认为它们在5.5亿年前重新复合。

元古宙末期的冰川活动与早期超大陆的形成有

前寒武纪化石

加拿大东北部纽芬兰岛"错误点"的前寒武纪地层中盛产最早的单细胞生物化石。大约5.65亿年前，火山灰将这些最早的生物群落完整地覆盖，其中出现的叶状和灌木状生物化石的真实面目至今未知。

关。在14亿~11亿年前，大陆板块之间发生了猛烈的碰撞，劳伦古陆和南极大陆形成超大陆的核心。在古元古代和新元古代都发生了剧烈的周期性岩浆活动，形成了岩脉群以及与中生代德干高原类似的大规模溢流玄武岩。这些地质构造的出现与元古宙大陆的汇聚和分裂密切相关。地幔物质的冷热对流推动大陆板块的分裂和重组，尽管这种作用机制比导致现代板块运动的作用机制要简单得多，但是板块运动在大陆形成的最初2亿年里比现在剧烈得多。

元古宙的陆核由太古宙的岩石组成。这些克拉通不断地遭受剥蚀并逐渐被年轻的沉积物覆盖，形成了元古宙大陆的稳定克拉通。

详细的古地理图和精确的同位素测年技术为地质学家了解罗迪尼亚大陆的组成提供了丰富的信息。劳伦古陆大约形成于15亿年前，它是由5~6块包括格陵兰和加拿大克拉通在内的微大陆经过大约1亿年的时间汇聚而成的。

其他大陆可能也是在同一时期形成的，然后不断漂移，彼此靠近，经过大约10亿年最终形成冈瓦纳古陆的核心。冈瓦纳古陆是南半球的超大陆，直到中生代才解体并形成了现代的非洲、印度和澳大利亚。

罗迪尼亚超大陆在形成的同时也在不断向南运动。在8.5亿~7.5亿年以前，罗迪尼亚超大陆的中心还在赤道附近，但是到了新元古代末期，它的位置

多细胞生命形式

与很多早期的多细胞生物一样，水母的外形也是辐射对称的。经过亿万年的演化，至今这种动物依然可以出现在世界上的很多地方。和它们的祖先一样，很多现生水母的体细胞中依然有褐藻共生。

迅速改变。在这一时期，罗迪尼亚超大陆以每年38厘米的速度漂移，比现代大陆每年7.5厘米的移动速度快得多。这样快速的大陆漂移在现代几乎是不可能发生的，罗迪尼亚超大陆以这样惊人的速度仅用了3000万年的时间就完成了从赤道到极地的旅程。

由于大陆集中在赤道附近，两极地区形成的广阔海洋引发了强烈的冷却效应。一些地质学家甚至认为这一时期的地球可能天寒地冻，而寒武纪的生

无脊椎动物的身体结构

以下3种无脊椎动物展示了新元古代末期动物身体结构的复杂性。（❶）海绵动物（属于海绵动物门，又称多孔动物门）的体壁由内外两层细胞组成，其间为中胶层。呈辐射对称的体壁包围海绵腔，骨针作为整个结构的支撑。海水从海绵动物体表的入水孔经体壁进入海绵腔，又经出水孔排出，完成滤食过程。（❷）海葵（属于腔肠动物门）的外形也是辐射对称的[1]。除了由刺状触须环绕的口以外，它们还具有原始的消化系统。（❸）蠕虫（属于环节动物门）分节的身体具有双层体壁、充满液体的体腔、肠道和原始的循环系统。现生环节动物有1000多种。

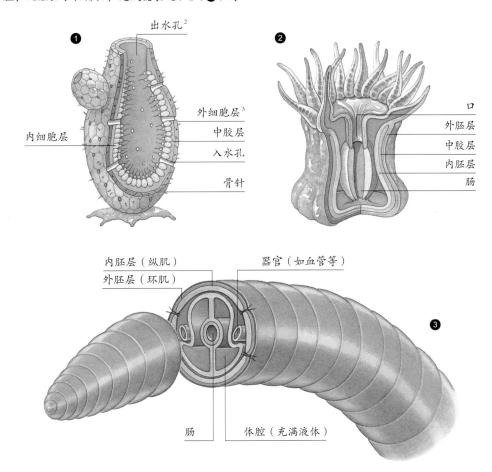

1 出水孔[2]　外细胞层[3]　中胶层　入水孔　骨针　内细胞层

2 口　外胚层　中胶层　内胚层　肠

3 内胚层（纵肌）　外胚层（环肌）　器官（如血管等）　肠　体腔（充满液体）

1　译者注：海葵是真正的二胚层动物，它的体壁由内、外两个胚层组成，其间为中胶层。

2　译者注：原著中"出水孔"的位置与"入水孔"的位置没有什么区别。作者似乎想标注"出水孔"的位置，但应标注在海绵腔的顶端。译者在此将其译为"出水孔"。

3　译者注：原著中此处的"Endoderm"以及下面的"Ectoderm"并不妥当。"Endoderm"和"Ectoderm"分别指"内胚层"和"外胚层"，海绵动物只具有细胞分化而不具有"胚层"分化，因此译者在此将这两个名词分别译为"外细胞层"和"内细胞层"。

元古宙

柔软的身躯

埃迪卡拉动物群由软体动物组成，它的名字源于最早被发现的地点——澳大利亚南部的埃迪卡拉山。这些软体动物生活在大约5.4亿年前的新元古代，它们的印模化石保存在粉红色的浅海相砂岩中，其中很多门类的真实面目至今未知。

物就生活在冰封的海洋深处。火山活动产生的过多二氧化碳可能会引起温室效应，进而导致冰川快速融化。这样的气候变化是周期性的，地球在新元古代短暂的时间里总共经历了4次冰期。在欧洲、北美洲、非洲和澳大利亚的许多地方，人们不仅发现了冰碛岩，还找到了由于冰川运动的磨蚀而形成的擦痕和刻槽。

元古宙中晚期形成的超大陆能够帮助我们理解叠层石和早期复杂生物群落的地理分布。如果把这些生物的分布绘制在现代世界地图上，它们彼此之间完全是孤立的。但是，如果考虑它们曾经沿着一块大陆的海岸线分布，那么这种方式似乎就合乎逻辑了。现代叠层石相对稀少，因为叠层石生物生活在温暖的浅海环境中。最早的生物群落（比如埃迪卡拉动物群）也生活在温水环境中。因此，它们也只是分布在新元古代温暖的海岸附近。此时，全球的气候和洋流依然在剧烈地变化。

这些生物群落的繁盛与一定的海水盐度和含氧量密不可分。充足的氧气不仅可以使群落的多样性显著提高，而且会使生物的体型增大（氧气是高级生命形式出现的必要条件），而适宜的盐度会使海洋变得更加适合生物生存。

新元古代的海洋覆盖了地球的绝大部分地区，大量疑源类和其他真核浮游生物生活在表层海水中。疑源类可能是早期甲藻类休眠期的孢子。甲藻类主要为单细胞藻类，至今还生活在海洋和淡水环境中。但是，疑源类外壳的化石记录似乎说明甲藻孢子比甲藻本身出现得更早。

海藻的起源可以追溯到元古宙末期。新元古代的化石记录中开始出现最早的原植体植物塔乌藻，这种植物尚未出现根、茎、叶的分化。随着海藻的繁盛，贫瘠的海岸线逐渐被塔乌藻覆盖，形成一片片绿色和褐色的区域。

原植体植物的出现具有划时代的意义，但是它们转化为更加复杂的生命形式还需要经历亿万年的演化。单细胞[1]生物始于34亿年前丝状蓝细菌的出现，这个阶段大约持续了5亿年。丝状蓝细菌的所有细胞不仅具有相似的特征，而且功能尚未出现

---

[1] 译者注：此处疑为作者笔误。根据上下文的意思，此处应为"多细胞"。

分化，它们演化为更高级的生命形式的可能性微乎其微。由原核细胞演化为真核细胞的过程就显得十分重要了。真核生物能够通过呼吸作用分解食物获取能量。最早的真核生物看上去可能就像具有叶绿体和简单"细胞核"的变形虫，它们的叶绿体和"细胞核"很可能是通过吞食原核细胞形成的。

> 在距今大约18亿年有性生殖方式出现之前，生命的演化是极其缓慢的。

单细胞真核生物可能在很短的时间里演化成多细胞真核生物。像塔乌藻这样的原植体植物很可能是按照植物的演化路线演化而来的，它们具有复杂的结构，而且细胞功能开始出现分化。到了大约18亿年前，有性生殖方式的出现极大地推动了生命向着更高形式演化。有性生殖丰富了基因库，进而增加了生物的多样性，为新元古代生命的快速演化提供了极好的平台。

海绵和腔肠动物至少有11种不同功能的细胞，而蠕虫和其他更高级的生物有55种特化的细胞。澳大利亚的埃迪卡拉动物群中出现了以 *Paleophragmodictya* 为代表的六射海绵，它们具有连锁骨针组成的骨骼，这种网状骨架与一些现代海绵种类并无两样。在埃迪卡拉期及更古老的地层中，人们甚至发现了蠕虫状生物的化石，它们的出现标志着更大的演化事件已经发生。

软体动物很容易腐烂，因此只有在快速掩埋和缺氧的环境中才有可能保存为化石。根据元古宙气候变化的"雪球"模型，全球温度的降低也许是后生动物大爆发的直接诱因。但是海水的冻融也可能对早期植物产生严重的影响，进而导致全球二氧化碳和氧气水平的波动，并间接阻碍后生动物的出现。值得注意的是，赤道附近相对温暖的海洋为新的生命形式提供了适宜的生存环境，这些更高级的生命很可能最早出现在这些地带并延续下来。

元古宙的化石群落很少，目前全世界仅发现了20个，且都形成于大约6.5亿年前。澳大利亚的埃迪卡拉动物群是其中最年轻的一个，它以化石精美和种类丰富著称。类似的动物群在加拿大西北部的麦肯齐山脉、西伯利亚和欧洲也都有发现。

> 澳大利亚埃迪卡拉生物群堪称新元古代生命演化的精彩一瞬。

在澳大利亚南部的埃迪卡拉山，人们发现了多达1400件软体动物的印模或铸模化石，并且都十分精美。它们产自粉红色中粒–细粒砂岩中。交错层和波痕指示出这种砂岩可能是在滨岸环境中形成的，而薄层黏土可能是由海底淤泥或者泥质潮滩形成的。由于缺少捕食者且掩埋快速，这些精美的化石才得以在亿万年后的今天呈现在世人眼前。

一般认为埃迪卡拉动物群包括水母、软珊瑚、蠕虫，可能还有腹足类。水母的种类非常丰富，有15个种之多。其中，个体较大者的直径可以达到125毫米。以恰尼海鳃为代表的软珊瑚类是底栖滤食性动物，这一点与现代海笔类并无二致。环节类蠕虫和腹足类都是游走动物，其中环节类斯普里格蠕虫的体节多达40个。

古生物学家阿道夫·赛拉赫甚至夸张地将埃迪卡拉动物群的化石比作平整的被子。他认为这些动物的身体富含水分，并且很可能与后生动物完全没有关系。这种观点受到了广泛的质疑。他还建议把埃迪卡拉动物群单独建立一个分类单元，叫作凡德虫动物门，但是绝大多数古生物学家还是相信埃迪卡拉动物群中至少有一些是现代海洋无脊椎动物的祖先。

元古宙

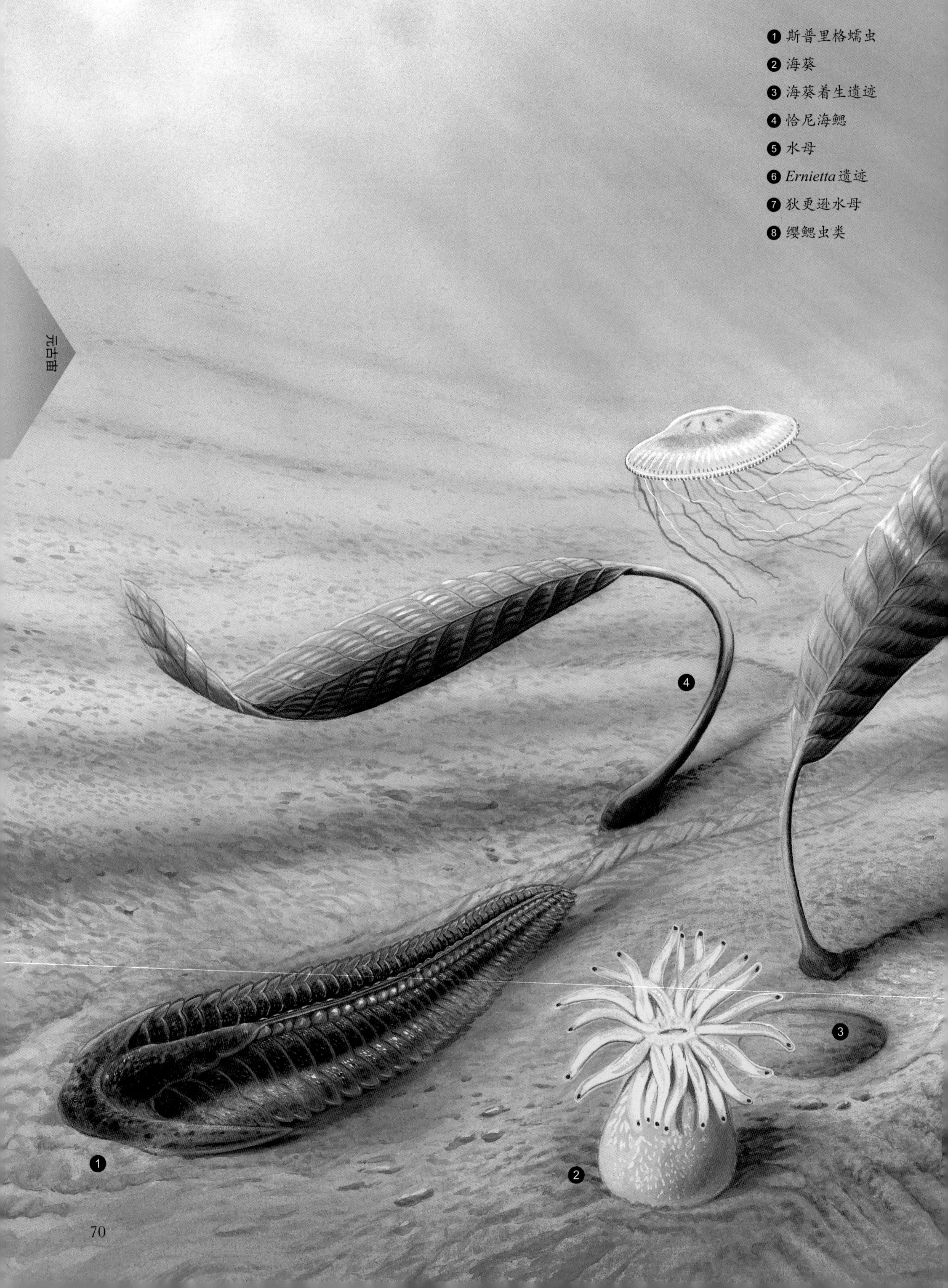

① 斯普里格蠕虫
② 海葵
③ 海葵着生遗迹
④ 恰尼海鳃
⑤ 水母
⑥ *Ernietta* 遗迹
⑦ 狄更逊水母
⑧ 缨鳃虫类

元古宙

元古宙

专题　早期无脊椎动物的演化

多细胞生物的演化过程是很难确定的，因为时代越久远，保存下来的化石就越少。早期的多细胞生物非常微小且缺少坚硬结构，因此它们形成化石尤为困难。

细菌和蓝细菌是最早出现的生物。藻类和其他原生生物（例如变形虫和具纤毛的藻类）很可能与早期细菌共存，但是这种推测缺乏化石依据。最后，两个或多个细胞的融合产生了真核细胞，而有性生殖方式的出现和基因库的扩大又为生物多样性的产生和适应性演化的出现创造了机会。细胞膜的出现将所有生命必需的物质包裹在一起，为细胞融合创造了必要的条件。

只要动植物的分化完成，即使是再原始的种类，也都可以划分为生产者和消费者、捕食者和被捕食者。外界刺激和遗传改变保证了适者生存，基因突变还创造出了新的生命形式。

海绵是所有多细胞生物中最简单的生物，缺少其他无脊椎动物所具有的典型的胚层分化。早期变形虫样细胞和纤毛细胞的出现使海绵的形成成为可能，但此时需要一个外部刺激将这两种细胞融合到一起。融合之后的细胞不仅可以将水分摄入细胞内，还可以吞噬水中的一些微粒。一旦原始的多细胞生物（动物或植物）出现，复杂生物的演化就将出现无穷无尽的可能。

珊瑚、海葵和水母的出现标志着组织分化的开始，而凡德虫和埃迪卡拉物群成员很可能代表了组织分化的某些中间环节。科学家对这些动物群的重要性有不同的看法，有些时候他们甚至无法分清这些化石代表动物的实体或它们的遗迹。

珊瑚和其他腔肠动物分化出了内胚层和外胚层，这些动物都有一个口和一个用于消化食物的中央腔。

珊瑚和水母最早的化石记录都可以追溯到新元古代，有意思的是它们与具有真体腔和复杂神经系统的蠕虫、软体动物的化石保存在一起，说明各种高等生物的祖先出现的时间需要回溯到中元古代甚至更早。

从单细胞到多细胞

最早的生物仅具有一个细胞。单细胞生物有很多缺陷，其中最致命的就是它们必须通过分裂或出芽的方式进行无性生殖。多细胞真核生物的出现允许亲本间的遗传物质发生交换，进而使有性生殖成为可能。有性生殖产生的变异极大地提高了演化速度。

❶ 古细菌——最初的生命形式。

❷ 光合细菌——可以利用太阳能合成生命活动必需的物质。

❸ 卷曲藻（Grypania）——最早的多细胞生命体。

❹ 塔乌藻（Tawuia）——原植体植物，尚无根、茎、叶的分化。

❺ 海绵动物（又称多孔动物或侧生动物）——具有两个细胞层，但缺乏对称的、高度分化的组织和器官。

❻ 已经灭绝的凡德虫具有辐射对称或两侧对称的身体结构，它们很可能是原始的后生动物。

❼ Cloudina——最早具有矿化骨骼的生物。

❽ 根据胚胎不同的细胞分裂方式，可以将后生动物分为两个类群，即原口动物和后口动物。

最初的生命形式

在最初的生命形式中，具有完整化石记录的是叠层石。叠层石是由可以进行光合作用的蓝细菌搭建出来的。蓝细菌能够富集碳酸盐，因此日久天长，它们就会长成一个个小丘。

侧生动物

侧生动物很可能是介于单细胞原生动物和复杂后生动物之间的生物。已经灭绝的、花瓶状的古杯动物具有双层多孔的体壁，海水和食物可以通过这些小孔进行循环。海绵动物具有相似的身体结构，我们在现代温暖的浅海中依然能看到它们的身影。现生海绵动物超过10000种，它们与古杯动物出现分化的时间超过10亿年。

最原始的真后生动物

现代海生腔肠动物主要包括珊瑚和钵水母。少数水螅也可以生活在淡水中。

触手陷阱

海葵与海绵生活在一起，它们挥动尖端为紫色的触手，小鱼会误认为这些是食物而落入海葵布下的陷阱。10亿年前鱼类还没有出现，那时海葵的主要食物是各种游走的小型动物。

复杂的身体结构

尽管种类有限，动物身体结构的复杂化在元古宙的确已经发生。体壁组织的类型和数量、体腔的有无、体腔的结构以及胚胎细胞的分裂方式都可以用来定义身体的结构。按照身体结构的复杂程度，动物可被分为两大类：第一类包括软体动物、环节动物和节肢动物，第二类包括棘皮动物、半索动物和脊索动物。骨骼（包括大多数无脊椎动物的外骨骼）的出现可谓是动物演化史上的飞跃，因为这种结构能够保护柔软的身体免受损伤。最原始的具有矿化骨骼的生物是新元古代出现的 *Cloudina*，这是一种具有管状碳酸钙骨骼的动物，样子看上去有点儿像珊瑚，其中的空腔可能用来容纳柔软的身体。

纤毛虫类

鞭毛虫类

侧生动物·多孔动物（包括海绵）

古杯动物

原始瓦德亚动物

新寒武纪晚期生物大灭绝

珊瑚纲（包括海葵、珊瑚）

钵水母纲（包括海蜇）

腔肠动物

Cloudina

后生动物祖先　真后生动物

原口动物

后口动物

肠形动物（包括腕虫）

软体动物

环节动物

节肢动物

线虫动物

触手冠动物（包括腕足类）

棘皮动物

半索动物

脊索动物

❺ ❻ ❼ ❽

脊椎动物的祖先

所有的脊索动物都有一个贯穿整个身体的坚硬而有弹性的索状结构——脊索。脊椎动物的成功演化得益于内骨骼的出现，而脊椎就是从脊索演化来的。

元古宙

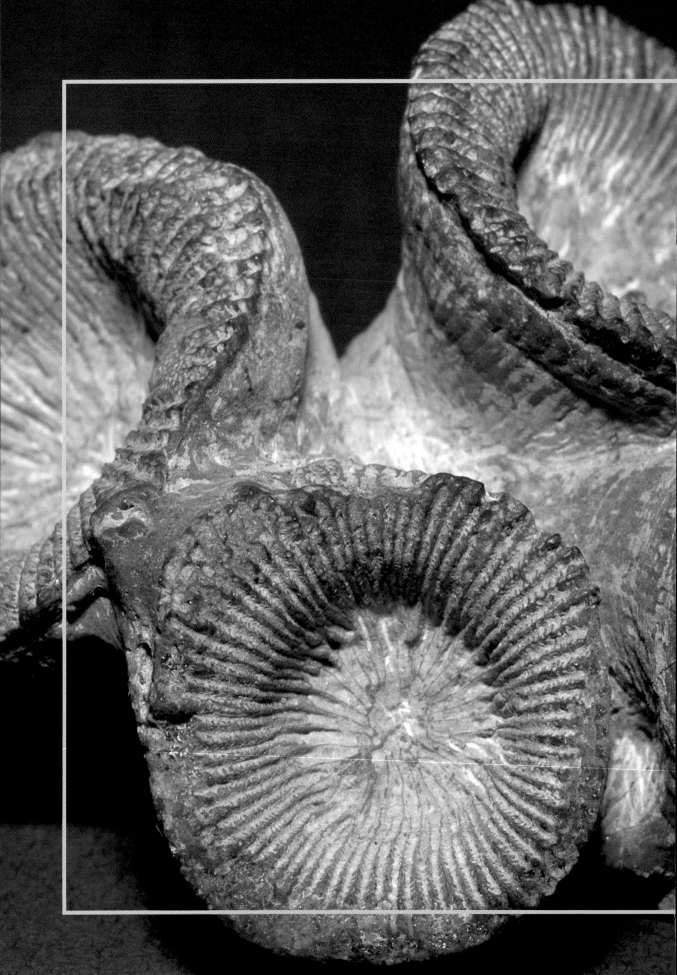

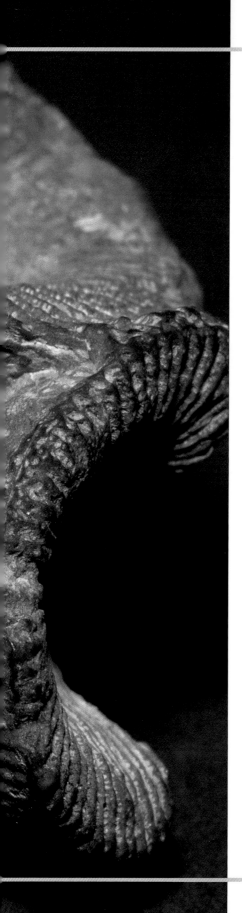

生命
大爆发

早古生代

距今 5.45 亿 ~4.17 亿年

寒武纪 ▶

奥陶纪 ▶

志留纪 ▶

与太古宇和元古宇空空如也的情况不同，寒武系地层含有丰富的化石。因此，整个前寒武纪又被称为"隐生宙"（意为"隐藏的生命"），而寒武纪以后的时期又被称为"显生宙"（意为"显现的生命"）。

达尔文是最先注意到显生宙与隐生宙化石的丰富度具有显著差异的科学家之一。他曾在《物种起源》中写道："不可否认寒武纪以前地球经历了相当长的一段时间，这段时间甚至比从寒武纪至今的时间跨度还要长很多。正是有了这样漫长的前寒武纪，地球才变成一个生机勃勃的世界。"为什么地球上会突然出现这么多不同的生物？达尔文从来没有放弃对这一问题的思考。他认为一个物种变成另一个物种要通过很多细微变化的积累来实现，而这是一个极其缓慢的过程。为了保证理论的完整性，他引入了一个假想的中间时期，早期生物就是在这个时期缓慢演化形成了我们在寒武纪见到的生物类型。如今，我们知道事实并非如此。寒武纪生命的突然出现完全可以用"大爆发"一词来形容。

由于显生宙早期出现了藻类、蓝细菌和具有矿化骨骼的生物，一些广泛分布的富含碳酸盐和磷酸盐的岩石几乎都是由这些生物的代谢物形成的。反过来，生物也可以利用这些岩石，比如像碳酸盐岩和玄武岩这样坚硬的岩石都可以被动物、藻类和真菌钻穿。

前寒武纪生物体已经成为大气成分的主要调节者。到了显生宙，陆生植物开始加入氧气生产者的行列，与单细胞浮游藻类一起调节着大气中二氧化碳的含量。植物的蒸腾作用不仅使陆地环境变得湿润，也使得全球气候不再干燥。反过来，植物的繁盛不仅使河流的水量更加稳定持久，而且改变了河水的组成成分。一方面，植物释放出化学物质加快岩石风化的速度。通过这种方式，它们的根可以在岩石中越扎越深。另一方面，土壤的形成阻止了岩石的快速风化。随着海洋中滤食动物的出现和繁盛，海水净化的速度越来越快。现代海生滤食生物将地球上的所有海水过滤一遍需要大约6个月的时间，但是净化其生存的海域（水深不超过500米）仅需要20天。

古生代（距今5.45亿~2.48亿年）是显生宙的第一个期段，又可划分为6个时代，由古及今依次为寒武纪、奥陶纪、志留纪、泥盆纪、石炭纪和二叠纪。其中早古生代（距今5.45亿~4.17亿年）包括寒武纪、奥陶纪和志留纪。这段时期地球上的生物以海洋生物为主，而较复杂的陆生生物直到志留纪末期才开始出现。然而，这段时间发生了两个重大演化事件。一个事件是以浅海中具骨骼动物和钙化蓝细菌大量出现为代表的寒武纪大爆发——单细胞有孔虫、钙质海绵、软体动物、腕足类、节肢动物、各种蠕虫、棘皮动物、脊索动物以及各种当时已灭绝的动物类群在这一时期快速出现和繁盛。另一个事件就是奥陶纪大辐射，其间海洋生物的多样性翻了3倍。虽然奥陶纪并没有出现除苔藓虫以外的其他动物类群，但是所有的类群都发生了重要的物种更替。寒武纪的部分海绵动物、软体动物和节肢动物或是灭绝，或是正在被其他生物取代。总而言之，海洋生物的组成在整个古生代都没有发生太明显的变化。

古生代之初，地球上的陆地面积要比现在小很多。此后，火山岛弧的增加和洋盆的扩张导致海岸台地面积不断扩展，陆地面积也因此扩大了15%，达到1600万平方千米。科学家相信，前寒武纪晚期超大陆已经出现，它与古生代晚期的盘古超大陆有很多相似之处，其真实性是毋庸置疑的。这个前寒武纪晚期的超大陆被称为罗迪尼亚超大陆。随后，罗迪尼亚超大陆分裂为许多陆块并逐渐漂离。其中主要的陆块包括劳伦古陆（最终成为北美洲）、波罗的大陆（包括现在的波罗的海地区）、西伯利亚大陆（俄罗斯的一部分，位于亚洲北部）、阿瓦隆尼亚大陆和冈瓦纳大陆（阿瓦隆尼亚大陆和冈瓦纳大陆后来形成了南美洲、非洲、马达加斯加岛、印度、南极洲、澳大利亚和新西兰）。除此之外，许多规模较小的地体围绕在冈瓦纳大陆的周围，

> 寒武纪的北半球是广阔的大洋，而超大陆主要位于南半球。超大陆不断地分裂、联合、再分裂，形成了今天地球上的各个大陆。

包括现在的伊比利亚半岛、法国南部、德国南部、中东地区、哈萨克斯坦以及中国的青藏高原、塔里木盆地、华北地区和华南地区。阿瓦隆尼亚大陆比较特别，它包括现在的加拿大的新斯科舍和纽芬兰东部、威尔士、英格兰，还包括现在欧亚大陆的一部分，比如法国北部、比利时以及德国北部。如今，阿瓦隆尼亚大陆完全被大西洋撕成两半，原来的部分分别位于现在的北美洲东部和欧洲西部。

广阔的泛大洋主要位于北半球，而绝大部分陆地位于南半球。当罗迪尼亚超大陆分裂的时候，劳伦古陆和波罗的大陆被巨神海分开，而巨神海的分支特恩奎斯特海则位于波罗的大陆和阿瓦隆尼亚大陆之间。阿瓦隆尼亚大陆在瑞亚克洋中不断漂移，逐渐远离冈瓦纳大陆。而古亚洲洋（泛大洋南部的一个分支）位于西部的西伯利亚大陆和东部的冈瓦纳大陆之间。

安德烈·茹拉夫列夫

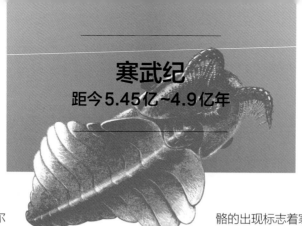

寒武纪
距今5.45亿~4.9亿年

在威尔士语中，"威尔士"写作Cymru（音译为库姆里）。在这里，你可以在寒武纪宾馆预订一个房间，还可以买到名为《寒武纪新闻》的晨报。看到报纸的标题是5亿年前的"寒武纪新闻"会是件非常有意思的事情。这张报纸可能会登载"陆地上有生命吗""脊索动物的未来会怎样""前寒武纪海洋中巨大的掠食者"以及"骨骼——最新的时装"这样一些有趣的标题。最后一个标题可能是最重要的，因为骨骼的出现标志着寒武纪大爆发这个重要的转折点的到来。

除了骨骼的出现，寒武纪初期还发生了其他重要的事件，比如造礁钙化细菌的大量出现以及动物种类的多样化和结构的复杂化等。这些生物活动形成的掘迹、印迹和足迹都被保留在沉积岩中。掘迹、洞穴和骨骼一样能够为动物提供必要的保护，它们在日益多样化的生态系统中扮演着重要的角色。

寒武纪

> 寒武纪地层中开始出现大量具有骨骼的动物化石，它们突然出现的原因尚存争议。

有很多寒武系与前寒武系完全整合。位于纽芬兰的前寒武系－寒武系界线标准剖面就是其中之一，它的绝对年龄为5.45亿~5.5亿年。纽芬兰曾是阿瓦隆尼亚大陆的一部分，这块大陆如今已不复存在。另一个曾经属于阿瓦隆尼亚大陆的地区是威尔士。1835年，英国地质学家亚当·塞奇威克和罗德里克·麦奇生在这里确定了寒武系的标准剖面，而寒武系也因威尔士北部的寒武山而得名。

这一时期，一些学者曾认为这些地层的时代属于志留纪最末期，原因主要是在威尔士的沉积岩中几乎找不到化石。法国古生物学家尤阿希姆·巴朗德曾描述过波西米亚早古生代的大约3500种动物化石，他的工作使得人

关键词

奇虾、古杯动物、节肢动物、布尔吉斯页岩、寒武纪、生命大爆发、冈瓦纳大陆、巨神海、矿化、骨骼、"微球转运者"、礁石

元古宙	5.45亿年前	5.4亿年前	5.35亿年前	5.3亿年前	5.25亿年前 寒武纪	5.2亿年
分期				早寒武世/下寒武统		
欧洲分阶				凯尔法阶		
俄罗斯－哈萨克斯坦分阶	尼玛科特戴尼阶	托姆特阶	阿特达班阶	波托姆阶		
北美分阶			蒙特祖玛阶			黛兰阶
地质事件	罗迪尼亚超大陆分裂				巨神海形成	
	泛非造山运动和东、西冈瓦纳大陆的碰撞		中国华南和华北、哈萨克斯坦、蒙古及东冈瓦纳大陆其他部分的分裂			
大气成分/气候	全球升温，大部分陆地位于赤道区域，干旱出现，大气中的二氧化碳含量依然很高					
海平面/海水的化学成分				海平面上升	文石海	
生物礁				由古杯动物与蓝细菌形成的生物礁出现		
动物	·最早的具壳动物出现	寒武纪大爆发		·澄江动物群形成		

到了早寒武世中期，所有主要的多细胞动物门类都已经出现，包括海绵动物、腔肠动物、栉水母动物门、头吻动物、环节动物门、节肢动物门、软体动物门、腕足动物门、棘皮动物门和脊索动物门。此外，有很多下寒武统化石的分类位置尚不明确，比如阿纳巴管类、托莫特壳类和Radiocyaths。

这些化石都具有骨骼，只不过不同生物的骨骼可能具有不同的形式，比如硅质海绵的骨针、软体动物的石灰质外壳、腕足类的磷酸钙硬壳、环节动物和节肢动物的角质甲壳等。这些结构都具有类似骨骼的作用，它们的出现很可能是寒武纪大爆发的原因。因为骨骼能够帮助生物运动（比如现代的节肢动物和脊椎动物），能够支撑营固着生活的生物（比如海绵、珊瑚和苔藓虫）滤食海水中的食物，能够帮助抓取和切碎食物（比如爪子和牙），还能够帮助呼吸（比如棘皮动物的骨板和昆虫的气管）。虽然骨骼还可以有效地防御敌人，但对动物来说，在紧急情况下最简单的办法就是逃走。

但是骨骼为什么出现，又是如何出现的呢？有一种理论认为，生活在早寒武世浅海中的生物为了免遭紫外线辐射

勒拿岩柱

俄罗斯联邦萨哈（雅库特）共和国南部的这些巨大岩柱沿勒拿河绵延200千米（上图）。这些碳酸盐岩柱是由寒武纪初期的造礁生物形成的，它们忠实地记录了前寒武纪—寒武纪界线附近的演化事件。

们对寒武纪化石，尤其是三叶虫有了初步的了解。到了19世纪下半叶，寒武系的划分方式已被广泛接受。

参考章节

元古宙：大陆、地壳、岩石圈、地幔、板块构造学说

生命的起源及其特点：蓝细菌、原核生物、真核生物

元古宙：藻类、叠层石

志留纪：深海热液喷口

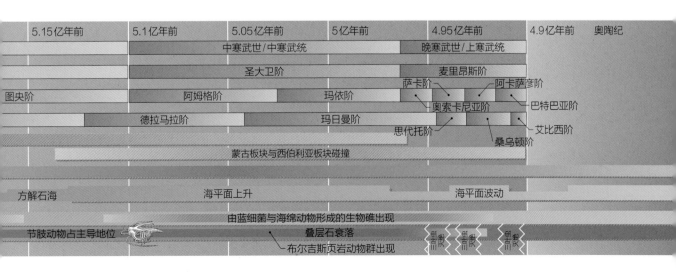

或暴风的侵袭演化出了骨骼。我们现在知道有骨骼的动物最早出现在大陆架上，而且是到了4.9亿年前的奥陶纪才扩展到大洋中的。

骨骼的出现与磷酸盐的富集以及石灰岩（碳酸钙）取代白云岩（碳酸镁）的过程几乎同时发生。这一现象引起了学者的注意，他们认为海水化学成分的变化直接导致了骨骼的矿化，骨骼最初也许就是储存多余磷酸盐和碳酸盐的器官。需要指出的是，磷酸盐和碳酸盐矿化的条件是不同的，它们不太可能同时发生的。

生物礁是一种生物多样性水平很高的生态系统，它的存在要归功于其上生活的生物的天敌。为了防止啃食动物、钻孔动物和竞争者破坏食物链，造礁生物要维持生态系统的生物多样性。起初没有化石证据支持"寒武纪肉食性动物"的理论，但是最近人们找到了丰富的化石证据，包括巨大的奇虾、头吻动物、节肢动物和一些分类位置尚不明确的生物。

寒武纪革命

寒武纪不仅是古生代的第一个时代，也标志着显生宙的开始。寒武纪的生物多样性显著增加，生态环境和海陆格局也都发生了巨大的改变。

上述演化事件单独发生并不会给早寒武世的地球带来多么巨大的改变，但是如果肉食性动物的出现、板块运动和地球化学环境的改变同时发生，就可能对地球产生深远的影响。

寒武纪初期大陆的分裂和汇聚也可能促进了生物的演化。许多浅海被陆地分隔，在已有物种的种群之间形成地理隔离。超大陆解体以后，每个新大陆近岸的生物群独立演化。随着海平面的上升，这些近岸海域由于沉积物类型、温度、盐度和深度的不同而产生了许多新的生态位。分裂后的大陆横跨不同的气候带，这也或多少地加速了新物种的形成，并且这一理论能够得到寒武纪板块构造证据的支持。

古地理和古气候信息的缺乏阻碍了我们对寒武纪演化事件的认识。越古老的数据越不准确，因为所有的证据都发生了变化，即使最坚硬的岩石也不

重建海陆格局

岩石磁性特征的发现使地质学家可以精确地测定每一块大陆的古地理位置。地球就像一块巨大的磁铁，而指南针指示方向需要依靠地磁场。在自然界中，含铁的针状矿物也可以像指南针一样在地磁场的作用下定向排列。这些含铁矿物沉积在海底形成的岩石中，忠实地记录了它们形成时地磁场的方向。通过研究不同大陆上含铁矿物的排列方式，科学家可以了解每块大陆的古地理位置以及它们与磁极之间的距离。借助古地磁数据重建全球海陆格局的一个基本假设就是将大陆看作可以移动的刚性块体。对于科学来说，一个技术问题就是地磁场具有轴对称性——他们必须首先搞清楚古大陆究竟位于南半球或北半球，然后才能谈东半球和西半球的问题。和之前提到的一样，岩石越古老，古地磁的数据就越不准确。因为古老的岩石比年轻的岩石更有可能受到变质作用的影响，从而改变矿物的排列方向，将古地磁的"记忆"抹去。

现代大陆轮廓形成的时间不超过2亿年，它们之前的样子都是不确定的。

酷似火星的地球

古生代地球的海陆格局可能与同一时期的火星非常相似。二者的共同特点是陆地大都位于南半球，而海洋则主要位于北半球。

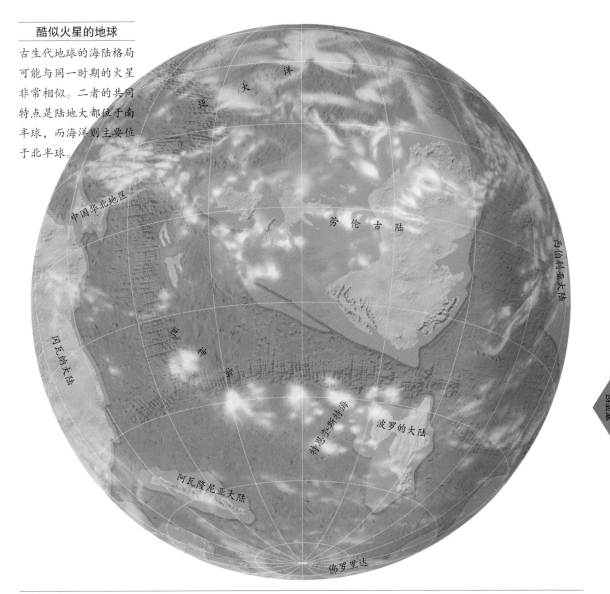

中国华北地区

泛　大　洋

劳伦古陆

西伯利亚大陆

冈瓦纳大陆

巨神海

特恩奎斯特海

波罗的大陆

阿瓦隆尼亚大陆

佛罗里达

寒武纪

大陆的联合和分裂

劳伦古陆（现代北美洲和欧洲的前身）、阿瓦隆尼亚大陆和波罗的大陆相向移动并发生碰撞，导致巨神海闭合。在地球的另一侧，冈瓦纳大陆分裂为若干块小型陆地，这些陆地最终形成了今天的中亚。冈瓦纳大陆和西伯利亚大陆之间的地带的海陆变化直接导致了古亚洲洋的闭合。

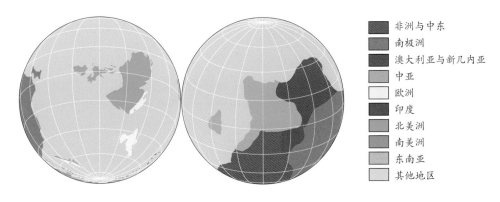

- 非洲与中东
- 南极洲
- 澳大利亚与新几内亚
- 中亚
- 欧洲
- 印度
- 北美洲
- 南美洲
- 东南亚
- 其他地区

产自西伯利亚地区
的几种小壳化石。

寒武纪

蒙古高原的海拔

蒙古西部的哈沙特-哈尔克汗山脉海拔超过3000米，
包括部分由古杯动物和蓝细菌形成的下寒武统生物礁
灰岩。

例外。不仅如此，很多能够反映气候状况的生物在
寒武纪也并不存在，比如陆生植被。

前寒武纪和寒武纪板块重组的过程好比包含成
百上千个拼块的拼图游戏。对比各个板块沉积物和
动物群落组成的连续性非常重要，因为相邻板块的
沉积物往往记录了相似的古地理变化过程。所以，
尽管重建的方法和手段复杂多样，但是科学家还是
对寒武纪的古地理达成了共识。

寒武纪的冈瓦纳大陆位于南极点附近。大陆的
中央地带剧烈隆升，进而在山谷间形成了很多短而
宽阔的河流——澳大利亚至今依然保持着这种地貌。
古南极洲板块与南美洲和非洲之间的海水异常冰冷
且充满了纯硅质沉积物，生活在这样严酷的环境中

联合、分裂、再联合

大陆的分裂和联合是地球演化永恒的主题。从新元古代开始，超大陆的分裂和联合基本上每2.5亿年就会发生一次。超大陆要么分裂成数个面积较大的陆地，要么形成若干较小的地体，这些过程都持续不断地改变着海陆格局。

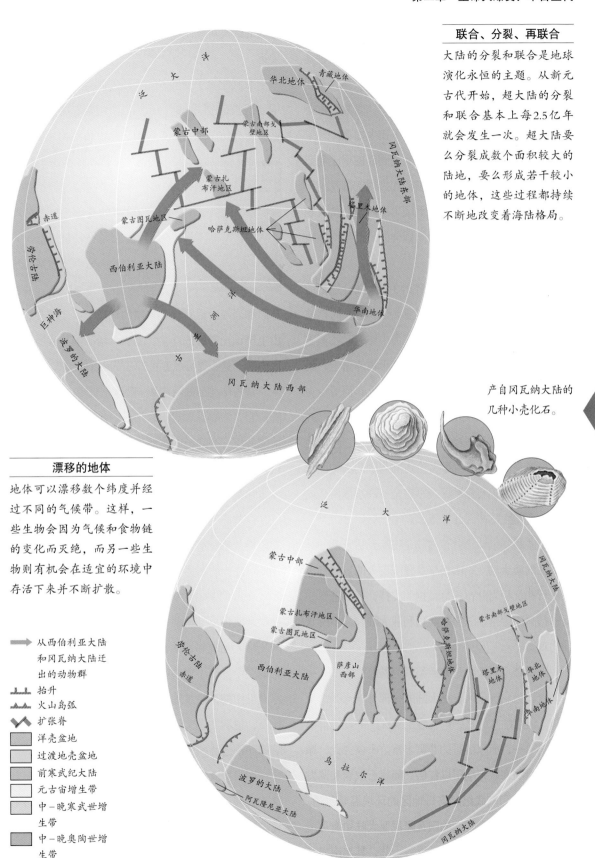

产自冈瓦纳大陆的几种小壳化石。

寒武纪

漂移的地体

地体可以漂移数个纬度并经过不同的气候带。这样，一些生物会因为气候和食物链的变化而灭绝，而另一些生物则有机会在适宜的环境中存活下来并不断扩散。

➡ 从西伯利亚大陆和冈瓦纳大陆迁出的动物群

抬升

火山岛弧

扩张脊

洋壳盆地

过渡地壳盆地

前寒武纪大陆

元古宙增生带

中－晚寒武世增生带

中－晚奥陶世增生带

（图中标注）大洋、华北地体、青藏地体、蒙古中部、蒙古南部戈壁地区、冈瓦纳大陆赤部、蒙古扎布尔汗地区、哈萨克斯坦地体、喀里木地体、蒙古图瓦地区、华南地体、西伯利亚大陆、赤道、苏伦古陆、巨神洋、波罗的大陆、冈瓦纳大陆西部

泛大洋、蒙古中部、蒙古扎布尔汗地区、蒙古图瓦地区、蒙古南部新发壁地区、喀萨克斯坦地体、塔里木地体、华北地体、华南地体、萨彦山西部、西伯利亚大陆、苏伦古陆、赤道、乌拉尔洋、波罗的大陆、阿瓦隆尼亚大陆、冈瓦纳大陆、冈瓦纳大陆

的动物群相对简单。而在远离两极的海盆（比如欧洲南部、中东和中国华南地区）中，沉积物的种类相对丰富，动物群的多样性也相对较高。澳大利亚板块和南极板块之间的水域在寒武纪非常靠近古赤道，因而形成了丰富的碳酸盐沉积和生物礁。

从冈瓦纳大陆东部的澳大利亚到西部伊比利亚的寒武纪化石组合有很高的相似性，说明冈瓦纳大陆曾是一个整体。中国华南地区丰富的磷酸盐沉积表明冈瓦纳大陆曾经是东西向延伸的，而华南板块位于冈瓦纳大陆的西部。

寒武纪除冈瓦纳大陆以外的3个大陆分别是劳伦古陆、波罗的大陆和西伯利亚大陆。这一时期波罗的大陆位于南温带，但是其浅海中鲜有动物群出现。西伯利亚大陆和劳伦古陆横跨于古赤道上，西伯利亚大陆与现在所处的位置正好相反，而劳伦古陆相对于现代北美洲的位置顺时针旋转了90°，并且在其周围形成了一条带状的碳酸盐沉积。中－晚寒武世海平面的上升导致劳伦古陆周围的海域面积扩大，使得西伯利亚地区几乎完全被海水淹没，这一带的造礁生物却因此繁盛。

一些科学家认为劳伦古陆是在新元古代从冈瓦纳大陆的澳大利亚－南极东缘分裂出去的。尽管没有化石和沉积岩分布规律证据的支持，另一些科学家却倾向于劳伦古陆包括西伯利亚大陆和波罗的大陆的观点。

阿瓦隆尼亚大陆是寒武纪最为神秘的大陆。一些学者认为它曾是冈瓦纳大陆的一部分，与摩洛哥相邻。值得注意的是，阿瓦隆尼亚大陆的动物群组成非常单一，而摩洛哥的非常丰富。不仅如此，摩洛哥境内的寒武纪地层以红层、鲕状石灰岩和蒸发岩为主，说明寒武纪摩洛哥地区的环境温暖舒适。这些证据说明这个时期的阿瓦隆尼亚大陆更有可能是一个在南半球四处漂移的孤立大陆，其与南极点

之间的距离可能比今天佛罗里达到南极点的距离还要远。

寒武纪除了一些主要大陆外还有许多小块的陆地。这些远古陆地的一系列复杂汇聚形成了今天从俄罗斯乌拉尔经哈萨克斯坦、蒙古和西伯利亚北部一直延伸至鄂霍次克海的中亚褶皱区。这个褶皱区包括被众多河流分隔的高大山脉，分布着大片的原始针叶林。最早形成的一些山脉如今已被风化成低矮的小山，其周围是连片的草原和岩漠。只有经验丰富的地质学家才能在这些山上辨识出曾经的洋盆、岛弧、增生楔、浅海和海底山脉。这一带寒武系的厚度为8~12千米。

> 从冈瓦纳大陆分裂出来的小片陆地向西漂移，最后与西伯利亚大陆碰撞汇聚。

蒙古中北部的阿尔泰－萨彦褶皱带中由玄武岩、辉长岩、赤铁矿和火山岩形成的蛇绿岩套代表了晚前寒武纪－寒武纪的古海洋洋底。在那个古老的年代，古亚洲洋位于西伯利亚大陆和冈瓦纳大陆西北缘（包括华北、华南和塔里木地体）之间的赤道附近。在前寒武纪即将结束的时候，冈瓦纳大陆的西北边界开始瓦解，形成了包括现在蒙古高原和哈萨克斯坦在内的很多小片地体。

寒武纪蒙古地体开始朝着西伯利亚大陆漂移。在早寒武世早期，蒙古地体和西伯利亚地体还都与冈瓦纳大陆毗邻，并且人们在这两个大陆边缘的海相地层中发现了典型的华南地区动物化石。到了早寒武世中期，蒙古地体出现了很多西伯利亚大陆的化石，说明二者之间的距离已经可以使西伯利亚大陆的动物迁徙到蒙古海中。

在早寒武世晚期到中寒武世的过渡时期，随着这些分裂地体与西伯利亚大陆的碰撞，岛弧开始出现。其中一些岛屿上的火山略低于海平面。在喷发的间期，古杯动物和蓝细菌在火山口附近可以形成

大量的礁体。当火山再次喷发时，礁体可能会遭到破坏。与此同时，大量的火山碎屑物要么形成火山锥，要么沿着火山锥滚入海水中。

从中、晚寒武世之交开始，西伯利亚大陆外围的岛弧与地体发生碰撞，改变了古亚洲洋的整体结构，大部分洋盆在洋壳回收时关闭。由这一系列变化产生的陆相硅质碎屑物将海相沉积物埋在下面，而这些地质运动一直持续到志留纪分裂地体最终汇入西伯利亚大陆后才停歇。最终，板块的联合使现在的亚洲大陆面积增加了530万平方千米。

需要指出的是，这并不是解释中亚形成的唯一模型。另外一种模型认为寒武纪的一个巨大岛弧在波罗的和西伯利亚大陆之间形成。当这两块大陆汇聚的时候，岛弧就像高速行驶的小汽车被前后两辆卡车碰撞了一样，在两块大陆强烈的挤压下形成了中亚褶皱区。但是，相关的化石证据并不支持第二种解释。

任何一次板块构造活动都会直接影响动植物物种的多样性。物种多样性受到环境稳定性、食物供给、地理条件以及其他因素的共同调节。随着大陆解体为分散的小块陆地，小块陆地自身的地理条件对物种变化的方向和速度产生了越来越重要的影响。此前大陆上的物种基因库被打乱，进而导致在不同的小块陆地上演化出不同的新物种，这一过程叫作成种。成种的过程可以使物种多样性水平显著提高。正是通过这样的方式，早寒武世中期生活在劳伦古陆、波罗的大陆、西伯利亚大陆和冈瓦纳大陆上的动物群都表现出了高度的地域化特征。

寒武纪海平面的上升形成了很多广阔的内陆海。它们被许多深水区域隔离，导致生活在不同地区内陆海中的物种独立演化，进而形成了不同的动物群。动物群多样化程度较高的时期海平面一般都处在较高的位置，这一规律在整个显生宙都可以看到。不仅如此，动物群多样化往往还伴随着剧烈的大陆分裂，因为大陆分裂、海平面上升和内陆海形成的过程都是与板块运动相关联的。

海水淹没了低洼的陆地，形成地理隔离，物种多样性水平在这一时期达到顶峰。

大陆分裂形成新的海洋。每当一个新的海洋形成时，洋中脊就会延长，与洋中脊体积相同的海水就会漫上陆地。这个过程叫作构造型海侵。需要注意的是，构造型海侵并不是海平面上升的唯一原因，冰盖融化也可能淹没陆地，这个过程叫作冰川型海侵。构造型海侵和冰川型海侵在寒武纪开始的时候都已出现。到了早寒武世中期，构造型海侵达到顶峰。在这一时期，除了冈瓦纳大陆中心和一些较小的岛屿以外，其他所有大陆都已被海水淹没。

此时正是寒武纪动植物最为繁盛的时候，寒武纪大爆发也在此刻达到顶峰。世界各地在这一时期的地层中发现的动物化石超过700个属，藻类化石也超过100个属，而这些物种都是在1000万~1500万年这段短暂的地质时期内突然出现的。虽然哺乳动物在新生代早期也是以如此惊人的速度繁盛起来的，但是哺乳类仅是脊索动物门中的一个纲，而寒武纪大爆发则是几乎所有现存类群的大规模形成和辐射。

寒武纪大爆发达到顶峰后，物种迅速减少，形成第一次全球性的大灭绝事件。导致这一事件发生的因素多种多样。一方面，海平面的持续抬升使原本生活在浅海中的生物群陷入缺氧的深水环境；另一方面，随后的海平面下降使内陆海几乎干涸，内陆海中的动物群丧失了原有的栖息环境，最终灭绝。不仅如此，动物的出现能够改变水的一些性质，从而对整个地球环境产生深远的影响。在这一时期，海洋中首次出现了"微球转运者"。它们将海面上的

在寒武纪大爆发后不久，第一次生物大灭绝事件席卷全球。这次大灭绝事件与海平面的升降有直接的关系。与此同时，海水的透明度也发生了根本性的改变。

微小漂浮物收集到一起作为自己的食物，并将代谢废物以微球的形式排出，这些废物以每天400多米的速度沉降到海底。

几十年前，当海洋学家决定在海水表面投放色彩鲜艳的塑料片来研究洋流运动的时候，他们无论如何也想象不到这些塑料片在仅仅几天之内就消失得无影无踪。这种现象就是由微型浮游动物（主要是一些甲壳动物）造成的。这些动物会用所有大小合适的东西来填满自己的肚子。经过消化后，动物体内的一种特异性膜将代谢废物包裹成微球排出，这些废物迅速沉降到海底。甲壳类动物就是通过这样的方式避免将自己的代谢废物再次吃掉。

当然，寒武纪营浮游生活的甲壳动物是不可能吃到塑料片的，它们只能吃浮游植物。微球的快速下沉使细菌和真菌来不及对其进行有氧分解，进而使水体表层的溶解氧含量增加，更加有利于其他生命的存在。

在"微球转运"的目的地——海底，源源不断的食物提高了食碎屑动物的多样性水平。与此同时，海底沉积物中多余的微球还为穴居动物提供了充足的食物。穴居动物的出现彻底改变了海底环境，使得早寒武世典型滤食动物的生活难以为继。因此，

① 大型节肢动物
② 头吻动物
③ 多足缓步类
④ 三叶虫
⑤ 高肌虫
⑥ 威瓦亚虫
⑦ 腕足动物
⑧ 棘皮动物
⑨ 软舌螺
⑩ 海绵动物
⑪ 浮游动物
⑫ 底栖藻类
⑬ 浮游植物
⑭ 浮游细菌

食物网

食物网通过能量传递的方式将不同的生物联系在一起。对于生产者来说，能量就是太阳光和化学合成的原料，而对于消费者来说，能量则是通过捕食生产者和其他不同营养级的生物获得的。一般来说，体型越大的消费者在食物网中的营养级也就越高。分解者联结食物网的两端，它们能够将有机物彻底分解形成化学合成的原料供生产者再次使用。生产者、消费者、分解者和寄生者共同构成一个立体的食物网。

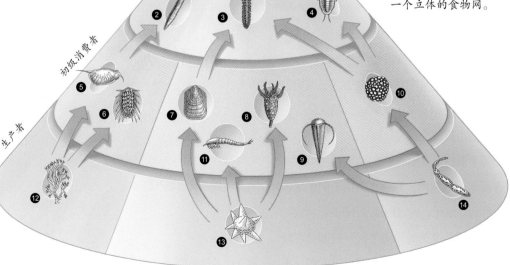

早寒武世晚期的"雪球事件"破坏了寒武纪生物的栖息环境，这也恰恰是导致奥陶纪大辐射的直接因素。

随着"微球转运者"的出现，食物网的结构变得更加完整。一个典型的食物网包括生产者、消费者和分解者。生产者（包括藻类、其他植物和一些细菌）能够利用光能或化学能合成有机物，而消费者以这些有机物作为全部的能量来源。根据能量获得方式的不同，消费者又可以分为滤食性动物、食碎屑动物、植食性动物、肉食性动物和寄生生物等很多种。滤食性动物从水流中获取食物。食碎屑动物实际上是消化沉积物中埋藏的有机物和细菌（并不是沉积物本身）。植食性动物以藻类等植物为食。寄生生物生活在宿主体内，它们靠宿主吸收的营养为生，但不至于将宿主杀死。肉食性动物以其他消费者为食，而分解者（真菌和细菌）能够将残留的有机物分解成无机成分。

每一个地质时期的消费者都是不同的，在寒武纪尤为如此。如果要分析早寒武世的食物链结构，那么最佳的样本当属礁石生态系统。

礁石生态系统是地球上最复杂也是多样性水平最高的生态系统之一。在现代礁石生态系统中，区区几平方千米范围内就可以发现多达5000个物种。对于潜水爱好者来说，礁石生态系统称得上是一幅大美至极的图画。即使眼前的这番景象成为化石，珊瑚礁的那些复杂精美的结构仍然依稀可见。珊瑚礁的质地非常坚硬，因而可以保存成化石。不仅如此，它们还可以记录下礁石生态系统中各种生物相

浮游生物的繁盛

丰富的营养物质可以引起浮游植物和浮游细菌的大量繁殖，有些甚至可以从太空直接观察到（比如纳米比亚沿岸）。"赤潮"就是由甲藻大量繁殖引起的，这些浮游植物分泌的有毒物质可以杀死水体中的所有动物。由于缺乏消费者，大量繁殖的浮游植物只能被分解者缓慢分解，这一过程可能进一步减少水体的含氧量，引起更大规模的灭绝事件。

寒武纪大爆发

物种在寒武纪呈现爆发式增长，即寒武纪大爆发。这种快速增长在早寒武世初期就已经出现，属一级分类单元在短短1500万年中就翻了10倍。

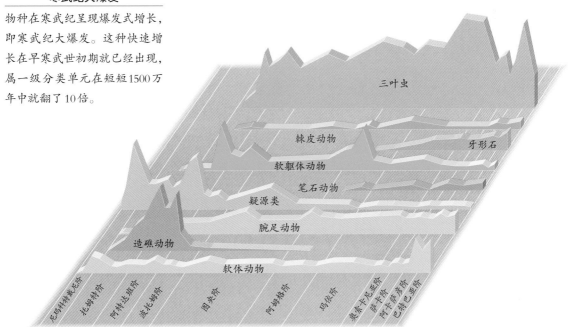

三叶虫

棘皮动物

牙形石

软躯体动物

笔石动物

疑源类

腕足动物

造礁动物

软体动物

尼玛科特赞克阶
托姆特阶
阿特达班阶
波托姆阶
图米阶
阿姆加阶
玛依阶
奥德卡尼亚阶
萨卡阶
阿卡萨爱阶
巴柳巴阶

由钙化蓝细菌和古杯动物"建造"的寒武纪礁体为了解这一时期的生物多样性和食物网结构提供了重要的信息。

互作用形成礁石的过程，而快速的海洋岩化作用可以提高这些信息保存下来的概率。早寒武世的造礁生物以钙化蓝细菌和钙质海绵为主。

这些钙质海绵又称作古杯动物[1]。它们看上去就像布满小孔的杯子，当水流经过它们的身体时，水中的浮游生物和细菌就能够被滤出作为食物。少数大型柱状古杯动物的高度可以达到1米左右，盘状种类的直径也可以超过0.5米。除此以外，绝大多数古杯动物的高度都不超过3厘米，直径也小于1厘米。所以，由这些古杯动物形成的寒武纪礁石大多是穹窿状的。

钙化蓝细菌比古杯动物还要小。由它们形成的群落在适宜的条件下能够产生高达数米的礁石。这种礁石的表面或呈斑点状，或呈冰晶状——取决于钙化蓝细菌群落的形状。钙化蓝细菌是主要的造礁生物之一，但是它们需要以古杯类动物作为附着物才能进一步建造礁体。

除了钙化蓝细菌和古杯动物以外，在寒武纪的生物礁中还能找到营固着生活的杯形棘皮动物。它们中的一些没有典型的五辐射对称结构，有的种类有短粗的柄以支撑身体，有的则没有。这些棘皮动物靠"羽枝"（一种有关节的、直立的触手状钙质结构）来滤食浮游植物。软舌螺不擅长游走，它只能利用一对拐杖似的附肢来调整锥形外壳在水流中的方向，并在受到惊吓时关闭口盖。除了上述这些动物以外，那些附着在古杯动物上和生活在蓝细菌

遗迹化石

形成于海底的遗迹化石记录了动物捕食行为复杂化和有序化的过程。上图中的蛇曲形遗迹从前寒武纪到奥陶纪逐渐加密，表明食物选择的特异性有所提高。网状遗迹很可能是穴居动物的捕食陷阱，我们可以看到这些多变形遗迹也变得越来越规则。

群落内的原始的腕足动物和微小的腔肠动物也都属于滤食性生物。

食碎屑动物在松软的沉积物表面和内部都留下了规律性的痕迹。虽然我们能够确定寒武纪食碎屑动物的食性，但是对这些动物本身依然一无所知。

滤食性动物和食碎屑动物都是初级消费者，次级消费者是包括三叶虫在内的肉食性动物。然而，三叶虫即便有坚硬的外壳也无法抵挡更强大捕食者的攻击。奇虾就是这种强大的捕食者之一。在某些情况下，三叶虫甚至会被头吻动物吃掉（头吻动物会利用柔软的刺状鼻子将三叶虫慢慢吸掉）。

综上所述，复杂的食物网在寒武纪伊始就已经建立。滤食性动物和食碎屑动物以生产者为食，而肉食性动物就是通过捕食滤食性动物和食碎屑动物间接地利用生产者的能量的。

---

[1] 译者注：关于古杯动物分类位置的争议由来已久。古杯动物的外形及其穿孔酷似海绵动物。海绵动物具有骨针，但没有真正的内壁和外壁，也无板状骨骼；而人们从未在古杯动物中发现过骨针。古杯动物和海绵动物的个体发育过程也有很大差异，比如海绵动物的骨针在整个个体发育周期中均存在，而古杯动物的孔壁仅在个体发育晚期出现，其骨骼构造也随个体发育逐步复杂化。目前，多数学者将古杯动物列为一个独立的门，以区别于海绵动物。

生物礁为研究寒武纪的气候提供了唯一可靠的证据。寒武纪伊始，碳酸盐矿物（碳酸钙）以霰石和高镁方解石为主。当大气中的二氧化碳含量较低时，碳酸盐主要以高镁方解石为主。由于二氧化碳是主要的温室气体，因此有人推测早寒武世全球的气候应该是比较凉爽的。

这种凉爽的气候到了中寒武世发生了转变，因为在这一时期碳酸盐矿物以低镁方解石为主，说明全球气候开始转暖。持续性的全球变暖促进了蓝细菌的繁殖，同时也加速了古杯动物的灭亡。由古杯动物建造的礁石在中寒武世以后就再也没有出现过，而由钙化蓝细菌建造的礁石在中－下奥陶统和上泥盆统中相当丰富，并一直延续到白垩纪中期才逐渐消失。寒武纪初期出现的大多数动物也都是延续到白垩纪末期才逐渐灭绝的。

寒武纪的大多数动物化石都没有得到很好的保存，我们甚至无法知道它们本来的样子。这一时期的动物大都具有圆锥形的碳酸钙或磷酸钙外壳，表面分布着横向或纵向的脊，内部是一个非常浅的腔体。由于这些动物的体型都非常小（长度一般不超

> 具有碳酸钙或磷酸钙硬壳的动物是寒武纪地层独有的化石。

过3毫米），因此统称为小壳化石。小壳化石是很多种动物的集合，尽管这些动物之间的关系并不明确，但是一度成为划分下寒武统的标准化石。如果你是一个想象力非常丰富的人，那么你就有可能根据外壳勾勒出这些动物的基本结构：它们的身体可以塞进狭小的外壳，并且软体部分的形状很可能与外壳差不多。

寒武纪最常见的小壳化石就是赫尔克壳类。它们的特点是软体由鳞状的骨片系而非单独的壳体覆盖。古生物学家为了区分不同的种类，曾经统计了此类化石中不同种类的骨片数。结果，他们重构出一种与蛞蝓极为相似的多刺圆锥状生物。然而，当人们在格陵兰北部下寒武统页岩中发现完整的哈氏虫（赫尔克壳类的一种）骨片系时，整个科学界都被震惊了。因为除了多刺状骨片系以外，哈氏虫的

岩石上的浮雕

在贝加尔湖和库苏古尔湖西岸出露的地层中，可以找到丰富的古杯动物化石（下图）。矿物的结晶和长时间的风化将这些古老生物的灵动展现得淋漓尽致，有如岩石上美丽的浮雕一般。虽然这些动物单体的直径只有1.5厘米，但是并不妨碍精美的细节得以保存。如果观察它们的切片，你将有机会看到保存完好的身体结构。

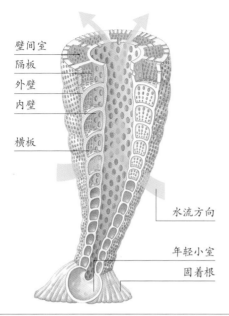

壁间室
隔板
外壁
内壁
横板
水流方向
年轻小室
固着根

古杯动物

如今，我们看到的古杯动物化石只是它们的钙质骨骼。这些动物的单体看上去有点像双层（内壁和外壁）的冰淇淋蛋卷，两层之间被竖直的隔板分隔。整个杯体由层状的固着根固着于海底。

头部和尾部还分别覆盖着一个壳。这种动物同时具有腕足动物门、软体动物门、环节动物门的特征。更令人惊奇的是，人们在距离格陵兰岛很远的西伯利亚发现了哈氏虫胚胎化石。寒武纪前夕，像哈氏虫这样的生物后来演化出很多分支，遍布地球的各个角落。

还有一种奇特的动物叫作怪诞虫，它的噩梦般的形象被第一次重构出来时，展现在人们眼前的是用7对长腿站立、背部长有7个柔软触手的奇怪动物。然而，随着寒武纪动物化石的不断涌现，怪诞虫的真实相貌最终水落石出。人们在中国发现的类似化石显示科学家之前认为的长腿实际上是长在背部的长刺，而之前认为的背部的柔软触手则很可能是可以伸缩的成对肉足。这样的结构可以帮助动物更容易穿过茂密的海藻丛和挖掘食物。现代的天鹅绒虫看起来很像怪诞虫，也拥有多刺的背部和可伸

缩的肉足，但它们其实属于陆生动物。二者唯一的不同就是天鹅绒虫口的下部有角质颚，而怪诞虫及其近亲无颚，故它们又被称为多足缓步类。

奇虾是最早的肉食性动物。它是非常凶猛的捕食者，三叶虫甲壳上的咬痕就是由奇虾长满刺的吻肢留下的。对这些有趣动物形态的重建，证明它们能够利用锋利的牙齿进行撕咬，还可以利用强有力的侧翼和尾叶快速游动。通过对弧形咬痕的仔细分析，我们发现奇虾主要是从三叶虫的右侧发起攻

古杯动物

❶ 小寒武古杯（*Cambrocyathellus*）

❷ *Okulitchicyathus*

❸ *Nochoroicyathus*

开腔骨针类

❹ 开腔海绵（*Chancelloria*）

Coralomorphs

❺ *Hydroconus*

Radiocyaths

❻ *Girphanovella*

❼ *Renalcis*（一种钙化蓝细菌）

❽ 软舌螺（Orthothecimorph hyoliths）

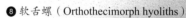

击的。这种情况充分说明奇虾具有复杂的大脑结构以及和许多其他肉食性动物一样的不对称行为。不可否认，单侧行为是作为当今最强大、最先进的"捕食者"的人类的典型行为。

软躯体动物化石的发现帮助科学家阐明了像哈氏虫、怪诞虫和奇虾这样的寒武纪生物的结构及其相互关系。由于"软躯体动物"这个词的德语曾经用来描述德国境内的一些采石场，那里盛产保存了精美软体部分的菊石、箭石、鱼龙以及始祖鸟化石，因此这个德语名词后来被用来表示"所有产出精美化石的地方"的意思。

1909年，由美国著名地质学家查尔斯·沃尔科特带领的考察队在加拿大不列颠哥伦比亚省首次发现了寒武纪的软躯体动物。经历多次反复搜寻，他在史蒂芬山的山坡上60米长、2.5米厚的寒武系露头中收集了大约4万件化石样本，并将该套地层命名为布尔吉斯页岩。沃尔科特在自己的书中详细描

生物礁

地球上最古老的生物礁是发现于太古宇的由蓝细菌建造的叠层石（下图）。由后生动物建造的生物礁最早出现于30亿年后的前寒武纪晚期。随着古杯动物和钙化蓝细菌的出现，生物礁从早寒武世开始丰富起来。这些生物礁占据了大部分陆地周围的浅海，但是波罗的大陆和阿瓦隆尼亚大陆是例外，因为这两块大陆在寒武纪非常寒冷。

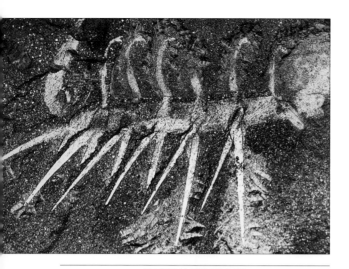

20世纪60年代末，一支由加拿大和英国科学家组成的联合考察队对布尔吉斯页岩重新进行考察。他们不仅发现了许多未知的新属种，还对很多之前描述过的标本重新进行了研究和解释，逐步勾勒出寒武纪软躯体动物组合的基本面貌。根据这些研究成果，古生物学家很快在美国、加拿大、澳大利亚、中国、西班牙、格陵兰岛和西伯利亚等许多地点发现了新的软躯体动物化石组合，并且每个地点都有独特的化石。比如，在格陵兰岛的赛帕斯特岩层中发现了哈氏虫化石，在澳大利亚鸸鹋湾的页岩中发现了各种奇虾化石，在中国云南澄江市发现了最原始的脊索动物、一些奇特的节肢动物和多足缓步类化石。

几乎所有的软躯体动物化石都发现于早寒武世中期到中寒武世末期这个短暂的阶段，其中只有为数不多的一些种类延续了整个古生代。原始海洋的兴盛景象只是昙花一现，这种现象目前还没有

寒武纪的银版照相机

布尔吉斯页岩中的动物化石看上去就像是用早期银版照相机拍摄的黑白照片，上图所示的怪诞虫就是个很好的例子。这些化石的清晰度不比早期黑白照片差到哪里，但是它们的历史远比银版照相机悠久得多。

述了这些生物化石，以至于这部著作后来成为古生物学家必读的"圣经"。

勾勒出奇虾的外表

不久以前，科学家勾勒出了寒武纪海洋的景象，在其中一个场景中到处都是相貌奇特的生物：怪诞虫有7对长腿，背部还有坚硬的长刺；伯托水母沿着海底游走；恐怖的奇虾躲在海绵后面，偶尔露出它们肉质的尾部。

在另外一个场景中，奇虾看上去要么像强壮的"千足虫"，要么像口部有一对大钳的西德尼虫。它真正的样子只有当你把怪诞虫、伯托水母和海绵都认清了之后才能分辨出来。奇虾的头部巨大，背侧长有一对复眼，圆形的口两侧各有一根刺状的附肢，嘴里还布满锋利的牙齿。它的身体两侧有很多小孔，尾巴是扇形的，在一些种类中偶见分叉。成对的附肢位于身体腹侧，看上去有点像上文提到的天鹅绒虫。科学家估计奇虾的体长应该不会超过60厘米，但是有些标本保存的巨大头部显示这种动物最长可以长到1米左右。

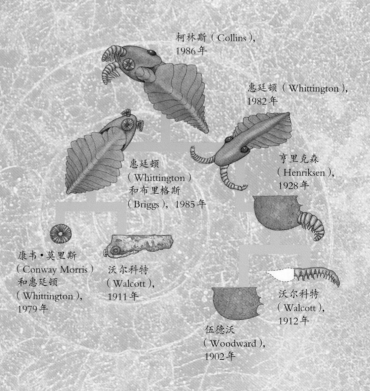

柯林斯（Collins），1986年

惠廷顿（Whittington），1982年

惠廷顿（Whittington）和布里格斯（Briggs），1985年

亨里克森（Henriksen），1928年

康韦·莫里斯（Conway Morris）和惠廷顿（Whittington），1979年

沃尔科特（Walcott），1911年

沃尔科特（Walcott），1912年

伍德沃（Woodward），1902年

寒武纪

得到很好的解释。有科学家推测，随着具外骨骼的小型动物的出现，软躯体动物群落逐渐建立。但是掘穴动物的崛起造成后期生物扰动频繁，这也许是导致软躯体动物化石在中寒武世之后大量消失的主要因素。

目前，加拿大的布尔吉斯页岩动物群的化石依然被认为是寒武纪软躯体动物化石中最完美的。在布尔吉斯页岩中发现的物种迄今超过了130个，包括蓝细菌、藻类、海绵动物、腔肠动物、栉水母、头吻动物、环节动物、叶足动物（奇虾）、多足缓

由于深海断崖地带的浊流沉积隔绝了氧气，动物的遗骸免于腐烂。这种极为特殊的埋藏环境使布尔吉斯页岩动物化石具有精美的软体结构。

布尔吉斯页岩

加拿大不列颠哥伦比亚省菲尔德镇和路易斯湖周围的高山上有大片的寒武系布尔吉斯页岩出露。在寒武纪这一地带是劳伦古陆北部的海底。布尔吉斯页岩动物群在20世纪初被科学家发现并开始系统发掘，至今已有一个世纪的历史。如今，尽管科学家们依然对这些寒武纪生物的结构和分类位置持不同的观点，有关布尔吉斯页岩动物群的研究著作却早已不胜枚举。

步类、节肢动物、腕足动物、软体动物、软舌螺[1]、腔骨类（哈氏虫的近亲）、棘皮动物、半索动物、脊索动物和一些分类位置尚不明确的动物。这些动物化石的发现对重建寒武纪动物的生活习性、食物类型以及动物群的种间关系和食物网结构都具有重要的意义。

---

[1] 译者注：软舌螺的分类位置存在争议。有学者认为它是软体动物门之下的一个纲；另一种意见则认为它与软体动物无本质上的联系，应属一个独立的门——软舌螺动物门。

寒武纪

中寒武世初期之前的布尔吉斯页岩代表了形成于海底断崖附近的深海薄层沉积。深海浊流将底栖生物掩埋。泥质沉积物不仅隔绝了氧气，而且阻碍了食腐动物的扰动。正是这种特殊的埋藏条件使得动物的遗骸得以完整保存，一些软组织经过矿化逐渐形成"木乃伊"。当然，也不是所有的软体结构

1 奇虾（叶足动物）
2 马尔三叶形虫（节肢动物）
3 埃谢栉蚕（多足缓步类）
4 拟油栉虫（节肢动物）
5 威克亚虫（哈氏虫类）
6 Habelia（节肢动物）
7 足杯虫（分类位置未定）
8 奥代雷虫（节肢动物）
9 奥特瓦虫（头吻动物）
10 西德尼虫（节肢动物）
11 皮卡虫（脊索动物）
12 乌海蛭（叶足动物）
13 怪诞虫（叶足动物）
14 Nectocaris（节肢动物）[1]

[1] 译者注：Nectocaris 是一种头足动物，此处疑为作者笔误。

95

节肢动物在布尔吉斯页岩动物群中占有绝对优势。

都能在如此理想的条件下保存下来，只有那些具有几丁质的部分才有可能形成化石。比如，一些软体动物的消化道和外骨骼都具有几丁质，一旦保存为化石，外骨骼和消化道就成为这些动物仅有的能够被识别的结构。

如果能够回望布尔吉斯页岩形成时的寒武纪海底，那么你将有幸看到这样一番景象：那里生活着40余种节肢动物，扁平的乌海蛭漂浮在水中，它们用环状触手冠寻找食物，而不是像腕足动物那样滤食水中的浮游生物；巨大的奇虾体长可达60厘米，它们通过拍打叶足前进，并利用刺状前肢捕捉猎物；怪诞虫在海底寻找奇虾吃剩下的食物残渣；头吻动物，比如与现代的曳鳃动物非常相似的奥特瓦虫正潜伏在U形洞穴内等待粗心的三叶虫或软舌螺自投罗网；哈氏虫的后裔Wiwaxiids正利用锋利的牙齿啃食着海草；海绵动物建立起"堡垒"，企图让埃谢栉蚕（多足缓步类）放弃捕食；巨大的节肢动物西德尼虫紧紧地抓住手中的猎物；其他节肢动物在四周游走、爬行、追逐猎物；而皮卡虫（脊索动物）则可以利用成对的肌节和坚硬的脊索在海底沿S形游动。

专题　节肢动物的演化

节肢动物的典型特征是具有体节和分节的附肢。它们的身体一般分为头、胸、腹3个部分，整个身体和四肢表面都覆盖着由几丁质构成的坚硬外骨骼。一些节肢动物的外骨骼由于矿化作用而变得更加坚硬，比如三叶虫、介形类和藤壶的外骨骼由碳酸钙取代，而一些已灭绝的节肢动物的外骨骼由磷酸盐取代。因此，这些生物更易保存为化石。但是，外骨骼的存在限制了节肢动物体型的增长，进而阻碍了节肢动物的演化。节肢动物要想长大，不得不通过周期性蜕壳的方式使外骨骼脱落。在蜕壳过程中，节肢动物毫无防备能力。从早寒武世中期开始，节肢动物就统治着整个海洋。最早的陆生动物中也有很多节肢动物。现在，昆虫的数量远远超过了地球上其他所有物种的总和（大约有1000万种），而昆虫仅仅是现生的三大主要节肢动物类群之一。

节肢动物在地球生态系统中发挥了举足轻重的作用。从寒武纪到志留纪，节肢动物都是海洋中的主要猎食者，处于食物网的顶端。同一时期，微小的甲壳动物（比如磷虾）在食物网中处于初级消费者的地位，以浮游植物为食。它们在生态系统中的作用就是将几乎肉眼不可见的单细胞生物和大型猎食者联系起来。在中生代，作为海洋中的主要穴居动物，甲壳动物能够挖掘长达2米的洞穴，而且它们即使蜷缩在洞穴深处也不至于因缺氧而窒息。在陆地生态系统中，节肢动物对于作为生产者的植物来说也具有重要的意义。植物的扩散和传粉都离不开节肢动物。苍蝇和一些甲虫幼体（比如圣甲虫）靠取食大型脊椎动物的粪便生活，它们分解代谢的产物为土壤提供了丰富的养分。蜜蜂、蝴蝶和其他一些昆虫采食花蜜，间接为植物授粉，促进了植物的繁殖和演化（有化石证据显示二叠纪的昆虫胃中存在花粉粒）。白蚁类与有鞭毛的原生动物互利共生，共同完成将木质和纤维素转化为易消化的有机物的过程。在石炭系煤层中发现的巨大多足类动物和已灭绝的Arthropleurids表明它们之间的互利共生关系的形成很可能出于同样的目的。

节肢动物的近亲

节肢动物的近亲缓步类动物的体长只有0.05~1.2毫米（如右图所示的水熊），它们是一类具有体节而不具有呼吸和循环系统的无脊椎动物。节肢动物的其他近亲还包括栉蚕（天鹅绒虫）和海蜘蛛。

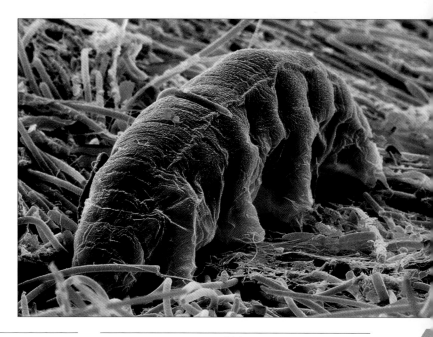

甲壳亚门

几乎所有的甲壳动物都是水生并用腮呼吸的，主要包括介形类、蔓足类（藤壶）、软甲类（龙虾、螃蟹等）等。甲壳类的主要类群在早寒武世就已经出现，最近舌形虫类的寄生无脊椎动物也被确认属于甲壳动物。

昆虫

节肢动物门包括三叶动物亚门、螯肢动物亚门、甲壳动物亚门和单枝动物亚门。昆虫属于单枝动物亚门昆虫纲，这个亚门还包括蜈蚣、马陆等多足纲动物。最近有研究认为昆虫很可能起源于水生甲壳动物。

寒武纪

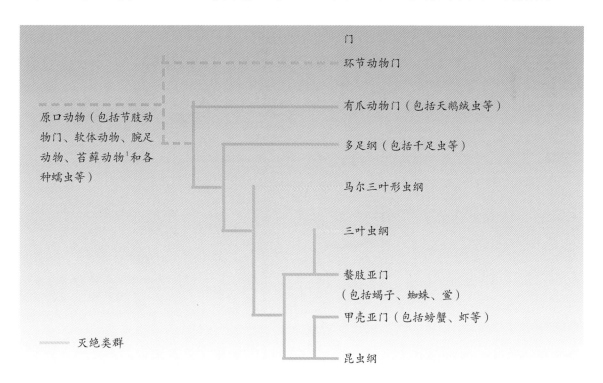

门

环节动物门

原口动物（包括节肢物门、软体动物、腕足动物、苔藓动物[1]和各种蠕虫等）

有爪动物门（包括天鹅绒虫等）

多足纲（包括千足虫等）

马尔三叶形虫纲

三叶虫纲

螯肢亚门（包括蝎子、蜘蛛、鲎）

甲壳亚门（包括螃蟹、虾等）

~~~~~~~ 灭绝类群

昆虫纲

[1] 译者注：腕足动物和苔藓动物兼有原口动物和后口动物的特征。

节肢动物的演化趋势

节肢动物的演化趋势主要表现为蜕壳效率的提高以及体节和附肢的分化。现代节肢动物的祖先早在侏罗纪就已经出现。

❶ 外骨骼的角质化和矿化。

❷ 体节和附肢的分化。

❸ 围食膜出现。

❹ 气管（用于呼吸）和马氏管（用于排泄）的出现使节肢动物能适应陆地生活。

❺ 适应消化木质和纤维素。

❻ 获得飞行能力。

❼ 无柄类出现。

❽ 适应消化绿色植物。

❾ 传粉行为出现。

❿ 附肢类型进一步多样化。

螯肢超纲

螯肢类具有6对附肢，其中第一对螯肢司捕食，其他5对司行走。

寒武纪节肢动物

马尔三叶形虫是最原始的节肢动物，它们的生存时代从寒武纪一直延续到泥盆纪。它们具有内外两层附肢，内层附肢具有运动功能，而外层附肢具有呼吸功能。在加拿大布尔吉斯页岩动物群、格陵兰岛的赛帕斯特岩动物群以及中国云南澄江动物群中发现的大量精美化石说明节肢动物早在寒武纪之初就已经发生了较大的分异。

节肢动物的分类

传统上认为节肢动物起源于环节动物，但是最近DNA序列比对的结果显示它们与头吻动物的关系比环节动物要近得多。在寒武纪地层中发现的奇虾和多足缓步类动物所具有的头吻动物－节肢动物过渡特征似乎更加支持分子生物学的结论。

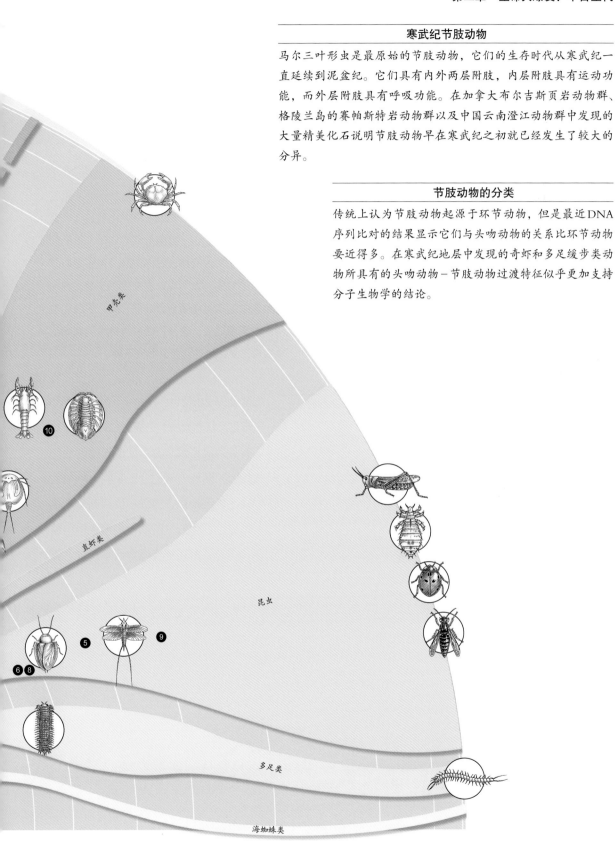

甲壳类

⑩

直虾类

昆虫

❺ ⑨

❻❽

多足类

海蜘蛛类

寒武纪

奥陶纪
距今4.9亿~4.43亿年

奥陶纪是地球历史上海侵最广泛的时期之一，海平面只在短暂的时期处于较低水平——这种海平面的升降主要是由极地冰川融化和形成引起的。到了奥陶纪中期，几乎所有的陆地都被淹没。这一时期海平面最高的时候要比现在还高出100~225米，只有白垩纪海平面曾经超过这个高度，但也仅仅高出一点。

随着年轻洋壳的形成，波罗的大陆和西伯利亚大陆向劳伦古陆靠近，巨神海也逐渐闭合。塔科尼造山运动扩展了陆地面积，并沿劳伦古陆东缘形成大量的山脉。尽管南部的冈瓦纳大陆依然被冰川覆盖着，但是广阔的浅海依然占据了大多数低纬度地带，进而使全球大部分地区的气候变得温暖而湿润。伴随着海平面和海水组分的变化，大气成分也发生了改变。奥陶纪伊始，大气中的二氧化碳含量陡然升高，从而引发全球范围内的温室效应。这种局面一直持续到奥陶纪末期，紧接着二氧化碳的含量又急剧下降。

奥陶系的发现源于两位著名的英国地质学家罗德里克·麦奇生和亚当·塞奇威克的研究工作。麦奇生根据多年来对威尔士及其周边地区的观察，于1835年发表了一篇文章，将志留纪细分为早志留世和晚志留世。同一年，塞奇威克和麦奇生又联合发表了一篇文章，补充讨论了有关寒武系到志留系地层连续性的问题。因为两位作者的分工不同，一位主要描述岩石地层，而另一位则侧重于描述代表性的化石，所以他们很快得出结论，认为志留系整合于寒武系之上。麦

> 奥陶纪最终被正式确认为显生宙的第二个时代。

关键词

碳酸盐沉积、头足动物、外来地体、赫南特冰河时期、鹦鹉螺目、古生代动物群、前科迪勒拉地体、小壳化石层、硅质碎屑沉积、塔科尼造山运动、三叶虫

	4.9亿年前	4.85亿年前	4.8亿年前	4.75亿年前	4.7亿年前	4.65亿年前
寒武纪						
分期	早奥陶世/下奥陶统					
欧洲分阶	特马道克阶		阿雷尼格阶			
欧洲分阶	克斯甘阶	米格纳特阶	莫瑞德尼安阶	威特安迪亚阶	芬尼阶	
北美分阶	艾比西阶				威特洛克阶	
地质事件	巨神海的缩小与瑞亚克洋的扩张					
	前科迪勒拉地体的漂移					
	阿瓦隆尼亚大陆从冈瓦纳大陆分离并向北漂移					
气候/大气变化	二氧化碳含量增加，全球变暖					
海平面升降	海平面上升					
动植物	叠层石衰落	珊瑚、苔藓虫和层孔虫出现				

奇生甚至还宣布人们并没有发现典型的寒武纪化石。他在业内的权威和地位使同行很快接受了他将志留系二分的观点，并没有人对此提出异议。

此后，尤阿希姆·巴朗德对化石的详细研究为奥陶系的命名提供了契机。他进一步细化了麦奇生的工作，并将晚志留世动物群与早志留世和寒武纪动物群区分开。1879年，英国地质学家查尔斯·拉普沃思依据巴朗德的研究成果，并结合自己对苏格兰和威尔士地区的观察，最终确认了寒武系和志留系，但是将之前的下志留统重新命名为奥陶系，此名源自威尔士北部的古奥陶部落。

奥陶纪最重大的事件之一就是全新的海生动物出现。寒武纪的代表性动物到了奥陶纪几乎全部消失，取而代之的是更为活跃和强大、种类更为丰富的动物群。尽管在奥陶纪末期发生了地史上第一次全球性的大灭绝事件，但是很多在这一时期新出现的动物并没有消亡，而是统治了海洋生态系统长达2.5亿年的时间。

奥陶纪大辐射使海洋动物种类的数量翻了4倍。已知的奥陶纪动物种类已经超过4500个属，占到整个显生宙所有海洋动物种类的12%。有铰腕足动物、棘皮动物、有孔虫和双壳软体动物比寒武纪更

寒武–奥陶系界线

加拿大纽芬兰的格林角是全球寒武–奥陶系界线的层型剖面，这里也是当时几个未受海平面变化影响的地区之一。

加繁盛。头足动物、笔石动物、几丁虫和牙形虫出现在寒武纪最末期，而一些奥陶纪的典型动物，如海绵动物、珊瑚、苔藓虫、介形虫和早期无颌类在早奥陶世已经多样化，并在晚奥陶世达到顶峰。三叶虫是寒武纪的代表性生物，但在奥陶纪更加繁盛，无铰腕足类也是在这一时期繁盛起来的。

除了物种多样性更加丰

参考章节

寒武纪：古杯动物、节肢动物、掠食者
志留纪：珊瑚礁、生物礁灰岩、深海热液流
更新世：冰期

奥陶纪

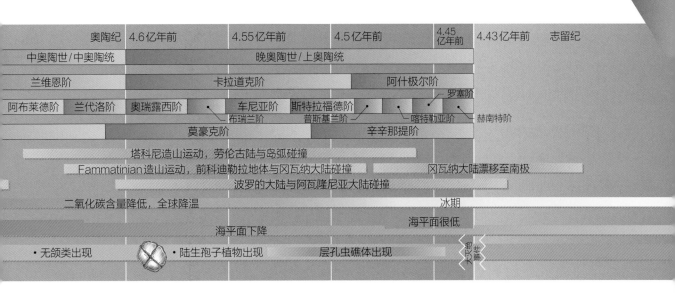

奥陶纪	4.6亿年前		4.55亿年前		4.5亿年前		4.45亿年前	4.43亿年前	志留纪
中奥陶世/中奥陶统			晚奥陶世/上奥陶统						
兰维恩阶			卡拉道克阶				阿什极尔阶		
								罗塞阶	
阿布莱德阶	兰代洛阶	奥瑞露西阶		车尼亚阶	斯特拉福德阶				
		布瑞兰阶		普斯基兰阶		喀特勒亚阶		赫南特阶	
		莫豪克阶			辛辛那提阶				
	塔科尼造山运动，劳伦古陆与岛弧碰撞								
	Fammatinian造山运动，前科迪勒拉地体与冈瓦纳大陆碰撞						冈瓦纳大陆漂移至南极		
		波罗的大陆与阿瓦隆尼亚大陆碰撞							
	二氧化碳含量降低，全球降温						冰期		
		海平面下降				海平面很低			
· 无颌类出现		· 陆生孢子植物出现		层孔虫礁体出现					

奥陶纪

富以外，奥陶纪的生物个体数量也出现了明显的增长。这一点可以通过地层中的无脊椎动物化石密度得到印证。中奥陶统中的无脊椎动物化石一改此前的稀疏透镜状分布，形成了1米厚的化石层。在早、中奥陶统界线附近，有铰腕足类和介形虫类取代了三叶虫，说明无脊椎动物的组成发生了改变。与此同时，无脊椎动物的体型也出现了增大的趋势。寒武纪的软体动物和腕足动物的体长最长不过3厘米，通常仅为这个尺寸的1/10。但是奥陶纪的腕足动物可以长到8厘米，腹足类螺壳的直径也可达20厘米，一些头足动物甚至有0.8米长，巨大的钙质海绵和珊瑚礁的体积也出现了显著的增长。

这些全新的生命形式占据了新的领地，包括大洋和海底。大体型动物的出现为小体型动物的成种和发展提供了更大的空间，因此无论是游走动物还是底栖动物都进一步形成了不同的群落，从而减少了同一生态位的食物竞争。广阔的陆缘海和生物礁催生了丰富多彩的生物群落，形成了全球范围的生物地理格局。

奥陶纪生物群落的多样性还体现在动物群分布的地域性和层次性上，表现为三叶虫、腕足动物、疑源类、牙形虫、几丁虫和笔石动物由于海水基底、深度、含氧量、水压、温度等条件的差异而分布在不同地域不同层次的水体中。

如今，人们已经通过各种方式重建了奥陶纪全球的古地理：在北纬40°以北的区域是广阔的泛大洋。由于陆地的阻隔，泛大洋内部形成闭合的洋流，致使北部冰冷的海水无法与热带温暖的海水充分交换。这一时期的劳伦古陆、西伯利亚大陆、华北古陆和哈萨克斯坦地体均位于热带。由于空气干燥，降水

> 奥陶纪温暖的浅海覆盖了地球表面的绝大部分，劳伦古陆和西伯利亚大陆相距大约1000千米，巨神海开始闭合。

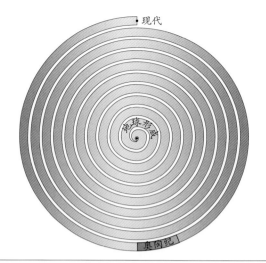

奥陶纪的古地理格局

奥陶纪延续了寒武纪的古地理格局，几乎整个北半球被泛大洋占据，而陆地主要集中在南半球。

偏少，蒸发岩在这些大陆上极为常见。

劳伦古陆和西伯利亚大陆都有丰富的碳酸盐沉积，说明这两个大陆附近生活着大量造礁生物。在这一时期，这两个大陆相距不过1000千米，因此很可能拥有相似的浅海环境和生物种类，比如头足动物、三叶虫、腕足动物、笔石动物和牙形虫等。南赤道洋流从西伯利亚大陆向劳伦古陆方向流动，但是由于岛弧的存在，它可能向南偏转。

哈萨克斯坦地体在当时被分为南北两部分，并由东部的火山弧相连。它的大陆坡"发育"出庞大的碳酸盐山脉，与现代的巴哈马浅滩相似。

华北、华南和塔里木板块被大大小小的海域分割，在奥陶纪这些板块位于劳伦古陆、西伯利亚大陆、澳大利亚大陆之间，因此中国的奥陶纪生物群与这些大陆上的极为相似。

冈瓦纳大陆主要位于南半球，但向北延伸至相当于现在智利和阿根廷北部的热带地区。冈瓦纳大陆包括现代的南极洲、澳大利亚、中东和中国的部分地区。由于邻近巨神海，从西部的南美大陆到东部的波罗的大陆都属于温带气候。冷水硅质碎屑

奥陶纪

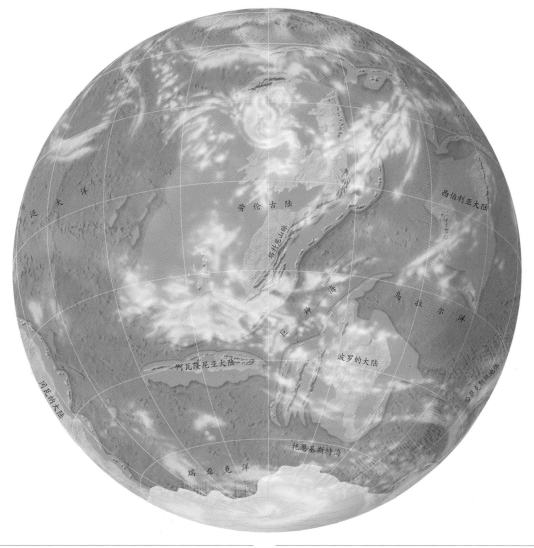

连续的碰撞

劳伦古陆、波罗的大陆、阿瓦隆尼亚大陆和西伯利亚大陆连续不断地碰撞，导致它们之间的海洋逐渐闭合，并形成了如今大西洋两岸绵延的山脉。

南极冰盖

作为古生代面积最大的大陆，奥陶纪冈瓦纳大陆的中心位于南极附近，并向北一直延伸至赤道附近。冈瓦纳大陆四周形成了类似于今天南极寒流的冷水循环，这是这一时期南极冰盖形成的主要原因。

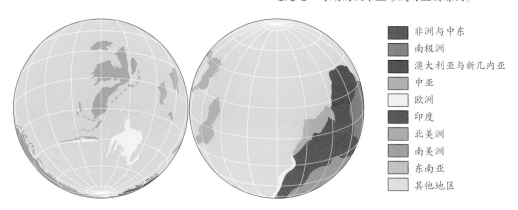

- 非洲与中东
- 南极洲
- 澳大利亚与新几内亚
- 中亚
- 欧洲
- 印度
- 北美洲
- 南美洲
- 东南亚
- 其他地区

广泛分布在欧洲中南部、非洲北部、阿拉伯和南美洲，南极洲在这一时期位于非洲的西北部。

波罗的大陆位于南半球中纬度地区，并在缓慢北移的过程中发生了一定程度的旋转。波罗的大陆具有与其他大陆截然不同的三叶虫、腕足动物、笔石动物和牙形虫，说明它在当时是一块孤立的大陆，构成了巨神海东部温带和亚热带的边界。

阿瓦隆尼亚大陆逐渐从冈瓦纳大陆北侧分裂出来，大约从南纬60°向北漂移到南纬30°附近。阿瓦隆尼亚大陆的漂移速度非常快，因而与波罗的大陆发生了剧烈的碰撞，板块边缘地带的地壳出现消减。

由于区域性拉张在中奥陶世逐渐转变为区域性挤压，全球板块格局发生了巨大的变化。板块间的相互碰撞致使一些盆地变成了高山，板块边缘的俯冲作用也形成了一系列新的火山弧。其中一些岛弧组成劳伦古陆的东边缘，另一些则位于巨神海的中央。这些岛弧逐渐向劳伦古陆漂移，一直持续到晚奥陶世初期的塔科尼造山运动。

在今天日本及其周边地区也可以观测到与当年塔科尼造山运动类似的板块活动：由重岩石组成的大洋板块俯冲至大陆板块之下。大陆板块与大洋板块发生碰撞时通常以火山喷发的方式释放能量，而不像两个大陆板块碰撞那样形成高山。

判断面积较大的原始大陆的古地理位置并不是什么难事，但是要想知道较小地体的古地理位置就要花一番功夫了。前科迪勒拉就是一个面积不大的地体，它的地层和化石与南美洲其他地区的明显不同，而与北美洲的阿巴拉契亚山脉如出一辙。前科迪勒拉地体东部由巨厚的寒武系－奥陶系石灰岩组成，与周围奥陶纪盆地的硅质沉积物和火

> 奇怪的是，前科迪勒拉地体具有与北美洲的阿巴拉契亚山脉相似的化石组合，而与南美洲其他地区的化石组合明显不同。

大雾山

大雾山是美国东部阿巴拉契亚山脉的一部分，形成于奥陶纪巨神海的弧后盆地。岛弧与劳伦古陆的碰撞将这些原本位于海底的沉积物推上陆地，并将其翻转了90°。

成岩存在明显区别，其产出的三叶虫、牙形虫和腕足动物表明前科迪勒拉山系与阿巴拉契亚山脉的关系密切。

1984年，美国地质学家杰拉德·邦德和他的同

分布广泛的小油栉虫

小油栉虫（一种三叶虫）在北美的阿巴拉契亚山脉、英国的苏格兰、挪威的斯匹次卑尔根岛以及阿根廷都曾发现过。它们拥有扁平的身体和发达的鳃，可以在缺氧的深水环境中生存。

奥陶纪

事提出前科迪勒拉地体曾经是一个与劳伦古陆相连的地体。这一观点主要基于两种假说：第一种认为前科迪勒拉地体曾经是与阿巴拉契亚山脉连在一起的山脉，随着劳伦古陆与冈瓦纳大陆在奥陶纪发生的分离而中断；第二种认为前科迪勒拉山系是从古墨西哥湾（或沃希托湾）分裂出来的小块地体，然后与冈瓦纳大陆联合引起中奥陶世的Fammatinian造山运动。如果前科迪勒拉地体曾与阿巴拉契亚山脉的南部相连的话，这两个地区晚寒武世的动物群就应该一致。尽管人们在前科迪勒拉地体也发现了一些阿巴拉契亚山脉的典型分子，但是现有的证据显示前科迪勒拉山系与阿巴拉契亚山脉的化石组合在早奥陶世已经发生分异。

有证据证明前科迪勒拉地体在寒武纪位于低纬度地区。到了奥陶纪，丰富的温暖浅海生物化石（比如层孔虫化石、海绵礁体以及大量的牙形虫）说明其古地理位置并没有发生显著的改变。

从早奥陶世末期开始，黑色页岩和黑色深海泥岩覆盖在浅海相的碳酸盐沉积上。这些沉积物与冷水牙形虫的出现共同说明这一时期的水温变冷。从中奥陶世开始，冷水动物群大规模出现。到了晚奥陶世，尽管前科迪勒拉地体中央依然存在相当规模的冷水碳酸盐沉积，但其余的绝大多数地区均以硅质碎屑沉积为主。这一现象可能与海平面的下降有关。这种冷水碳酸盐与低纬度地区形成的碳酸盐相比明显缺少鲕粒和大型厚壳生物，进而证明了这些沉积物是在中纬度海域形成的。在这些沉积物中发现的化石也都属于温带大陆架常见的类型，进一步支持了上述推测。这些证据说明前科迪勒拉地体在晚奥陶世发生了位移。

晚奥陶世初期，前科迪勒拉地体的一些腕足动物和三叶虫与在冈瓦纳大陆上发现的有着明显的亲缘关系。但是有限的几个化石种类并不能说明这一

时期前科迪勒拉地体就一定与冈瓦纳大陆相连。到了晚奥陶世末期，前科迪勒拉地体的动物化石组合与冈瓦纳大陆的几乎没有差别。到了赫南特期，前科迪勒拉地体东部冰碛岩上覆的页岩和粉砂岩中出现了典型的赫南特贝动物群分子，证实了前科迪勒拉地体在赫南特期确实曾与冈瓦纳大陆相连，成为日后南美大陆的一部分。

> 岩石和化石都可以记录塔科尼造山运动，比如蛇绿岩和牙形石。塔科尼造山运动形成了北美洲东部的阿巴拉契亚山脉。

北半球的奥陶系记录了完全不同的古地理格局。北半球的陆地在奥陶纪开始汇聚，板块间的碰撞（塔科尼造山运动）形成了今天位于欧洲西部和北美洲东部的巨大山脉。在北美洲阿巴拉契亚山脉发现的蛇绿岩证实了碰撞的存在。蛇绿岩由洋壳挤压形成，是早期海洋和洋壳碰撞的重要标志。

一些属种的牙形虫在塔科尼造山运动中灭绝。塔科尼造山运动中的海底玄武岩成为一些稀土元素及其同位素（比如钕的同位素）的重要来源。这些同位素在动物骨骼的磷灰石中富集。因此，对牙形石的地球化学分析能够为研究古代造山运动提供不可多得的证据。

其他动物化石的地球化学特征也可以用来解释一些现象，比如箭石。箭石与现代的乌贼有很近的亲缘关系，外形如同温度计一般。也许正是它奇特的外形使科学家萌生了利用其推测古海洋温度的想法。这种想法是可行的，因为生物骨骼的成分与其生活的环境具有一致性，所以骨骼中的矿物也可以记录这一时期海水中同位素的相对丰度。

举个简单的例子。在极地冰盖存在的时期，冰中富含氧的轻同位素 ^{16}O，而海水中氧的重同位素 ^{18}O 则较丰富，因此这一时期的海洋生物主要吸收 ^{18}O。与寒武纪不同，奥陶系中出现的有铰腕足类碳

酸盐硬壳是研究同位素的完美材料。利用这些化石绘制出的氧同位素曲线显示在奥陶纪发生了一次全球性的降温事件，温度最低的时间恰好与晚奥陶世冰期出现的时间相吻合，这一冰期也是整个显生宙规模最大的冰川作用导致的结果之一。

塔科尼造山运动中形成的年轻岩石的化学风化极其微弱，表明大气中的二氧化碳水平显著降低。因此，科学家推测塔科尼造山运动发生的时间与冈瓦纳大陆冰川的极盛期基本一致。虽然造山运动的确可以减少大气中的二氧化碳，但是导致全球变冷的因素很多。比如晚奥陶世的古地理格局导致全球海水热量向南半球输送，如果南极点刚好位于冈瓦纳大陆边缘的话，那么即使在大气中二氧化碳含量较高的情况下也会形成大规模的冰川。

冈瓦纳大陆冰雪覆盖面积的扩大正好与塔科尼造山运动活跃的时间一致，因为大气中二氧化碳气

重建古地理的新线索

当两块大陆彼此靠得足够近时，它们之间的海域将变得非常窄小。此时动物化石对古地理重建的意义不大，而岩层变得更加重要。造山运动引起火山喷发，火山灰在沉积物中的厚度随着沉积地点与火山口之间的距离的增加而变薄。通过比较不同地点火山灰的厚度，科学家发现北美洲的阿巴拉契亚山脉与欧洲西部的山脉是在同一次造山运动中形成的（右下图），而南美大陆未受影响（下图）。这说明虽然前科迪勒拉地体具有与阿巴拉契亚山脉相似的岩层和化石组合，但它们在奥陶纪可能并无联系。

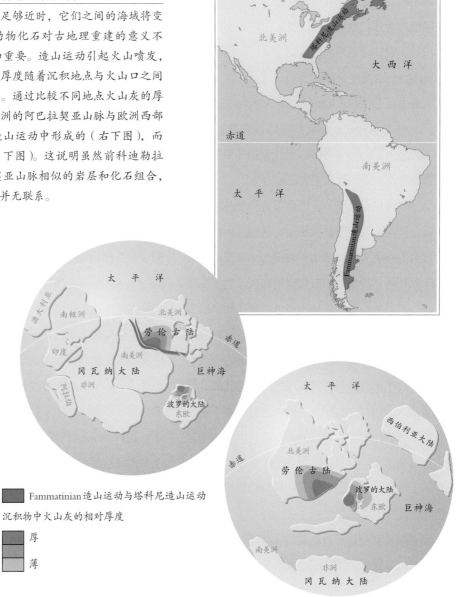

Fammatinian造山运动与塔科尼造山运动

沉积物中火山灰的相对厚度

厚

薄

体的下沉加剧了新近裸露的岩石的化学风化作用。当山脉逐渐变高时，温室效应开始减弱。当然，造山运动并不是导致全球变冷的唯一因素。晚奥陶世的特殊地理环境显著增强了全球海洋向南半球某点的热量传递。如果这个点靠近超大陆（比如冈瓦纳大陆）边缘，那么即使大气中的二氧化碳含量再高，冰川作用还是会发生。海水自身的水热效应将维持夏季的水温不超过冰点，这是大规模冰川形成的前提。

生物体利用二氧化碳合成碳酸盐的过程以及黑色页岩形成的过程都会大大降低大气中二氧化碳的含量。全球变冷的可能原因还有地球围绕太阳运行到某个极端位置，导致全球性冰期的爆发。

> 晚奥陶世赫南特期大规模的冰川作用与显生宙首次生物大灭绝事件在时间上完全吻合。

发生在奥陶纪末期赫南特期的大范围冰川作用与显生宙的第一次生物大灭绝事件在时间上刚好吻合。在这个时期，许多物种都消失了。与早奥陶世生物大辐射的规模相比，晚奥陶世物种多样性水平大大降

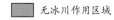

- 无冰川作用区域
- 无冰碛岩区域
- 干旱地带
- 层孔虫生物礁
- 现代大陆的相对位置

岩石类型反映古气候

冰碛岩代表寒冷高海拔地带，而珊瑚礁则指示温暖的热带。不同的岩石类型反映了气候对沉积物形成的影响和生物的分布规律。

奥陶纪

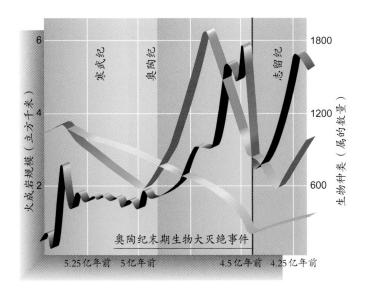

火山、同位素与动物

仅一次火山喷发就可以喷出大量的火山灰。遮天蔽日的火山灰被抛向数十千米的高空，将部分太阳光反射出大气层，引起大面积、长时间的全球气温降低。中、晚奥陶世大规模的火山活动（绿色线条）可以导致气温的显著降低，这一过程表现为氧同位素的变化（黄色线条）、冰川的加速形成以及生物大灭绝事件的发生（紫色线条）。

冰天雪地的非洲

晚奥陶世的非洲中部看上去有点儿像今天的南极。这些难以置信的景观可以从今天非洲中部的冰碛岩中略见一斑。冰川可以削平最坚硬的岩石，巨厚的冰体甚至可以引起地壳的下沉——如今的南极大陆基底大部分都处于海平面以下。

低。仅有少数个体相对较小的奥陶纪物种一直延续到早志留世，其中以小型腕足类（体长5~8毫米）居多，其余为小型腹足类、头足动物和三叶虫。火柴棍大小的叶状苔藓虫也存活了下来，但是并没有形成礁石。大规模的造礁珊瑚从此销声匿迹。

此次生物大灭绝事件分两个阶段，相隔50万~100万年。第一个阶段发生在赫南特期伊始，与冈瓦纳大陆大范围的冰川作用和随之而来的海平面下降的时间几乎在同一时期，而第二个阶段正好与冰川融化和海平面上升的时间一致。

温室效应与冰室效应

南极大陆的冰芯记录了奥陶纪全球气候从冰室效应（❶）到温室效应（❷）再到冰室效应的变化过程。大气中二氧化碳含量的上升引起温室效应，导致全球气温升高，海水中二氧化碳的溶解速度加快，进而引起极地冰盖融化和全球海平面上升。温室效应还会加速岩石的化学风化，造成海水中碳酸盐补偿深度和二氧化碳溶解度的下降。反过来，化学风化消耗大气中的二氧化碳，引起冰室效应，导致海平面下降，海水中的碳酸盐补偿深度上升，地表径流增多，水体富营养化，浮游生物大量繁殖。

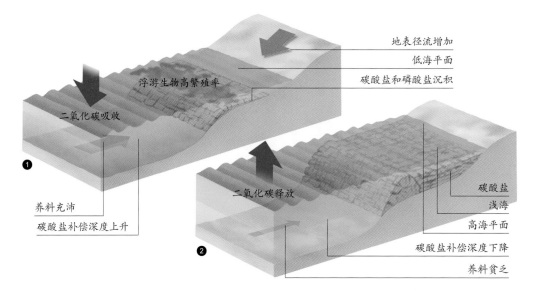

如果将物种大灭绝的原因归结为冰川作用未免太过简单了。在冰期到来之前，奥陶纪生物群显然遭受了由海平面、海水温度和洋流变化带来的巨大环境压力。冈瓦纳大陆冰川的形成与消融引起的气候改变可能是导致生物走向灭亡的元凶。群落的地域性和层次性导致生物只能适应很有限的环境条件，这是导致灭绝的另一个因素。在动物群落中，适应能力强的物种相对容易繁盛起来，而特化程度高的物种更容易被淘汰。礁石生态系统中都是特化物种，因此没能逃脱全球降温的致命打击。

> 奥陶纪大陆周围温暖的浅海中生长着各种生物礁。

在世界范围内，早奥陶世的生物礁结构大都相对简单，晚期呈现复杂化的趋势。早奥陶世初期和中期形成的生物礁群落差异显著，但每一个群落都会有一个优势物种至少在生物量上占优。这一时期决定哪种动物成为优势物种的环境因素与我们今天看到的没什么两样，无非是温度、光照、溶解氧含量、洋流的强度、环境干扰的频率、陆源物质输入量、食物的丰富度、基底的性质、海水的浊度以及不同种类生物之间的相互作用。

虽然年代和地理位置都相距甚远，但是早、中奥陶世的所有生物礁都极为相似。它们大部分可能在深入内陆的陆表海中形成补丁礁，这种近岸礁在劳伦古陆和西伯利亚大陆都非常丰富。

生物礁主要保存在分选较好的沉积物中，偶尔也出现在高能沉积物中。这说明该生物礁所处的位置位于正常浪基面以下和风暴浪基面之上。拿现代大陆架来说，虽然风暴引起的海浪通常只能影响水深10米左右的区域，但是在一些特殊情况下100米深的海底亦会受到波及。风暴对于深度不足25米的礁体生物造成的伤害最大。奥陶纪海绵-蓝藻生物礁只能在深度为10~20米的浅水中形成。这与现

底栖生物

腕足动物和海百合通常是生物礁的基底（上图）。这些动物死后会形成细粒钙质沉积物，并迅速被压实硬化。

代滤食性海绵生活的深度非常接近。

虽然一些生物礁的体积非常大，但是大多数礁体的高度不过0.5~1.8米，直径为1~7米。虽然主要的造礁生物是寻常的海绵、钙化蓝细菌和瓶框石（约占生物礁规模的50%），但是层孔虫和苔藓虫在中奥陶世也加入到生物礁"建造者"的行列中来。

> 造礁生物改变了环境，促进了群落生物多样性水平的提高。

奥陶纪的两种主要造礁生物在寒武纪都已经出现。寻常海绵与古杯类生物类似，但寻常海绵具有针状的硅质骨骼，区别于古杯动物粒状的钙质骨骼。骨针融合在一起如石头般坚硬，可以抵抗中等强度的海浪。瓶框石可能是从寒武纪的大型造礁生物Radiocyaths演化而来的，它的骨骼由多层玫瑰花型分支组成，由一个杆状结构相连接。外部的"花瓣"连接在一起形成骨骼外壁，

内部的"花瓣"则融合形成内壁。

　　瓶框石的每一层都有4个被菱形盖板覆盖的"花瓣"。于二叠纪灭绝的托盘石由瓶框石演化而来，此类动物的盖板已经融合成一个连续的结构。这些类群都没有现生代表，无论它们的骨骼或软体结构都无法依据现生生物进行复原。即便如此，科学家仍推测瓶框石的生活方式很可能与海绵相似，但它们的食性依然无从知晓。

　　随着早寒武世小型造礁生物的灭绝，钙化蓝细菌在中、晚寒武世成为主要的造礁生物。奥陶纪具骨骼的生物开启了生物礁建造的新纪元，这些礁体比寒武纪的更大，并且更好地展示了生物礁群落的演替。早期造礁生物改善了基底环境，推动了后来的"建造者"种类的多样化。

　　当海百合使基底变得更加稳固的时候，一次群落演替就要开始了。首先登场的是寻常海绵和瓶框石，它们会在海百合骨骼表面相互连接形成礁体的雏形。随着规模的扩大，其他造礁生物相继出现，群落的生物多样性逐渐变得丰富起来。

　　在群落生物多样化的阶段，钙化蓝细菌可以通过附着礁体的方式参与群落的演替。一旦成功地抑制了其他生物的生长，它们便会立即成为造礁生物群落的优势物种。礁体由于不断长高而逐渐接近水面，大多数造礁生物不能适应高能水体，但钙化蓝细菌是个例外。此时，除了钙化蓝细菌以外，只有少数其他造礁生物能够在高能水体中生存。它们统治着整个生物礁群落，直到整个礁体死亡，新的群落演替将再次出现。

　　奥陶纪大辐射使造礁生物及其生存环境趋于多样。和所有的群落一样，不同的造礁生物也可以相互取代，其中外形相似的种类更容易迅速占领彼此的生态位。中奥陶世末期以后，新型造礁生物开始出现，包括苔藓虫、钙质海绵（层孔虫和海刺毛）和珊瑚。这些动物形成的礁体与先前由海绵和钙化蓝细菌形成的礁体完全不同，这些新型生物礁在志留纪颇为常见。

奥陶纪

生物礁的形成

生物礁的建造通常始于海百合（❶）。海百合能够固着和硬化基底以便其他生物附着，托盘石、苔藓虫和珊瑚在此基础上搭建最初的礁体结构（❷），其他的造礁生物会再度加以完善，使礁体结构趋于复杂化（❸）。

头足动物、腕足动物、棘皮动物、腹足类（比如无柄蜗牛马氏螺）、多板类和三叶虫这些奥陶纪的非造礁生物也是生物礁生态系统的重要组成部分。

如果与现代生物比较的话，三叶虫最像节肢动物（包括基围虾、龙虾、昆虫、蜘蛛、多足类等）中的龙虾。龙虾身披甲壳，分为头甲以及分节的胸甲和尾甲，其中尾甲与三叶虫的尾甲非常相似。所不同的是，龙虾还具有分节的触角、螯肢、多对步足和复合下颚。

> 乍看上去，三叶虫非常聪明，但它的确非常贪吃。

被泥沙活埋的三叶虫可以形成精美的化石，留下一般石化条件下无法保存下来的特征，其中包括一对分节的触角、多对叉状附肢和肠道。触角用来向大脑传递信号，叉状附肢的内肢用作步足（司爬行），外肢布满长且排列紧密的腮丝（司呼吸）。

三叶虫既没有螯肢，也没有下颚，表明它可能是利用步足内关节下边缘的硬刺来抓取和碾碎食物的。这些结构非常适合将已经切碎的易消化食物送入口中。三叶虫的口位于头盾下面，向后张开。在一只刚刚进过食的三叶虫标本中，科学家发现了保存完好的消化道痕迹，它重现了三叶虫从胃到肛门的完整结构。

一些现代龙虾螯肢产生的力量可达800牛顿，足以夹断人的脚趾。龙虾需要如此大的力量来破除双壳类（贻贝）和腹足类又厚又硬的壳。由于双壳类和腹足类看到任何移动的影子都会紧紧关闭它们的壳，因此需要一对像开罐器一样强大的螯才能轻松把它们打开。

双壳类和腹足类等软体动物的壳对于三叶虫来说太坚硬了。但是，在三叶虫繁盛的时期，双壳类

① 藻泥丘

② 肾形藻（*Renalcis*，一种钙化蓝细菌）

③ 里亨珊瑚（*Lichenaria*，一种管状珊瑚）

④ 三叶虫

⑤ 海百合

⑥ 腕足动物

⑦ 无柄腹足类（*Maclurites*）

⑧ 海箭

奥陶纪造礁生物

除了少数寒武纪的造礁生物（如钙化蓝细菌）延续到奥陶纪以外（下图），珊瑚、海百合和腕足动物也参与了生物礁的建造。

和腹足类的体型要小很多，以至于三叶虫可以轻松地将它们连同其上覆盖的泥土一起吞掉，然后躺在泥沙中，躲在安全的地方慢慢地消化它们。这就是三叶虫的胃如此大的原因。

同时，三叶虫也不会无视任何一个比它大的潜穴动物，因为这些动物通常没有坚硬的外壳。如果沉积物能够快速硬化使遗迹化石得以保存的话，那么三叶虫捕食的场景就有可能在4.5亿年后的今天呈现在人们的眼前。一只蠕虫有节律地收缩柔软的身体，在沉积物中掘出一个笔直的洞穴。此时，一个三叶虫发现并掘进了它的洞穴，触角在洞穴上留下了运动轨迹。此刻，三叶虫追上了这只蠕虫，并用头盾锐利的边缘松动周围的沉积物。在蠕虫意识到大祸临头之前，三叶虫就已经钳住它，并把它送入口中。所有这一系列捕食的遗迹都封存在沉积物中，任泥土慢慢地将其掩埋。

和蜻蜓的眼睛一样，三叶虫的眼睛也是复眼（每只眼睛由多达15000个小眼组成），每个小眼都是一个放大镜。三叶虫的复眼随个体发育而增大，视野也逐渐从30°扩展到90°。组成复眼的小眼排列规则，能够把光聚焦到一个点上。三叶虫的感光器官可能就位于这个点的下方。据估计，高级的三叶虫复眼的分辨能力相当于现代青蛙眼的10倍；并且，一只眼中相邻的小眼能够产生立体视觉，一对小眼能够覆盖特定的视野并在各自的视网膜上获得同一物体的影像，这个过程就像高速公路巡警利用测速雷达发射出一系列脉冲信号探测车辆的运行速度一样。当物体靠近或远离三叶虫时，复眼能够通过比对相邻小眼视网膜上成的像判断物体与自身的距离。而当物体侧向移动时，三叶虫则通过比对连续时间内

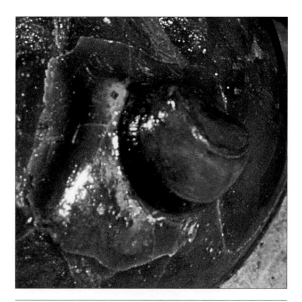

三叶虫的复眼

三叶虫的复眼由多达15000个小眼组成，敏锐的视觉赋予它们特别的生存优势，因此三叶虫在地球上生活的时间甚至比中生代陆地上的霸主恐龙还要长久。

> 三叶虫的复眼由多达15000个小眼组成，有些形成细长的杆状，看上去有点像潜望镜。

视网膜上成的像判断物体移动的方向。如此复杂的器官只有在神经系统非常发达的情况下才能工作。不仅如此，三叶虫的眼睛能够很好地适应弱光环境，有些三叶虫甚至能够在完全黑暗的环境中看清周围的一切。

如果说灵敏的触角能够帮助三叶虫寻找猎物，那么发达的复眼就能帮助三叶虫躲避敌害。有些三叶虫的复眼形成细长的杆状，以便三叶虫在泥沙中潜伏时依然可以竖起眼睛观察周围的情况。这种方式酷似今天的潜望镜。还有一些三叶虫利用复眼计算何时将身体蜷缩成球状以躲避捕食者的骚扰。

眼睛在三叶虫蜕壳的过程中尤为重要。和所有的节肢动物一样，为了生长，三叶虫不得不定期蜕掉坚硬的甲壳，将柔软的身体暴露在外。蜕壳时，老的甲壳沿固定的位置裂开。节肢动物在蜕壳过程中更易被其他动物捕食，特别是当它们因生长得太快而卡在还未蜕掉的甲壳中时，死亡率高达80%~90%。不同种类的三叶虫在它们的一生中要蜕壳8~30次不等，

奥陶纪

每次蜕壳之后都会延长一到两个胸节。

有时在一块数平方米大小的岩石表面能够发现数百个个体大小相似的三叶虫化石。这种情况在现生的海洋节肢动物中也能遇到，它们会定期聚集在一起蜕壳或者繁殖。

三叶虫的生活方式

虽然三叶虫的身体构造算不上复杂，但是生活方式多种多样。善于游走的种类具有轻便的身躯，它们主要以浮游动物为食；底栖种类在海底的淤泥中搜寻它们能找到的所有食物；具有强壮刺状附肢的种类能够挖掘蠕虫。有些三叶虫甚至与珊瑚礁共生，彻底变成固着在珊瑚礁上的滤食动物。

游走型三叶虫

❶ *Carolinites*

❷ *Irvingella*

底栖型三叶虫

❸ *Isotelus*

❹ *Triarthrus*

❺ *Acaste*

❻ *Conocoryphe*

❼ 卷曲的三叶虫（*Acaste*）

❽ 蜕下的甲壳以及在海底留下的蜕壳痕迹

发达的视力和快速蜕壳成为三叶虫不可或缺的重要特征，这些特征使三叶虫有能力逃脱头足动物的捕食。

在现代海洋中，头足动物并不是最常见的软体动物。双壳类和腹足类则更加丰富，因为它们主要

奥陶纪

头足动物又被称作海洋中的"灵长类"，是古生代海洋中主要的掠食者之一。

生活在河流、湖泊和池塘中，而蜗牛等腹足类则生活在陆地上，因而更容易被人们发现。总而言之，软体动物是仅次于节肢动物的第二大门类。而头足动物是最高等的软体动物，它们又被称为海洋中的"灵长类"（灵长类主要包括人类、猿和猴子）。原始的软体动物包括无板类（比如现代蛴螬）、多板类和单板类。

小型的单板类动物通常被认为是头足动物的祖先。最早的单板类化石记录发现于中国华北地区的下寒武统。寒武纪末期，头足动物的多样性水平首次达到顶峰，但是它们依然很小且尚未扩散至全球。头足动物的大规模扩散主要发生在奥陶纪，从那以后它们的数量明显增多，多样性水平显著提高。

具有房室的外壳和喷水推进系统是头足动物得以快速演化与扩散的关键。房室化的外壳酷似一个液压浮力装置，所以头足动物能够随心所欲地调节上浮或下潜的节奏。喷水推进系统使头足动物相对于双壳类和腹足类更加灵活。另外，发达的大脑和视觉系统也是这些海洋肉食性动物重要的狩猎装备。值得注意的是，头足动物的眼睛与哺乳动物的非常相似，都是由角膜、晶状体和视网膜组成的。但这两种动物的眼睛并不同源，而是各自独立演化而来的。

三叶虫的古地理分布

和其他海洋无脊椎动物一样，三叶虫的地理分布也受海陆位置的影响。游盾目主要分布在劳伦古陆和西伯利亚大陆古赤道附近的浅海中，栉虫目和莱德利基虫目主要分布在冈瓦纳大陆低纬度地带的浅海中，而眼镜虫目则出现在冈瓦纳大陆的高纬度地带。只有在深海中生活的褶颊虫目在劳伦古陆和冈瓦纳大陆均有分布。

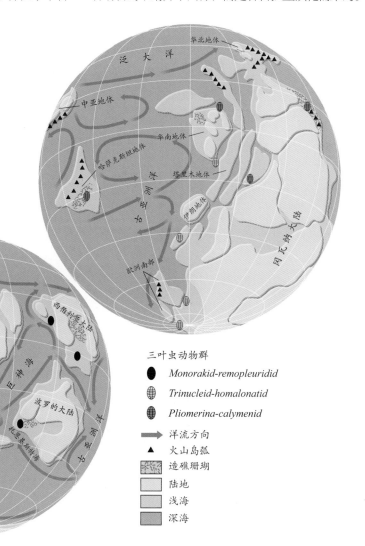

三叶虫动物群
- 🥚 *Monorakid-remopleuridid*
- 🌐 *Trinucleid-homalonatid*
- 🥚 *Pliomerina-calymenid*
- ➡ 洋流方向
- ▲ 火山岛弧
- 🔲 造礁珊瑚
- ⬜ 陆地
- ⬜ 浅海
- ⬛ 深海

和其他软体动物一样，头足动物也拥有外套膜。这是一种体壁褶皱，能够分泌碳酸钙形成外壳。圆锥形的外壳被隔膜划分为多个房室，每个房室在体背侧都有一个开放式的管状结构（体管）贯穿整个壳体。软体动物通过体管来调节腔室内的气压或液压，使自己能够像潜水艇一样在海水中上浮或下沉。因此，儒勒·凡尔纳的经典小说《海底两万里》中尼莫船长驾驶的潜水艇以现生头足动物鹦鹉螺命名就不足为奇。

鹦鹉螺的软体居于最末端的一个房室（又称为"住室"）中。软体结构包括巨大的眼睛、尖锐的颚部、触手及漏斗。通过外套膜肌肉节律性地收缩喷水，鹦鹉螺可以快速地向后游动。如今，科学家相信寒武纪的大多数鹦鹉螺可能是底栖类型，它们以

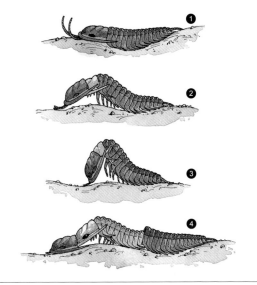

三叶虫蜕皮

三叶虫的蜕皮过程主要分为以下几个步骤：（❶）收缩肌肉；（❷❸）头甲和胸甲的接缝处拱起并裂开；（❹）头甲和胸甲进一步裂成碎片，以便于脱落。

❶ *Heracloceras*（鹦鹉螺类）

❷ *Orthonybyoceras*（直角石类）

❸ *Mandaloceras*（叠盘角石类）

❹ *Gonioceras*（珠角石类）

头足动物的生态类型

早期的头足动物并不是游泳好手。袋角石的结构决定了它们只能在海水中漂浮；直角石的流线型壳体虽然有利于游泳，但它们大部分时间仍生活于海底。身体扁平的珠角石可以沿着海底快速游动，样子有点儿像今天的比目鱼。只有中奥陶世出现的具有卷曲状螺壳的头足动物善于游泳，现生的鹦鹉螺至今还保持着这种身体结构。

鹦鹉螺在奥陶纪的繁盛得益于演化出不同类型的外壳，这一时期的一些种类甚至能长到6米长。

生物的碎屑或遗骸为食，轻薄的外壳能够将其运动时消耗的能量降到最低。

鹦鹉螺在奥陶纪的繁盛得益于演化出不同类型的外壳。珠角石和内角石的外壳长而笔直，其中也包括一系列房室。碳酸钙成分的底板使其能够轻而易举地在海底爬行。虽然一些内角石可以长到6米长，但直径可能不足30厘米。直角石和内角石都有10个触手，而箭钩角石的触手更多，有点儿像现代的鹦鹉螺。这些种类的壳都是厚壁，并且具有美丽的纹饰。它们的房室不大，因此它们只可能是底栖动物，一生中漂浮在水中的时间极其短暂。

袋角石在个体发育过程中会数次改变壳的形状。幼年袋角石具有细直或略弯的锥形壳，它们在海里漂浮时的样子就像背着一个小降落伞。成年袋角石的壳变为粗短形，气室减少，最末端的气室趋于扁平，整个螺壳看起来像一个袋子。袋角石死后，随着软体部分的腐烂，壳体可以再次漂浮于海中。

奥陶纪之后，鹦鹉螺及其近亲菊石（从泥盆纪到白垩纪繁盛）演化出坚硬的颚和螺旋形的扁平外壳，这样的结构更有利于它们在水中灵活地游动。尽管中生代的头足动物演化出了流线型的外壳，但是外壳给游泳带来的负担是那些没有外壳的动物从未体验过的，比如箭石（从三叠纪到白垩纪繁盛）、乌贼和章鱼。章鱼可能是从菊石演化而来的。乌贼的外套膜收缩时可以产生速度高达15米/秒的水流（相当于30节），如果向下喷射，速度可高达45米/秒。而鹦鹉螺因为有厚重的外壳，最大游动速度仅为0.25米/秒（相当于0.5节）。在现代海洋中，具有外壳的鹦鹉螺亚纲成员仅存5种，而无外壳的鞘形亚纲有成百上千种，这证明摆脱外壳是头足动物演化过程中的一个成功的尝试。

石灰岩中的头足动物

头足动物在奥陶纪和志留纪非常繁盛，它们的化石经常集群出现在石灰岩中。左图为在意大利撒丁岛上发现的含有丰富头足动物化石的石灰岩。

爱斯托尼角石

爱沙尼亚中奥陶世的爱斯托尼角石（左图）属于触环角石目，是最早具有卷曲螺壳的头足动物。小巧的身躯（外壳直径仅为4厘米）和侧边的外形反映了爱斯托尼角石非常善于游泳。卷曲的螺壳更加结实，而且均匀排布的房室有利于爱斯托尼角石产生更大的浮力。

奥陶纪的成年鹦鹉螺壳体颜色明亮、色彩丰富，它们通常在深度不足200米的陆表海中缓慢游行。它们显然不是优秀的游泳健将，因此只能以底栖和死亡的软体动物为食，对于快速游动的动物并不能构成威胁。现在的俄罗斯圣彼得堡附近的古生代地层中保存有大量底栖的软体动物化石，它们在当时很可能都是鹦鹉螺的食物。在奥陶纪，圣彼得堡地区曾经是波罗的大陆在托恩基斯特海的大陆架，托恩基斯特海的北部与巨神海相连。

圣彼得堡坐落在由奥陶纪石灰岩构成的志留纪高原上，这个怪异的名字不禁让人回忆起当年有关奥陶纪这个地质时期有效性的大讨论。志留纪高原从圣彼得堡东部的拉多加湖一直延伸至爱沙尼亚北部。从18世纪开始，人们就对这些波罗的海沿岸的化石丰富的地层进行了深入研究。到了19世纪30年代，关于这一地区地层的研究成果已经通过雕版印刷的方式出版，此后又有一批受过西方教育的俄罗斯地质学家和生物学家继续这一工作。爱德华·艾希瓦尔德出版了第一本详细描述俄罗斯欧洲部分化石的专著，其中包括2000多幅插图和许多奥陶纪物种。克里斯蒂安-海因里希·潘德（Christian-Heinrich Pander）曾在这一地区发现了牙形虫的化石，这种动物如今被归入脊索动物门。20世纪初，古生态学之父罗曼·赫克还曾描述过产自这一地区的棘皮动物化石。

志留纪高原的化石如同它们的研究者一样独具特色。棘皮动物是中奥陶世圣彼得堡地区和南温带的波罗的大陆浅海的主要底栖生物。在研究初期，一位德国古生物学家将奥陶纪棘皮动物分为海百合纲、海蛇函纲和始海百合纲。这一时期还有人对有棘海星的分类进行过研究。

现今，棘皮动物拥有5个纲，分别为海星纲、海胆纲、海百合纲、海参纲和海蛇尾纲，而奥陶纪圣彼得堡地区的棘皮动物就有12个纲。其中已灭绝的海箭具有扁平且非对称的身体结构，其身体的前

> 波罗的大陆附近温暖的浅海中生活着种类繁多的底栖生物。

头足动物的演化

在奥陶纪和志留纪，头足动物壳的形态发生了巨大的分异，有些种类甚至长达3.6米，重量超过3000千克。直角石从寒武纪的腹足类演化而来（左图），是古生代的常见种类。鹦鹉螺类演化出卷曲的外壳，使壳体更加结实，均匀排布的房室亦可以产生更大的浮力。这些结构可以发挥巨大的演化优势，使鹦鹉螺类快速分异。在经历了奥陶纪末期和泥盆纪末期两次大灭绝事件以后，几乎所有幸存的头足动物都具有卷曲的外壳。

尽管有些种类的壳演化为萨克斯管状或线盘状，在中生代居于优势地位的菊石壳体的分异程度还是有所下降的。在中生代，菊石早已不再位于海洋食物链的顶端。在海生爬行动物和鲨鱼等大型肉食性动物面前，即使具有流线型外壳且能够快速游动的菊石也不再安全。箭石摆脱了沉重外壳的束缚，变得更加灵活。因此在新生代，无外壳的种类成为头足动物的主要类群。

❶ *Treptoceras*（鹦鹉螺类）

❷ 海百合

❸ *Thallograptus*（笔石动物）

❹ *Rhipidocystis*（始海百合类）

❺ *Neorhipidocystis*（始海百合类）

❻ 牙形虫

❼ *Pachydictya*（苔藓动物）

❽ *Asaphus*（三叶虫）

❾ *Cuneatopora*（苔藓动物）

❿ *Dittopora*（苔藓动物）

⓫ *Cryptocrinites*（始海百合类）

⓬ *Bockia*（始海百合类）

⓭ *Simankovicrinus*（始海百合类）

⓮ *Paraconularia*（锥石）

后两端各有两个尾状附肢，曾被认为是脊椎动物的祖先。这种动物很有可能是利用这些结构固着在海底或依附于海百合的。海蛇函看上去有点儿像现代的海蛇尾，有学者认为它们的腕主要司运动，但也有人认为这一结构主要负责滤食海水中的微生物。

小型始海百合只有1.5厘米高，它们由直立的茎和块状的萼组成。典型的始海百合通过长在腕上的羽枝过滤海水中的微生物，它们中的一些看上去就像倒立的黄瓜。

海百合的茎和腕要比始海百合更长。它们的腕具有沟槽，管足沿此沟槽将食物送至口中。拟海百合具有透镜状的萼，其腕向外伸出犹如豪猪身上的刺一般。孔菱类看上去更像菱形的水塔，因而人们将其称作"水晶苹果"。

所有这些有柄类棘皮动物分布于不同深度的海水中，主要通过过滤不同层次水体中的微生物为生。单细胞生物黏球形藻是海百合的主要食物之一，也是油页岩中有机质的主要来源。距离圣彼得堡不远的爱沙尼亚的油页岩资源非常丰富，这与古生代该地区的古生物地理是密不可分的。

⓯ *Bolboporites*（海星类）

⓰ *Volchovia*（海蛇函类）

⓱ *Treptoceras*（鹦鹉螺类）

⓲ *Siphonotreta*（腕足动物）

⓳ *Clathrospira*（腹足类）

⓴ *Monticulipora*（苔藓动物）

㉑ *Cheirurus*（三叶虫）

㉒ *Heckericystis*（海箭类）

㉓ *Echinoencrinitos*（孔菱类）

119

棘皮动物的骨骼主要由大量钙质骨片组成。在动物死后，这些骨片能够迅速形成坚硬的海床，供后来的棘皮动物附着。更多的棘皮动物死亡后形成更大面积的坚硬海床，如此往复。有的科学家甚至推测小范围的棘皮动物足以导致一个生物群落的扩张。

通过这种方式，由棘皮动物、苔藓动物、腕足动物、托盘石类、笔石动物和锥石形成的丰富多样的生物群落最终建立。锥石是一种奇特的动物，它们的外壳为细长的四棱锥形，每两个锥面的交界处有拱形的脊，并且口盖分为4瓣，可以像折纸一样折叠起来。它们从奥陶纪开始出现，一直延续到三叠纪，是钵水母类的近亲。与树形笔石、孔菱类和腕足动物等营固着生活的滤食性动物一样，锥石也喜欢附着在坚硬的海底或其他生物的外壳上。海百合成对缠绕在一起，苔藓动物在它们周围形成外壳，甚至活的鹦鹉螺外壳都有可能成为苔藓动物和角管虫类（生活在钙质锥形外壳中的小型软体动物）的附着物。这一时期大型掘穴动物开始出现，它们不仅能在淤泥中进行挖掘，甚至能在坚硬的岩石上钻孔。

食腐动物介形虫和三叶虫以及食肉的多毛虫在这些底栖生物之间穿梭。长有锋利牙齿的牙形石和细长的内角石不断寻找动作迟缓的动物充饥。三叶虫和腕足动物化石上的咬痕很可能就是其捕食者留下的。

专题　三叶虫的演化

人们对三叶虫的认识由来已久。美国犹他州的一些地区盛产寒武纪和奥陶纪三叶虫化石，当地的原住民把三叶虫叫作"住在石屋中的小水虫"，并一度将其视为护身符。在捷克首都布拉格及其周边地区，这些早古生代的化石的分布极其广泛，以至于从中世纪开始当地的甜点师就用大型三叶虫的印模化石作为制作蛋糕的模具。因为种类丰富且演化迅速，三叶虫的化石如今是最受化石爱好者欢迎的

三叶虫的分类

面线的出现使三叶虫的演化主要以体型的变化为主。三叶虫的身体结构和功能并不像其他节肢动物那样多样化，它们的演化主要集中在体型、胸节数量、甲壳宽度和复眼的形态变化上。

藏品，也是地质学家划分地层的常用工具。

在古生代地层中，特别是在寒武纪和奥陶纪地层中经常能够找到三叶虫化石。我们从三叶虫化石身上能知道什么呢？当然，它们首先是石头。如果将一滴盐酸滴到一块三叶虫化石的表面，它立刻会发出滋滋的响声，并且会像香槟一样冒泡。发生这种化学反应主要是因为三叶虫化石由方解石（碳酸钙）构成，而方解石遇酸分解时便会释放二氧化碳气体。

成年三叶虫的体长从1毫米到70厘米不等。对于一个10厘米左右的三叶虫标本，不需要借助显微镜就能够清楚地观察到它的主要特征。三叶虫的身体是扁平且左右对称的，看上去有点儿像由一系列盾片组成的铠甲。从背面观察，三叶虫呈长椭圆形，外壳被清晰的界线划分为3个部分：马蹄形头甲（又称头盾）、形似头甲的三角形尾甲以及二者之间的胸节，其中胸节由若干相似的体节组成。在体型偏瘦的人身上，我们也可以看到体节。但是，这些体节是由分节的脊柱产生的，而三叶虫的体节是由外骨骼形成的。在17世纪，人们还没有完全认识到这些差异，因此三叶虫在当时曾被归入脊椎动物。

另外，三叶虫的整个外骨骼被明显的背沟分开。两条纵向背沟从头部延伸至尾部，将凸起的轴叶与左右肋叶分隔开。这样的话，整个外骨骼就被分为三叶，三叶虫也因此得名。外骨骼的任何一部分都可以长有中空的硬刺，这是三叶虫进行自卫的重要武器。

卷曲的身体

志留纪的头足动物和鱼类都是三叶虫的天敌。三叶虫的腹部比背部更易受到攻击，因此它们需要将身体卷曲以保护自己。三叶虫的头甲和尾甲几乎等大，尾甲可以插入头甲前部的沟槽中（❶），然后它们将身体完全卷曲（❷）。这样身体背部的硬刺就会竖起，让捕食者难以下咽。

尾甲插入的沟槽

❶

头甲与尾甲紧密地结合在一起

❷

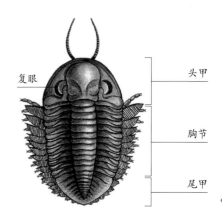

复眼

头甲

胸节

尾甲

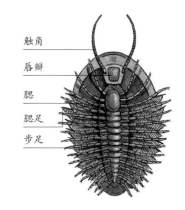

触角
唇瓣
腮
腮足
步足

三叶虫的解剖

三叶虫的外骨骼分为头甲、胸节和尾甲，其中头甲和尾甲都是由若干体节愈合而成的。头甲由中部隆起的头鞍和相对平坦的颊部组成，复眼位于头鞍的两侧。胸节的数量从2个到40个不等。在德国软躯体动物化石发现地点找到的三叶虫化石标本具有完整的消化系统和触角，这些标本展示了三叶虫巨大的胃和肠，以及每个体节腹侧的一对步足和一对腮足。在一些标本中，甚至还能观察到位于胃后背侧的心脏和贯穿全身的血管。

奥陶纪

121

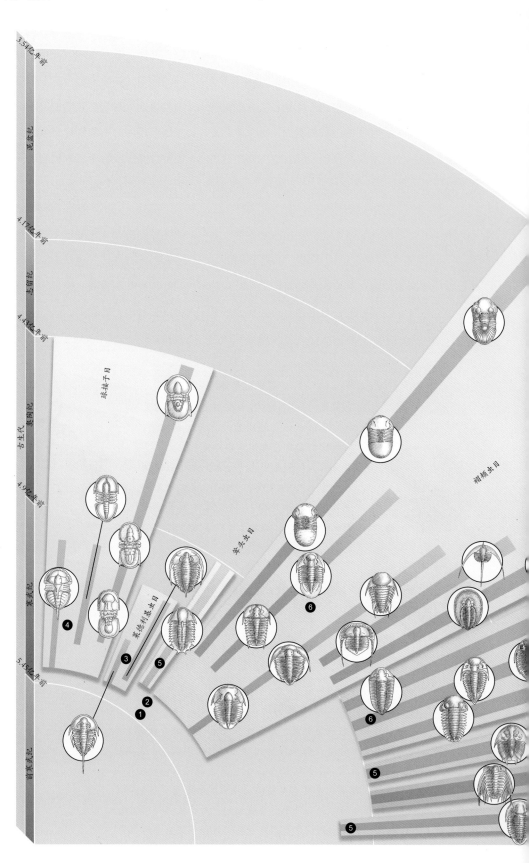

三叶虫出现后不久便扩散至世界各地，很快成为海洋生物群落的优势物种，无论是在多样性上还是种群数量上都占有绝对优势。三叶虫的种类繁多，不仅有游走类型，还有底栖类型；不仅有固着的，还有爬行的；除了肉食性的种类以外，科学家甚至还发现了滤食性的种类。有一类非常奇怪的三叶虫从寒武纪一直延续到奥陶纪，它们没有眼睛且只有两个胸节，我们几乎无法区分哪里是头哪里是尾。这些神奇的生物很有可能是漂在水中，靠附肢过滤水中的浮游生物为生的。

❶ 头甲和尾甲尚未分化，但轴叶和肋叶已经形成，眼睛位于钙质外骨骼表面。
❷ 面线和眼脊出现。
❸ 活动颊出现。
❹ 躯体小型化，胸节减少。
❺ 潘杰尔器官出现。
❻ 进步的复眼类型出现。

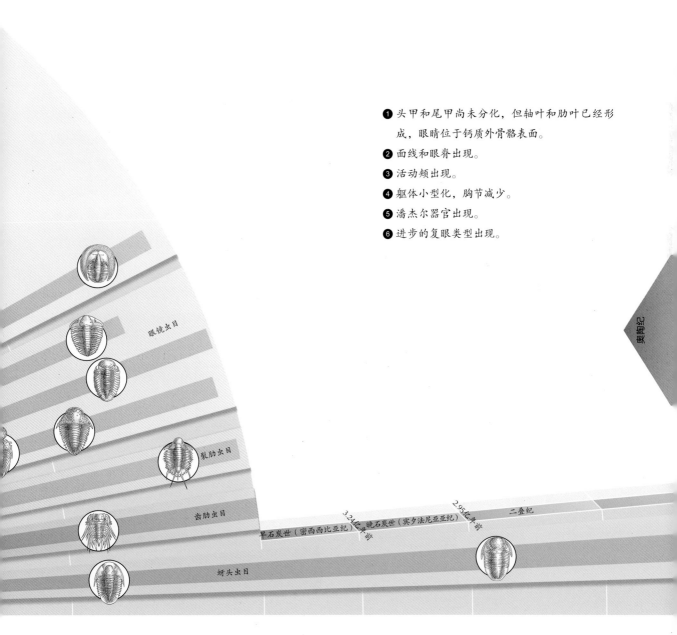

眼镜虫目

裂肋虫目

齿肋虫目

蚜头虫目

奥陶纪

早石炭世（密西西比亚纪） 3.24亿年前 晚石炭世（宾夕法尼亚纪） 2.95亿年前 二叠纪

志留纪
距今4.43亿~4.17亿年

作为早古生代的最后一个时期，志留纪的地球发生了许多重要的转折。始于奥陶纪的加里东运动，使劳伦古陆与波罗的大陆和阿瓦隆尼亚大陆联合形成巨大的北方大陆，并一直持续到白垩纪。这次大规模的造山运动使如今北美洲和欧洲西北部的山脉具有明显的相似性。

与此同时，伴随着极地冰川的融化和海平面的上升，全球范围内的气候趋于稳定。海洋无脊椎动物依旧繁盛，但也有不少新的生命形式出现，比如无颌脊椎动物和早期鱼类。植物和无脊椎动物在志留纪末期成功登陆，层孔虫礁体也在这一时期变得更大。

志留系是古生界"老硬砂岩"的第三个地层单元，是由英国早期地质学家罗德里克·麦奇生于1835年命名的。他系统地研究了英格兰与威尔士交界地带的地层，并在《伦敦及爱丁堡哲学杂志》上发表了一篇文章，以曾经居于该地区的远古部落"志留人"的名字命名了这套地层，即志留系。他将这套地层进一步分为下志留统和上志留统，前者被后人重新命名为奥陶系，而上志留统即为我们今天定义的志留系。由于志留系含有独特的化石组合，因此这套地层在欧洲、北美洲的一些国家以及喜马拉雅山地区很快得到了确认。达尔文也曾报道过在马尔维纳斯群岛（英称福克兰群岛）发现的志留纪化石，但后来证明那些都是泥盆纪的。

> 因为独特的化石组合，志留系的有效性很快得到公认。

关键词
加里东运动、造山运动、脊索动物、牙形虫、珊瑚、笔石动物、硬砂岩、深海热液、层孔虫、乌拉尔洋、维管植物、脊椎动物

参考章节
地球的起源及其特点：大气圈的演化
早石炭世：阿卡迪亚－加里东造山运动、陆生生物
二叠纪：新红砂岩

志留纪极地冰盖消失，气候温和。这一时期的海平面处于高位，在全球范围内亦无大灭绝事件发生，对生物来说是

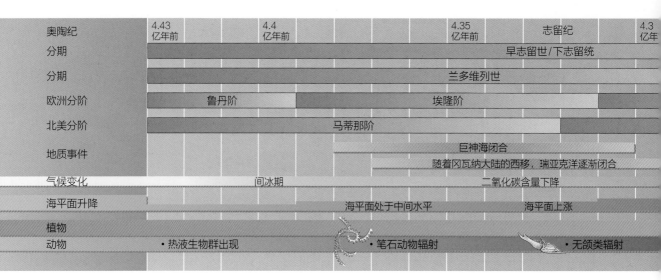

	4.43亿年前		4.4亿年前			4.35亿年前	志留纪	4.3亿年
奥陶纪								
分期							早志留世/下志留统	
分期							兰多维列世	
欧洲分阶	鲁丹阶			埃隆阶				
北美分阶	马蒂那阶							
地质事件						巨神海闭合		
						随着冈瓦纳大陆的西移，瑞亚克洋逐渐闭合		
气候变化			间冰期			二氧化碳含量下降		
海平面升降				海平面处于中间水平			海平面上涨	
植物								
动物	• 热液生物群出现			• 笔石动物辐射			• 无颌类辐射	

一个难得的大发展时期。也许正是适宜的气候条件导致了脊椎动物的第一次大辐射。到了志留纪末期，所有无颌脊椎动物和早期鱼类的主要类群都已经出现。与此同时，陆生动物群首次出现在地球上，成为志留纪生命演化的又一个里程碑。

随着极地冰盖的融化，早志留世的海平面迅速上升，但是到了志留纪末期又降到寒武纪以来的最低水平。也许是晚志留世陆地面积不断扩大的原因，水生动植物开始适应它们并不"喜欢"的干燥环境。志留纪全球的平均温度比现在高出4~5摄氏度，纬向的温度梯度也不如今天显著。这样温和的气候条件加上极地冰盖的消失严重阻碍了海水的对流，进而导致海水出现分层。表层海水的含氧量较高，而深层海水严重缺氧，因此大量的黑色页岩形成于较深的海盆中。

磷酸盐化石和海底沉积物中的稀土元素都可以反映早古生代的海洋环境。在现代海洋沉积物中，氧化环境下形成的稀土元素铈远远少于镧和钕。早古生代的生物磷灰石（一种磷酸盐矿物）中的铈含量很高，这种异常现象说明包括志留纪在内的早古生代海洋显然是缺氧的。在地壳运动的过程中，缺氧的海水涌入低地和陆表海，导致生物大量灭绝和黑色页岩形成。但笔石动物是个例外，它们在缺氧的深海环境中迅速演化并达到鼎盛。

在志留系得到确认后不久，德国地质学家阿尔伯特·奥佩尔利用菊石化石的延续性将德国南部的侏罗系划分为33层。按照他的说法，通过系统研究每一物种在地层中的垂直分布，可以更加精细地划分地层。1878年，查尔斯·拉普沃思利用这一手段对早古生代的笔石动物进行了系统研究，并确认了很多快速演化的种类。根据笔石动物的组合，拉普沃思对苏格兰南部的地层进行了细划。虽然后人在此基础上又开展了大量工作，但拉普沃思的工作在百年后的今天依然算得上精彩之笔。如今这套地层已被划得更加精细，从44万年到143万年的时间跨度在地质历史上不过是眨眼之间，但它让我们更加清楚地了解了志留纪发生的一连串重要的生物和地质事件。

由于后期造山运动的影响，只有一部分志留纪地层仍出露于地表。

阿瓦隆尼亚大陆、波罗的大陆和劳伦古陆的联合，形成了位于今天苏格兰、爱尔兰西北部和斯堪的纳维亚半岛的加里东山脉。志留纪开始以后，全球的火山活动趋于平静，劳伦古陆与波罗的大

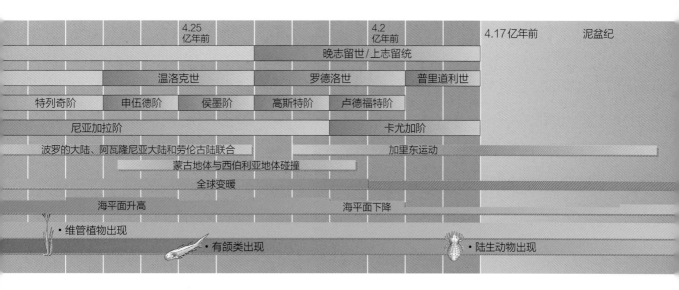

	4.25亿年前		4.2亿年前		4.17亿年前	泥盆纪
		晚志留世/上志留统				
	温洛克世		罗德洛世	普里道利世		
特列奇阶	申伍德阶	侯墨阶	高斯特阶	卢德福特阶		
尼亚加拉阶			卡尤加阶			
波罗的大陆、阿瓦隆尼亚大陆和劳伦古陆联合			加里东运动			
蒙古地体与西伯利亚地体碰撞						
全球变暖						
海平面升高			海平面下降			
·维管植物出现						
	·有颌类出现			·陆生动物出现		

温暖的志留纪

志留纪是地史上最温暖的时期之一。板块碰撞产生的能量通过火山喷发的方式释放出来，大规模的熔岩流形成苏格兰地区的高大山脉。随着全球气温的升高，两极冰盖融化。在大洋深处，深海热液生物群出现。海温的升高不仅加速了珊瑚、层孔虫等造礁生物的发展，也为浮游笔石、原始脊索动物和早期鱼类的出现创造了条件。

陆彼此靠近的速度也有所放缓。在造山运动活跃的地带，沉积岩受热变质，岩浆冷却形成粗晶花岗岩——这些地带后来形成了高地。加里东运动的遗迹在英格兰东部被东安格利亚平原覆盖，但在苏格兰依然能够见到。这是因为苏格兰地区在加里东运动中形成的花岗岩的抗风化能力较强，经受住了亿万年来风雨和冰川的侵蚀。

志留纪的阿瓦隆尼亚大陆、波罗的大陆和劳伦古陆都位于古赤道附近，但三者的中心都位于南半球。其中劳伦古陆横跨古赤道，而阿瓦隆尼亚大陆和波罗的大陆以每年8~10厘米的速度向北漂移，直到相遇并联合成为一个整体。巨神海在这一时期闭合，其洋盆转变为现在的欧洲和北美洲沿岸的推覆构造。巨神海的北部首先闭合，其南部位于阿瓦隆尼亚大陆和劳伦古陆之间，直到中泥盆世才消失。

现在英格兰和苏格兰交界地带的山脉就是由阿瓦隆尼亚大陆和劳伦古陆碰撞形成的，因此这两个地区中志留统的相似度最高。在苏格兰，巨神海缝合线清楚地指示了劳伦古陆和阿瓦隆尼亚大陆的界线。爱尔兰西北部和苏格兰地区的火成岩被硬砂岩所覆盖，组成硬砂岩的沙石正是在造山运动和侵蚀作用中形成的。

> 英格兰与苏格兰交界地带的地层记录了阿瓦隆尼亚大陆与劳伦古陆的碰撞过程。

地球化学分析能够清楚地反映加里东造山带岩石的来源及其组成成分。例如，氧化铝与二氧化硅的比例可以反映岩石中黏土和石英的含量，而氧化钾与氧化钠的比例则可以作为衡量岩石中钾长石与斜长石族矿物比例的依据。

加里东造山运动

加里东山（左图）是世界上最早形成的高山之一，因此以这座高山的名字命名了整个造山运动，即加里东造山运动。加里东造山运动从志留纪一直持续到泥盆纪初期。

志留纪

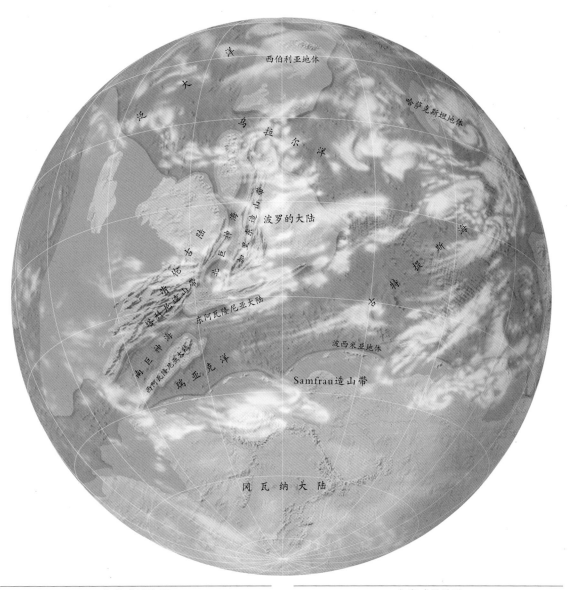

北半球是海洋

与现代大陆主要分布在北半球的情况不同，志留纪的北半球是广阔的泛大洋。

南半球是陆地

志留纪最大的陆地——冈瓦纳大陆位于南半球。冈瓦纳大陆的Samfrau造山带分布在今天的南美洲、南极洲和澳大利亚沿岸。

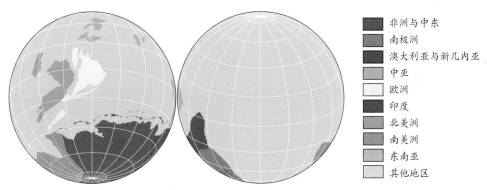

非洲与中东
南极洲
澳大利亚与新几内亚
中亚
欧洲
印度
北美洲
南美洲
东南亚
其他地区

志留纪

127

钾长石是富含铝和硅的白色透明矿物，同时含有丰富的钾。整个岩石圈中60%的岩石都是由钾长石族矿物组成的。斜长石也富含铝和硅，但是它的颜色较深且含有丰富的钠。不同地区岩石中矿物的比例和化学成分都有所差异，这取决于该地区火山的结构及岩浆的类型。即便如此，利用地球化学手段依然可以在硬砂岩中确定出已经消失的奥陶－志留纪巨神海的北边界。

志留纪的北半球依然是海洋，冈瓦纳大陆位于南半球，南极点可能位于今天的南美洲或非洲中部地带。古特提斯海将冈瓦纳大陆与劳伦古陆和波罗的大陆分开。需要指出的是，中生代古特提斯海的位置在处于分裂阶段的冈瓦纳大陆和亚洲大陆之间，而后者是短暂存在的盘古超大陆的前身。

在劳伦古陆、阿瓦隆尼亚大陆东北部、波罗的大陆、冈瓦纳大陆的热带地区、西伯利亚大陆和哈萨克斯坦地体都有大规模的志留纪碳酸盐沉积。此后，西伯利亚大陆和哈萨克斯坦地体逐渐漂向北温带。海平面的下降切断了西伯利亚海与其他大洋的联系，因此在这一地区形成了白云岩与蒸发岩。

志留纪冈瓦纳大陆高低起伏的地势依然影响着其周围陆表海中的沉积作用。大量的硅质碎屑沉积物出现在今天的阿拉伯半岛、非洲北部、南美洲和澳大利亚等地区。这一时期，波西米亚地体与冈瓦纳大陆完全分离，并在志留纪末期漂移至南纬20°附近，几乎到达波罗的大陆的南缘。因此，波西米亚地体的沉积物与冈瓦纳大陆的有所区别，主要由大规模的碳酸盐沉积及少量的硅质碎屑沉积组成。

志留纪的浅海动物群主要由珊瑚、层孔虫、托盘石类、钙藻类、苔藓虫、海百合和其他棘皮动物、三叶虫、腕足动物、双壳类、腹足类组成。而南温带的动物群种类相对稀少，其中只有牙形虫和锥石演化出相对丰富的种类。

当巨神海闭合的时候，位于波罗的大陆和西伯利亚大陆之间的乌拉尔洋已然形成。但随着西伯利亚大陆和哈萨克斯坦地体逐渐向波罗的大陆靠近，乌拉尔洋逐渐缩小。当大陆相互碰撞的时候，乌拉尔洋消失，形成乌拉尔山脉。因此，乌拉尔山脉又被认为是现代欧洲与亚洲的分界。乌拉尔山地区的铜矿开采已有数百年历史，矿脉沿山脉绵延2000多千米，其中南部出产的矿石纯度相当高。这些矿脉形成由黄铁矿组成的陡峭小山，因而它们形成时的原始状态得以保存。黄铁矿是铜、铁、锌等金属元素的硫化物。1979年，苏联的构造地质学家列夫·组尼山提出了令人吃惊的假说，认为黄铁矿山是深海"黑烟囱"的化石，深海热液沿着洋中脊的热点喷出，

"黑烟囱"

深海"黑烟囱"是在20世纪末被发现的，它的发现彻底改变了人们对硫化矿物形成方式和生命体能量利用方式的固有认识。硫化矿物的形成与硫细菌的关系密切，而生活在几千米深的海底的各种高等生物也是人们过去从未想象到的。

乌拉尔山如今是欧洲与亚洲的天然分界，但古生代这里曾是一片海洋。

乌拉尔山的整个矿带就是曾经的海底火山带。在已经发现的矿床中，最古老的形成于志留纪。

洋中脊的一些海底山脉甚至比珠穆朗玛峰还要高。深深的裂谷将洋中脊沿纵向一分为二。温度超过1200摄氏度的岩浆从洋中脊的热点涌出，同时海水也渗入洋中脊的裂缝，在地下15千米处与岩浆混合。在这里，海水被加热至250~450摄氏度并溶解大量矿物质，特别是金属元素及其硫酸盐和硫化物。这些富含硫化物的海水再度喷出时形似"黑烟"，因而科学家将这些深海热液喷口形象地比作"黑烟囱"。

在深海热液喷口周围形成不同的温度梯度，每个梯度都有自己独特的生物群落。蠕虫状的前庭动物巨型管虫生活在高达3米的白色管道中，顶端可以伸出红色的触手。这种生物的体腔主要被一种特殊的器官所占据，其每克组织都包含数以百亿计的共生细菌。大多数巨型管虫都分布在水温为23摄氏度的地带，其中一些种类可能生活在水温更高的地

难以置信的存在

志留纪的"黑烟囱"化石揭示了4亿多年来由硫细菌、前庭动物（❶）、多毛管栖动物（❷）、大型双壳类（❸）和小壳（❹）组成的生态系统几乎没有发生什么改变。

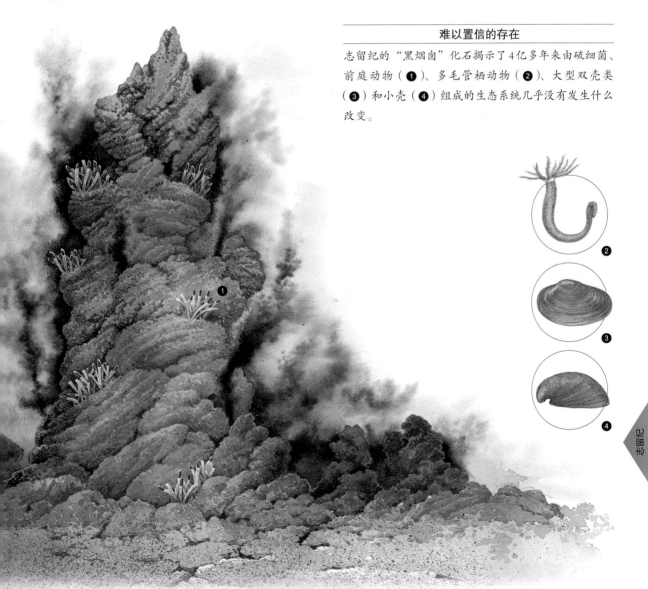

志留纪

海底裂谷

熔岩沿海底裂谷溢出，冷却凝固后形成枕状玄武岩。随着裂谷的不断扩张，之前形成的玄武岩被年轻的玄武岩覆盖，熔岩释放的热量为各种金属矿物的形成创造了条件。

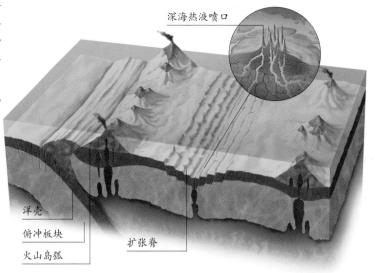

深海热液喷口

洋壳

俯冲板块

火山岛弧

扩张脊

方。多毛类动物庞贝蠕虫生活在水温为40~80摄氏度的地带，它的体表布满细菌。

驱动整个热液生态系统的是蕴含在化能合成过程中的热能，而非驱动大多数陆地生态系统的光能。热液动物的又一共性就是对红外线敏感。由于这个"第六感"，它们即使被洋流冲走也依然能够找到回家的路，但是照相机的闪光会让它们永久"失明"。在发现"黑烟囱"以前，没人能够想到在这种高压、无光、寒冷且营养物质匮乏的恶劣环境中会有如此丰富多样的生物群落。令人意想不到的是，硫细菌通过分解硫化氢为整个热液生态系统提供能量物质，在深达2500多米的海底创造了一个包括软体动物和各种前庭动物在内的生命绿洲。总之，组成深海热液生物群的动物要么与硫细菌共生（比如双壳类、前庭动物和环节动物），要么以与硫细菌共生的生物为食（比如甲壳动物和鱼类）。

自从1977年法美联合考察队在太平洋洋底发现"黑烟囱"以来，寻找"黑烟囱"及深海热液生物群的工作开展得如火如荼。令人惊讶的是，志留纪动物化石群落与今天的深海热

乌拉尔山

波罗的大陆的东界乌拉尔山曾经是一片海洋（乌拉尔洋），它最早形成于奥陶纪，直到二叠纪欧美大陆和西伯利亚地体碰撞时才消失，最宽的时候超过2000千米。

铜矿带

乌拉尔山地区丰富的铜矿，以及砷、锌、铁、硫矿的形成都与（志留纪）深海热液生物群中的细菌活动密不可分。

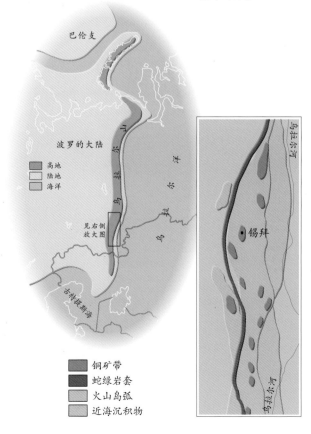

巴伦支

波罗的大陆

高地
陆地
海洋

乌拉尔山

乌拉尔洋

见右侧放大图

古特提斯海

铜矿带
蛇绿岩套
火山岛弧
近海沉积物

锡拜

乌拉尔河

液生物群有着惊人的相似之处，包括一些类似前庭动物的长管状蠕虫、环节动物、双壳类以及单壳软体动物。值得注意的是，这些化石标本在高倍显微镜下还显示出共生菌的遗迹。唯一的区别在于志留纪化石群落包含有铰腕足动物，它们是古生代的常见化石类群，但并不存在于现代的热液生物群中。

所有的热液生物化石经历了严重的黄铁矿化过程，并且保存在与现代"黑烟囱"周围环境类似的硫化物环境中。因此，深海化能合成生态系统可能是地球上最古老的生态系统之一。

虽然笔石是志留纪主要的浮游动物，但它们生活在极度缺氧的深水环境中。它们通常保存在层理细腻的页岩中，看上去就像铅笔在岩石表面书写的痕迹，因此得名"笔石"。起初，笔石被认为是矿物结晶，然后又先后被归入海生植物、头足动物、腔肠动物和苔藓虫。最后科学家将其归入半索动物羽鳃类，属于相当高级的动物类群。

通过对笔石化石（尤其是在波兰奥陶纪燧石中发现的精美化石）的系统研究及与现生羽鳃类的比

群居的笔石在奥陶纪出现，在志留纪进一步复杂化。

较，笔石的外形及生活方式已得到初步重建。它们是体长仅为几厘米的群居动物。每个群体都由许多单体组成，虽然每个单体都是独立的，但又无法离开群体独立生活。笔石的单体都拥有相同的组织结构，即树枝状的蛋白质外壳——这个结构又叫作笔石体。细长管状的软组织——匍匐枝将各个单体连接起来，贯穿整个笔石体。笔石利用匍匐枝来扩大种群、产生新的单体以及进行单体间的交流。

新形成的笔石单体从亲代胞管中长出，然后开始建造属于自己的直径为0.05~2毫米的"房子"。一开始，笔石口的周围可能有一圈领，然后逐渐成对长出中空且具有纤毛触手的笔石枝。如果一个笔石群体在暴风雨中受到破坏，只有部分笔石单体存活下来，那么这些幸存的笔石单体会再次形成新的完整的笔石群体。许多营固着生活的笔石为雌雄异体。随着笔石群体不断成长，较老的雄性个体逐渐被淘汰，雌性个体则转变为雌雄同体。当出芽生殖严重影响到笔石体的水动力学性质时，它们便会采取有性生殖方式。

这些性质对于以浮游生物为食的笔石动物非常重要。寄居在同一笔石群体中的单体可能会同时摆动它们的触手以使运动更协调，但是由于体型过小，可能无法产生明显的效果。这就是笔石为什么要不断改善它们共同的家园——笔石体的原因。科学家通过对营浮游生活的笔石的简单重建，发现笔石体形态的变化可以产生螺旋形运动，而且这种运动已经被摄像机捕捉并记录下来。笔石体的很多形态特点都有利于游动，这就意味着流体动力作用是导致

岩石上的文字

笔石从中寒武世一直延续到早石炭世，它们通常被保存为扁平的碳质化石（左图），看上去就像书写在岩石上的文字。笔石动物演化快速，因此形态多种多样。它们的广泛分布得益于漂浮生活方式，因此其化石经常被用作划分地层的标准化石。

志留纪

捕食策略

不同形态的笔石采取不同的捕食策略。早期笔石是固着动物，只能靠滤食水流中的浮游生物生活。早奥陶世以后的笔石是营漂浮生活的滤食性动物，它们在水中如同一张拖网，每个单体都可以滤食水中的浮游生物。螺旋形的笔石（如单笔石，下图❷）可以通过旋转的方式富集食物，这种捕食策略通常比线状笔石（如杆孔笔石，下图❶）更加有效。

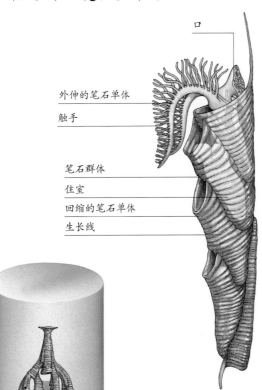

口
外伸的笔石单体
触手

笔石群体
住室
回缩的笔石单体
生长线

❶

笔石

笔石单体通过组织的相互连接形成笔石体。每个单体的触手可以为自己和邻近的单体提供食物，所有的单体共用一个有机质外壳。

❷

笔石演化的主要因素。比如，一个螺旋形的笔石体能够在水中旋转，然后缓慢下沉，浮游生物就会被这个"拖网"拖住。螺旋桨型的笔石体可能更适合做同样的事情，因为它旋转时产生的旋涡更容易吸入浮游生物。志留纪的笔石结构最为巧妙，由多个环状结构套叠在一起构成，仅将游离的末端留在外面。在笔石单体进行气体调节时，这样的环状结构能够上浮或下沉。笔石将触手伸向周围的环境中，从旋转的水流中获取食物。要想获得更多的食物，它们只能爬至伸到笔石体外的长刺上。

营固着生活的笔石在奥陶纪演化出漂浮能力，浮游笔石也正是在这个时候开始大规模辐射的。浮游笔石从奥陶纪一直延续到泥盆纪（营固着生活的树笔石一直延续到早石炭世），但它们并不是生活在所有海域中，而是仅在缺氧而含氮量高的深海水体涌向海水表层的时候才会出现。这种现象通常发生在一些大陆附

> 笔石动物常生活在缺氧但含氮丰富的水体中。

近。在现代海洋中，由于营养物质被运送到透光层，所以上泛海水形成的相对狭窄的区域含有大量的初级生产者和浮游生物。另一种重要的食物来源细菌通过分解有机物消耗大量氧气，因此它们常出现在下部缺氧水体的周围。由于营养物质在垂直方向上的分布并不均匀，因此上涌海水和深层海水的含氧量与浮游生物的种类也有所不同，各种以浮游生物为食的动物也因此出现垂直分化。

浮游笔石就是由于这种分化而演化出各种各样的类型的。栖息在地台边缘的浮游笔石可能以透光层中的微型浮游生物为食，而中、深海的笔石则以生活在缺氧水体周围的细菌为生。海水的密度差异和垂直对流等现象进一步提高了笔石的浮力。随着分层海域中缺氧水体的不断扩大和温暖海水的不断补充，笔石开始变得多样化。笔石的高演化速率和

营浮游生活的方式使它们成为奥陶纪和志留纪生物地层学研究的重要工具。

模块化的单体聚集在一起形成群体。如果群体中的单体（比如笔石）没有遵守既定的界限，而是任意交换它们的分泌物，那么单体就有可能被它们自己的骨骼分隔。从严格意义上讲，单体和群体对于生物礁的形成都是至关重要的。但是古生代的单体造礁生物对生物礁的贡献可能略胜一筹。

早古生代的两种主要造礁生物珊瑚和钙质海绵在志留纪和泥盆纪发展到顶峰，它们在这一时期广

> 志留纪的珊瑚和钙质海绵形成的礁体已达到今天澳大利亚大堡礁的规模。

布于温暖的浅海中，所形成的礁体已达到今天大堡礁的规模。这两种造礁生物在现代海洋中也很常见，只是在种类和造礁能力上与古生代的有所差异。

事实上，几代古生物学家都曾把钙质海绵、层孔虫和海刺毛类误认为珊瑚。大多数层孔虫都具有深度钙化的圆顶状结构，看上去就像表面有星形图案的一打薄饼。海刺毛类由一束细如发丝的竖直管状结构组成。这两种生物形成的礁体都非常大，直径约有0.6米，所以它们看起来更像珊瑚而不是海绵。虽然浴用海绵是柔软的，但是大多数海绵动物的骨骼由微小的针状结构组成，它们看起来非常易碎。

直到20世纪初，当现生层孔虫和海刺毛动物在

笔石的多样性

笔石的多样性得益于不同的群体生长方式。卷曲、环状和盘绕的笔石体联结形成各式各样的笔石群体，它们可以借助自身的流体动力学特性捕获水中的浮游生物。笔石拗口的名字也正是取自它们诡异的形态。

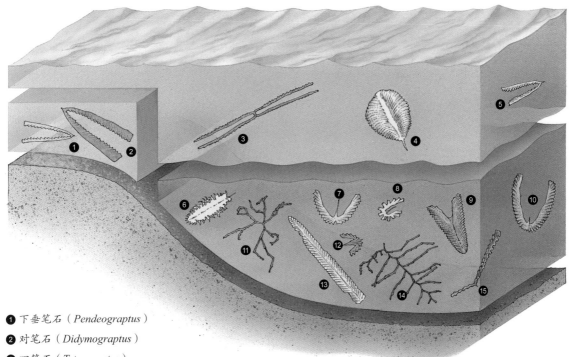

❶ 下垂笔石（*Pendeograptus*）

❷ 对笔石（*Didymograptus*）

❸ 四笔石（*Tetragraptus*）

❹ 心笔石（*Cardiograptus*）

❺ 笛笔石（*Aulograptus*）

❻ 舌笔石（*Glossograptus*）

❼ 假等称笔石（*Pseudoisograptus*）

❽ *Psilograptus*

❾ 肿笔石（*Oncograptus*）

❿ 等称笔石（*Isograptus*）

⓫ 枝笔石（*Clonograptus*）

⓬ 叉笔石（*Dicellograptus*）

⓭ 雕笔石（*Glyptograptus*）

⓮ 弯笔石（*Sigmagraptus*）

⓯ 瘤笔石（*Tylograptus*）

志留纪

志留纪的珊瑚

横板珊瑚和四射珊瑚是志留纪的两种主要珊瑚（上图），一直延续到古生代末期。四射珊瑚以单体为主，而横板珊瑚多为块状、丛状和蔓延状复体。珊瑚的骨骼除了外壁和表壁以外，内部还有许多竖直的隔壁，用以支持珊瑚虫的身体。

横板珊瑚

❶ 蜂巢珊瑚（*Favosites*）

❷ 日射珊瑚（*Heliolites*）

❸ 链状珊瑚（*Halysites*）

四射珊瑚

❹ 扭心珊瑚（*Streptelasma*）

有铰腕足类

❺ 薄皱贝（*Leptaena*）

❻ 无洞贝（*Atrypa*）

❼ 赫氏苔藓虫（苔藓虫）

❽ 放射层孔虫（层孔虫）

❾ 海百合

❿ 鹦鹉螺

⓫ 达尔曼虫（三叶虫）

加勒比海被发现时，人们对它们的真实身份依然持怀疑态度。到了20世纪60年代末，人们才将这种具有钙质层和硅质骨针的动物归入海绵。

海绵活体能够通过一种薄而坚韧的有机包膜结构防止硅质骨针溶解。当它们死后，骨针被溶解，就形成了一个个小洞。星形图案说明层孔虫与海绵动物之间有着密切的关系，因为这种结构几乎是专门为滤食性动物设计的。

古生代的其他动物（比如横板珊瑚）也曾被误认为海绵动物。横板珊瑚长有密集的横板。在加拿大魁北克地区志留纪地层中发现的横板珊瑚软虫体化石，证明了这些横板珊瑚的每一个蜂窝状的小室中都曾经生活着一只具有12条触手的珊瑚虫。因此，奥陶纪–二叠纪的横板珊瑚与这一时期的四射珊瑚

英格兰温洛克的生物礁群落

珊瑚、苔藓虫和层孔虫是志留纪的主要造礁生物，它们通常与腕足动物和海百合等滤食性动物共生。底栖三叶虫和头足动物也是群的重要成员。

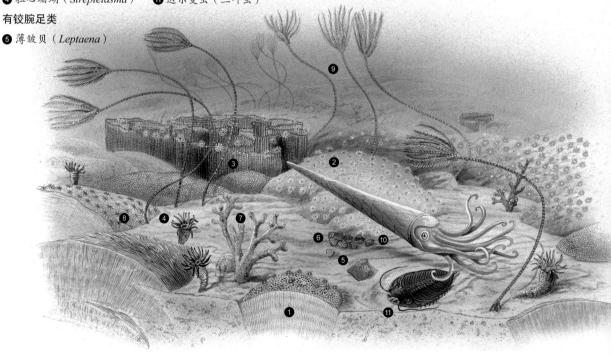

志留纪规模最大的生物礁

在温洛克世，生物礁遍布劳伦古陆（今天的北美洲）的中低纬度地带，特别是哈德逊和密歇根盆地。数以千万计的珊瑚礁单体沿密歇根盆地的边缘形成，其长度超过1100千米，面积大约为80万平方千米，称得上是地球历史上面积和长度最大的生物礁。

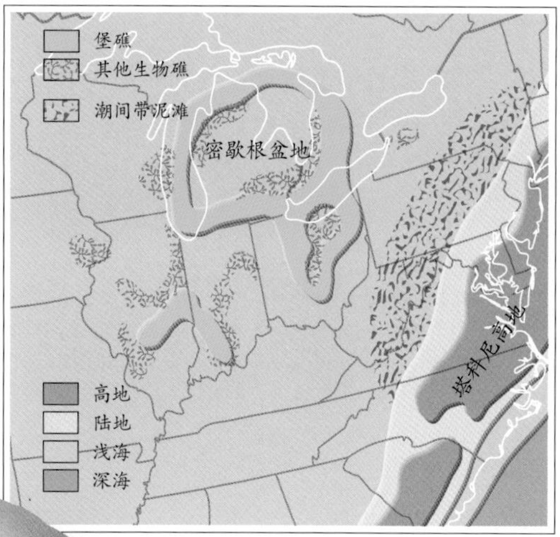

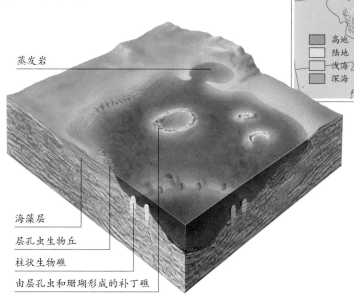

蒸发岩

海藻层
层孔虫生物丘
柱状生物礁
由层孔虫和珊瑚形成的补丁礁

地图图例：
堡礁
其他生物礁
潮间带泥滩
密歇根盆地
高地
陆地
浅海
深海
塔卡尼克高地

近海生物礁

由沙漠包围的内陆海（左图）具有不同类型的生物礁：层孔虫和钙化蓝细菌沿海岸形成生物丘，珊瑚和层孔虫在浅海形成补丁礁，除此以外还有珊瑚岛。由于盆地边缘的浅海生物礁生长缓慢，珊瑚不得不向上快速生长以补偿海底的下陷。因此，在这种情况下形成的礁体多为柱状。

（皱纹珊瑚）以及现代的六射珊瑚（石珊瑚）和八射珊瑚（海鳃）均有明显区别。层孔虫、海刺毛和横板珊瑚都是大型的模块化生物，而四射珊瑚更倾向于分枝状的单体构型。许多四射珊瑚独立形成珊瑚礁，外体壁较厚且呈现同心褶皱。单个的四射珊瑚生活在松散的基质中，是一种并不活跃的造礁生物。

正是作为造礁生物的钙质海绵和珊瑚形成了礁体。虽然作为单个构件，它们的个体很小，但是构件形成整体后，每个构件都会比独立存在时长得更大；而且，它们比作为独立个体生存的亲缘生物的攻击性要小，所以构件生物彼此之间的关系更加和谐。因此，它们彼此相连形成非常坚固的构架以抵抗外界的破坏（比如波浪作用）。这个坚硬的构架就是礁体的

> 巨大生物礁的形成依赖造礁生物单体的相互配合。

核心。最终，造礁生物快速生长，形成巨大的构架礁体。海洋的胶结作用将剩余的空缺部分填充完整，使整个结构更加稳固。

礁体生物群落包括盖附生物、破坏生物（比如蛀虫和刮食者）和造架生物，是一个完整的碳酸盐制造"工厂"，能够产生大量的岩石颗粒。礁体的坚固构架将碳酸盐沉积物黏在一起形成黏结灰岩。生物礁体在强大的水流搬运作用或暴风雨作用下分选得到的礁块碎片，会沉淀下来转变为颗粒灰岩。礁体碎屑在钙质泥土中经历缓慢的沉淀过程，能够变成泥岩。每个碳酸钙构造都是某种岩石形成条件的非常好的标示物。不同岩性在水平和竖直方向上的连续性可以反映不同的沉积相，比如礁前相、潟湖相等。这样的整体地貌能够提供很多信息，比如能够帮助我们重建盆地演化的历史，预测石油、天

志留纪

然气等资源的地域分布等。

珊瑚和层孔虫的辐射演化和由此产生的新型岩石形成了多种沉积相，包括礁前相、礁相、礁后相和潟湖相等。中志留世的珊瑚－层孔虫生物礁主要集中在热带和亚热带，礁体面积要大于现代生物礁。另外，在志留纪温暖海域的许多生物礁中，钙化蓝细菌和藻类发挥了非常重要的作用，而硅质海绵在温暖的深海环境中形成了生物丘。这个时期的生物礁非常繁盛，拥有多种类型，包括沿大陆边缘生长的岸礁、形成潟湖的环礁、形成于大陆架边缘的堡礁、珊瑚岛和陡坡生物丘等。大型生物礁能够影响一个时期局部的沉积作用，并且能够通过阻碍盆地中的水循环而影响当地气候。

所有类型的生物礁中都生活着各种各样的生物，其中包括无颌类。无颌类比水母、小龙虾甚至海星都要更像鱼。但是，"无颌类"这个名字仅表示生活在水中的一种动物。作为一种脊椎动物（属于脊

尽管现代的无颌类非常罕见，但在志留纪它们广布于淡水和海洋中。

索动物），无颌类拥有头骨和大脑，但是它们没有上下颌，在这一点上与软骨鱼、硬骨鱼等其他所有的脊椎动物都不同。另外，无颌类也没有骨盆，大多也没有偶鳍。在生物分类学中，无颌类有一个姊妹类群，包括其他所有的有颌类动物（有颌的脊椎动物），即其他鱼类、两栖动物、爬行动物、鸟类和哺乳动物。

在现代海洋和淡水中仅存在几十种无颌类，主

无颌类

无颌类大约在5亿年前就出现了，它们最早出现在寒武纪初期的中国澄江动物群中。奥陶纪以后，它们发生了大规模分异，且演化出骨质的头甲和躯甲。这些无颌类化石常被用作划分志留系和泥盆系的重要工具，其中异甲鱼类、花鳞鱼类、盔甲鱼类和骨甲鱼类在泥盆纪都发生了大辐射。星甲鱼类也在这一时期出现，只有全身裸露的七鳃鳗和盲鳗延续至今。

难以破译的牙形虫

1856年，俄国科学家克里斯蒂安－海恩里奇·潘德描述了发现于波罗的海沿岸奥陶纪地层的微小磷酸盐牙齿化石，并将其命名为牙形石。牙形虫曾被归入植物、软体动物、环节动物、蠕虫和其他无脊椎动物。实际上，它们属于脊索动物。最初，依据形态，牙形虫被分为不同的种类。后来，在美国的石炭纪地层中发现了包含牙形石的鱼形动物，但后来它们被认为与牙形虫毫无关系，因为出现牙形石的部位实际上是一个消化器官。

与牙形石真正有关的动物化石现存于爱丁堡地质科学研究所石炭纪化石标本馆。这种动物具有排列规则的V字形肌肉组织、侧扁的身体、不对称的尾鳍以及分隔的颅腔，所有这些特征都与无颌脊椎动物一致。在南非志留纪地层中发现的牙形虫化石具有可以切割食物的锋利牙齿，因此这类视觉灵敏、游动快速的浅海动物可能曾经是古生代早期海洋中的霸主。

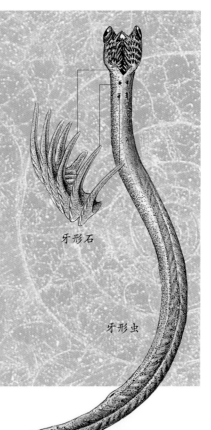

牙形石

牙形虫

志留纪

要是盲鳗类和七鳃鳗类。这些动物无鳞，似蠕虫状，且拥有吸盘似的圆口，如贪婪的寄生虫一般生活。人们在石炭纪岩层中发现了盲鳗的化石。盲鳗只吃已死亡或垂死的海洋动物，它们先利用锋利的牙齿在动物尸体上钻一个洞，然后探入内部将其吃掉。

志留纪和泥盆纪的海洋、潟湖和淡水湖泊中生活着种类繁多的无颌类。它们身披甲片，样子与现代的无颌类完全不同。由于它们的分类主要依靠外骨骼，所以在很长的一段时间里，古生物学家都将无颌类视为节肢动物。最早的无颌类是中奥陶世的星甲鱼类和阿兰德鱼类（阿兰德是澳大利亚的一个部落，阿兰德鱼类化石发现于此部落附近，因此而得名）。阿兰德鱼类生活在冈瓦纳大陆周围的浅海中，它们的头部细长且被大片骨甲覆盖，尾部脉弧两侧具肋状鳞，此外还有一个尾鳍。它们的口周围环绕着一圈小骨板，形成铲状结构，用以在海底"搜刮"食物。它们的身体两侧分别有一排鳃孔，眼睛位于头部的最前端。在鼻孔的两侧，头顶上还有一个松果体。现代的七鳃鳗也有这样一个松果体，其中含有不发达的晶状体，能够通过光线的变化感知潜在的危险。

星甲鱼类生活在劳伦古陆和西伯利亚大陆周围的海盆中。它们具有8对鳃孔，眼睛位于头的两侧，且具有一个单独的松果体，尾部的鳞片呈宽阔的菱形。这些特征均区别于阿兰德鱼类。星甲鱼类和阿兰德鱼类都不具有偶鳍，它们的骨片也都没有细胞结构。但是，它们的头部和身体的两侧都有发达的侧线系统。这一结构也存在于现代鱼类中，主要用于保持身体平衡和感知周围其他动物（猎物或天敌）引起的水流变化。

无颌类与其他脊椎动物的关系尚不明确，它们可能属于异甲鱼类。

在早志留世冰期结束之后，海洋中的无颌类突然繁盛起来，包括异甲鱼类（不同形状的甲片）、骨甲鱼类（骨质的甲片）、花鳞鱼类（乳牙）、缺甲鱼类（没有甲片）以及盔甲鱼类。到了志留－泥盆纪，花鳞鱼类和缺甲鱼类的分布相对更加广泛，异甲鱼类和骨甲鱼类主要生活在北半球，而盔甲鱼类仅存在于中国的海洋中。异甲鱼类的口周围是一些小骨片，它们不是典型的喙，但或许也可以刮取食物。它们的口鼻部下方有一处很宽的凹陷；整个头部由一块单独的甲片覆盖，且身披菱形鳞片，尾部呈桨状。

> 早期鱼形动物和鱼类身披铠甲，它们都是防御性动物，但在后期逐步演化为掠食动物。

大多数骨甲鱼类具有马蹄形头甲，头甲后缘着生一对胸鳍，身体披有细小的鳞片，还具有背鳍，尾部末端向上弯曲，但尾鳍的大部分位于尾椎之下。在头甲的表面具有纵横交错的感觉沟，它们被排列疏松的多边形小骨片覆盖，与松果体相连。它们可能用于容纳高度发达的电位感受器或与侧线系统相连的其他感受器。

环状排列的牙齿

七鳃鳗的口中具有环状排列的牙齿，这是一种非常可怕的武器。它们可以扯开猎物的身体，吸食其血液。

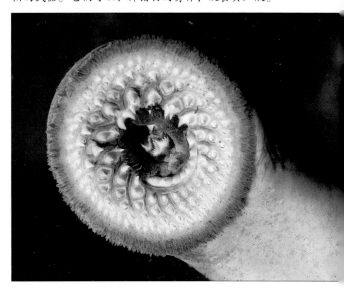

花鳞鱼类的身体扁平，全身披有细小的鳞片，看起来与现代鲨鱼非常相似。它们的头甲后方具有成对的胸鳍，眼睛位于头部两侧，尾巴分叉，且具有背鳍和臀鳍。

缺甲鱼类的身体细长侧扁，眼睛位于头部的两侧，全身裸露，可能与现代的七鳃鳗具有较近的亲缘关系。它们的头部覆以细小的鳞片和为数不多的大骨片，身上的鳞片细长，呈 V 形排列，并且尾椎向下延伸，因此尾鳍的大部分位于尾椎的上方。缺甲鱼类的口为圆形，上下唇由骨片围成，可以像有颌类那样相互咬合。

在志留纪的大部分时间里，陆地上一片荒芜，

> 到了志留纪，植物开始登陆，为荒芜的陆地带来一抹绿色。

并不像生物礁、潟湖和其他海洋生物群落那般多姿多彩。一些零散的化石证据显示最早的陆地微生物很可能在太古宙就已经出现了。此后，细菌和地衣（绿藻或蓝细菌与真菌的共生体）开始统治陆地。在寒武纪之初，海藻演化出一种粗糙的囊膜结构和弹性器官，这种囊膜结构具有保水的作用，使它们在干燥的空气中依然可以生活，而螺旋形的弹性器官可以向空气中释放孢子。

生命在陆地上的演化并不是一蹴而就的。人们在纽约州由晚寒武世岩层形成的沙滩上发现了一种酷似现代自行车轮胎印迹的动物遗迹化石；在英格兰湖区松软的奥陶纪火山岩上发现了陆生节肢动物的遗迹化石，这种动物具有多对步足，沿直线爬行。

最早的陆生植物化石发现于中奥陶世的陆相和

无颌类的分类

盲鳗是最原始的无颌类。不论七鳃鳗是否为缺甲鱼类的祖先，它们延续至今的原因依然令人费解。其他无颌类演化出了用于保护自身的厚重甲片。花鳞鱼类和骨甲鱼类可能与有颌类存在着某种关系，花鳞鱼类具有与软骨鱼类相似的鳞片，而骨甲鱼类具有成对的偶鳍和眼睛周围的骨片——它们与有颌类下颌的出现有密切的关系。

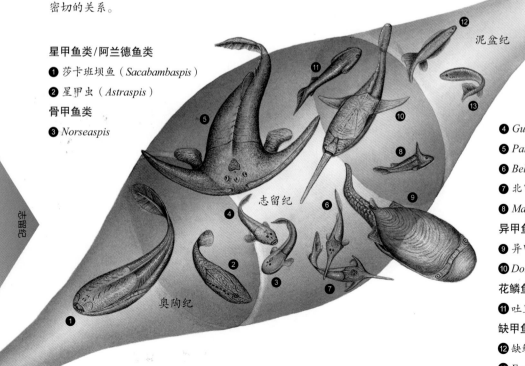

星甲鱼类/阿兰德鱼类
❶ 莎卡班坝鱼（*Sacabambaspis*）
❷ 星甲虫（*Astraspis*）
骨甲鱼类
❸ *Norseaspis*

泥盆纪

志留纪

奥陶纪

❹ *Gustavaspis*
❺ *Parameteroraspis*
❻ *Belonaspis*
❼ 北甲鱼（*Boreaspis*）
❽ *Machairaspis*
异甲鱼类
❾ 异甲鱼（*Zascinaspis*）
❿ *Doryaspis*
花鳞鱼类
⓫ 吐里鱼（*Turinia*）
缺甲鱼类
⓬ 缺鳞鱼（*Endeiolepis*）
⓭ *Euphanerops*

志留纪

滨岸沉积物中，包括孢子和一些植物的碎片。孢子是一种能够进行无性生殖的植物生殖细胞，它的细胞壁可以抵抗干旱和紫外线辐射。孢子的形成是植物登陆的第一步，对植物适应陆地生活至关重要。奥陶纪的孢子化石被认为来自陆生植物，因为它们的大小和形状都与陆生植物的孢子非常相似，并且它们的细胞壁结构也类似于现代原始陆生植物的孢子。此外，人们在奥陶纪之后的岩层中也发现了同样的孢子化石，可以肯定它们来自陆生植物。这些孢子很小，但数量庞大，可以随风飘到很远的地方。最早、最简单的孢子植物与藓类（或者更准确地说，与苔类植物）类似。奥陶纪末期的孢子则与现代蕨类植物的孢子并无二致。

陆生植物的起源至今难以确定，它们很有可能是从绿藻演化而来的。奥陶纪的植物碎片化石可能属于一种未知的丝状植物，它们的外表被有蜡质层，内部中空，分类位置尚不清楚。这种丝状植物很可能是病原植物或分解者，可能属于真菌或地衣。

最原始的现生植物化石发现于志留纪之初，相当于最早陆生植物孢子出现的3000万年后。在志留纪，这种植物要比现在繁盛，因为在欧洲北部、玻利维亚、澳大利亚以及中国的西北地区都发现了工蕨和莱尼蕨类植物化石，还包括诸如 *Salopella* 等分类位置未定的植物类型。

> 早期陆生植物的植株微小，生长于湿润的低地。随着对干旱环境的逐步适应，植株的高度不断增大。

在晚志留世，莱尼蕨类是冈瓦纳大陆和劳伦古陆上的主要陆生植物。它们的每一个分枝的远端都具有球形或肾形的孢子囊，看上去有点儿像丛生的苏格兰莱尼燧石层中的莱尼蕨。工蕨的孢子囊呈刺

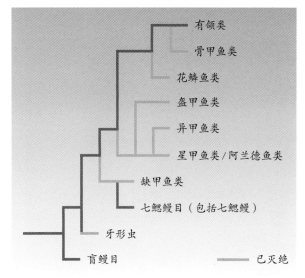

状或椭圆形，以短柄侧生于枝，或在枝的顶端聚集成孢子囊穗。*Salopella* 的分枝方式酷似石松植物，它们都没有分化出真正的根、茎、叶[1]。

这些早期植物的种类繁多，但植株小巧（高度一般不超过10厘米）。它们多生长在湿润的低地。尽管如此，它们具有能够运送水分的维管组织，能够将水分和营养物质从拟根状茎或假根运送至植株的顶端，因此它们是真正的维管植物。这种输送水分和养料的能力是陆生植物长高并能适应干旱环境的必要条件。植物的蜡质表皮上具有微小的气孔，用以进行气体交换，并调节蒸腾作用的强度。最后，共生的固氮菌可以帮助维管植物固定大气中的氮，使维管植物可以在完全不存在有机氮源的环境中独立生活。

陆生植物的出现导致了落叶层的产生，改善了地表的营养结构，增加了水分涵养，促进了土壤的形成，进而对大气成分和全球环境产生了重大的影响。植物根的出现加强了岩石的机械和化学风化，进而对降低大气中二氧化碳的含量起到了重要的作用。维管植物的蒸腾作用主要影响降水量、平均气

---

[1] 译者注：此处疑似作者笔误，*Salopella* 和石松类都有茎和叶的分化。

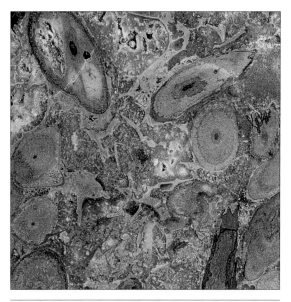

植物化石

保存完好的植物化石通常发现于莱尼燧石层这样的硅质沉积物中。在显微镜下能够看到岩石切片中的植物组织和植物细胞（上图）。

温和大气环流。因此，在志留纪末期，陆生植物特别是维管植物的出现加速了陆地生态系统的形成。

萨列马岛是爱沙尼亚南部的一个长满石南的岛屿，由志留纪的白云岩和石灰岩构成。这个岛屿从公元13世纪开始就是波罗的海沿岸国家建筑用石的采石场。在晚志留世初期，萨列马岛

> 志留纪最早的脊索动物群落出现在今天爱沙尼亚周围的温暖浅海中。

是一个位于温暖浅海盆地边缘的凹陷地。

在今天的地理坐标上，这一盆地由北向南形成不同的地形。北部是一个半隔离的潟湖，在这一地带形成了大规模的白云岩和叠层石。再往南，在浪基面以上的潮滩上，反复冲刷的鲕粒状泥沙沉积在礁石之间。一些固着生物（包括层孔虫、横板珊瑚）、钙化藻类以及一些游走动物（包括介形虫、多毛类和无颌类）在这一地带生活。大陆架上形成大规模的泥岩，这里生活着种类繁多的层孔虫、横板珊瑚、腕足动物、介形虫、牙形虫、少数三叶虫

和各种鱼类。大陆架与大陆坡过渡地带的沉积物以软泥为主，这一地带的底栖动物主要包括三叶虫、介形虫和一些腕足动物，游走动物则包括几丁虫、笔石动物和花鳞鱼。在大陆坡及深海地带，沉积物以深黑色的粉砂岩为主，其中含有棘鱼类、牙形虫以及笔石的化石。

生活在海相潟湖中的生物群落特别有趣，其中腕足动物和个体较大的介形类（长0.5厘米）十分繁盛。腕足动物营滤食生活，而介形类以碎屑为食。叶虾是一种滤食性的双壳动物，长度在5厘米左右。在这一地带较硬的基底上生活着苔藓虫、层孔虫及横板珊瑚。环节动物颚部化石碎片的出现说

维管植物的发展

直到最近，所有发现于志留纪和泥盆纪初期的植物化石都被归入裸蕨类。工蕨类、三枝蕨类和莱尼蕨类等一大批植物如今都被认为是早期陆生植物，每个类群又可以细分为不同的演化分支。如下图所示，不同类群的植物对陆地环境的适应性是独立演化出来的。

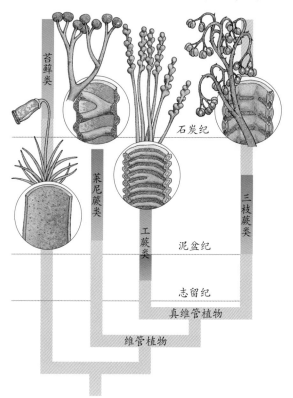

明这一地带还同时生活着肉食性的多毛类，丰富的遗迹化石还为我们了解食碎屑动物的生活习性提供了重要参考。

在萨列马岛发现的骨甲鱼类化石体型很小，长度仅为5~10厘米。它们的生活方式十分多样。其中的一些种类具有橄榄形的头部，且被包裹在厚重的头甲中。这种动物通常没有偶鳍，仅能通过摆动尾巴来缓慢地游动。大多数时候，它们隐藏在泥中，并以其中的碎屑为食。还有一些种类则是游泳健将，它们的身体轻盈，具有灵活的尾部和发达的肌肉。它们的尾鳍下叶大于上叶，可以在上浮时提供充足的动力。此外，当体下裂隙向下喷水助其离开海底的时候，头甲更有利于在水中游动，成对的胸鳍也使身体更加灵活。它们向体表的甲片上分泌大量黏

液，进一步减小了游泳时的阻力。这些善于游泳的骨甲鱼类通常沿着海底游动，以搜寻到的小型无脊椎动物为食。

缺甲鱼类和花鳞鱼类都是善于游泳的无颌类，它们以浮游生物为食。花鳞鱼类背部的颜色深，腹

在志留纪的萨列马岛的周围生活着众多的掠食者，其中包括多毛类环节动物和大型的多足类。

澳大利亚的志留纪植物

当莱尼蕨在晚志留世的欧洲和北美洲大规模出现的时候，澳大利亚的植物更为高级。巴拉曼蕨已经分化出了叶和根状器官，它们在高温干燥的冲积平原上形成了高达2米的植株，与早期工蕨类、沙顿蕨以及包括Salopella在内的其他分类位置不明的植物生活在一起。沙顿蕨具有与主轴相连的肾状孢子囊，而Salopella的孢子囊非常小巧，且呈圆形。

❶ 沙顿蕨（Sawdonia，工蕨类）
❷ Buthotrepis（叶状藻类）
❸ Salopella（分类位置未定）
❹ 巴拉曼蕨（Baragwanathia，可能的石松类植物）
❺ 多足类
❻ 板足鲎的足迹

面的颜色浅，这是游走动物的一种典型伪装方式。它们的口宽阔且位于头部的前端，鱼鳍强劲有力，鳞片上具有细小的纵沟，用以减小水流的阻力。它们具有侧生的眼睛和发达的侧线系统，可以接收来自四面八方的信息，这些结构对于摆脱强大的捕食者（比如2米长的板足鲎类和具有圆锥形或三角形牙齿的有颌棘鱼类）来说尤为重要。棘鱼类的身体

修长，看上去就像小型鲨鱼，但是除尾鳍以外的所有鳍面前端都有硬棘。

这一时期海洋生态系统的食物链很长，但是食物网结构相对简单，仅包括底栖食腐动物和游动的捕食者。尽管板足鲎居于志留纪海洋生态系统的顶端，但是在爱沙尼亚志留纪的潟湖中依然出现了最早的包含脊索动物在内的海洋生物群落。

志留纪

❶ 舌形贝（*Lingula*，腕足动物）
❷ *Tremataspis*（骨甲鱼类）
❸ 混海鲎（*Myxopterus*）
❹ 提厄斯鱼（*Thyestes*，骨甲鱼类）
❺ *Ceratiocaris*（甲壳动物叶虾）
❻ 细小背棘鱼（*Nostolepis*，棘鱼类）
❼ *Phlebolepis*（花鳞鱼类）

志留纪

143

专题　脊索动物的演化

在寒武纪的海洋中，一种柔软且不具防御能力的微小生物悄然诞生，并且躲过了三叶虫、奇虾和其他大型掠食者的捕食。这种蠕虫状动物的头部两侧各有一排裂隙，身体内部具有一个贯穿全身的棒状组织。它就是所有脊索动物的祖先。

脊索动物、半索动物（羽鳃类和笔石动物）和棘皮动物都属于后口动物，即胚胎与成体的口不在同一个位置。在脊索动物体内，神经系统主要分布于身体的背侧，而在绝大多数两侧对称的动物中则分布在腹侧。脊索动物具有脊索，这是一种棒状的软骨结构，能够起到支撑身体和抗压的作用，也能够帮助肌肉发挥正常的功能。脊索在现代文昌鱼和七鳃鳗体内依然存在，但在尾索动物（比如海鞘）中仅见于幼体。在脊椎动物的个体发育过程中，脊索逐渐被脊椎取代。脊索动物个体在发育的某个时期还会出现鳃裂，这是除上述两个特征以外脊索动物还具有的第三个特征。

在寒武纪的海洋中生活着类似于文昌鱼和无颌类的脊索动物。到了奥陶纪，真正的无颌类加入了它们的行列，并一直延续到泥盆纪。很多报道都宣称人们在寒武纪的岩层中已经发现了大量脊椎动物的鳞片和椎体，但是这些只不过是节肢动物和某些头索动物的化石而已。

最早的脊索动物

文昌鱼（左图）很像发现于寒武纪澄江动物群的华夏鳗，被认为是所有脊椎动物的祖先。

尽管证据不是很确凿，但是有颌脊椎动物可能存在于奥陶纪。最早的脊椎动物应该是近海海洋生物，因为它们的肾脏在淡水中不能正常发挥作用。到了志留纪，脊索动物扩散到半咸水和淡水水体中。从咸水到半咸水的转换过程可能加速了脊椎动物的演化。脊椎动物的颌弓来自前部的鳃裂，最早可能用于抓住食物而不是咀嚼。

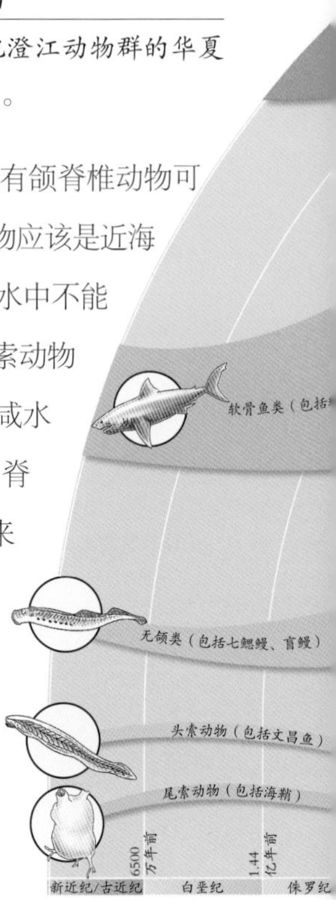

在志留纪，一些具有颌的脊椎动物类群开始大量出现，比如原始的软骨鱼类、盾皮鱼类，可能还有一些硬骨鱼类。其中志留纪的硬骨鱼类代表了这一类群的早期成员，它们是包括鲱鱼和鳕鱼在内的现代硬骨鱼类的共同祖先。棘鱼类和硬骨鱼类可能存在着一定的联系，它们都灭绝于早二叠世，但是绝大多数现代水生脊椎动物类群出现于志留纪末期。

由总鳍鱼演化出的四足动物在泥盆纪末期开始登陆，它们演化成为能够发声、体表被有毛发的高

软骨鱼类（包括鲨鱼）

无颌类（包括七鳃鳗、盲鳗）

头索动物（包括文昌鱼）

尾索动物（包括海鞘）

6500万年前

1.44亿年前

新近纪/古近纪　白垩纪　侏罗纪

艰难的尝试

脊索动物在早寒武世的出现并不是一蹴而就的。早期脊索动物兼具尾索动物、头索动物和无颌类的一些特征，但是这些特征的演化程度不尽相同。一些相似的形态结构可以独立地出现在不同的类群中，并且向不同的方向演化，比如一些早期鱼类演化出鳍状肢和像肺一样的呼吸器官，一些爬行动物甚至演化出了哺乳动物和鸟类的特征。平行演化的过程向我们生动地展现了生物演化的方式和方向。

志留纪

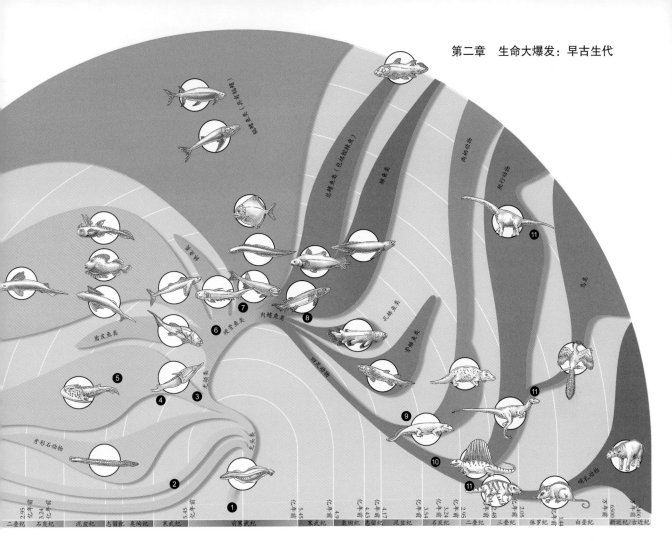

等脊椎动物指日可待。到了晚古生代，脊索动物由猎物变为强大的捕食者。

脊索动物的形态

典型的脊索动物具有柔软的脊索、背神经管和体节——这些特征都已经出现在文昌鱼中。文昌鱼的脊索一直向前延伸至头部，这与尾索动物中脊索仅出现在尾部的情况截然不同，因此文昌鱼又被称为头索动物。

① 脊索动物祖先。

② 云南虫和华夏鳗。

③ 无颌类出现。

④ 偶鳍和胃出现。

⑤ 侧线系统出现。

⑥ 颌出现。

⑦ 鳔出现。

⑧ 鳍状肢和肺出现。

⑨ 四足动物附肢及指（趾）出现。

⑩ 羊膜卵的出现使四足动物完全摆脱水的束缚。

⑪ 温血动物出现。

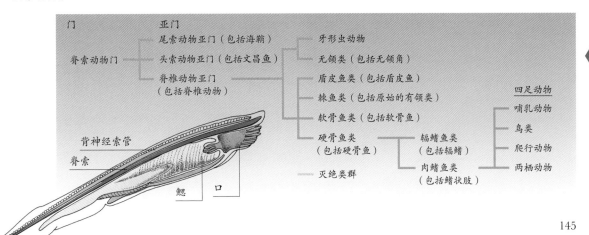

145

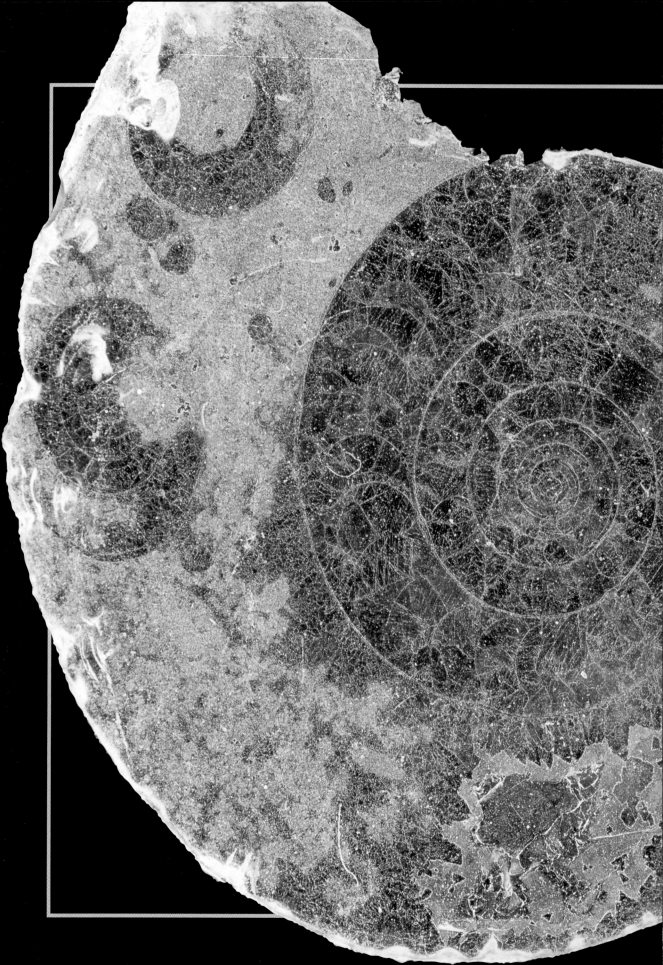

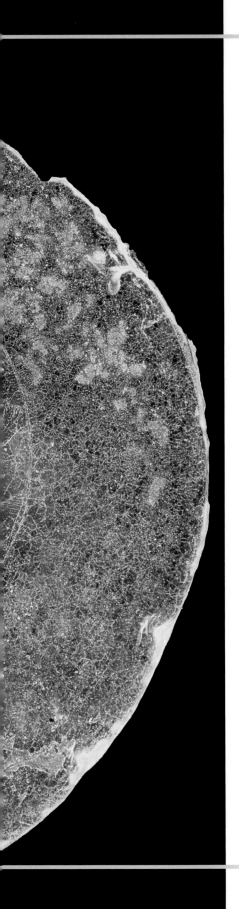

晚古生代

距今 4.17 亿 ~2.48 亿年

泥盆纪 ▶

早石炭世（密西西比亚纪）▶

晚石炭世（宾夕法尼亚亚纪）▶

二叠纪 ▶

晚古生代早期地球的海陆格局与今天的非常相似。岩石圈板块依然缓慢地运动着，它们在漂移过程中碰撞联合，形成面积更大的陆地。岛弧和微大陆的面积也在扩大，直到古生代的最末期，所有的小片陆地聚合在一起，形成了盘古超大陆。

这不禁让人想到，作为一个包含所有现代大陆的地体，盘古超大陆在某个地质时期必将再次分裂。虽然很多研究都勾勒出了现代大陆在古地理图上的轮廓，但是这些大陆形成的过程远比想象的复杂。盘古超大陆包括一些前寒武纪的克拉通，它们是所有大陆的稳定核心，彼此之间由褶皱山脉分隔。这些山脉形成的年代不同，比如阿巴拉契亚山脉中最古老的地层经历了严重的侵蚀，是由亿万年前的板块碰撞形成的。还有一些山脉是由年轻的板块碰撞形成的，如乌拉尔山脉。

有些时候，盘古超大陆的古地理图能够显示出一些现代大陆的轮廓，这些现代大陆在一定的地质时期会沿着这些轮廓分裂。当板块发生碰撞的时候，它们之间的山脉会被夷平，基底的变质岩俯冲进入地幔。这些不规则的板块边缘比克拉通要厚很多，但没有后者稳定。由于当初联合区域的地壳薄弱且火山活动非常剧烈，因此一个超大陆在最终解体的时候亦会沿着这些区域分裂。在地球历史上，超大陆的联合和分裂发生过很多次，而盘古超大陆的联合和分裂则是距离我们最近的一次。

劳伦古陆（现代北美洲）与波罗的大陆（现代欧洲北部）的碰撞是晚古生代重大的地质事件之一。5000万年之后，当盘古超大陆开始分裂的时候，最主要的一个断裂就发生在劳伦古陆和波罗的大陆之间，形成了原始的大西洋。

晚古生代的气候特点反映了大陆聚集的过程。在大陆漂移的时候，陆地气候就会受到海洋气候的影响。当它们最终联合到一起之后，就会因为超大陆的出现而产生极端气候。海水具有很高的比热容，因此在高温下，海水的升温速度非常缓慢，但是一旦升温就会维持很长的一段时间，即使空气已经变得十分凉爽。正是由于这个原因，沿海地区的气候变化非常温和，但是内陆由于缺少庞大的水体，气候变化的过程相对快速而剧烈。在二叠纪盘古超大陆刚刚形成的时候，其核心异常炎热和干旱，因此是不适合生物生存的。与此同时，超大陆的最南端位于南极点，那里经历着强烈的冰川作用；而这一时期形成的冰碛物在今天的非洲依然可以见到。

地质时期的其他环境信息也可以被记录在岩石中。无论是岛屿还是连成片的超大陆都有湿润的地带，因为部分大陆可能会被浅海覆盖，在今天也是如此。比如，印度洋中的塞舌尔群岛和毛里求斯曾经都是与非洲板块相连的山峰，而巴哈马群岛也是巨大海底高原上的山峰，曾属于北美洲的一部分。所以，晚古生代形成盘古超大陆的很多陆地也曾经是大陆架或海底高原，这些地带形成了大规模的浅水沉积物。板块之间的碰撞形成巨大的山脉并很快遭受剥蚀。这些剥蚀产物被搬运到附近的浅海中，形成近海陆源沉积。这一时期的陆相沉积物包括河流相沉积和风成沉积。在炎热地区，干旱环境使沉积物中的铁发生氧化而呈红色，因此红砂岩是这一时期典型的陆相沉积物。

从晚古生代开始，陆地上的景观从灰色、红色和黄色的裸露岩石逐渐转变为茂密的绿色植被。这种改变是伴随着生命从适应水环境向完全适应干燥的陆地环境的转变而发生的。尽管人们在寒武纪海滩上发现过动物的爬行遗迹，也找到过前寒武纪陆生藻类的证据，但是直到晚古生代，陆生生命形式才真正确立下来。

原始的陆生植物在志留纪末期就已经出现，但仅能在水体附近生长。到了泥盆纪，这些早期的维管植物出现了茎和叶的分化。到了晚泥盆世，维管植物发生了很大的分异，石松植物、木贼和种子蕨形成了茂密的森林；到了石炭纪则出现了大规模的沼泽和成煤森林。在海拔更高的地区还首次出现了松柏类植物。

伴随着陆生植物的出现，动物也开始登陆。昆虫和其他节肢动物是最早登陆的动物类群。最早的昆虫是没有翅膀的，但是到了晚石炭世，它们成功地演化出飞行能力。与此同时，脊椎动物也在一步步地适应陆地环境。肉鳍鱼类在泥盆纪开始出现，它们具有强壮的偶鳍和原始的肺。肉鳍鱼类是所有陆地脊椎动物的祖先，它们成功地演化为最早的四足动物，即两栖动物。然而，两栖动物并没有完全摆脱对水的依赖，它们的繁殖过程依然离不开水。随着爬行动物的出现和羊膜卵的形成，脊椎动物完全适应了干燥的陆地环境。

杜戈尔·迪克逊

> 在古生代末期，盘古超大陆从北极一直延伸到南极。随着植物的登陆，原本荒芜的陆地开始变得生机勃勃。

泥盆纪
距今 4.17 亿~3.54 亿年

地球上的所有生命在泥盆纪都发生了重大的转变，而脊椎动物尤为显著。在这一时期，鱼类从无颌的小型脊椎动物演化出多种不同的类型并开始脱离水环境。陆生植物也迅速发展，形成了地球上最早的森林，进而引起大气成分的剧烈变化。板块漂移使陆地联合形成超大陆。在板块汇聚的地带，强烈的地壳运动形成了巨大的褶皱山脉。这些运动产生的沉积物形成独特的红层，从美国纽约州的卡茨基尔三角洲一直延伸到俄罗斯西部。如今，人们依然有机会目睹4亿年前形成的这些沉积物，它们又被称为老红砂岩。

泥盆纪是晚古生代的第一个时代。在这一时期，许多大陆（包括现代的北美洲和欧洲）都位于赤道附近的干旱地带，形成大面积的沙漠，即今天我们看到的老红砂岩。到了石炭纪，这些大陆向北漂移，气候也随之改变，进而形成大面积的热带森林、沼泽地和河流三角洲，为

英国地质学家威廉·史密斯在18世纪90年代最早确认了苏格兰的老红砂岩。

关键词
阿卡迪亚造山运动、盆地、加里东造山运动、克拉通、劳伦古陆、老红砂岩、红层、地体、维管植物

参考章节
地球的起源及其自然环境：大气圈的演化
早石炭世：阿卡迪亚－加里东造山运动、陆生生物
二叠纪：新红砂岩

成煤创造了有利条件。此后，大陆在二叠纪继续北漂，这一时期陆地上出现了新的岩层，即新红砂岩。

遗憾的是，所有这些发现都与最早研究并命名泥盆纪的科学家无关。19世纪初，英国著名地质学家罗德里克·英庇·麦奇生和亚当·塞奇威克为早古生代地层的研究做出了卓越的贡献。1839年，他们将英格兰西南海岸德文郡一带的海相沉积命名为泥盆系。翌年，珊瑚研究

	4.17亿年前	4.15亿年前	4.1亿年前	4.05亿年前	4亿年前 泥盆纪	
志留纪						
分期			早泥盆世/下泥盆统			
欧洲分阶		洛赫科夫阶	布拉格阶		埃姆斯阶	
北美分阶			乌耳斯特阶			
地质事件		加里东造山运动：波罗的大陆和劳伦古陆在斯堪的纳维亚和格陵兰东部发生碰撞				
		冈瓦纳大陆继续分裂				
气候						
大气				二氧化碳含量显著降低		
海平面				海平面上升		
植物		原始陆生维管植物出现		大量陆生孢子植物出现		
动物		·菊石出现	·昆虫出现	有颌类快速分异		

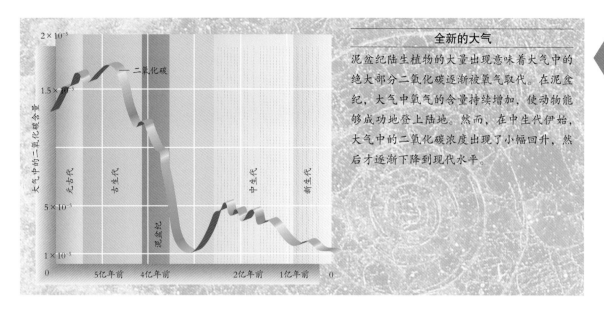

泥盆纪陆生植物的大量出现意味着大气中的绝大部分二氧化碳逐渐被氧气取代。在泥盆纪，大气中氧气的含量持续增加，使动物能够成功地登上陆地。然而，在中生代伊始，大气中的二氧化碳浓度出现了小幅回升，然后才逐渐下降到现代水平。

专家威廉·朗斯代尔发表了一篇文章，认为该岩层处于麦奇生确定的志留纪和得到广泛认可的石炭纪之间，可能与北部发现的巨厚的红砂岩的时代相当。关于这一时期海相岩层的研究十分有限，因此朗斯代尔的工作就显得非常重要。朗斯代尔第一次提出两种不同类型的岩石，即海相和陆相砂岩可以在同一时期形成。也就是说，在同一地质时期，不同的地区可能具有完全不同的环境。

虽然老红砂岩在威尔士南部、苏格兰中北部和爱尔兰南部非常常见，但都没有引起这一时期大多数地质学家的注意。这些地质学家普遍认为老红砂岩是一些小范围的化石稀少的志留纪或石炭纪地层。

绝大多数老红砂岩形成于热带。和今天一样，泥盆纪的湿润季风从南北两侧吹向赤道，在那里湿润的空气受热上升，进而形成大规模的降水。高空的干燥空气向南北两侧运动，逐渐冷却，并再度下沉，形成炎热干旱的气候，当然偶尔也会带来风暴和季节性降水。

> 泥盆纪的气候普遍温暖，但是随着陆地面积的扩大，内陆地区逐渐变得干旱。

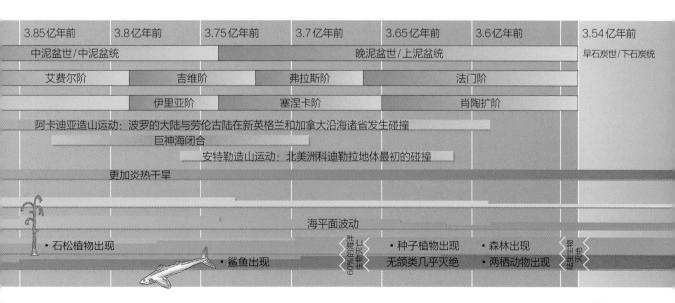

劳伦古陆（现代北美洲）和波罗的大陆（现代斯堪的纳维亚半岛）在整个古生代一直彼此靠近，最终在志留纪末期发生碰撞。二者之间的巨神海以及彼此的大陆架、大陆坡和火山岛弧在碰撞中完全消失。在碰撞发生的地带（即两个板块的边界处）形成了高耸的阿卡迪亚－加里东山脉。在大陆板块漂移学说确立之前，地质学家普遍认为，这些山脉曾经横跨大西洋，欧洲和北美洲之间的部分只是后来被剥蚀掉了而已。

板块之间的碰撞在地球历史上发生过多次并一直延续至今，它们是各个地质时期地理格局形成的主要原因。如今，澳大利亚正在逐渐向东南亚靠近，并且在未来的5000万年内将与后者联合。非洲大陆与欧洲大陆的碰撞已经拉开序幕，火山和地震在两个板块之间频繁发生。地中海及与其处于同一纬度的黑海、里海和咸海都是两个大陆之间残存的海洋。在未来的几百万年内，地中海终将消失，并且形成和喜马拉雅山一样高耸的年轻山脉。

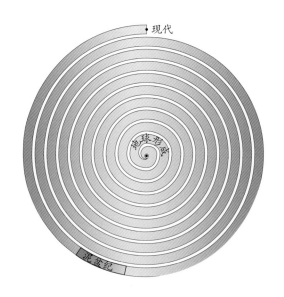

如今，在苏格兰和新英格兰地区依然可以见到古老的海相沉积，它们指示了板块碰撞的位置。

位于波罗的大陆和劳伦古陆之间的巨神海在两亿年的时间里一直在接收沉积物，沙滩在海岸形成，珊瑚、海百合和三叶虫等近岸生物的遗骸沉积形成石灰岩。黑色沉积物在远离海岸的洋底形成，我们在其中可以找到笔石动物和其他浮游生物的遗骸。随着板块的相互挤压，熔融的地幔物质通过沿海岸线分布的火山岛弧喷出并在海底形成大规模的枕状熔岩。如今所有这些沉积物都被压碎或重新回收进入地幔；它们也可能被抬升形成高山，甚至达到珠穆朗玛峰的高度并绵延数千千米，进而成为板块边界的标志。

现代北美洲位于古生代形成的老红砂岩大陆的西部。在阿巴拉契亚山脉的北部依然可以看到阿卡迪亚－加里东山脉的痕迹。与此同时，由于北美洲西海岸非常靠近俯冲带，因而形成了活跃的近岸火山岛弧。海水从这一带涌入，淹没了沿海平原和一

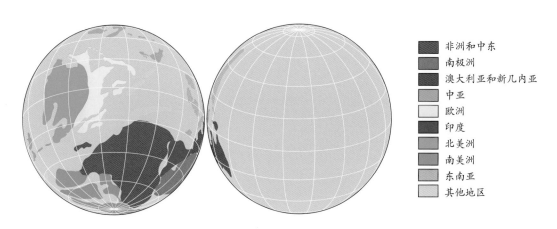

▨	非洲和中东
▨	南极洲
▨	澳大利亚和新几内亚
▨	中亚
▨	欧洲
▨	印度
▨	北美洲
▨	南美洲
▨	东南亚
▨	其他地区

北部大陆的联合

随着北美洲板块和欧亚板块的彼此靠近，波罗的大陆（现在的欧洲）和劳伦古陆（现在的北美洲）开始联合，最终形成劳亚大陆。

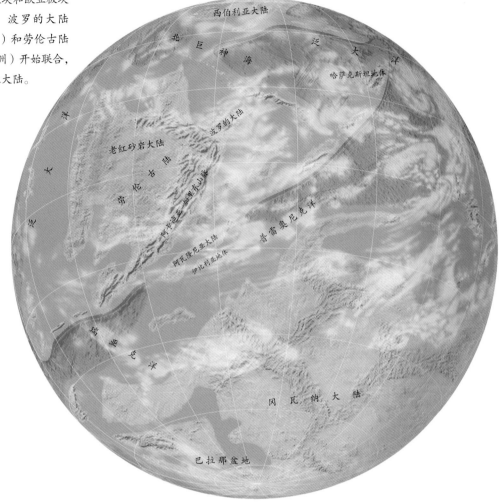

西伯利亚大陆

北 巨 神 海 泛 大 洋

哈萨克斯坦地体

泛 大 洋

老红砂岩大陆

波罗的大陆

劳 伦 古 陆

阿卡迪亚 加里东山脉

阿瓦隆尼亚大陆

普雷奥尼克洋

伊比利亚地体

瑞 亚 克 洋

冈 瓦 纳 大 陆

巴拉那盆地

漂浮的小片陆地

亚洲的小片陆地分散在北部的大洋中，它们最终联合并与印度洋板块一起形成大陆。

南方的超大陆

尽管北部开始发生分裂，冈瓦纳大陆依然是这一时期面积最大的大陆，包括现在的南美洲、非洲、澳大利亚、印度和南极洲。这一时期，冈瓦纳大陆横跨于赤道和南极之间。

部分内陆地区。随后，安特勒造山运动形成了现代的落基山脉。

在古生代，形成老红砂岩大陆的东北缘紧靠一片大海，但这片海洋的面积并不十分清楚。在海的另一侧是西伯利亚大陆。当两块大陆联合的时候，它们之间的海洋逐渐闭合，形成了乌拉尔山脉。

老红砂岩大陆的南缘是今天德国所处的地带，这里在古生代是一片近岸的深水区域，这似乎说明

在老红砂岩大陆和南部的冈瓦纳大陆之间曾经存在海沟，并且证明它们在当时的确相互靠近。海侵和海退会使一个地区在深水区、浅水区和干旱陆地环境之间转换。英格兰南部被命名为泥盆系的岩层就是在这种环境中形成的。

南半球的大部分陆地依然属于广阔的冈瓦纳大陆，它从赤道一带一直延伸到南极点附近。冈瓦纳大陆包括现在的南美洲、非洲、印度、南极洲和澳

广阔而平坦的冈瓦纳大陆是南半球主要的陆地，它从赤道一直延伸至南极点附近，并且已经开始分裂。

大利亚。这片古大陆的核心由太古宙的克拉通组成，这些古老的克拉通裸露在地表并被强烈剥蚀的山脉分隔成不同的区域。大多数这样古老的地貌如今已不复存在，只有少数位于活动板块海岸线附近的山脉今天依然能够看到。在现代安第斯山脉北部和澳大利亚东部的塔斯曼一带依然可以找到泥盆纪大陆板块边缘活动的证据。冈瓦纳大陆的一些地势平坦或低洼地带常被海水淹没，而靠近赤道的澳大利亚北部海域则长满各种堡礁。其他的近岸浅海位于南极点附近，那里虽然没有生物礁，但化石证据显示这一地带的海洋生物可以适应非常寒冷的环境。在泥盆纪的两次大灭绝事件中，大量的热带物种都从地球上消失了，但是这些生活在南极点附近的生物几乎没有受到影响。

这一时期其他的陆地主要分布在冈瓦纳大陆以北的广阔海洋中。在老红砂岩大陆的东部和东北部，西伯利亚大陆和哈萨克斯坦地体相互连接且逐渐向老红砂岩大陆靠近，只有之后形成中国的几块地体独立于其他陆地存在。

劳伦古陆和波罗的大陆没有发生正面的碰撞和联合。随着它们彼此靠近，两块陆地之间形成了大规模的火山岛弧和由地壳物质碎屑形成的小片陆地。这种情况有点儿像今天在印度洋板块向欧亚大陆缓慢移动的过程中，在爪哇俯冲带附近形成苏门答腊岛和爪哇岛等火山岛链，以及包括新几内亚和印度尼西亚婆罗洲在内的小片陆地。两块大陆之间并没有明确的界线，而是由不连续的岩层形成不规则的边界。碰撞还会产生侧向运动，使两个板块相互剪切，比如现代地中海中规模巨大的S形岛链和半岛就是由非洲大陆和欧亚大陆碰撞过程中发生的侧向

泥盆纪的岩层

位于英国威尔士彭布鲁克郡沿岸的"魔鬼墙"就是由上泥盆统的砂岩组成的。这些岩层在形成的过程中经历了周期性的海侵和海退，然后在加里东造山运动中暴露于地表。它们在石炭纪末期冈瓦纳大陆和老红砂岩大陆相互碰撞的过程中发生倾斜，最终以直立的方式呈现在人们的眼前。

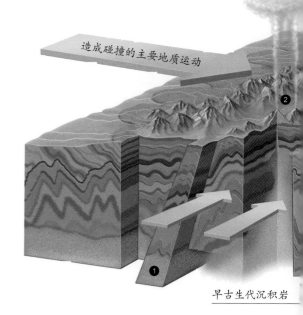

造成碰撞的主要地质运动

❷

❶

早古生代沉积岩

大陆核心的克拉通
外来地体
老红砂岩沉积
断裂带
缝合带

莫因冲断带
劳伦古陆
大峡谷断裂
高地边界断裂带
南部高地断裂带
巨神海缝合带
梅奈海峡断裂带
彻奇斯特雷顿
内　陆
华力西断裂带

大峡谷断裂带

在苏格兰大峡谷断裂带南侧的福耶斯有一处花岗岩矿脉，可以与断裂带北侧的斯特朗申花岗岩对应。如今这两个地点相隔105千米，代表了该处花岗岩矿脉形成以来断裂带两盘走滑的距离。如今苏格兰泥盆纪的断裂带依旧频繁地发生地震，其他由断裂带形成的地体也依然活跃。

老红砂岩大陆

这个大陆的核心是阿卡迪亚－加里东山脉，它由支离破碎的早古生代岩层组成，其周围大陆的克拉通上也覆盖着老红砂岩。河流不断地侵蚀着这些岩层，并将一部分沉积物搬运至大陆边缘。

❶ 外来地体：由断裂带构成的地块的水平运动形成。

❷ 主断裂带附近的活火山。

❸ 小海湾：河流冲刷下来的碎屑逐渐在低地沉积而成。

❹ 由大型断裂带形成的高大山脉。

❺ 由季节性暴雨携带的沉积物形成了冲积平原。

❻ 红层：河流相砾石、泥沙、冲积平原沉积物和蒸发岩都因富含氧化铁而呈红色。

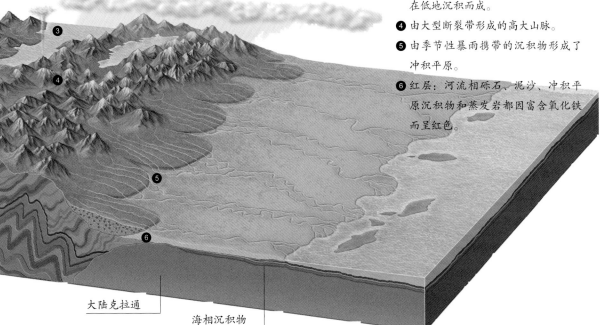

大陆克拉通

海相沉积物

155

运动造成的。

板块碰撞形成的山脉包括特定走向的岩层，并被板块内运动形成的断层切割。事实上，这些断层地带至今依旧经常发生小规模的地震。地幔物质会沿着断层的薄弱部位涌出形成火山。由断层环绕的狭长裂谷还可以形成季节性湖泊，这些季节性的水体通常在干旱炎热的季节完全干涸，因此在湖相沉积中可以找到丰富的淡水鱼化石。正因如此，泥盆纪还有一个别称——"鱼类的时代"。

现代的苏格兰高地、威尔士山脉、挪威境内的山脉以及阿巴拉契亚山脉的北部都是在劳伦古陆和波罗的大陆碰撞的过程中形成的。寒武系、奥陶系和志留系的岩层扭曲、受热、断裂以及相互挤压形成了现在的特罗萨克斯、格兰皮恩山脉和苏格兰北部的凯恩戈姆斯山脉，另外还形成了南部高地的丘陵地貌。

> 今天的苏格兰高地和北美洲的阿巴拉契亚山脉都是阿卡迪亚-加里东山脉遭到剥蚀后的遗迹。

它们在漫长的地质历史上逐渐被夷平，暴露出深部的变质岩和花岗岩。英国早期地质学家詹姆斯·赫顿正是在这一地区识别并定义了地层学中的不整合面概念的。

地质图显示苏格兰被一系列南西-北东走向的断裂带切割成若干区域。其中一个断裂带将外赫布里底群岛与苏格兰本土分离，莫因冲断裂带形成了苏格兰西北海岸的褶皱地形，苏格兰大峡谷断裂带沿着海湾将最北部地区切断，高地边界断裂带和南部高地断裂带构成了中央谷地的边界，巨神海缝合带将苏格兰与英格兰分为两个不同的构造单元。

每一组断裂带之间都是独特的岩层，地质学家将其称为"外来地体"，其中包括古老的海底、火山岛链、陆源碎屑带等一系列在大陆联合过程中产生的结构——它们在加里东造山运动形成老红砂岩大陆的过程中依次形成。

随着山脉的继续抬升，这些岩层将接受持续不断的剥蚀，剥蚀产生的碎屑在裂谷中沉积。这些沉积物在河流下游形成广阔的冲积平原，那里几乎不存在植被和土壤，因此细小的沉积物会被大风吹走，留下的富铁矿物在温暖干燥的气候中逐渐形成红色的氧化物。这些在裂谷和平原上沉积下来的泥沙最终胶结为红色的砂岩层，即老红砂岩。

由于老红砂岩的形成过程与沙漠极为相似，因此地质学家最初认为它们与德文郡的海相砂岩无关。事实上，这两种泥盆系的砂岩都由同一时期相同来源的碎屑组成，只是在德文郡地带发生了周期性的海侵事件，而苏格兰由于远离海岸，因而没有受到海侵影响。

老红砂岩由各种河流相沉积物和风成沉积物组成。靠近山体的岩层主要由风化形成的大块岩石组成，这些岩石的形状和大小参差不齐，推测它们并没有经历长距离的搬运和磨蚀。这种岩石常在季节性暴雨或洪水的冲刷下滚落到低地处形成冲积扇，最终变为粗粒沉积岩。地质学家把这些粗粒沉积岩称作角砾岩。苏格兰的红层就是由这种角砾岩和河流泥沙胶结而成的。

> 老红砂岩不一定都是红色，也不一定都是砂岩。

在威尔士等老红砂岩大陆以外的平原上，沉积物主要由河流相砂岩组成。岩层断面呈现独特的S形，这是河流曾经流过的标志。在欧洲，这些由水流形成的岩层的走向显示河水曾流经西北部的加里东山脉。河流的长度可达64千米，其形成的沉积物夹杂水平的粉砂岩互层，其中包含泥裂和植物的根须，说明这里不仅曾经有植被生长，而且气候炎热干旱。这些沉积物甚至还包括钙质胶结砾岩和石灰质结核，而这些结构通常只形成于具有季节性降

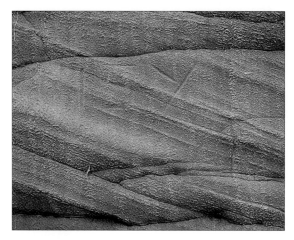

交错层

左图所示的泥盆系砂岩中的倾斜面代表了沉积物由水流冲刷形成的层理。水流中的泥沙在三角洲处沉积下来形成非常平缓的趾积层，三角洲之后发育有层理倾斜的前积层，层理平缓的底积层在三角洲之前的海底形成。

图例：
- 含交错层的河流相砂岩
- 砾岩／角砾岩
- 河流相粉砂岩
- 含泥裂的粉砂岩
- 钙质结核（干旱土壤中形成的石灰岩）
- 海相泥岩

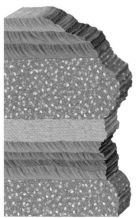

冲积扇

滨岸沉积物

河流冲积平原

老红砂岩层

靠近山脉的老红砂岩由河流冲积扇形成，再远的冲积平原主要由河流相沉积物和风成沉积物组成。由于内陆地区的山脉地形复杂，我们很难说出这些沉积物究竟来自哪里。靠近海岸的老红砂岩常夹杂着海相沉积物。

水的干旱炎热地带。当泥土中的水分蒸发时，其中溶解的钙质会在地表结晶形成方解石。在靠近海岸的地带，河流相沉积物中偶尔夹杂着海相沉积物。在这片大陆的南端，陆相沉积逐渐被海相沉积取代，因此在德文郡一带形成了一部分海相地层。

虽然这些岩层最初仅在不列颠群岛和欧洲被发现，但之后人们在北美洲也找到了广泛的分布。这些北美洲的岩层是由阿卡迪亚–加里东山脉另一侧的剥蚀物形成的。美国东北部卡茨基尔山脉的红层向南逐渐转变为砂岩、粉砂岩，直至变为海相页岩和石灰岩。这条山脉以东的宾夕法尼亚州最靠近古老的山脉，这一地带的沉积物厚达2740米，比肯塔基和俄亥俄州西部的海相沉积还要厚几百米。

卡茨基尔山又叫卡茨基尔三角洲。因为这个名字，人们常把卡茨基尔山误认为河流的入海口，但事实上这里的沉积物主要由陆相沉积组成。

老红砂岩的绝对厚度有力地证明了内陆地区的山脉曾经遭受过强烈的剥蚀。有研究表明在泥盆纪初期纽约州中部的自然沉积速率为7厘米／万年，到了泥盆纪末期陡然增加到70厘米／万年。山脉在抬升的过程中，同时也经受着持续性剥蚀，因此在一些极端情况下，剥蚀的速度很有可能超过山脉抬升的速度。为了解释巨厚沉积物的形成过程，有人甚至提出在大西洋中曾经存在一块巨型陆地，如今已不复存在。地质学家也曾多次尝试通过测量老红砂岩的体积来推测阿卡迪亚–加里东山脉的高度，但

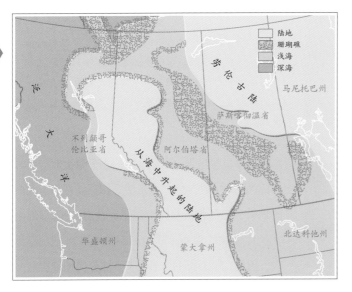

沿着北美洲的西海岸，远离老红砂岩大陆的西部，分布着为数众多的由安特勒造山运动形成的岛屿。海水穿过岛屿涌向内陆的低洼地带，形成了大面积的浅海。在浅海的边缘，石灰质的生物礁广泛形成。在泥盆纪，这一地带处于低纬度地区，为造礁生物提供了不可多得的生活环境。遗憾的是，在泥盆纪末期的生物大灭绝事件中，这些造礁生物完全消失。

均以失败告终。

在山脉内部由构造断裂形成的盆地具有独特的沉积岩层序。由于地势低于周围的山体，因此这里会形成大面积的淡水湖。湖底通常形成精细的粉砂岩层，最终胶结成为平整的砂岩。这些沉积岩可以

高耸的生物礁

泥盆纪生活在加拿大落基山地区的生物礁高达200米，在自然状态下可以从海底一直延伸到海面。与主要由藻类和珊瑚构成的现代生物礁不同，泥盆纪生物礁主要由横板珊瑚和海绵组成。这些生物礁形成了大量有机碎屑，为石油的形成创造了条件。

用来修缮屋顶和地面以及制作围栏。花岗岩是用途比这种砂岩更广的建筑材料，通常由地壳内部熔融的岩浆冷却形成。在经历了4亿年的风化之后，这种粗晶的火成岩成为理想的建筑石材。

　　泥盆纪北美洲西部形成的大规模浅水生物礁为这块大陆带来了丰富的石油资源。这些泥盆纪的浅水生物礁最初只是长在海底淤泥中的棒状珊瑚，然后成为其他造礁生物的基底。越来越多的造礁生物附着在棒状珊瑚上，最后由层孔虫和海绵动物占领整个礁体，成为生物礁的主要"建造者"。在这些礁体之间的静水环境中形成了大规模的碳酸盐软泥，它们是形成这一地区泥盆纪石灰岩的主要原料。

　　志留纪已经开始出现简单的植物。陆生植物最早出现在较浅的淡水中，它们分化出露于水面之上能够进行光合作用的茎。泥盆纪最早的植物也是这样的。这一时期位于现在苏格兰东北部地区的湖泊中就生长着这种简单的植物，它们的根和茎盘错在湖底，孢子囊长在直立茎的顶端。这种茎具有维管组织，能够运送水分以及光合作用产生

地球表面第一次出现了绿色。

的有机物。

　　在苏格兰莱尼地区发现的精美植物化石证明了这种原始植物的存在。在石化过程中，植物体的有机物逐渐被二氧化硅取代，因此植物的细胞结构就被封存在燧石中。这些二氧化硅可能熔解于火山喷发形成的热水中。

　　当陆地上的沙砾变成土壤的时候，新型植物出现了。它们演化出了强壮的根，为更加复杂的植物类型的演化创造了条件。随后植物变得非常复杂，出现了强壮的茎干、特化的叶子和用于产生孢子的生殖器官。这种植物在纽约州基利波地区的卡茨基尔河畔形成了大规模的森林，预示着石炭纪的到

淡水鱼类

泥盆纪为数众多的鱼类化石均发现于淡水沉积中。老红砂岩大陆山脉中的小型水体里生活着不同种类的鱼，其中一些是凶猛的捕食者，它们的出现说明水生生物的食物链更加复杂多样。下图展示了一条雕鳞鱼正在追赶一群古椎鱼，一条双鳍鱼正在遭受一条粒骨鱼的攻击，另一种蕨门鱼正在水底寻找食物。盾甲鱼和硬骨鱼都没有在泥盆纪末期的大灭绝事件中幸存下来，但是它们的化石为我们了解泥盆纪的历史提供了重要的证据。

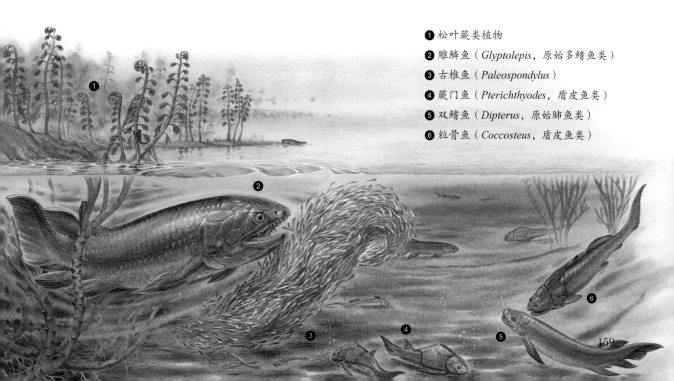

❶ 松叶蕨类植物

❷ 雕鳞鱼（*Glyptolepis*，原始多鳍鱼类）

❸ 古椎鱼（*Paleospondylus*）

❹ 蕨门鱼（*Pterichthyodes*，盾皮鱼类）

❺ 双鳍鱼（*Dipterus*，原始肺鱼类）

❻ 粒骨鱼（*Coccosteus*，盾皮鱼类）

来。气孔是植物和外界进行气体交换的通道，化石中的气孔结构清晰地显示出泥盆纪初期大气中二氧化碳的含量是今天的10多倍。然而，随着植物光合能力的提高，大气中的氧气含量不断提高，而二氧化碳含量逐渐降低到了今天的水平。尽管在那一时期陆地面积仅相当于地球表面的1/3，但陆生植物的产氧量是海洋浮游生物的两倍，成为大气中氧的主要生产者。

随着新型游走动物的出现，水中也同样发生了剧烈的变化。菊石是一种既能适应深水生活也能适应浅水生活的软体动物，是由泥盆纪初期的鹦鹉螺类演化而来的。板足鲎是一种体长从20厘米到2米不等的肉食性节肢动物，是最早能够同时适应半咸水和淡水的动物之一。后来它们演化为水蝎，并最终演化成陆生的蛛形动物。

鱼类属于早期的脊椎动物，并且直到泥盆纪末期都是唯一繁盛的脊椎动物类群。奥陶纪和志留纪的早期脊椎动物主要是体型较小的无颌类。虽然无颌类在泥盆纪依然存在，但这一时期还出现了原始的软骨鱼类、多刺的棘鱼类、身披铠甲的盾皮鱼、

演化为现代硬骨鱼类的辐鳍鱼类以及肉鳍鱼类。肉鳍鱼类是两栖类和所有陆生脊椎动物的祖先。

现在人们还不清楚鱼类究竟在何时开始适应淡水环境，但是可以肯定的是淡水鱼类在志留纪已经出现。到了泥盆纪，全球范围内生活着数千种淡水鱼。这一时期的淡水鱼化石分布广泛，尤其是以苏格兰的阿查纳拉斯和杜拉登的发现最为著名。澳大利亚的戈戈和卡南德拉也是在泥盆纪老红砂岩大陆以外发现淡水鱼化石的著名地点。早期探险家斯科特在南极洲也发现了泥盆纪的鱼类化石，证明这一时期的淡水鱼类已经遍布世界。

一些著名化石发现地点的淡水鱼类埋藏学证据显示这些鱼类是同时死亡的。死亡的原因可能是淡水湖完全干涸，也可能是集体中毒。目前可以知道的是这些鱼类生活在近岸浅水区氧气充足的水体中，但是深水区的有毒水体上涌，也可能使生活在浅水区的鱼类无法生存。到了泥盆纪末期，盾皮鱼类、硬骨鱼类、珊瑚以及其他热带海洋生物全部灭绝。与之前相比，这次大灭绝是相当平缓的，持续了数百万年，因此不太可能是由小行星撞击等灾难性事

珊瑚日历

20世纪60年代，英国古生物学家科林·斯克拉顿发现了现代珊瑚每天形成的骨骼具有不同的厚度，并且这种厚度的变化与月球的相对位置直接相关。此后，他又研究了泥盆纪的珊瑚化石，发现泥盆纪月球围绕地球公转的时间是30天，而不是现在的28天，因此推测泥盆纪一年有385~405天。斯克拉顿进而发现寒武纪一年包括428天。因为地球围绕太阳公转的时间是恒定的，所以斯克拉顿的研究结果说明，地球自转的周期每100年变慢0.0016秒。此前天文学家就曾预言潮汐现象可以使地球的自转周期变慢，而斯克拉顿的研究工作为证实这一假说提供了有力证据。

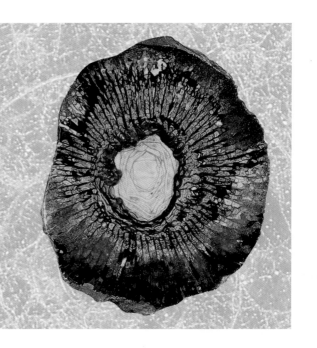

件导致的，而很有可能是由气候或环境的改变引起的。这一时期，南半球刚刚进入冰期，全球气温持续降低，进而导致淡水水体面积减小，这些可能都是导致大灭绝发生的环境因素。

泥盆纪末期，肉鳍鱼类的飞速发展促进了脊椎动物的登陆。它们在之后的1000万年中不断演化，最终成为两栖类。高级的有颌类已经具有肺，并且总鳍鱼类可能已经适应了淡水环境。它们灵活有力的两对肉鳍变得更长且更为强壮，并逐渐演化出用于行走的指（趾）关节。椎体之间的关节变得更加强壮，可以在缺少浮力的陆地环境中支撑起整个身体。最终，它们的鳃完全消失了。

> 从鱼类向两栖类的演化持续了将近1000万年，但在生物演化的长河中，这只不过是短暂的一瞬。

最著名的泥盆纪两栖动物化石是格陵兰的鱼石螈和棘螈。发现它们的岩层指示这些动物曾经生活在卡茨基尔山脉北部蜿蜒的河流中。鱼石螈的后肢有8个脚趾，因此五趾（指）型附肢在这一时期还没有出现。

泥盆纪还生活着其他种类的两栖动物，比如在宾夕法尼亚州发现的海纳螈。在苏格兰、格陵兰、加拿大、澳大利亚、俄罗斯、巴西的巴拉那盆地和爱尔兰也都发现了陆地上的五趾型动物的足印化石，说明陆生脊椎动物在这一时期已经遍布世界各地。

泥盆纪末期老红砂岩大陆的气候是炎热干燥的，但是空气中的氧气浓度足以支持早期脊椎动物在陆地上生活。这种炎热的气候使陆地上出现了大面积的干旱泥地，在水分蒸发形成的薄雾中，远处的山峦若隐若现。

> 泥盆纪末期地球的大气足以满足陆生动物的需要。

雨季到来时洪水淹没的地区形成了大面积的泥沼，在干旱的环境中形成龟裂。龟裂的表面由于藻类的生长而呈现淡绿色，并且水分蒸发后留下一圈圈白色的盐迹。尘土填满了裂缝，红色的沙丘在风的吹拂下缓慢地移动。

在山的另一侧却是另一番景象。河水在茂盛的草木间蜿蜒流淌，水面在阳光照耀下闪耀着波光，河流所经之处郁郁葱葱。

原始的石松类植物拔地而起，在河水中形成了清晰的倒影，它们高大的"树冠"在远方山峦的映衬下格外显眼。这些高大的石松类植物包括原始鳞

泥盆纪初期的维管植物

在苏格兰莱尼燧石中发现的植物化石具有精美的细胞结构。这种化石属于莱尼蕨类，它是泥盆纪初期原始的陆生植物。莱尼蕨的茎具有两种不同类型的管道，一种司水分和营养物质的运输，另外一种则主要负责运输光合作用合成的有机物。后来，莱尼蕨演化成维管系统更加发达的陆生植物。

木、树蕨类植物戟枝木和古羊齿等。

　　如果近距离观察石松周围的那些低矮植物，就会发现它们非常纤细，好似为大地披上了一件奇异的衣裳。这种植物几乎没有叶片，即使有的话也是又小又窄。石松类植物的茎在河岸上相互盘绕，位于植株顶端的孢子囊在微风中摇曳。古芦木是一种

具有分支茎干的低矮植物，属于原始的木贼类。柔弱的蕨类植物和古芦木在溪流边的潮湿处随处可见。

　　除了风声、沙砾的摩擦声以及叶片的沙沙声，世界一片寂静。突然之间，一条鱼儿跃起，扑通落入水中，激起一波涟漪，预示着陆生脊椎动物即将登场。

❶ 镰木（*Asteroxylon*，一种石松类植物）

❷ 苔藓和地钱（非维管植物）

❸ 杜斯伯木（*Duisbergia*）

❹ 莱尼蕨（*Rhynia*，一种早期维管植物）

❺ 元脉蕨（*Aneurophyton*，树蕨）

❻ 原始鳞木（*Protolepidodendron*，一种石松类植物）

❼ 芦木（*Calamophyton*，早期木贼类植物）

❽ 肺鱼

❾ 拟蝎（*Pseudoscorpion*，一种节肢动物）

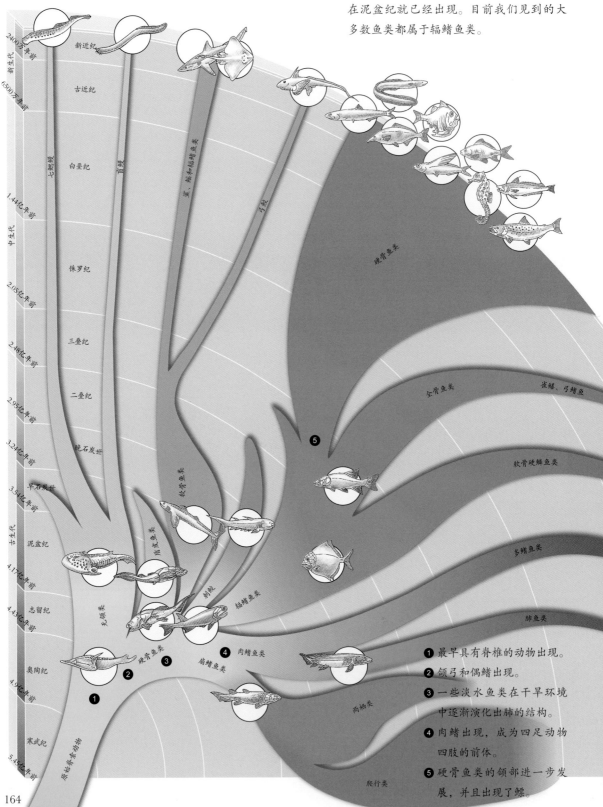

现代鱼类

我们熟悉的鱼类有着悠久的演化历史，它们流线型的身体、鳞片、鳍、鳃和上下颌在泥盆纪就已经出现。目前我们见到的大多数鱼类都属于辐鳍鱼类。

① 最早具有脊椎的动物出现。

② 颌弓和偶鳍出现。

③ 一些淡水鱼类在干旱环境中逐渐演化出肺的结构。

④ 肉鳍出现，成为四足动物四肢的前体。

⑤ 硬骨鱼类的颌部进一步发展，并且出现了鳔。

专题　鱼类的演化

鱼类并不是一个科学的称谓，它包括了大量彼此之间毫无关系的物种。它们是一类靠鳃呼吸、不能够在陆地上行走的水生脊椎动物。

鱼类是由分节的蠕虫状生物演化而来的，具有由中轴骨骼保护的神经系统。体节的分化意味着身体最终将被分成独立的单元，进而形成彼此关联的脊椎。作为神经中枢，大脑由骨片包围，这些骨片最终演化为头骨。头部以后的部分骨片组成成对的鳃弓，位于最前面的一对演化为颌弓。体节中成对的骨骼分化成为肋骨、带骨和四肢。鱼类演化的过程，尤其是在泥盆纪的演化历史大致可以反映脊椎动物演化的基本规律。

最早的鱼型动物是无颌类，出现在奥陶纪，它们的现生代表包括营寄生生活的七鳃鳗和盲鳗。到了泥盆纪，盾皮鱼类在无颌类的基础上演化出偶鳍和颌。大约在同一时间，鲨和鳐也出现了，由于非常适应生存的环境，这些动物的外形直到今天都没有发生太大的变化。鲨和鳐都属于软骨鱼类，由软骨组成。硬骨的出现则是接下来即将发生的又一重大演化事件。

硬骨鱼类包括肉鳍鱼类和辐鳍鱼类两大类群。肉鳍鱼类具有两对肉鳍，其中含有基鳍骨。原始的鳍条在肉鳍的远端依旧保留，而相同的结构在现代的肺鱼和腔棘鱼中依然可以观察到。有些种类甚至出现了肺，可以用来直接呼吸空气，强壮的肉鳍也具备了支撑身体的能力，这是鱼类迈向陆地的第一步。

大多数现生鱼类都属于辐鳍鱼，它们在石炭纪发生了大规模的辐射。辐鳍鱼

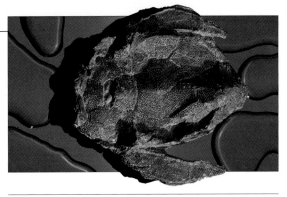

鱼类化石

盾皮鱼类是一个已灭绝类群，从泥盆纪一直延续到早石炭世。盾皮鱼的头部和身体的前半部分被甲片覆盖，而这些甲片化石可以在泥盆纪的老红砂岩中找到。

的鳍由扇状排列的鳍条组成，并不含有基鳍骨。辐鳍鱼还具有鱼鳔，这一结构很有可能是肺的前身。在水中游动时，辐鳍鱼依靠鱼鳔来调节浮力。也正是由于这个器官的存在，现生辐鳍鱼类才得以成为最适合在水中生存的脊椎动物。

鱼类的演化

泥盆纪又被叫作鱼类的时代，因为包括辐鳍鱼类和肉鳍鱼类在内的所有的现代鱼类在这一时期都已经出现。肉鳍鱼类演化为最早的两栖类，因此是所有现代陆生脊椎动物的祖先。

鱼型动物的分类

鱼型动物主要依靠颌的形态、骨骼的类型、鳞片和骨片的种类以及鳍的结构进行分类。现代的鱼型动物主要包括无颌类、软骨鱼类和硬骨鱼类，其中硬骨鱼类是绝对的优势类群。

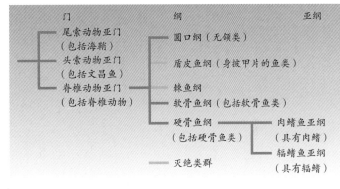

早石炭世（密西西比亚纪）
距今3.54亿~3.24亿年

发生在泥盆纪的全球性变化一直延续至石炭纪。早石炭世各个大陆继续向一起汇聚，形成盘古超大陆。由于海平面持续处于高位，海水淹没了劳伦古陆北部的低洼地带并形成大规模的石灰岩。这些地壳变化是早石炭世区分于晚石炭世的重要事件，并与煤的形成息息相关。陆地上出现了具有木质茎干的植物，最高可达30米。植物光合作用释放出的氧气改变了大气的含氧量，并促使更多的植物出现。早石炭世的地球已经成为两栖动物和昆虫的乐园，最早的爬行动物可能也出现在这个时期。早石炭世广阔的湿地和沼泽为晚石炭世煤炭森林的形成创造了有利条件。

"石炭系"的名字是由英国地质学家威廉·科尼比尔和威廉·菲利普斯提出的，用于描述英格兰北部的含煤地层。和其他早期的地质学家一样，科尼比尔也是牧师出身，而菲利普斯曾是一名印刷工。1822年，他们在合著的《英格兰和威尔士地质概述》

> 石炭纪初期和末期形成的不同岩层是地质学家划分这一时期的重要依据。

一书中引入了石炭系的概念。这本书是继莱尔经典的《地质学原理》出版8年之后又一部英国地层学的标准参考书。在前人工作的基础上，科尼比尔和菲利普斯在这部著作中首次对一个正式的地质时代命名并确定了其年代。

他们定义的石炭系实际上包含了部分泥盆系地层，而后者是在1839年被另外两位地质学家单独划分出来的。这两位地质学家注意到泥盆系的上覆地层下部以石灰岩为主，而上部含有煤层，这正是科尼比尔和菲利普斯定义石炭系的依据。但科尼比尔和菲利普斯认为："虽然这两部分岩层明显不

关键词
两栖动物、安特勒造山运动、碳酸盐、煤、海百合、棘皮动物、冈瓦纳大陆、喀斯特、石灰岩、泛大洋、生物礁、陆表海、四足动物

参考章节
志留纪：深海热液喷口
泥盆纪：砂岩、陆生生物
晚石炭世：煤、昆虫

泥盆纪	3.54亿年前		3.5亿年前	早石炭世		3.4亿年前
北美分期						
欧洲分阶			土尔内昔阶			
北美分阶		金德胡克阶		奥萨根阶		
地质事件	安特勒造山运动持续进行			南欧与波罗的大陆、非洲大陆开始汇聚		
气候						
海平面				海平面迅速上升，形成大量陆表海		
植物		各种孢子植物繁盛				
动物			两栖类大辐射		海百合大辐射	

同，但是无论从地理学角度还是从地质学角度看，它们的联系都非常紧密，以至于无法将它们分开。"

同一时期的地质学家很快提出了异议。比利时地质学家德玛流斯·达罗建议将石炭系划分为上部的含煤地层和下部的石灰岩两部分，这一观点很快在欧洲得到了认同。尽管下部岩层在所有地区几乎没什么区别，但上部的含煤地层在不同的地区有很大的差异。

几乎在同一时间，美国的地质学家发现北美的石炭系更加与众不同。1839年，也就是泥盆系被从科尼比尔和菲利普斯提出的石炭系中划分出来的那一年，美国地质学家欧文用"上石炭统"来描述这套地层上部的煤层，而将下部的石灰岩层称为"亚石炭系"。他的研究一直沿着密西西比河的上游河谷展开。由于河谷中的石灰岩出露良好，因此到了1870年，"亚石炭系"的名字被密西西比亚系取代。后来上部含煤地层亦更名为宾夕法尼亚亚系。这两个名称广泛使用了很久，但是直到1953年才得到美国地质调查局的官方认可。

早石炭世被称为"石灰岩的时代"。石灰岩的形成是由一系列因素造成的。海平面上升导致劳伦古陆北部大面积低洼地区被浅海覆盖。由于远离陆地，这些浅海很少接收陆源沉积物。海相沉积物主

> 石炭系因煤层而得名，但是下石炭统主要由海生动物形成的石灰岩组成。

要包括溶解在海水中的盐类和动植物的残骸。方解石的主要成分碳酸钙是构成石灰岩的主要矿物。碳酸钙不仅是海水中溶解的主要矿物，而且是海生动物硬壳的主要成分，因此碳

石灰岩时代

早石炭世（密西西比亚纪）是地球历史上非常平静的时代，因为这一时期地球上所有的造山运动都趋于平缓。这一时期的气候温暖，动物和植物也都已成功登陆。北半球地势低洼的大陆边缘被浅海覆盖，形成了大规模的石灰岩沉积；而劳伦古陆和冈瓦纳大陆的首次碰撞导致早古生代的大面积海洋被沼泽取代，这些地区到了古生代末期最终转变为干旱陆地。

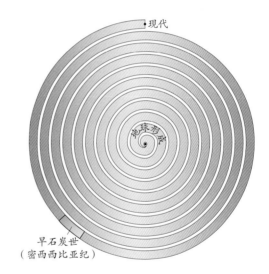

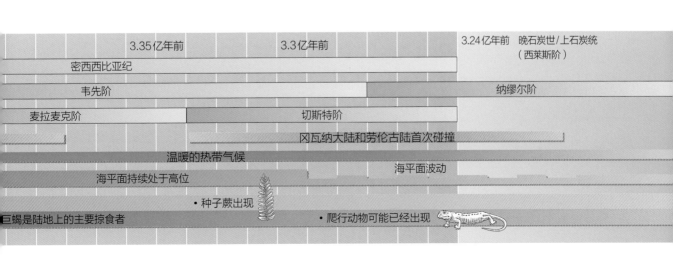

167

酸钙是海洋中的主要沉积物。石炭纪初期气候温暖，表层海水蒸发量巨大，造成海水中溶解的碳酸盐饱和并形成沉淀。

冈瓦纳大陆南部很少被海水淹没，因此几乎没有石炭纪的石灰岩形成。

晚泥盆世业已形成的陆生植物群落到了早石炭世继续繁盛，形成茂密的植被。这些植物进行了一系列演化尝试，形成了晚石炭世的几种主要成煤植物。所有的成煤植物都是这一时期的优势物种，具有木质树干的高大乔木在这一时期首次出现，有些种类甚至可以长到30米高。种子植物也在这一时期出现了。

早石炭世大气中的含氧量高达35%，远远高于今天大气中氧气的含量。沿海地区大片茂密森林的存在是造成这一现象的主要因素。树干中还有木质素，可以占到木质成分的20%~25%，具有增加植物细胞强度的作用。在现代，树木死后其中的有机物在氧气作用下会发生分解。而在石炭纪初期，木质素是一种刚刚演化形成的物质，用于降解木质素的生化途径尚未完全建立，因此死去的植物一般不会发生腐烂。

早石炭世，森林大火经常发生，因此在世界各地特别是苏格兰的淡水沉积物中可以找到大量的木炭。大气中较高的含氧量更易导致森林大火的发生，这也是树木死后没有迅速腐烂而形成煤层的主要原因。

> 广阔的泛大洋曾经具有所有现代洋壳的结构，包括洋中脊、深海平原和岛屿，但这些结构都没有保存至今。

早石炭世，各大陆继续汇聚。组成现代北美洲和欧洲北部的泥盆纪老红砂岩大陆与冈瓦纳大陆的南缘碰撞，因此在冈瓦纳大陆的南部沿岸形成了规模巨大的海沟。劳伦古陆和哈萨克斯坦地体也在相互靠近，

而二者之间的普雷奥尼克洋由于不断收缩，其面积与今天地中海的规模相当。劳伦古陆和哈萨克斯坦地体相互碰撞的部位形成了今天的乌拉尔山脉。而在联合成一块大陆之前，两块大陆还会发生旋转，洋壳也会消减，从而引发各种地壳下沉和隆升现象。不仅如此，火山岛和半岛也随之形成，地震将整片陆地撕裂。

劳伦古陆西邻泛大洋，因而在其西海岸形成活跃的褶皱山脉，与现代北美洲西海岸的落基山相似。早古生代，这一地带属于稳定大陆的边缘。到了晚泥盆世，活跃的大洋板块边缘在这里俯冲到大陆板块以下并形成俯冲带。

板块的俯冲形成海沟，同时大陆边缘的岩层发生形变，产生褶皱山脉。俯冲进入地幔部分的大洋板块重新熔融回收，部分熔融物质穿过大陆板块的裂隙形成火山岛弧。岩浆上涌的压力通过大陆板块的边缘传递到内陆，使岩石基底发生剪切，形成又一条平行于大陆海岸的山脉，即安特勒山脉。残存的安特勒山脉位于今天的内华达州和爱达荷州，而形成这条山脉的地质活动又被称为安特勒造山运动。

另外一个地壳活跃的区域位于冈瓦纳大陆的西海岸，也毗邻泛大洋。在这里形成的山脉与今天南美洲的安第斯山脉非常相似，几乎处于同一位置。现代安第斯山脉的许多沉积岩都是由早石炭世的海洋接收陆源沉积物形成的。在晚古生代和中生代形成的山脉组成了Samfrau山脉的一部分，这个名字由南美洲（South America）、非洲（Africa）、南极洲（Antarctica）和澳大利亚（Australia）英文名称的部分字母组成，在早石炭世初具规模。

移动板块发生碰撞形成褶皱山脉。大洋板块边缘的消减过程必将导致在洋中脊处形成新的洋壳。洋中脊依然存在于现代海底，但它们在地球历史上存在和消亡的证据少之又少。由于洋壳和海相沉积

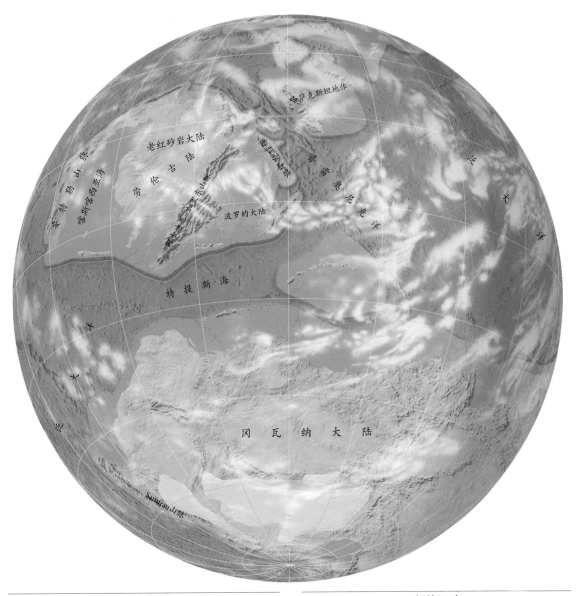

早石炭世

北半球的海侵

早石炭世劳伦古陆的北部形成了大面积的陆表海，因此这一地带形成了厚达700米的石灰岩。

板块运动

位于冈瓦纳大陆南部边缘的Samfrau造山带附近是洋壳的俯冲带，它是现代安第斯山脉的前身。

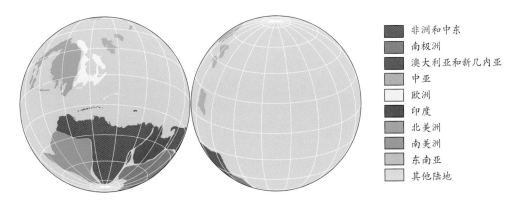

- 非洲和中东
- 南极洲
- 澳大利亚和新几内亚
- 中亚
- 欧洲
- 印度
- 北美洲
- 南美洲
- 东南亚
- 其他陆地

物最终都会在俯冲带处回收进入地幔，这个过程持续的时间为数千万年，因此任何有关古代洋壳的证据今天都不复存在。然而早石炭世的岩层中保留了一些古代洋壳形成的证据。在现代海洋中，洋中脊处的火山运动活跃，并且形成了矿物质丰富的深海热液喷口，又被称作"黑烟囱"。细菌利用热液喷口处丰富的矿物质，通过化能合成作用维持生命；小型无脊椎动物又以这些细菌为食，甲壳动物捕食小型无脊椎动物和细菌，而巨大的管状前庭动物位于深海热液生物群食物链的顶端。在爱尔兰和纽芬兰的下石炭统中，人们不仅发现了这种前庭动物的化石，而且发现它们与"黑烟囱"周围的硫化矿物埋藏在一起。这些管状前庭动物没有现生的那么巨大，却是热液生物群的最早化石代表。

尽管一些小规模的造山运动依然在发生，但是早石炭世全球的构造运动并不活跃。全球范围内的海平面持续处于高位，拓宽了冈瓦纳大陆的大陆架，并且淹没了劳伦古陆的部分低地。在北美洲，安特勒山脉和阿卡迪亚-加里东山脉之间的广阔陆地以及加拿大克拉通南部地区都被喀斯喀西亚海覆盖并形成了碳酸盐沉积。浅海还覆盖了阿卡迪亚-加里东山脉以东的欧洲大部分地区。

早石炭世的密歇根河是一条季节性河流，从加拿大克拉通注入北美洲的内海，它是当时少有的一条能够长途跋涉并最终入海的庞大水系。密歇根河三角洲建立在由东北部阿巴拉契亚山脉剥蚀形成的磨拉石基底上，到了晚石炭世依然在不断扩大。当海平面开始下降时，河流裹挟的泥沙到达大陆的边缘，逐渐形成了今天墨西哥湾沿岸的广阔陆地（佛罗里达属于冈瓦纳大陆的一部分，而不是由密歇根河冲积而成的）。密歇根河最终在大陆的南端入海，这里就是今天的密西西比州。

绝大多数石灰岩都是由海洋生物的遗骸形成

> 现代海洋中依然有石灰岩形成，但规模不及石炭纪的巨大。

的，在今天分布于热带海域的珊瑚礁地带依然可以观察到石灰岩逐渐形成的过程。如今印度洋和太平洋中的暗礁、堡礁和环礁中都有石灰岩正在形成。每一代珊瑚虫都将它们的骨骼建造在上一代珊瑚虫的遗骸上，而零散的贝壳物质也在礁体围成的潟湖中堆积，需要指出的是现代生物礁形成的石灰岩面积一般都不大。

贝壳灰岩由散乱的贝壳碎片堆积而成，而不是形成于造礁生物生活的地方。现代的贝壳灰岩在佛罗里达和巴哈马群岛沿岸堆积而成，但是它们的规模与早石炭世遍布大陆沿岸的生物礁灰岩完全不可同日而语。早石炭世的喀斯喀西亚海曾经几乎覆盖整个加拿大克拉通，出露于科罗拉多大峡谷中的红墙石灰岩就是最好的证据。红墙石灰岩的厚度达到175米，是组成大峡谷峭壁的主要岩层之一。和其他典型石灰岩一样，这套岩层原本是灰白色的，后来被上覆的二叠系岩层渗透下来的含铁矿物染红。红墙石灰岩的露头可以一直追溯到内华达州沙漠地区的一个断崖处，这里又被称为蒙特克里斯托石灰岩。

作为形成石灰岩的原料，贝壳的种类因时因地而异。腹足类、双壳类、腕足动物的外壳和珊瑚虫的骨骼都可以参与石灰岩的形成。但是大多数下石炭统的石灰岩是由生活在浅海的海百合骨骼形成的。海百合是一种棘皮动物，和现代的海星、海胆是近亲。海百合的外形看上去就像一只长在茎上的海星。它们是滤食性动物，其杯状的身体周围伸展出具有滤食功能的腕，通过圆柱形的茎固着于海底。海百合的骨骼由碳酸钙组成，包括组成茎的盘状骨骼和组成杯状身体的六边形骨片，每条腕上还生长着许多微小的触手。在它们死后，所有的结构变得支离破碎并堆积在海底。在下石炭统的石灰岩磨片上，

早石炭世

现代的喀斯特地貌

在英国北部的马勒姆山丘可以看到典型的现代喀斯特地貌，包括石笋和岩沟。由于雨水能够沿着岩石裂隙渗入地下，因此喀斯特地貌的地表非常干旱，植被稀少，土壤贫瘠。在这里的石灰岩上可以观察到散乱的海百合茎，它们是形成石灰岩的主要原料。

经常可以看到堆积在一起的圆形海百合茎。

在沉积岩形成的过程中，位于同一层的矿物颗粒可能彼此分离长达数百万年之久。上覆沉积物的压力可以使这些矿物颗粒更加紧密，彼此间的空隙变得更小。只有当地下水中的矿物质沉积在颗粒之间时，才能将其紧密地胶结形成岩石。这时沉积物才变成沉积岩。在正常情况下，石灰岩的形成未必都要经过这样漫长的过程，比如当方解石颗粒沉积在一起时，它们很快就可以胶结。

> 石灰岩可以一边沉积一边胶结，成为最独特的沉积岩。

海百合化石

棘皮动物海百合是形成石炭纪石灰岩的主要原料。仅在出露于密西西比河谷的岩层中就可以找到400多种不同的海百合化石。

海洋和石灰岩的形成

劳伦古陆的东部高于海平面，而西部曾经被浅海覆盖。在这片大陆西南方的温暖浅海中曾经生活着为数众多的造礁生物，因此这里形成了大规模的石灰岩。石炭纪，在这片大陆的南部，佛罗里达依然是漂浮在冈瓦纳大陆和劳伦古陆之间的小片陆地，而安特勒高地构成这片浅海的西部边界。

如果海平面稍有下降，那么浅海底部的碳酸盐沉积物就可以露出水面，形成坚硬的石灰岩。由于石灰岩特别不耐化学风化作用的侵蚀，所以裸露的岩层很快就会遭到破坏。溶解了大气中的二氧化碳的雨水呈弱酸性，当它们降落到地面时，就会与石灰岩发生反应，溶解其中的碳酸钙。这种化学风化作用更容易发生在岩石的薄弱处，比如岩石的破裂面。石灰岩风化后形成的又长又直的凹陷被地质学家称为岩沟，而其间凸出的岩石则称为石笋。这种地貌在斯洛文尼亚和克罗地亚的喀斯特地区最早被发现，因此称作喀斯特地貌。雨水沿着岩石的薄弱处渗入地下，溶解地下的石灰岩并形成溶洞。在这些溶洞中，溶解的方解石能够再度结晶形成钟乳石和石笋，成为石灰岩

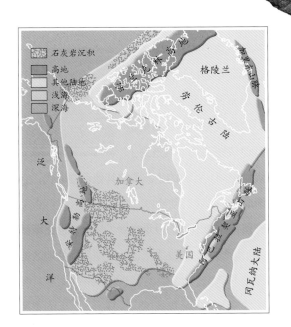

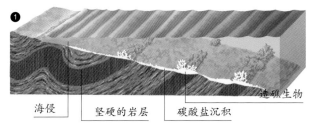

海侵　坚硬的岩层　碳酸盐沉积　造礁生物

潟湖　石灰岩表面　成熟的生物礁　岩屑坡

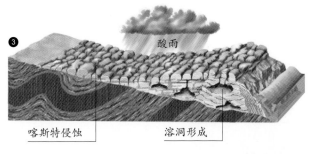

酸雨

喀斯特侵蚀　溶洞形成

新的石灰岩沉积　沉积物和碎屑重新填充到溶洞中

石灰岩的形成

随着珊瑚和其他造礁生物不断地产生骨骼，生物礁逐渐形成（❶）。一旦成熟，生物礁就将围成潟湖，碳酸盐矿物可以在其中形成石灰岩（❷）。随着海平面下降，新形成的石灰岩露出水面并不断遭受侵蚀，形成石沟和溶洞等喀斯特地貌（❸）。随着海平面的再次上涨，新的石灰岩可以在溶洞内部及原有石灰岩的侵蚀面上再度沉积（❹）。

尽管早石炭世的植物群落与泥盆纪相比并没有太大差异，但与晚石炭世相比还是要丰富许多。早石炭世的植物群落几乎不包括成煤植物，石松类植物在早石炭世还仅仅是沼泽中的矮小植物，而到了晚石炭世则形成了高大的成煤森林。

陆生动物也在不断发展。早石炭世巨蝎的体长可达0.5米，是最早出现的陆生无脊椎动物。早石炭世大气的含氧量非常高，因此陆生节肢动物比今天要大得多。苏格兰的东柯克顿地区有一处废弃的石灰岩采石场，盛产3.38亿年前早石炭世的石灰岩。这里发现的巨蝎化石具有陆生动物特有的呼吸系统和感觉系统，它们的眼部结构也表明这种动物是日行性。巨蝎应该是早石炭世最大的陆地掠食者，可能藏在植物丛中伺机捕食其他节肢动物。但是到了

> 早石炭世的植物矮小，因此这个时期没有形成大规模的煤层。

溶洞的典型特征。

海平面的再次回升会淹没已被风化的石灰岩层，新的石灰岩会在岩沟、溶洞乃至岩层顶部沉积。早石炭世形成的很多大规模石灰岩都形成于喀斯特地貌的表面。在喀斯特地貌形成的过程中，非碳酸盐矿物在石沟的底部聚集或者随水流进入溶洞中。正因如此，红墙石灰岩中的古代喀斯特结构中不仅形成了铜矿，还形成了铀矿，人们从19世纪就开始在这里开采矿石。

陆生植物进一步扩展。山脉两侧受到河流滋润的地带遍布由蕨类和石松类植物形成的茂密森林。

早石炭世末期，巨蝎的生态位被其他动物取代，它们逐渐成为小型夜行动物。

志留纪开始出现的板足鲎到了早石炭世逐渐演化成陆生动物，它们生活在这一时期苏格兰地区的茂密植被中并依然繁盛。有些板足鲎的体型非常巨大，曾经发现的板足鲎头甲化石显示其头部的宽度

超过了60厘米，眼睛有如李子般大小。但是，这些板足鲎的口具有典型的滤食结构，因此它们并不是取代巨蝎的掠食者。

虽然两栖动物在晚泥盆世已经出现，但依然保留着许多鱼类的特征。如今它们演化出了不同的形态和生活习性，栖息在不同的环境中。原始的两栖动物具有像蝾螈一样的外形、湿润的皮肤、五趾（指）型的四肢、锋利的牙齿和长长的尾巴。*Balanerpeton*是在东柯克顿采石场发现的一种体长达0.5米的两栖动物，拥有以上所有的特征。同一

❶ 水生巨蝎（*Hibbertopterus*，广翅鲎）
❷ 楔羊齿（*Sphenopteris*，种子蕨）
❸ 马陆
❹ *Balanerpeton*（离片椎类）
❺ 石松（石松类）
❻ *Eldeceeon*（石炭蜥）
❼ 蛇螈（*Ophiderpeton*，缺肢类）
❽ 巨蝎（*Pulmonoscorpius*）
❾ 盲蛛

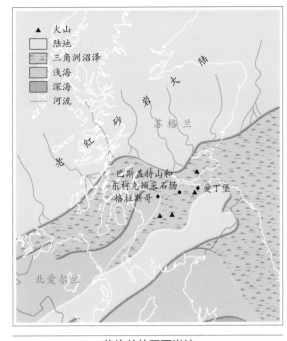

苏格兰的下石炭统

来自加里东山脉的碎屑在河流的入海口形成广阔的沼泽。火山活动产生大量有毒物质，杀死了栖息在沼泽中的各种动物并形成化石。这些化石于20世纪80年代在苏格兰的东柯克顿采石场被发现。

东柯克顿植物群

3.38亿年前的东柯克顿采石场可能是一个由火山活动形成的温泉。动物的遗体被水流冲进富含矿物质的温泉中，形成了石灰岩中的化石。

173

巴斯盖特的野兽

早期离片椎类 *Balanerpeton* 的骨骼化石以对板的
方式保存，即保存在一块岩石劈开的两个面上。

时期的其他两栖动物已在这些基本特征的
基础上演化出更高级的特征。比如，蚓螈目
的四肢退化，形似蛇或鳗鱼，生活在湿润
的草丛或浅水中。其他两栖动物则出现了更
加强壮的四肢，它们大部分时间在陆地上
生活。适应陆地生活的两栖动物与原始类
群相比主要没有鳃和侧线系统等典型的鱼类
特征。

脊椎动物在早石炭世的演化非常成功。由于大气
的含氧量高，像巨蝎和板足鲎等陆生无脊椎动物演化
出非常巨大的体型。这些动物全身布满气管，氧气
可以通过这些气管进入组织，这对于没有肺的动物
来说是一个巨大的优势。但是，具有外骨骼的动物
仅能拥有有限的内部组织，当体型超过特定的限度
时，就会由于外骨骼过于笨重而无法运动。两栖动
物具有内骨骼，因此没有这些限制，所以两栖动物
可以长得比陆生节肢动物还要大。随着时间的推移，
早石炭世陆地上主要的掠食者巨蝎逐渐成为两栖类
的猎物，脊椎动物成为当之无愧的陆地统治者。

大约也是在这个时候，一些特化的两栖动物不
需要在水中度过幼体期，而可以将具有石灰质蛋壳
的卵直接产在陆地上，进而演化为爬行类。事实上，
它们的卵并不是不需要水，而是在卵内演化出能够
保证幼体在羊水中生长和发育的不透水的羊膜。由
于化石证据很难证明羊膜卵何时出现，因此还无法
确定两栖动物在何时演化为爬行动物。

Eldeceeon rolfei 也发现于苏格兰东柯克顿采石
场，它是两栖动物向爬行动物过渡的重要代表。这
种陆生的爬行形类体长可达35厘米，是这一类群中
已知最早的物种。*Eldeceeon rolfei* 被认为是一种原始
的石炭蜥类，可能属于西蒙螈形两栖动物的姐妹群。

专题　两栖动物的演化

两栖动物是一类幼体在水中度过，成体大部分
时间生活在陆地上的四足动物。两栖动物同时也
是最原始的现生四足动物，而四足动物是除鱼类以
外所有脊椎动物的统称。四足动物的确是个混杂的
类群，因为它不仅包括两栖动物，还包括爬行动物、
鸟类和哺乳动物。尽管如此，它们都是由四足动物
的祖先演化而来的，并且具有共同的四肢类型。"四

足动物"也可以用来描述典型两栖动物和爬行动物
特征出现之前的各种早期类群，它们是一些发现于
泥盆系的既像鱼又像两栖类的动物。四足动物的特
征包括4条腿和能够在脱离水后支持肺部呼吸的坚
固胸腔。六七种早期四足动物化石还具有鱼类典型
的复杂头骨和尾鳍。四足动物的另一个重要特征是
手指、脚趾数量减少，现代两栖类拥有4个手指和

5个脚趾，但是在5个脚趾成为常态以前，四足动物出现过6个、7个、8个甚至更多脚趾。

两栖动物在石炭纪初期开始出现，所有大陆上都有它们的身影。在长达8000万年的时间内，两栖动物成为陆地生态系统中主要的捕食者。与现代两栖动物不同，石炭纪的两栖动物体型大多巨大，有的可以长到4米长。随着其他动物种类的出现，两栖类也面临着激烈的竞争，幸存者往往是那些占据不太显著的生态位的、体型较小的物种。

化石记录的不完整使两栖动物的演化历史备受争议。经典的分类方法将两栖动物分为迷齿亚纲（因肉鳍鱼类祖先遗传下来的牙釉质而得名，包括鱼石螈目、离片椎目和石炭蜥目）、壳椎亚纲（小型，几乎水生的早期类群）和现代两栖类。但是为了将蟾蜥首目与爬行形类区分开，现在这个划分体系已经废弃了。爬行形类最终演化成爬行类。

现生的两栖动物主要包括3个类群：青蛙和蟾蜍（无尾目）、蝾螈（有尾目）以及蚓螈（蚓螈目）。

两栖动物的多样性

上图中是一只具有4个手指的蝾螈。早期四足动物的脚趾数量有非常大的变化，从8个一直减少到5个。

最早的青蛙出现于三叠纪，而最古老的蝾螈和蚓螈出现在侏罗纪。时至今日，依然没有确凿的证据说明现代两栖类是如何演化而来的，但是大多数学者认为它们是离片椎目动物的后裔。

现代两栖动物

现代两栖动物可能起源于三叠纪的离片椎类，因为它们都具有细小的牙齿，所以彼此之间可能具有较近的亲缘关系。现代两栖动物大约包括4000种，是所有现生脊椎动物中数量最少的类群。

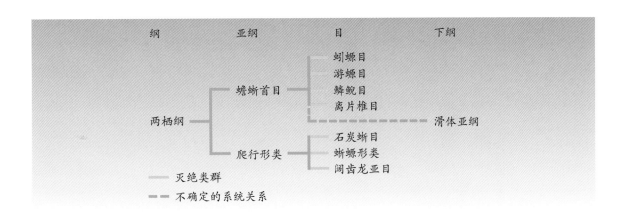

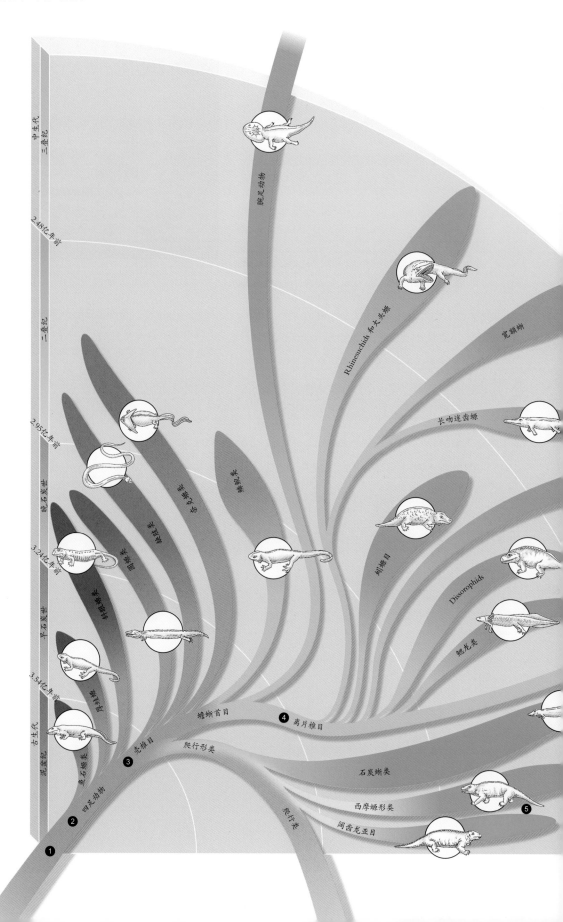

石炭纪世

中生代
三叠纪
2.48亿年前

二叠纪
2.95亿年前

晚石炭世
3.24亿年前

早石炭世
3.54亿年前

古生代
泥盆纪

腕足动物

Rhinesuchids·布天头螈

宽额螈

长吻递齿螈

螈蜥类

蜥螈目

Dissorophids

鳃龙类

豆点螈类

你飞螈类

蛙胁类

回蜥类

斜肢螈类

鱼石螈类

厚头螈

椎体目

爬行形类

蟾蜥首目

离片椎目

石炭蜥类

西摩螈形类

阔齿龙亚目

爬行类

四足动物

❶
❷
❸
❹
❺

两栖动物的演化趋势

脊椎动物从水生到陆生的演化过程已经十分清楚。尽管两栖动物可以在陆地上生活，但它们不得不返回水中进行繁殖。爬行类演化出了能够在陆地上产卵的能力，因此能够真正适应陆生生活。

早期的四足动物

最著名的原始两栖动物莫过于泥盆纪的鱼石螈（*Ichthyostega*）和棘螈（*Acanthostega*）。它们的祖先可能是肉鳍鱼类，这种鱼类的偶鳍演化出能够支撑身体的结构。尽管如此，最早的四足动物在真正登陆前还不得不进行一系列重要的改变来适应陆生环境。

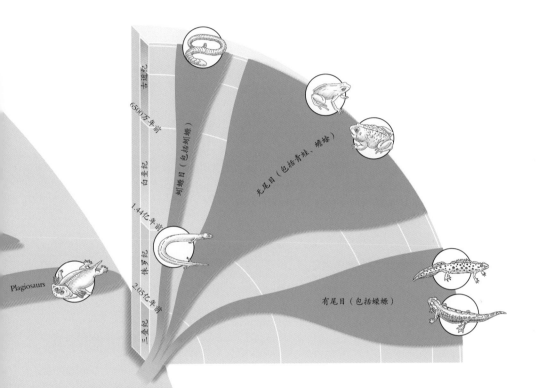

① 具有肺和强壮骨骼的肉鳍鱼。
② 四肢、带骨和胸腔变得更加适应陆地生活。
③ 过渡类型具有鱼类的原始特征和适应陆生生活的进步特征。
④ 石炭纪的茂密森林为最早登陆的脊椎动物提供了庇护。
⑤ 一些类群完全适应了陆生生活。
⑥ 很多类群在二叠纪末期的大灭绝中消失。

两栖动物的主要类群

传统上，两栖类主要包括3个类群：迷齿两栖类（体型较大）、壳椎类（体型较小）和滑体两栖类（现代类群）。这个分类方法已被废弃，目前大多数学者将两栖类分为两个主要的分支，即蛙形类（或者又叫"真正"的两栖动物）和爬行形类（包括爬行动物的祖先）。这些两栖动物中的一部分是适应陆地生活的，另一部分（比如石炭蜥）在适应陆生生活后又重新回到水中生活。

晚石炭世（宾夕法尼亚亚纪）
距今3.24亿~2.95亿年

随着晚石炭世拉开序幕，劳伦古陆和冈瓦纳大陆不断靠近，形成了盘古超大陆，巨神海的面积进一步减小。大陆汇聚的地方为热带和亚热带气候，向南逐渐变冷，到了冈瓦纳大陆的最南端甚至开始形成冰盖。

陆地环境也迅速发生了变化，由海平面下降形成的沼泽逐渐被森林取代。劳伦古陆的大部分地区（现在的北欧和北美东部）生长着独特的北方植物群，而冈瓦纳大陆（主要是现在的南美洲、非洲和澳大利亚）上遍布的是南方植物群。二者共同形成了煤层，石炭纪也因此而得名。不仅如此，这些森林还为动物尤其是昆虫和爬行类的演化提供了适宜的环境，使它们蓬勃发展并迅速繁盛。

在所有地质时期中，晚石炭世（宾夕法尼亚亚纪）可能是对人类科技发展的影响最为深刻的一个时期。这些含碳的岩石及其时代最早是在英格兰和威尔士确认的。石炭系是第一个因岩石特征而被命名的地层（虽然泥盆系的老红砂岩早在18世纪90年代就被发现，但是后来才被正式命名）。这一点不足为奇，因为石炭系盛产丰富的煤炭和铁矿资源，推动了工业革命的发展。研究表明，英格兰人早在罗马时期就开始使用煤炭，而在英格兰德比郡发现的打火工具表明这里的人们可能在更早的时候就开始利用煤炭了。不仅如此，意大利旅行家马可·波罗在1271年开启

> 长久以来地质学都是被神学驱动的。随着工业革命的到来，地质学逐渐开始被科学技术驱动。

关键词

阿卡迪亚造山运动、阿莱干尼造山运动、安加拉古陆、阿巴拉契亚造山运动、石松类植物、旋回层、外翅类、海西造山运动、巨神海、盘古超大陆

参考章节

地球的起源及其自然环境：大气圈的演化
泥盆纪：阿卡迪亚–加里东造山运动、老红砂岩以及陆生生物
二叠纪：新红砂岩

	3.24亿年前	3.2亿年前　晚石炭世	3.15亿年前
早石炭世			
北美分期		宾夕法尼亚亚纪	
欧洲分阶		纳缪尔阶	
北美分阶		莫罗阶	
地质事件			
气候	温暖的热带气候		
海平面升降		海平面高度适中，快速波动	
植物	孢子植物出现	成煤沼泽森林的面积扩大	
动物		• 有翅昆虫出现	• 盘龙类出现

的东方旅行中曾经提到，在途中看到中国人将一种黑色的石头作为燃料，而这是他在欧洲从未见过的。

18世纪与19世纪的欧洲和北美洲经历了深刻的改革，各个国家的经济结构开始从传统的农业向工业和制造业转型。这一时期科学技术的进步也都是以采矿和冶金为基础的，比如铁路的发展和蒸汽机的发明都离不开对煤炭与铁矿石的开采，而这两种重要的矿产资源都发现于英格兰和威尔士的同一套岩层中。

由于煤炭和铁矿石具有重要的经济与战略意义，所以这一时期的地质学家自然而然地投入了大量的精力去研究煤矿和铁矿产出的地层以及这些矿产资源形成的条件。众多的采石场和矿山也为大量珍贵化石尤其是植物化石的发现提供了契机，促使人们思考地球过去的样子。成煤植物在晚石炭世之前还没有形成，因此从晚石炭世以后煤层才变得丰富起来。

> 虽然煤炭和其他化石燃料历经数百万年形成，但是在较短的时间内就可能被用尽。

在北美洲，石炭系由下而上被分为密西西比亚系和宾夕法尼亚亚系。前者以浅海相石灰岩为主，相当于欧洲的下石炭统；而宾夕法尼亚亚系包括大规模的三角洲相沉积和煤层，相当于欧洲的上石炭统。在北美洲，这两个地层的名称分别来源于两个典型剖面出露的地区，直到1953年才作为正式的名称被美国地质调查局认可。密西西比亚系和宾夕法尼亚亚系之间的界线是世界上最大的不整合面，它是因早石炭世末期喀斯喀西亚海从北美大陆逐渐消失而形成的。因此，宾夕法尼亚亚系的海相和陆相沉积物交替出现，在东部地势较高的区域煤层最厚，向西依次减小，到了最西部则主要以海相的石灰岩为主。

密西西比亚系和宾夕法尼亚亚系的界线与欧洲狄南统和西里西亚统的界线非常接近，但不完全吻合，因此欧洲和北美洲石炭系的对比也是地质学家长期以来感兴趣的问题之一。

晚石炭世地球环境的改变加速了植物的演化。早石炭世大面积的热带浅海逐渐消失，取而代之的是海岸沼泽和三角洲。海退产生了富含矿物质的土壤，再加上北半球温暖的气候，使动植物都演化出了前所未见的种类。因此，晚石炭世茂密的森林遍布整个大陆。

这些茂密的植被利用太阳能将大气中的二氧化碳转化为有机物，它们死后浸泡在沼泽中，从而与

晚石炭世

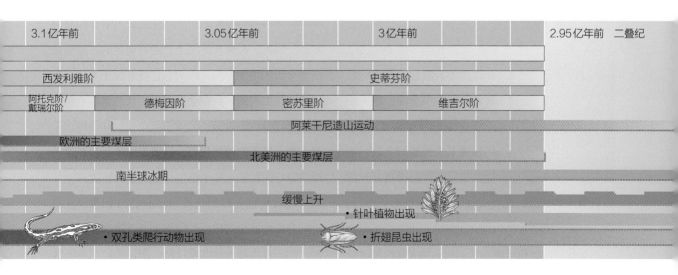

3.1亿年前		3.05亿年前		3亿年前		2.95亿年前　二叠纪
西发利雅阶			史蒂芬阶			
阿托克阶/戴瑞尔阶	德梅因阶		密苏里阶		维吉尔阶	

阿莱干尼造山运动

欧洲的主要煤层

北美洲的主要煤层

南半球冰期

缓慢上升

·针叶植物出现

·双孔类爬行动物出现　·折翅昆虫出现

晚古生代中期

到了晚石炭世，盘古超大陆基本上还是完整的，新的动植物类群很快占领了陆地。这一时期大部分陆地气候温和，但是由于冈瓦纳大陆的最南端位于南极点附近，因此冰盖从现在的南非一直延伸到澳大利亚。

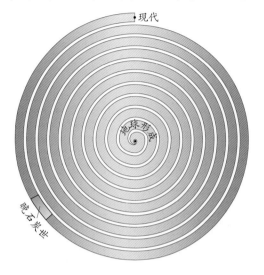

空气隔绝，避免了腐烂。久而久之，这些植物的遗骸逐渐堆积，在压实作用下逐渐转变成煤。

从18世纪开始，由史前植物转化成的煤炭就被广泛开采并用于现代工业中。仅仅用了不到300年的时间，这些亿万年来形成的化石燃料就以二氧化碳的形式被重新释放到大气中。尽管不是不可能，但是依然难以想象现代的地球有足够的森林重新回收大气中多余的二氧化碳。

到了晚石炭世，大规模的板块运动将大陆联合在一起。北半球的劳伦古陆和波罗的大陆自前寒武纪以来就被巨神海分隔，这两块大陆在泥盆纪逐渐靠拢并最终形成了老红砂岩大陆。当亿万年后巨神海再次打开形成大西洋的时候，北美大陆和欧洲又被分隔开来。因此，巨神海又被称为原大西洋。

> 随着冈瓦纳大陆与劳伦古陆、波罗的大陆的联合，一个新的超级大陆开始形成。

与此同时，位于南半球的冈瓦纳大陆沿顺时针方向旋转并逐渐接近劳伦古陆，因此它的东部（即现在的印度、澳大利亚和南极洲）向南移动，西部（即现在的南美洲和非洲）向北移动。虽然冈瓦纳大陆后来分裂成这些现代大陆，但是就像地质学家所说的那样，它曾经是一块完整的大陆，而不是像一些古地理图所显示的是由各个大陆拼接组成的。

随着冈瓦纳大陆和劳伦古陆的相互靠近，它们之间的特提斯海逐渐缩小。这一时期，只有安加拉地体和扬子板块尚未与这块超大陆联合，但是已经非常接近发生联合的时间了。安加拉地体逐渐向劳伦古陆的东边缘靠近，它们之间的海洋也逐渐缩小。这一地区形成的沉积物也像欧亚大陆联合时那样开始遭受挤压。

随着这些事件的发生，盘古超大陆基本形成了。它几乎相当于半个地球的面积，而另外半个地球几乎全被海洋覆盖，即泛大洋。泛大洋从东向西几乎跨越了300°的经度。

这一时期大陆的方向与我们今天看到的截然不同：北极点没有陆地，而南极点位于现在的非洲和南美洲境内。劳伦古陆被赤道一分为二，但是由于板块漂移，晚石炭世的古赤道穿过了今天的加拿大中部和欧洲北部。因此，在现代地图上，晚石炭世的古赤道是沿着今天的地轴方向延伸的。这就解释了为什么在现代北极圈内的岩层中会发现古生代热带植物和两栖动物化石。不仅如此，人们在南极大陆腹地也发现了晚石炭世的植物化石，这就说明了至少在这一时期整个冈瓦纳大陆上都生长着茂密的植被。

> 尽管赤道附近气候温暖，但是靠近两极的一些地区依然存在大规模的冰川作用。

晚石炭世全球的气候与今天非常相似，在极地与热带地区之间的中纬度地带气候温和，四季分明。由于盘古超大陆非常辽阔，所以大陆的中心非

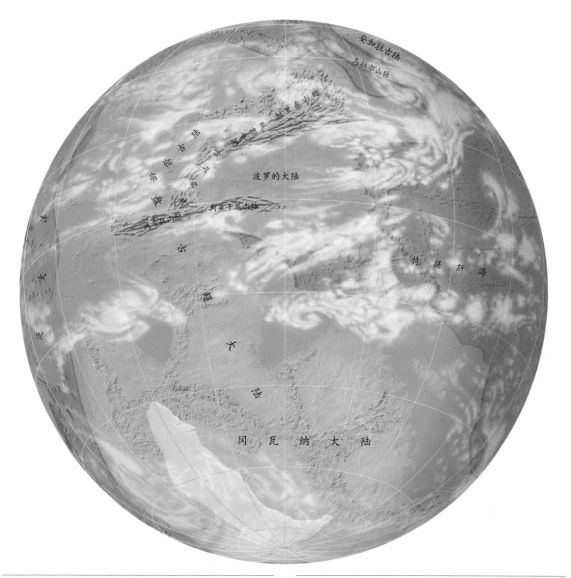

地球景象

晚石炭世的地球是这样一番景象：所有的大陆都围绕南极点排列，而余下的半个地球则被海水覆盖，仅有一些面积不大的岛屿点缀在北半球的广阔海洋中。

丛林与冰盖

南极点附近大面积的陆地促进了冰盖的形成，而赤道附近则出现了大面积的热带雨林，两个地区之间的温差巨大。

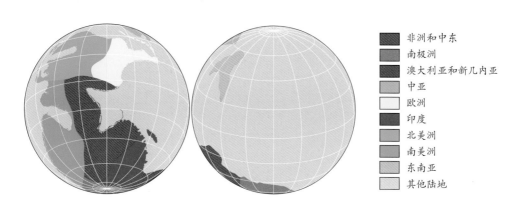

非洲和中东
南极洲
澳大利亚和新几内亚
中亚
欧洲
印度
北美洲
南美洲
东南亚
其他陆地

常干旱。晚石炭世的南极点位于冈瓦纳大陆的中心，该处形成的巨大冰盖从南极点向北一直延伸到南纬30°附近，在现代这个纬度属于亚热带。在现代南美洲、南非、印度、澳大利亚和南极洲都发现了这个时期冰盖的遗迹，而这些大陆也都曾经是冈瓦纳大陆的组成部分。有证据表明冈瓦纳大陆的这个冰盖到了二叠纪才逐渐消失。但是没有证据表明

同一时期的北极也存在这样一个冰盖，有可能是因为这一时期的北极被海水覆盖，很多信息并没有保存下来。但是，有一些证据可以表明这一时期西伯利亚大陆的北部曾经出现过漂浮的冰山。

冈瓦纳大陆冰盖的出现可能促进了煤层的形成。极点和赤道上空的大气形成的巨大温差很可能产生强烈的对流，而一旦对流出现就意味着东北信风会将潮湿的空气从海洋吹向陆地。湿润的水汽遇到高山便会形成降雨，这可能就是河流和成煤沼泽形成的原因。

大陆之间的碰撞历时数百万年，而且相当猛烈。劳伦古陆和波罗的大陆的碰撞挤压形成一系列褶皱山脉。这次事件在北美洲被称作阿卡迪亚造山运动，在阿巴拉契亚山脉至今依然可以看到这次造山运动的遗迹。在欧洲这一事件称作加里东造山运动，现在的威尔士山脉、苏格兰高地和斯堪的纳维亚半岛的海岸线都是由这次造山运动形成的。当冈瓦纳大陆向劳伦古陆靠近的时候，板块的俯冲在劳伦古陆边缘形成岛弧，与奥陶纪塔科尼造山运动形成的山脉连在一起。这次碰撞形成了欧洲的大部分山脉，

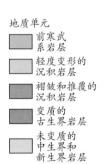

地质单元

前寒武系岩层

轻度变形的沉积岩层

褶皱和推覆的沉积岩层

变质的古生界岩层

未变质的中生界和新生界岩层

加拿大

新英格兰高地

阿迪朗达克隆升

峡谷和山脊

阿巴拉契亚山脉

美国

蓝岭地区

皮德蒙特海岸平原

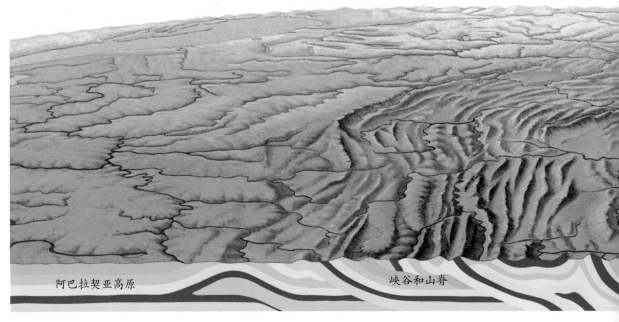

阿巴拉契亚高原 　　　　　　　　峡谷和山脊

造山运动

如右图所示，阿莱干尼河切过古老的阿巴拉契亚山脉。如下方跨页图所示，这一区域可以被分隔为完全不连续的地质单元，挤压形变自东向西逐渐减弱。在阿莱干尼造山运动中，皮德蒙特深度变质岩推覆到年轻的地层之上，并产生了剧烈的褶皱。因此，蓝岭地区是一块隆起的前寒武纪盆地。

又被称为海西造山运动。虽然这些古老的山脉历经亿万年的侵蚀早已不复存在，但是在英格兰西南部和法国北部曲折的海岸附近依然可以看到构成这些山脉的花岗岩核心。

劳伦古陆和波罗的大陆的碰撞具有十分重要的意义。当劳伦古陆向西推挤泛大洋板块时，劳伦古陆西海岸的岛弧形成落基山脉的雏形。板块不断挤压，伴随着剧烈的火山喷发，现代北美洲的许多山脉都是在这一时期形成的。

> 劳伦古陆与波罗的大陆和冈瓦纳大陆的碰撞形成了一系列巨大的山脉。

冈瓦纳大陆缓慢地移动，最终与劳伦古陆联合，导致两块大陆之间的大规模海相沉积物抬升并形成褶皱，这一事件被称为阿莱干尼造山运动。在阿卡迪亚和加里东造山运动中形成的山脉的基础上又形成了新的山脉。这些新形成的山脉位于今天北美洲的阿巴拉契亚山脉南部和北非的阿特拉斯山脉地区。虽然与今天的落基山脉相比，阿巴拉契亚山脉显得十分低矮和稳定，但是早期阿巴拉契亚山的高度和长度与现代的喜马拉雅山脉不相上下。阿巴拉契亚山脉经历亿万年的侵蚀，如今已面目全非。

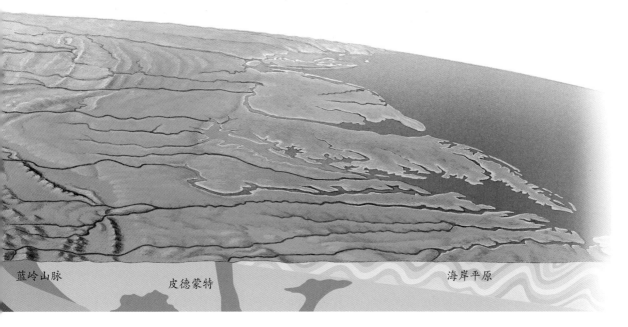

蓝岭山脉　　　皮德蒙特　　　海岸平原

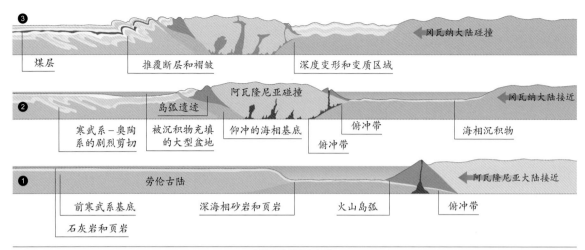

❸
- 煤层
- 推覆断层和褶皱
- 深度变形和变质区域
- ◄ 冈瓦纳大陆碰撞

❷
- 岛弧遗迹
- 阿瓦隆尼亚碰撞
- 寒武系–奥陶系的剧烈剪切
- 被沉积物充填的大型盆地
- 仰冲的海相基底
- 俯冲带
- 俯冲带
- 海相沉积物
- ◄ 冈瓦纳大陆接近

❶
- 劳伦古陆
- 前寒武系基底
- 深海相砂岩和页岩
- 火山岛弧
- 俯冲带
- 石灰岩和页岩
- ◄ 阿瓦隆尼亚大陆接近

阿巴拉契亚山脉

寒武纪阿瓦隆尼亚大陆（现代的北欧）和劳伦古陆（现代的北美洲）的相互碰撞形成了阿巴拉契亚山脉。（❶）在塔科尼造山运动中，阿瓦隆尼亚大陆和劳伦古陆相互碰撞联合；（❷）在晚石炭世，冈瓦纳大陆与劳伦古陆开始联合，阿莱干尼造山运动将两块陆地之间的海相沉积物抬高；（❸）中生代这些山峰遭受侵蚀，大西洋在其东部逐渐形成。

造山运动大多发生在大陆的边缘，因此晚石炭世的大陆腹地通常都是平坦的。这些平坦地带的海拔与海平面相当，因此会周期性地被海水淹没。这就是浅海相沉积与陆相沉积在上石炭统中交替出现的原因之一。阿巴拉契亚山脉以东的高地主要由陆相砂岩和页岩组成，到了靠近阿巴拉契亚造山带的地区，几乎一半的岩层是海相沉积，再往西则主要由海相石灰岩、砂岩和页岩组成。这种岩相的变换方式与晚石炭世这一地区从高山到低地再到浅海的地形变换非常吻合。

> 河流裹挟的泥沙在入海处形成了三角洲。

晚石炭世是一个侵蚀作用强烈的时期。所有刚刚形成的山脉都经受了强烈的侵蚀，裸露的岩石甚至崩裂。侵蚀作用产生的碎石滚落到峡谷中，并在此过程中不断破碎成泥沙。河水裹挟着这些泥沙入海，在水流平缓的地带沉积下来。久而久之，早石炭世北美洲和其他陆地温暖的浅海地区就这样逐渐变成了三角洲。在加里东和塔科尼造山运动中形成的山脉两侧的海岸线看上去与今天孟加拉国的三角洲地貌没什么两样。今天的河流三角洲通常是人口稠密的地区，而晚石炭世的三角洲则是鱼类、两栖类和昆虫的天堂。

热带地区持续性的降水为河流提供了充沛的水源，因此也带走了大量的泥沙。现代世界上最长的河流每年大约能带走7亿吨的沉积物，其中绝大部分在下游形成冲积平原和三角洲。晚石炭世的大型河流也几乎可以携带同样规模的泥沙入海。这些富含矿物质的沿海低地周期性地被温暖的海水覆盖，为北美洲和欧洲北部大规模沿岸植被的形成创造了条件。

晚石炭世的赤道地带（即现代的阿巴拉契亚山脉、乌克兰、威尔士南部和英格兰中部）生长着大面积的沼泽森林。这些森林与今天亚马孙河、刚果河和湄公河沿岸的热带雨林非常相似。这样大面积的沼泽森林可能最早出现在欧洲，这无疑是由冈瓦纳大陆与波罗的大陆彼此靠

> 虽然煤层最早发现于北温带，但是大面积的成煤森林生长在石炭纪的热带地区。

晚石炭世

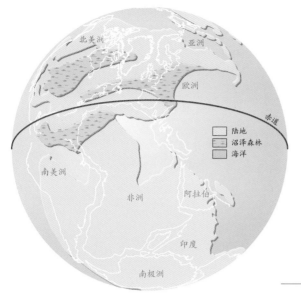

主要产煤区

在石炭纪岩层形成的山脉周围常有大规模的煤层出露。北美洲最厚的煤层位于阿巴拉契亚山脉一带，而欧洲的则位于北部的加里东山脉和南部的海西山脉之间。

近而形成的。这两块大陆之间的海洋逐渐缩小，且很快被逐渐隆起的海西山脉剥蚀产生的沉积物填充并形成巨厚的沙砾层。晚石炭世之初的成煤森林就是生长在这样形成的冲积平原上的。直到几百万年之后，森林才扩展到现在的北美洲东部和乌克兰境内。因此，中国东部的成煤森林直到晚石炭世中期才出现，而美国中西部和澳大利亚的成煤森林则到了二叠纪才开始形成。

这些晚石炭世的植物化石都缺少年轮结构，因此推测当时的气候可能缺少季节性变化。植物叶片的形状有利于大量水分的蒸腾，这说明当时的降水量可能是十分大的。

沼泽森林存在的时间决定了煤层最终形成的厚度。如果沼泽森林存在的时间较短，那么仅能产生较薄的煤层。但是如果沼泽地和水体存在的时间较长，则能够积累大量的植物残骸，最终形成较厚的煤层。10米厚的植物残骸一般能够产生1米厚的烟煤，而形成这么厚的植物残骸则需要大约7000年

的时间。虽然大多数的煤都是由大型植物形成的，但其他类型的植物或多或少也有参与。比如柔软的孢子植物会被水流冲走，沉积形成精细的烛煤，藻类也可以通过同样的方式形成藻煤。

根据含碳量的多少，可以将煤划分为不同的等级。一般来说，年代越久远、压缩越紧密的煤等级越高。泥煤广泛分布于世界各地，是等级最低的煤，只包含紧密压实的植物体。它们形成的时代较晚，含碳量大约为55%，与木头50%的含碳量没多大区别。褐煤的含碳量为73%，主要发现于第三系地层，在东欧具有重要的经济价值。烟煤大部分形成于晚石炭世，含碳量约为84%。无烟煤的等级最高，含碳量超过93%。无烟煤是烟煤进一步变质的产物。一些形成于晚石炭世的煤也可以变质形成无烟煤，尤其是在威尔士地区。

煤并不是上石炭统唯一具有经济价值的矿产资

> 大多数的优质煤都形成于晚石炭世，此后形成的煤质量要差得多。

煤的开采

现代露天煤矿的开采通常是将煤层与其上覆岩层一起剥离，而传统方法只开采较厚的煤层，并且只剥离煤层本身。上图所示的露天煤矿位于德国科隆附近，长度超过 5 千米。

源，人们在这一地层中还发现了大规模的石油矿藏。许多砂岩还含有相当比例的铁，它们与岩石同时形成。有些时候，含铁的氧化物发现于各种结核。铁对于工业革命来说至关重要，英国的很多铁矿都发现于石炭系。如果矿石中铁的含量达到20%~40%，那么这样的矿石就具有重要的经济价值。如今，虽然原矿的开采并不十分划算，但是在老矿区对产自不同地点或不同岩层的矿石进行冶炼依旧在进行。

其他的金属矿床也可以在造山运动中形成。富含各种金属矿物的地下水涌出地表后会析出大量的矿物晶体。比如，在阿巴拉契亚山脉形成的时候，富含铅、锌和铜等矿物的滚烫地下水渗入下石炭统的石灰岩中，与石灰岩中的有机物发生反应并析出这些金属的硫化物。现在密西西比河沿岸的铅矿、锌矿和铜矿就是通过这种方式形成的。

煤的形成与沼泽环境的变化息息相关。海岸

> 环境的变化、植被的生长和海侵创造了成煤所需要的缺氧环境。

线随着海平面的涨落不断变化，这一点可以通过不同沉积物的交替出现反映出来。沉积在三角洲的泥沙一般都可以分为顶积层、前积层和底积层。当水流方向发生改变时，前积层的上部和顶积层就会被冲走，只有前积层下部和底积层能够保存下来。如果在这个侵蚀面上再形成一个三角洲的话，又会被水流冲刷形成新的侵蚀面，如此往复。

最终，当所有这些沉积物形成岩石的时候，在剖面上就会形成独特的层理，地质学家一眼就可以认出这种结构是由水流变化产生的。有些时候，泥沙会高出水面形成沙洲，这样便给植物的生长创造了条件。根系在沙土中延伸，汲取所有能够利用的养分。有些植物的寿命很长，但有些只是昙花一现。最终，大部分植物都将因海平面上涨而消失。然而，化石能够记录下这一切。有时在砂岩中能够找到黏土或者富含炭化植物碎片的白色砂岩层，一旦发现这种常被采矿工程师称为硅质层的底黏土，就很容易在附近找到煤层。

2%的晚石炭世的成煤森林曾经被海水淹没。

上文提到的沉积旋回只是比较理想的状态，在实际情况下，旋回中的一些环节也有可能会丢失。比如，沙洲有可能从来就没有高于水面，因此不会产生煤层。再如，海侵的时间太短，以至于难以形成石灰岩。不论哪种情况出现，北美洲和欧洲的上石炭统都出现了上千次这样的沉积旋回。

石炭纪的树木与泥盆纪的非常相似，其中比较典型的要数高大的石松，有些甚至可以长到30米高。现代石松具有成串的鳞状叶片，是一种很不起眼的植物，在沼泽地中很容易被其他植物遮蔽。但是它们的祖先相当于那个时期的巨型红杉，树干的直径可达3米，且具有宽阔的枝叶。石松的茎干都是二分枝，就连根系也是一样。这一特征可以通过煤层中的化石加以确认。石松植物根的表面具有螺旋状排列的根痕，这些都是不定根生长的地方。叶柄在茎的表面也留有印痕。鳞木的叶柄印痕呈菱形排布，而封印木的印痕则沿茎干纵向排列。这些植物的生殖器官叫作*Paleostrobus*。由于植物化石大都零散保存，所以几乎不可能判断这些生殖器官属于哪种植物，就连它们是长在枝丫的尖端还是悬挂在下面都不得而知。

> 即使看见，现在也很少有人能一眼认出石松植物。而晚石炭世的石松植物身形巨大，是森林的主要组成部分。

现代沼泽地带生长的大多是木贼植物，这是一种与蕨类有密切关系的原始植物。木贼的高度通常不超过1米，但是晚石炭世木贼的祖先芦木可以长到10米高。芦木有很多不同的种类，并且具有肋状茎。同一时期的蕨类常会形成大片的低矮植物。这些原始植物通过孢子而不是种子繁殖。现代松柏类的祖先也在这一时期出现了，它们具有粗壮的树干和纤细的叶子，这些植物又被称作科达树。

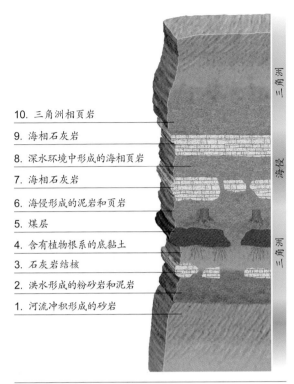

10. 三角洲相页岩
9. 海相石灰岩
8. 深水环境中形成的海相页岩
7. 海相石灰岩
6. 海侵形成的泥岩和页岩
5. 煤层
4. 含有植物根系的底黏土
3. 石灰岩结核
2. 洪水形成的粉砂岩和泥岩
1. 河流冲积形成的砂岩

沉积旋回

海水的进退使三角洲形成典型的沉积层序。这幅图展示的是一个理想状态下的沉积旋回，但是实际上一些环节可能不完整或完全缺失。

当陆地下沉或海平面上升时，成煤植物群落迟早都会被淹没。此后泥沙覆盖在植物的遗骸上，最终变成页岩。如果海水长时间不能消退或变得更深，石灰质的沉积物就会开始形成，进而变成石灰岩。值得注意的是，岩层的厚度并不能反映沉积物形成的速度。比如，形成1米厚的煤层所需的植物残骸需要积累7000年的时间，但是形成1米厚的页岩可能只需要5年的时间。

然而，当海平面下降的时候，一切都将再度发生。河流裹挟着泥沙入海，三角洲重新形成。砂岩、底黏土、煤层、石灰岩、砂岩这样的沉积旋回周而复始，指示了这一地带的环境变化多端。虽然这样的沉积序列主要由砂岩和页岩组成，几乎不含煤层，但是成煤的条件似乎已经成熟。据统计，大约只有

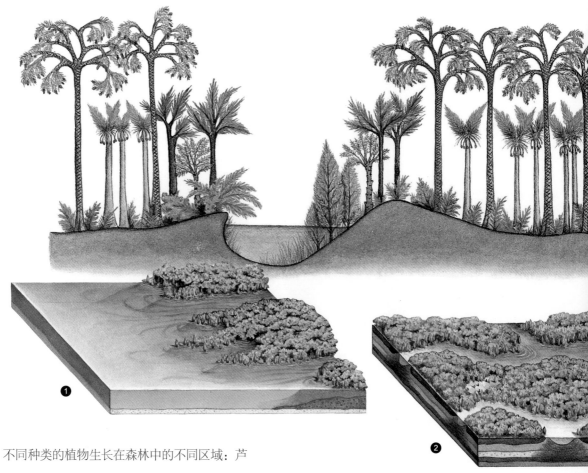

不同种类的植物生长在森林中的不同区域：芦木生长在水中，封印木和鳞木沿河而生，蕨类植物和种子蕨生长在阴暗潮湿处，科达树生长在相对干旱的高地。木贼类属于攀援植物，我们通常可以在其他植物的茎干上找到它们。

森林中的植被如此茂密，以至于我们仅能看到周围几步之内的景色。由于空气炎热湿润，森林里闻上去有一股植物腐烂的味道。泥沙形成的河流堤岸是动植物种类最为丰富的地带。由于植物高大茂盛，连低矮的蕨类都有一人高，所以动物基本上不可能进入丛林的深处。

由于没有鸟类，石炭纪的天空是昆虫的天堂。另外一些类群或爬行或穿梭蹦跳。这一时期的蜘蛛和蝎子与现代的并无二致，而其他节肢动物则与我们今天看到的完全不同。巨脉蜻蜓的翼展约为70厘米，和现代的鹦鹉体型相当。水中和低矮的植物后面隐藏着与现代鳄鱼体型相当的两栖动物。在河岸的淤泥和茂密的木贼植物丛中可能生活着体长2米、样子酷似蝾螈的巨型两栖动物。林蜥是生活在这一时期的丛林中最早的爬行动物之一，它们的体型小巧，大部分时间都在躲避身形巨大的两栖动物。

沼泽森林绵延1000千米，形成了一条天然的绿色屏障。在此之外则分布着沙洲和河口三角洲，那里也是沼泽地与内陆海交汇的地带。

昆虫是天空最早的征服者。

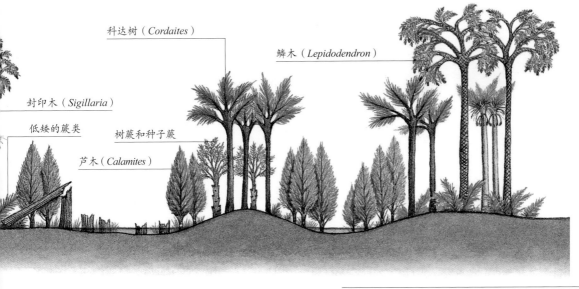

科达树（*Cordaites*）

鳞木（*Lepidodendron*）

封印木（*Sigillaria*）

低矮的蕨类

树蕨和种子蕨

芦木（*Calamites*）

成煤沼泽

成煤沼泽中的植物分布并不是杂乱无章的：芦木生长在小溪、水潭等最湿润的地带，而鳞木和封印木生长在次湿润的地带。在干旱的地带生长着原始的针叶植物科达树，它们的周围通常还生长着种子蕨。

环境的变迁

（❶）河流裹挟的泥沙在入海口形成三角洲；（❷）三角洲地带的岛屿和水域纵横交错，随着三角洲的不断生长，岛屿和水域的面积也不断变化；（❸）海平面的上涨淹没了三角洲及生长在那里的植被，海相沉积开始形成；（❹）新的三角洲再度形成。

❸

❹

晚石炭世

❶ 辉木（*Psaronius*，树蕨）

❷ *Aphthoroblattina*（蟑螂）

❸ 游螈（*Keraterpeton*，两栖动物）

❹ 鳞木（*Lepidodendron*，一种石松类植物）

❺ 始螈（*Eogyrinus*，两栖动物）

❻ 林蜥（*Hylonomus*，爬行动物）

❼ 蛇螈（*Ophiderpeton*，蛇形两栖动物）

❽ 芦木（*Calamites*，木贼）

❾ 轮叶（*Annularia*，蔓生木贼）

❿ 封印木（*Sigillaria*，石松类）

⓫ 巨脉蜻蜓（*Meganeura*）

⓬ 远古蜈蚣虫（*Arthropleura*，节肢类）

晚石炭世

专题 昆虫的演化

晚石炭世是昆虫的时代，然而在昆虫出现之前还有其他演化成功的节肢动物。它们的共同特点是具有体节和分节的附肢，自寒武纪以来就出现在化石记录中。最早的节肢动物出现在海洋中，包括三叶虫和它的近亲，在早古生代它们都属于活跃的无脊椎动物。

不仅如此，节肢动物还是陆生动物的先驱。人们在英格兰的湖区发现了4.5亿年前一种酷似马陆的节肢动物的行迹化石。然而，正是因为昆虫不断演化，节肢动物最终才在陆地上生存下来。

人们在澳大利亚西部的下志留统中发现了一种介于马陆和昆虫之间的过渡型动物。它们的身体和昆虫一样分为头、胸、腹3个部分，但是它们具有11对足，而不是像昆虫一样具有3对足。需要指出的是，这种动物还不是真正的昆虫，最古老的昆虫（或称六足节肢动物）可能是发现于苏格兰东北部泥盆纪莱尼燧石层中的弹尾类。

到了晚石炭世，随着飞行能力的逐步提高，昆虫迎来了属于它们自己的时代。最原始的昆虫是不会飞的，比如弹尾类。它们的身体在个体发育过程中只增大而不变态，因此它们的成体看上去就是幼体的放大版。飞行能力是伴随着蜻蜓类动物的发展

而逐渐形成的。

现在大部分昆虫的个体发育都需要经历变态过程，即从若虫到蛹再羽化为成虫。

进入中生代以后，显花植物的出现为蚂蚁、蜜蜂等社会性昆虫创造了新的生态位。

昆虫化石

左图展示了一只精美的炭化的甲虫化石（鞘翅目）。许多晚石炭世的昆虫化石都是通过翅膀的特征加以鉴定的。昆虫的翅膀由几丁质组成，这是一种非常坚固的天然物质，能够承受飞行产生的阻力。在特殊情况下，如果化石保存得足够精美，昆虫翅膀上的花纹的颜色和排列方式甚至都依稀可见。

昆虫的演化趋势

90%的节肢动物都属于昆虫，它们是地球上迄今演化最为成功的动物类群。现代昆虫超过了100万种。昆虫多足类和单肢类自泥盆纪起就分化为完全不同的类群，并且快速特化。它们的共同祖先至今仍不清楚，但是很有可能起源于环节动物。尽管最近DNA序列比对的结果显示昆虫可能与头吻动物门的蠕虫有较近的亲缘关系，但是栉蚕类（天鹅绒虫）兼具昆虫和环节动物的许多特征，或许能够为昆虫的起源提供重要的信息。单肢类具有所有节肢动物典型的演化趋势，即足的数量逐渐减少，体节不断愈合并逐渐特化，从而具备特殊的功能。

有翅昆虫

在昆虫的演化历史中，具有里程碑意义的事件莫过于飞行能力的获得。在晚石炭世，昆虫演化出了用于滑翔的器官并最终演变为翅。大多数称为内翅类的有翅昆虫的发育过程需要经过变态。它们经历完全变态过程，意味着若虫结构在蛹中完全转变为成虫结构。另一些被称作外翅类的类群个体发育并不经历变态过程，它们的若虫看上去就是迷你版的成虫，只是不具有翅膀和生殖器官而已。

无翅昆虫

包括蠹虫在内的一个亚纲的昆虫的祖先类型都没有翅膀，这与一些有翅昆虫（比如膜翅目）次生丢失翅膀的情况截然不同。

❶ 不分节的祖先。

❷ 体节出现。

❸ 坚硬的外骨骼开始出现，触角及步足出现。

❹ 步足分节。

❺ 第一体节与头融合，前4个体节的附肢移动到口的周围。

❻ 末端3个体节上的附肢演化为雄性的生殖器，其他附肢丢失。

❼ 翅出现。

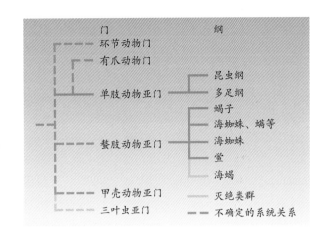

门	纲
环节动物门	
有爪动物门	
单肢动物亚门	昆虫纲
	多足纲
	蝎子
螯肢动物亚门	海蜘蛛、螨等
	海蜘蛛
	鲎
	海蝎
甲壳动物亚门	——— 灭绝类群
三叶虫亚门	--- 不确定的系统关系

昆虫的分类

单肢类是现生节肢动物的三大类群之一，包括多足类和六足类两大类群。

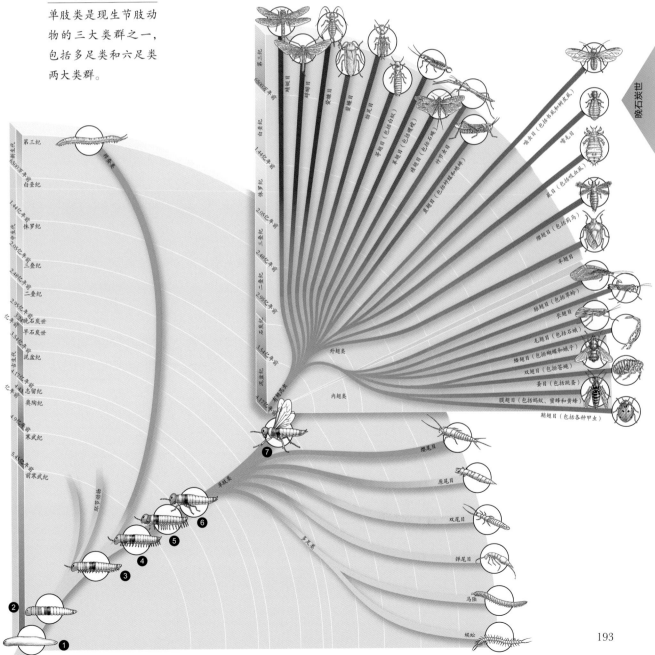

193

二叠纪
距今2.95亿~2.48亿年

二叠纪是古生代的最后一个时期，古大陆继续向一起汇聚，盘古超大陆的联合基本完成。二叠纪是一个造山运动和火山活动都极为活跃的时代，整个时期陆地不断抬升，海水从大陆退去，海相沉积越来越少。这个时期的岩系以陆相砂岩为主，因与泥盆纪的老红砂岩极为相似而被称为新红砂岩。新红砂岩的沉积一直持续到三叠纪，使早期的地质学家在划分地层时出现了混淆。但是二叠纪和三叠纪的植物与动物群组成简直有天壤之别。二叠纪末期的生物大灭绝使当时96%的物种从地球上消失，导致动物和植物类群发生了前所未有的巨大改变。这次大灭绝发生在2.5亿年前，这一事件也宣告了古生代的终结。

在工业革命早期，采矿工程师和地质学家发现在英格兰的石炭系煤层上方覆盖着一层不含化石的红色砂岩，但在英格兰东北部煤层上方覆盖的是富镁石灰岩。科学家通过对红砂岩沉积相的分析，发现它们是由沙丘、冲积扇以及河流相沉积物组成的，与泥盆系老红砂岩的沉积相非常相似。到了19世纪20年代，"新红砂岩"一词已经被用来描述二叠系的这套红砂岩，以区别泥盆系的老红砂岩。

1833年，著名地质学家查尔斯•莱尔第一次将"新红砂岩"一词用作官方地质学术语。他将新红砂岩定义为石炭系和下侏罗统之间的全部岩层，在当时又被称作青石灰岩。在德国，石炭系上覆的红层叫作赤底统，而富镁的石灰岩叫作镁灰岩统，因含有丰富的铜矿而具有重大的经济价值。一年之后，也就是1834年，在查尔斯•莱尔的论著出版之后，德国地质学家亚伯特用

> 石炭系位于泥盆系老红砂岩之上和二叠系新红砂岩之下，看起来就像个三明治。

关键词

生物地理区系、大陆漂移、舌羊齿类、冰河时期、哺乳动物、冰碛物、兽孔类、冰碛岩、纹泥

参考章节

泥盆纪：老红砂岩
早石炭世：煤炭、盘古超大陆
晚石炭世：阿莱干尼造山运动、冰期

晚石炭世 （宾夕法尼亚纪）	2.95亿年前	2.9亿年前	2.85亿年前	2.8亿年前	二叠纪	2.75亿年前
分期			下二叠统（赤底统）			
欧洲分阶		阿舍尔阶			萨克马林阶	
北美分阶			狼营统			
地质事件	阿莱干尼造山运动持续，冈瓦纳大陆与劳亚大陆联合（劳伦古陆＋波罗的大陆）					
气候	石炭－二叠纪大冰期结束					
海平面			海平面波动			
植物	以石松类植物为主					
动物	陆栖动物发展，包括盘龙类（似哺乳类爬行动物）			海绵/苔藓虫生物礁出现		

二叠纪

"trias"一词描述新红砂岩最上方的一层。由于新红砂岩在德国被分为3层，因此德国地质学家亚伯特提出的"trias"就是今天我们熟知的三叠系的划分基础。

与泥盆系和石炭系相比，二叠－三叠系的划分是相对困难的。新红砂岩是由陆源沉积物在盐湖和浅海湾沉积形成的。这里存在两个问题：一个是两个地区的海相地层只能通过广布的、快速演化的化石类群加以对比，而新红砂岩中并不含有化石；另一个是整个西欧的新红砂岩和石炭系之间存在巨大的沉积间断，地质学家并不知道中间缺失了多厚的地层。这两个问题给这套地层的划分带来了巨大的困难。

1840年到1841年间，曾经命名泥盆系的地质学家麦奇生与法国古生物学家爱德华德·韦纳伊、拉脱维亚科学家亚历山大·凯泽林一起访问了俄国。在此期间，他一直在思考西欧石炭系以上的沉积间断，并且试图找到从石炭系到老红砂岩的连续地层。在俄国地质学家的帮助下，麦奇生考

> 尽管二叠纪和三叠纪分属于古生代和中生代，但两个时代的地层经常发生混淆。

察了从北部的巴伦支海到南部的哈萨克斯坦、从西部的伏尔加河到东部的乌拉尔山之间的广大地区。

在1841年10月写给墨西哥自然科学家协会的信中，麦奇生命名了二叠系。"二叠系"这个名字来自60年前在这一地区成立的工业城市"Perm"。在这一地区的石炭系以上是一套海相地层，再往上是与西欧非常相似的新红砂岩。

1853年，地质学家曼科在密西西比河和科罗拉多河之间的地区首次确认了北美的二叠系。他发现北美的二叠系与欧洲的有很多相似之处。

转折点

二叠纪是古生代最后的一个时期，因此在地球历史上具有深远的意义。在古生代开始时，生命仅存在于海洋中。随着时间的推移，陆生生物不断出现。最早登陆的是植物，此后是无脊椎动物，最后是脊椎动物。到了二叠纪末期，陆生生物已经大规模发展，中生代即将开始。

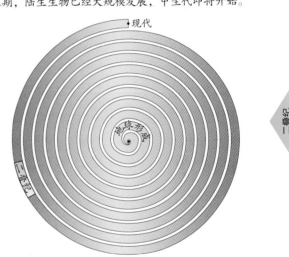

	2.7亿年前		2.65亿年前		2.6亿年前		2.55亿年前		2.5亿年前	2.48亿年前 三叠纪
							晚二叠世/上二叠统（蔡希斯坦统）			
		亚丁斯克阶			空谷阶		乌非姆阶/卡赞阶		鞑靼阶	
		累纳德统					瓜德鲁普统		奥霍统	
		分布广泛的蒸发岩				乌拉尔造山运动，西伯利亚大陆与劳伦古陆联合		西伯利亚玄武岩大量喷发		
	冈瓦纳大陆向南极运动，造成全球变暖						高温且干旱			
						下降		浅海		
	种子蕨，特别是舌羊齿植物群						海绵/苔藓虫生物礁出现	主龙类出现		
	兽孔类（高等的似哺乳类爬行动物）出现									大灭绝事件

今天，很多科普书依然用"新红砂岩"这个词来描述从二叠系到三叠系的连续沉积，尽管这套地层实际上跨越了两个时代，即从古生代到中生代。从普通地理学的角度看，二叠纪和三叠纪的确没有太大的差别，沙漠在这两个时期遍布联合大陆的各个角落。

目前，大多数地质学家都认为二叠系可以分为上、下两统，并且下二叠统远远厚过上二叠统。在欧洲前者以赤底统为代表，后者以镁灰岩统为代表。尽管也有地质学家提出二叠系的三分法，但是在欧洲以外的很多地方（比如中国），虽然二叠系的划分有不同的方案，但下二叠统比上二叠统厚很多，上二叠统的厚度甚至薄于欧洲的镁灰岩统，这与欧洲的情况是完全一致的。不仅如此，在汉语中"二叠"两个字本身也有二分法的意味。

海相地层的缺失给二叠系的确认带来了很大的困难。特别是到了晚二叠世，海退导致陆地面积不断扩大，因此这一时期海相沉积物的范围非常有限。从二叠系到三叠系的连续地层仅在巴基斯坦的盐山被发现，甚至在麦奇生的报告中提到的下二叠统也经常被认作石炭系。直到1941年，美国地质调查局才正式承认二叠纪这个时代。而北美的下二叠统狼营统直到1951年才被承认，因为当时仅有的、可对比的二叠系位于苏联。

盘古超大陆在二叠纪基本形成，只有华南地体及其周围的岛屿依然与之分离。冈瓦纳大陆和劳伦古陆最终联合，并在其交界处形成了阿莱干尼山脉。阿莱干尼造山运动发生在阿巴拉契亚山脉形成的最后阶段，所产生的形变叠加于泥盆纪劳伦古陆和波罗的大陆撞击产生的形变之上。这次造山运动产生了欧洲南部的海西山和非洲北部的毛里塔尼亚构造带，冈瓦纳大陆和劳伦古陆之间的海洋也因此消失。

> 盘古超大陆从北极一直延伸到南极，只有一部分东亚地体不与之相连。

与此同时，北部的加里东山脉不断遭受剥蚀而导致海水涌入，在现在的北海、英格兰东北部和德国形成大面积的浅海。这些浅海的蒸发量很小，形成了由石灰岩和蒸发岩组成的蔡希斯坦组。在海水入口处，新旧山体的剥蚀形成冲积扇，这些沉积物最终形成了二叠纪的新红砂岩。

在更遥远的东部，由老红砂岩组成的大陆东部边界最终与安加拉古陆（位于今天的哈萨克斯坦和西伯利亚）碰撞形成劳亚大陆。此时，乌拉尔山沿撞击带开始隆升。尽管大陆已经联合，但是乌拉尔山地带依然残存少量的海域。今天的波斯湾就是在阿拉伯半岛和伊朗板块之间形成的浅海，它的东边有扎格罗斯山环绕。这个二叠纪浅海——乌拉尔水道正是麦奇生发现的海相沉积物所在的位置。这个水道最终干涸，并被沙漠、盐湖和冲积扇取代，形成新红砂岩。在二叠纪末期造山运动即将结束的时候，乌拉尔山东部发生了大规模的熔岩溢流事件。

在更遥远的西部，即劳亚大陆的西海岸，依然存在着不少火山岛弧，它们与劳亚大陆之间的地带形成了大面积的浅海。洋壳的不断消减形成了更多的火山和岛屿。由石炭纪安特勒造山运动形成的

冈瓦纳大陆的不稳定核心

在冈瓦纳大陆很少能发现二叠纪化石，主要是因为这个超级大陆的气候在这一时期可能极端恶劣。这个大陆的核心离海洋有几千千米，计算机模型显示这一核心地带的年平均降水量不超过2毫米，夏季的极端最高气温是45摄氏度，有些地区夏冬两季的温差甚至可以达到50摄氏度以上——冬季的极端最低气温是零下30摄氏度。陆生生物很难在如此严酷的自然条件下生存——即使有，它们也不得不随季节变换而不断迁徙。

二叠纪

温暖的气候

二叠纪全球的气候反差强烈，南极附近的冈瓦纳大陆拥有大规模的冰川，但是盘古超大陆的北部是大片干旱的沙漠。

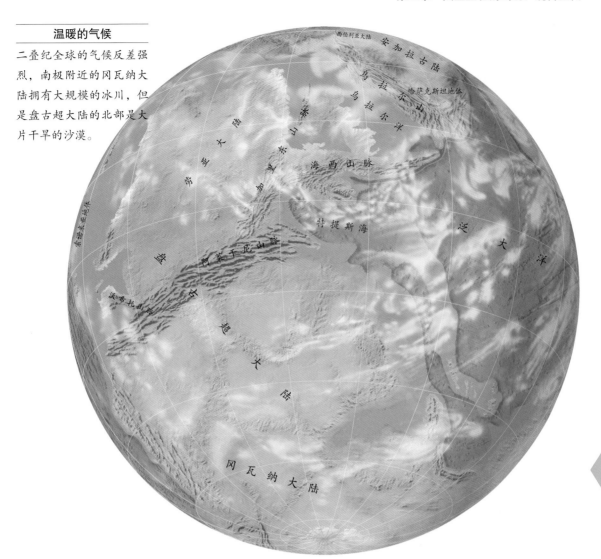

西伯利亚大陆

安加拉古陆

乌拉尔山脉

哈萨克斯坦地体

乌拉尔洋

劳亚大陆

加里东山脉

海西山脉

特提斯海

泛大洋

索尔兹亚地体

阿巴拉千尼山脉

中央

阿希北山脉

大陆

冈瓦纳大陆

大陆的联合

在二叠纪，所有的大陆几乎都已经联合在一起——它们位于地球的一侧，从太空看像一个U形的超大陆。许多尚未联合的微型大陆，比如青藏地体和马来西亚都在逐渐向北漂移。

年轻的山脉，年轻的海洋

随着西伯利亚和波罗的大陆的最终联合，乌拉尔山脉逐渐形成。与此同时，在盘古超大陆的东南方，特提斯海的边界基本确定。

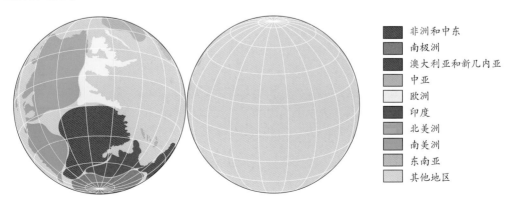

■	非洲和中东
■	南极洲
■	澳大利亚和新几内亚
■	中亚
□	欧洲
■	印度
■	北美洲
■	南美洲
■	东南亚
□	其他地区

二叠纪

山脉在今天的美国内华达州和爱达荷州依然可以见到。随着二叠纪末期索诺玛火山活动的开始，新的造山运动（索诺玛造山运动）使这一地带再次抬升。北美大陆的其他部分都被浅海覆盖，向北直到加拿大克拉通。北美大陆西南部的浅海水域形成了可可西诺砂岩和凯巴布石灰岩，而这两套岩层在大峡谷的剖面上非常容易识别。

劳亚大陆和冈瓦纳大陆碰撞形成的沃希托山位于今天的美国得克萨斯州境内，它是阿莱干尼山系西边的余脉，阿莱干尼山系主要位于今天美国阿肯色州境内。这套山系的北部是米德兰盆地和特拉华盆地。这两个盆地在形成沃希托山的地质事件中同时形成。到

> 米德兰盆地和特拉华盆地是由于沃希托山的抬升而形成的，如今这一地带的石油资源非常丰富。

了二叠纪末期，这两个盆地被沉积物掩埋于地下。它们是在20世纪的石油钻探中被发现的。

二叠纪南半球的冈瓦纳大陆依然是一个整体，包括今天的南美洲、非洲、澳大利亚、印度和南极洲。冈瓦纳大陆规模巨大，以至于潮湿的空气难以达到它的中心，因此植被仅分布于冈瓦纳大陆的沿海地带。它的核心海拔较高，气候干燥，环境十分恶劣。在冈瓦纳大陆除今天南极洲以外的其他地区，自晚石炭世出现的大陆性冰川逐渐融化，到了二叠纪末期则完全消失。

冰川作用可以在岩石上留下痕迹，所以二叠纪的冰川融化能够通过岩石上的痕迹得到确认。1856年，人们在印度北部的奥里萨邦发现了大量上石炭统的冰川沉积物。在地质学家的眼里，它们与更新统的冰川沉积物非常相似。值得注意的是，这些冰川沉积物发现于位于热带的印度次大陆，而这一地区根本不可能形成冰川。印度的冰川沉积物直到1874年才得到官方确认，这些沉积物由

> 1856年在印度发现的冰川遗迹确实让地质学家难以解释，而恰恰是这些冰川遗迹为现在人们认识板块漂移提供了可靠证据。

砾石层组成，叫作Talchir冰碛岩。这些砾石在冰川的打磨下变得十分光滑。冰碛岩是由冰川沉积物不断压紧压实形成的。这些冰碛岩下方的岩石具有纵向条纹，它们都是冰川在移动过程中产生的刮痕。这样的刮痕在印度的拉贾斯坦邦和中央邦也曾发现过。

人们在印度靠近喜马拉雅的地层中发现了大量的纹泥，它是冰川作用的产物。冰川只在夏季融化，冰川融水冲走了大量的岩石碎屑。它们被水流冲走的距离因粒度不同而有所差异。这些碎屑在湖底形成了明显的分层，每一层代表一年的沉积物。从岩石粒度分布的方向上判断，古代冰川应该位于今天的印度洋。

冰川遗迹

南非德韦卡冰碛物是典型的石炭–二叠纪冰川遗迹。胶结的冰碛物覆盖在冰川打磨过的岩石表面，它们存在的时间超过了2.5亿年。岩石上的擦痕真实地反映了冰川运动的轨迹。

与此同时，类似的冰川沉积物在澳大利亚南部（1859年）、非洲南部（1870年）和巴西（1888年）也有发现，其中以非洲的冰川沉积物德韦卡冰碛岩的规模最大——在从南非的德兰士瓦省到好望角、从纳米比亚到纳塔尔的广大地区都有分布，甚至在北部的肯尼亚也零星出现。这些遗迹以冰川擦痕为主，偶见被冰碛岩填充的U形谷。冰碛岩中的一些砾石显然经历过长距离的搬运。

1888年，科学家证实在巴西发现的石炭系冰碛物是由东部大西洋沿岸的冰川形成的。在澳大利亚发现的石炭系冰川遗迹较少，在石炭纪末期和二叠纪中期都有区域性的冰川形成。值得注意的是，人

们在下二叠统的岩层中发现了大量由温带植物形成的煤层，说明两次冰期之间至少有持续2000万年的温暖气候。

这些发现似乎说明古生代末期从两极到赤道都存在冰川作用，但是人们在印度和欧洲同一时代的地层中分别发现了热带荒漠沉积和植物化石，说明这一时期的冰川作用并不是全球性的。因此，地质学家得出结论：从石炭纪到二叠纪的冰川作用仅局限于南半球，其中只有少量的冰川分布在赤道以北的非洲中部和印度。

20世纪初，魏格纳的板块漂移学说对上述结论提出挑战，它支持冈瓦纳超大陆的存在。冈瓦纳超大陆包括现在的印度、非洲和南美洲，这些大陆上的地层和古生物化石都有很高的相似性——这一现象早已被达尔文和华莱士观察到。魏格纳提出冈瓦纳超大陆和劳亚大陆曾经都是盘古超大陆的一部分。不管事实是否如此，石炭纪到二叠纪的冰川作

二叠纪的冰川

包括冰丘、蛇形丘和冰碛阜在内的石炭-二叠系冰川遗迹并没有保存至今，因为这些遗迹都是由松散的沙石、黏土和其他易被风化的物质组成的。绝大多数保存至今的石炭-二叠系冰川遗迹以冰川漂砾为主，它们是漂浮在运动冰川上的巨石，并在冰川融化后沉入海底。紧接着，新的沉积物在这些砾石上继续形成，将砾石包裹在岩层中。

❶ 岩石表面的条带状擦痕是由包裹在冰川中的碎石刮蹭出来的，它们指示了冰川运动的方向。

❷ 冰山裹挟着冰碛物入海，随着冰川的融化，冰碛物沉积在海底。

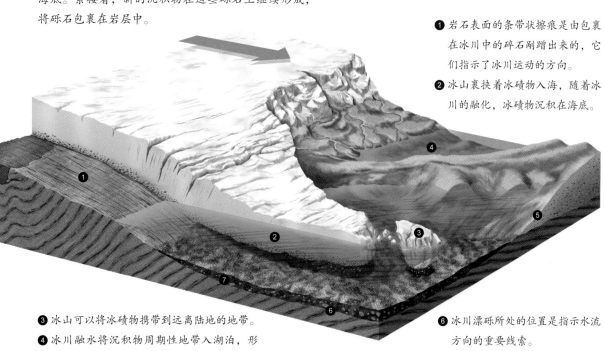

❸ 冰山可以将冰碛物携带到远离陆地的地带。

❹ 冰川融水将沉积物周期性地带入湖泊，形成特殊的年融积层。

❺ 一部分冰碛物逐渐被风化侵蚀。

❻ 冰川漂砾所处的位置是指示水流方向的重要线索。

❼ 冰碛物胶结，最终形成冰碛岩。

大陆漂移的证据

在石炭纪的大部分时间里，非洲大陆都曾位于南极点附近，如今这片大陆上的冰川遗迹为这个推测提供了充足的证据。随着冈瓦纳大陆的解体和向北漂移，南极洲开始向南移动，至今依然位于南极点附近。因此，在石炭纪，所有曾经漂浮到南极点附近的大陆上都有大规模的冰盖出现。

化石证据可以进一步证明大陆板块并不是静止不动的。有一种叫作舌羊齿的重要的二叠纪植物化石不仅在非洲出现，而且在印度、南美洲、澳大利亚和南极洲的地层中也曾出现。如今这些大陆彼此相隔甚远，植物群的差异显著。19世纪的一些学者曾经推测，舌羊齿的种子一定是通过风传播到了各个大陆上。但是，德国地球物理学家魏格纳坚信，舌羊

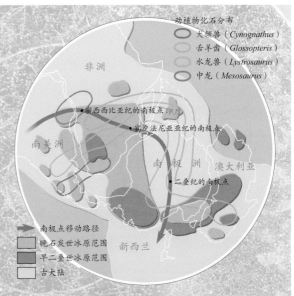

齿的全球性分布只有在大陆联合的情况下才有可能发生，因此提出了大陆漂移学说。

支持大陆漂移的其他证据还来自动物化石。中龙是一种生活在二叠纪初期的水生爬行动物，只生活在淡水湖泊中，因此不能进行跨大洋迁徙。有意思的是，中龙的化石在非洲和南美洲都曾发现过，因此，如果大西洋在二叠纪就存在的话，这种情况是不可能发生的。不仅如此，1969年人们在南极洲还发现了一种三叠纪的似哺乳类爬行动物水龙兽。这种动物一度被认为只生活在非洲和印度，这说明印度、非洲和南极三块陆地都曾经是冈瓦纳大陆的一部分。

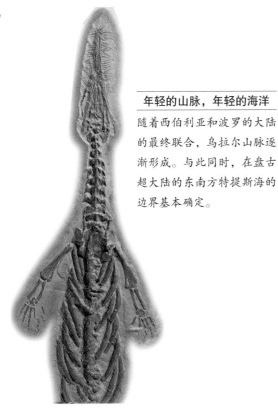

年轻的山脉，年轻的海洋

随着西伯利亚和波罗的大陆的最终联合，乌拉尔山脉逐渐形成。与此同时，在盘古超大陆的东南方特提斯海的边界基本确定。

如今，在不同大陆上生活着不同种类的陆生动物，但是二叠纪所有的大陆上都发现了同一类动物的化石。

用确实存在，但是规模要比之前想象的小，只影响南极点附近的陆地。

所有的证据都支持这样的看法。1960年，科学家发现巴西的冰碛岩来自非洲的纳米比亚，说明非洲和南美洲曾经彼此相连。这一重要证据的发现直接证明了当时冰川作用的范围。

另一个能够证明盘古超大陆曾经存在的证据是二叠纪陆生动物的分布。大规模的红层表明了干旱气候的蔓延，因此动物必须演化出完全适应干旱环境的能力。

仅有的两栖动物仍然生活在地球上为数不多的湿润地带。两栖动物的一种适应干旱环境的能力就是成体皮肤的角质化，这一结构能够减少水分散失。有些二叠纪两栖动物的角质化皮肤甚至与爬行动物

没有什么区别。

爬行动物在二叠纪开始繁盛。所有现代的爬行动物均起源于石炭纪类似于蜥蜴的动物，而其他种类的爬行动物都灭绝了。

二叠纪的植物与晚石炭世的成煤植物并没有明显的区别，但是除了低矮灌木状的植被以外，还出现了种子蕨，特别是冈瓦纳大陆独有的舌羊齿类。巨大的木贼类依然生活在水边。石松和科达树是这一时期主要的高大植物，它们都是裸子植物的近亲。裸子植物在二叠纪出现，这一时期的代表包括苏铁和银杏，它们都比原始类群更适应干旱气候。尽管大多数地区的气候干燥，那里毫无生息，但在一些气候适宜的地带仍然生长着茂盛的植被。二叠纪特

别是冰期结束后的冈瓦纳大陆形成了大规模煤层。今天，南非和津巴布韦都有很多二叠纪的煤矿，但是不同地区的成煤植物差异很大，每个地区都有自己独有的植物群落。这一重要的生物地理学现象是由达尔文和华莱士最早发现的。

最完整的二叠系位于美国得克萨斯州的米德兰盆地和特拉华盆地。砂岩、石灰岩和页岩在这两个盆地中广泛分布。在盆地的周围有大面积的生物礁。在生物礁与陆相沉积之间的地带，岩层从潟湖相薄层石灰岩向红层过渡。在二叠纪初期，这些盆地与西侧

> 在二叠纪美国得克萨斯州盆地的边缘分布着热带生物礁，其中包括至少350种不同门类的生物。

生物礁群落

美国得克萨斯州西部和新墨西哥州的二叠纪盆地中绵延750千米的生物礁主要由苔藓虫、具刺腕足动物、钙质海绵和绿藻形成。在下图所示的生物礁中，钙质海绵倒挂在苔藓虫上。一些叫"goo"的微生物将这两种动物联结在一起。钙质沉积物和葡萄状霰石填充在这些生物周围。

❶ 腕足动物　　❻ 具刺腕足动物
❷ 六射海绵　　❼ 钙质海绵
❸ 海百合　　　❽ 腹足动物
❹ 绿藻　　　　❾ 苔藓虫
❺ 头足动物　　❿ 层孔虫

卡皮坦生物礁：一个二叠纪的化石群落

美国得克萨斯州的卡皮坦石灰岩是二叠纪生物礁的一部分。2.55亿年后的今天，这里的地貌依然能够反映生物礁形成的立体结构。南部裸露的岩层代表了特拉华盆地曾经的深度。悬崖下的山麓堆积由生物礁边缘崩塌的碎屑形成。悬崖就是生物礁本身，其背后的高地就是潟湖的遗迹。

特拉华盆地

到了二叠纪，曾经覆盖北美大部分地区的边缘海逐渐退去，但是得克萨斯州西部的海水依然存在，在落基山脉和年轻的沃希托山脉之间形成了较浅的水道。这些山脉的持续抬升形成了3处盆地，它们与西面的海水仅通过一条海峡相连。这些盆地所处的位置非常靠近二叠纪的赤道，因此受赤道季风的影响，降雨稀少。干旱的气候进一步加剧了海水的蒸发和沉积物的形成。其中米德兰盆地逐渐消失，但是特拉华盆地周围的生物礁则日益繁盛，最终形成的一些规模巨大的礁体有600米高。

大洋相连，由于海水不停地交换，所以水中的溶解氧丰富。到了二叠纪末期，盆地加深，富氧的水体无法到达深水层，因此底栖生物稀少。仅有的化石包括头足动物和放射虫，它们都是生活在表层富氧水体中的游走动物。到了二叠纪最末期，盆地西侧与大洋相连的水道中断，盆地中的水体逐渐蒸发干

西伯利亚玄武岩

玄武岩是一种由玄武岩流冷却形成的阶梯状结构，玄武岩流的黏度较低。二叠纪末期，在乌拉尔山以东出现了大规模的玄武岩。造成这一事件的火山活动规模巨大，足以改变当时大气的成分。

海生动物灭绝

在二叠纪的地层中，可以找到典型的古生代动物化石，包括海百合、单体珊瑚、腕足动物和层孔虫。头足动物大多是直壳或卷壳的，残存的几种三叶虫在海底爬行。在二叠－三叠系界线附近，除了腹足动物和双壳类以外，海底一片死寂。在这次大灭绝中幸存的头足动物在不久后的中生代很快演化为菊石。

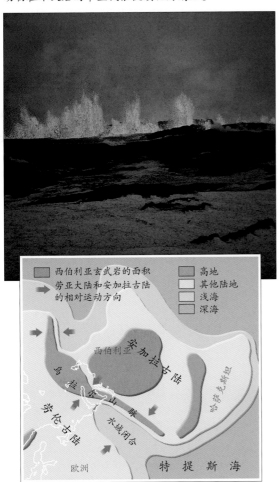

地图图例：
- 西伯利亚玄武岩的面积
- 劳亚大陆和安加拉古陆的相对运动方向
- 高地
- 其他陆地
- 浅海
- 深海

西伯利亚　安加拉古陆　乌拉尔山脉　哈萨克斯坦　劳亚古陆　水域闭合　欧洲　特提斯海

涸，形成了大规模的石膏和岩盐沉积。

在盆地还没有消失的时候，美国得克萨斯州的生物礁曾经蔚为壮观。它们由珊瑚、海绵动物、腕足动物组成，从海底一直延伸到接近海面的地方，高度超过600米，但在潟湖地带仅有数米高。生物礁石灰岩逐渐白云岩化，破坏了造礁生物原有的精细结构，但是一些造礁生物的壳体被坚硬的硅质充填，使它们得以永久保存。

这些生物礁石灰岩为石油的开采创造了便利的条件，因为油井可以直接搭建在石灰岩上。地质学家和石油工程师在铺设输油管道时，将这套地层研究得一清二楚。

> 在二叠纪末期，地球上96%的物种消失，这是地球历史上规模最大的生物大灭绝。

二叠纪的结束标示着古生代的终结。二叠纪的化石组合与三叠纪有非常明显的区别，因为在二叠纪末期动物和植物都发生了大规模的集群灭绝。这一事件的原因尚不得而知，但有证据显示这不是一个突然事件——某些动物的衰落在二叠纪末期持续了将近1000万年。另外一些动物在大灭绝中幸存并逐渐复苏，比如珊瑚。

大灭绝的原因是多种多样的。首先，海平面的下降和海水面积的缩减可能是原因之一。此外，二叠纪末期大规模的火山活动，特别是由乌拉尔山形成引发的火山活动，改变了大气成分——这在历次大灭绝中都是一个非常重要的原因。有证据显示，在二叠－三叠纪过渡时期，大气中的二氧化碳显著增加，同时氧气含量明显减少。不仅如此，海平面的下降使早期形成的煤层裸露于地表，它们在空气中缓慢地氧化，向大气中释放了更多的二氧化碳，形成了温室效应。

在二叠纪大灭绝发生之前，海洋生态系统中复杂的食物网已经存在了1亿年。古生代海洋中有很

二叠纪

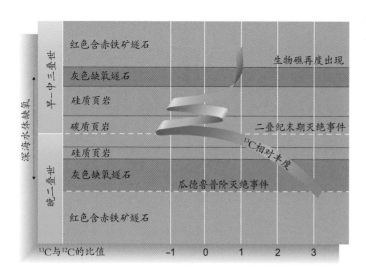

氧气浓度的下降

二叠纪末期，大气中 ^{13}C 与 ^{12}C 比值的减小是由富含 ^{12}C 的深海有机物释放二氧化碳造成的。这一事件导致了大范围的海水缺氧和全球变暖，这些现象可以从二叠纪的岩层中反映出来。

多独特的底栖生物，其中许多营固着生活的滤食性动物靠滤食水流中的微小生物生活。这些动物包括海百合、海蕾、海星、珊瑚和苔藓动物。在古生代，它们的种类要比今天丰富。古生代的珊瑚以单体珊瑚为主，就像带壳的海葵。苔藓动物就像生活在硬壳中的苔藓，遍布在海底。在古生代具有两个壳的动物基本上都是腕足动物，它们与现代的双壳类非常相似，但二者并没有亲缘关系。

导致灭绝的主要因素

灭绝事件是很多因素共同作用的结果。强烈的火山喷发可以使气候变冷，并且导致有毒气体扩散。无论哪一种因素都可以使所有的植物死亡，且将植食性动物推向危险的境地。海平面的下降减小了陆表海的面积，进而导致近岸海洋生物的种类减少。此外，火山喷发还会释放大量的二氧化碳，陆地面积的扩张还会产生各种极端的气候，这些都会进一步加剧动植物的灭绝。

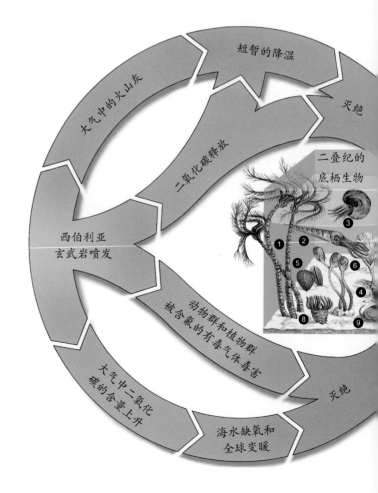

二叠纪的底栖生物

❶ 海百合
❷ 角石
❸ 鹦鹉螺
❹ 层孔虫
❺ 双壳动物
❻ 海蕾
❼ 腹足动物
❽ 皱纹珊瑚
❾ 三叶虫
❿ 腕足动物

三叠纪的底栖动物

⓫ 菊石
⓬ 双壳动物
⓭ 腹足动物

上述动物中大部分的海百合、所有的海蕾和单体珊瑚、超过3/4的苔藓动物和160多种腕足动物在大灭绝中消失，只有很少的一些幸存至今。双壳动物通过某种方式逃过了大灭绝，并且在三叠纪取代了这些动物的生态位。古生代主要的捕食者是鹦鹉螺类，它们与现代的章鱼和乌贼是近亲，都属于头足动物。大部分鹦鹉螺类在古生代灭绝，幸存下来的少数种类演化形成中生代海洋动物群的重要成员——菊石。

二叠纪重要的陆生动物是以兽孔类为代表的似哺乳类爬行动物。尽管它们中的一些延续到了三叠纪，但大多数没有逃过二叠纪末期的大灭绝，那些幸存下来的最终演化为哺乳动物并延续至今。

植物也受到了二叠纪生物大灭绝的影响。劳亚大陆上的针叶林消失，直到500万年后才再度出现。与之相比，在导致恐龙消失的白垩纪生物大灭绝中，植物的复苏只用了不到10万年的时间。相对稀少的化石使地质学家和古植物学家难以深入研究二叠纪植物复苏缓慢的原因。澳大利亚和南极洲的针叶林由于靠近南极，情况要好得多。

二叠纪末期形成不久的乌拉尔山西侧的地貌大概就是这个样子，这里看上去就像前寒武纪的世界一样杳无声息。山前的盐碱滩发育有大规模的冲积扇，阳光炙烤着大地，热浪卷着黄沙吹打着岩石表面，发出嘶嘶声。与铁锈色的岩石相比，远处的盐碱滩显得更加耀眼炫目。

二叠纪末期的动物和植物都经历着从古生代向中生代转变的过程。

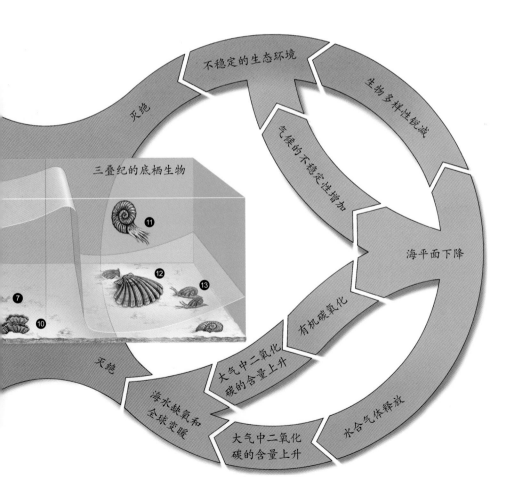

这里显然不适合生存，但并非一片死寂。山上的溪流和涌出的泉水所到之处生机盎然。在溪流汇入盐湖或涌出的地下水流入盐湖之前，水流所到之处总是一片生机，这些地带生长着茂密的、宛如晚石炭世的成煤森林。

由马尾、石松类植物和科达树组成的绿洲与晚石炭世的成煤森林没什么两样。这些植物的周围生长着大量的蕨类。在远离水源的地方生长着不少像松柏类和银杏的裸子植物，这些植物比那些靠近水源的绿洲植物更能够耐受干旱的环境。

在茂密的蕨类植物丛中生活着各种动物，其中

体型较大的是巨颊龙，虽然它们看上去与乌龟一点儿都不像，但是它们是乌龟的远亲。巨颊龙体硕如象，拥有短粗的大腿、灵巧的脑袋和爬行动物的行走方式，其中包括巨颊龙科中体型最大的成员盾皮龙。它们经常成群地出现在山脚下植被茂密的地带。

在不远处的山崖下出现了一个恐怖的身影，它看上去有点儿像鳄鱼和剑齿虎的合体，这种似哺乳类爬行动物被称为蜥熊兽。它嗅到了猎物的味道，发现了成群的盾皮龙，然后慢慢地俯下身体，逐渐向那处山脚靠近。

❶ 封印木（Sigillaria，一种石松植物）

❷ 科达（Cordaites）

❸ 蕨类植物

❹ 无前恙螨（Walchia，一种针叶植物）

❺ 木贼

❻ 银杏

❼ 盾甲龙（Scutosaurus，一种大型巨颊龙）

❽ 埃尔金龙（Elginia，一种小型巨颊龙）的骨架

❾ 蜥熊兽（Sauroctonus，一种丽齿兽）

二叠纪

专题 似哺乳类爬行动物的演化

在恐龙出现之前，另一类爬行动物统治着地球。它们在晚石炭世出现，到了二叠纪，已经遍布世界的各个角落。这些动物就是似哺乳类爬行动物，它们看上去酷似蜥蜴，在晚石炭世演化为盘龙类。

盘龙类演化出各种各样的形态，其中一些保持着原始的、酷似蜥蜴的外形，另一些则发展出高耸的背神经脊，形成宽阔的帆。长棘龙是盘龙类的重要代表，它是一种肉食性动物；基龙则是植食性动物。盘龙类的背帆可能是彼此识别的标志，但背帆上布满血管，可能同时也具有热交换的功能。清晨，当气温较低时，盘龙类将背帆调整到垂直于日光的角度，从而吸收热量加热全身。通过这样的方式，盘龙类可以很快苏醒并开始捕食。正午时分，盘龙类还可以将背帆调整为迎风的角度，通过这样的方式降低体温。这种原始的体温调节方式很可能是后期动物体温调节系统的雏形。

盘龙类没能逃过二叠纪末期的生物大灭绝，但在此之前，盘龙类的后裔——另一类似哺乳类爬行动物兽孔类已经出现。兽孔类包括原始的蜥蜴型、穴居的鼹鼠型、笨重的犀牛型和灵巧的狼型。兽孔类在二叠纪十分繁盛，但和其他生物一样在生物大灭绝中遭受重创。

二齿兽和犬齿兽是三叠纪仅存的兽孔类。二齿兽以植物的根茎为食，它们的体型从野兔大小一直到河马大小多种多样。随着时间的推移，犬齿兽变得越来越像哺乳动物。它们的牙齿逐渐分化出臼齿、犬齿、门齿等不同的类型，全身披满毛发，具有哺育幼雏的行为，并且采用哺乳动物而非爬行动物的行走姿态。它们最终演化为哺乳动物。

那么犬齿兽是在什么时候成为真正的哺乳动物的呢？下颌的结构可以给出答案。典型的爬行动物下颌包括很多骨骼，其中最大的一块是齿骨；但是典型的哺乳动物下颌仅包括齿骨，其他的骨骼愈合形成了位于耳膜和内耳之间的听小骨，包括锤骨、镫骨和砧骨。只有拥有了这些结构才叫真正的哺乳动物。

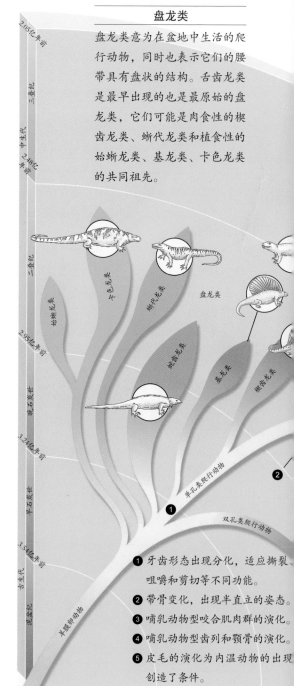

盘龙类

盘龙类意为在盆地中生活的爬行动物，同时也表示它们的腰带具有盘状的结构。舌齿龙类是最早出现的也是最原始的盘龙类，它们可能是肉食性的楔齿龙类、蜥代龙类和植食性的始蜥龙类、基龙类、卡色龙类的共同祖先。

❶ 牙齿形态出现分化，适应撕裂、咀嚼和剪切等不同功能。
❷ 带骨变化，出现半直立的姿态。
❸ 哺乳动物型咬合肌肉群的演化。
❹ 哺乳动物型齿列和颚骨的演化。
❺ 皮毛的演化为内温动物的出现创造了条件。

兽孔类

兽孔类的名字来源于其头骨的特殊结构。兽孔类与哺乳动物具有很多共同点，它们起源于二叠纪初期并迅速遍布世界各地。

布拉塞龙化石

布拉塞龙属于二齿兽类，它的体型与植食性哺乳动物非常相似。不仅如此，它还具有非常特殊的适应植食的牙齿结构。

二齿兽类

二齿兽是二叠纪演化最为成功且分布范围最为广泛的植食性动物，只有极少的类群延续到了三叠纪并再度形成辐射。位于头骨侧方的下颞孔是用于咀嚼的强壮的咬肌的附着位置。

分类

大多数爬行类依靠头骨侧方眼眶后部颞孔的排列位置进行分类。其中，下孔类的头骨两侧各具有一个位置靠下的颞孔。传统上，下孔类分为盘龙类和兽孔类。前者包含许多系统关系松散的具有锋利牙齿的肉食性动物，而后者是一个相对高级的类群，而且出现了门齿、犬齿和白齿的分化。牙齿的分化使兽孔类动物的食性更加广泛。

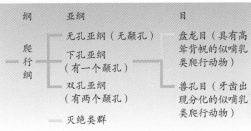

纲	亚纲	目
爬行纲	无孔亚纲（无颞孔）	盘龙目（具有高耸背帆的似哺乳类爬行动物）
	下孔亚纲（有一个颞孔）	
	双孔亚纲（有两个颞孔）	兽孔目（牙齿出现分化的似哺乳类爬行动物）
	灭绝类群	

犬齿兽类

犬齿兽的名字来源于具有"狗牙"的动物，说明它的捕食方式可能与狗十分接近。大多数犬齿兽类都是肉食性的，少数植食性的类群演化出适于咀嚼的牙齿类型。犬齿兽类是哺乳动物的直接祖先。

成功的演化

似哺乳类爬行动物是爬行动物中第一个成功演化的类群。它们出现的时代较早，迅速占领各种不同的生态位，并且延续了至少7000万年。在它们灭绝之后，其后裔最终演化成为当今地球上最重要的动物门类，即哺乳动物。

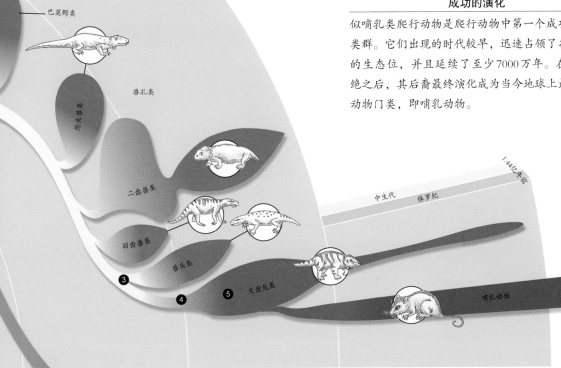

巴莫鳄类

兽孔类

恐头兽类

二齿兽类

丽齿兽类

兽头类

犬齿龙类

哺乳动物

中生代　侏罗纪

1.44亿年前

③ ④ ⑤

二叠纪

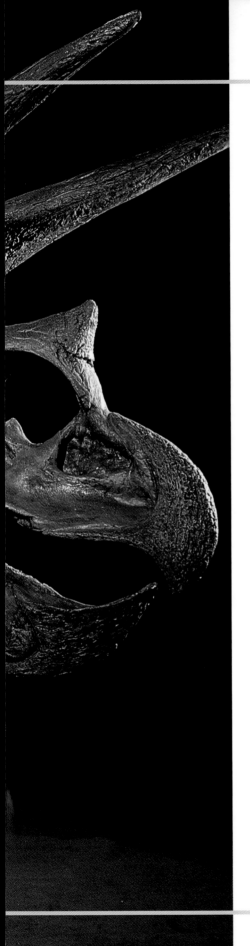

中生代

距今2.48亿~6500万年

三叠纪 ▶

侏罗纪 ▶

白垩纪 ▶

中生代意为生命演化的中间时代。这一时期，古生代古老的生命形式向着更加高级的生命形式演化，其中二叠纪末期的大灭绝事件在此过程中具有里程碑式的意义。在中生代1.8亿年的时间里，动物和植物都发生了巨大的变化。海洋中的现代造礁珊瑚和大型海生爬行动物首次出现，而在陆地上裸子植物持续繁盛，哺乳动物和鸟类也先后登场。尽管如此，中生代出现的最重要的陆生动物不能不说是恐龙。

恐龙这种奇特的动物自19世纪首次发现以来就博得了公众的广泛兴趣，中生代也因此比其他时代更受到大众的关注。但是，我们也经常看见各种与恐龙有关的故事出现时代的混乱。比如，在火山脚下，一只北美洲晚白垩世的肉食性恐龙正在齐膝深的从未在地球上出现过的植物丛中袭击一只东非晚侏罗世的植食性恐龙，而二者本身是不可能相遇的。这种混乱就好比在一部历史题材的故事片中，一辆谢尔曼坦克在沙漠中伏击停在冰川上的苏美尔战车，而苏美尔战车又是被10米高的战马牵引的一样荒唐可笑。

和所有曾经生活在地球上的其他动植物一样，恐龙也生活在一定的生态系统中。当时的地理格局决定了它们的分布范围和生活方式。

在中生代拉开帷幕的时候，地球上除了盘古超大陆以外不再有其他的陆地。盘古超大陆的面积巨大，以致大部分地区都无法受到海洋的影响，因此陆地中央的气候非常炎热。这种高温足以融化位于非洲、澳大利亚、南美洲和印度次大陆上的巨大冰盖，即使这些大陆在中生代曾非常靠近南极点。陆表海的出现加剧了气候的炎热，因此三叠纪超大陆中心地带的气候异常极端，只有超大陆的边缘地带适于动植物生存。盘古超大陆的出现使不同地区的动物得以扩散至世界各地。比如，生活在今天的美国亚利桑那州的小型肉食性恐龙与生活在津巴布韦同一时期的恐龙没什么两样；而生活在南非的长颈植食性恐龙与在德国发现的同一类恐龙的化石非常相似。这一时期的植物种类也呈现了全球性分布。连片的森林由苏铁植物、松柏植物和银杏组成，它们都是裸子植物。

到了侏罗纪，盘古超大陆开始分裂。陆地在板块运动的作用下彼此远离，在超大陆上形成一道道裂谷。超大陆的分裂还形成了年轻的海洋，它们的面积也在不断扩大。扩张的海域和广泛分布的陆表海使这一时期全球的气候趋于温和。此时，大部分陆地依然相连，因此在今天的坦桑尼亚和美国怀俄明州依然有可能找到相同的侏罗纪化石群落。但是在一些已经完全分离的陆地上，完全不同的动物和植物群落开始出现。

恐龙的出现对环境产生了深刻的影响。三叠纪的植食性恐龙以松柏类植物为食，而松柏类植物在这一时期迅速演化出刀状的叶片，以减少植食性恐龙在取食时的损伤。到了侏罗纪，大型的植食性恐龙开始通过季节性迁徙寻找充足的食物，而肉食性恐龙紧随其后。白垩纪出现的高山林地是鸭嘴龙和甲龙的乐园，它们在这些地带啃食低矮的裸子植物。而角龙和尚未完全灭绝的长颈蜥脚类恐龙则主要生活在低地，以生长在那里的古老松柏类和苏铁植物为食。

到了白垩纪，绝大多数陆地已经彼此分离，并且呈现出现代大陆的样子。这一点可以由每个大陆上的动植物组合反映出来。长颈的植食性恐龙依然生活在相对独立的南美洲，但是在北美洲它们已经被鸭嘴龙取代。然而，北美洲与亚洲依然存在着联系，因此在这两个大陆上都生活着相似的鸭嘴龙和甲龙动物群。与此同时，在一些岛屿上生活的动物体型不断变小，以适应相对有限的食物来源。因此，这一时期欧洲东部的群岛上出现了矮种甲龙和鸭嘴龙类。

盘古超大陆的分裂形成了现代大陆的雏形，也使海陆格局与我们今天看到的相似。在地球的另一边，泛大洋的面积也由于盘古超大陆的分裂而不断减小，逐渐形成了今天的太平洋。如今，太平洋是世界第一大洋，它的边界由活跃的火山岛链组成。

> 伴随着中生代大陆的分分合合，盘古超大陆一度形成并最终解体。在这一时期，恐龙出现、繁盛并一度统治地球，最终在全球性的灾难性事件中永远消失。

中生代在二叠纪末期的大灭绝事件后开始，最终也结束于另一次大灭绝事件，这次事件又标志着一个新的时代的开始。这个新的时代出现了更加高等的生命形式，即哺乳动物。由于植食性动物的体型过于庞大，中生代陆地上无可争辩的掠食者恐龙最终灭绝。在白垩纪末期，恐龙可能已经开始衰落，并最终因为一场大的劫难永远从地球上消失。在沉睡了亿万年之后，它们只能被更加强大的生命形式——人类发现和铭记。

杜戈尔·迪克逊

三叠纪
距今2.48亿~2.05亿年

在三叠纪4000多万年的时间里，地球上的一切都与盘古超大陆有关。这一时期，陆地上的气候干旱炎热，古生代形成的山脉遭受持续的侵蚀，产生了大规模的红色砂岩沉积。尽管海平面长期处于低位，盘古超大陆还是几乎被特提斯海从东向西拦腰切断。靠近海岸地带的气候更加温和，在这些地区和河流的沿岸形成的稳定降水为热带雨林的出现创造了条件。

三叠纪的动植物正逐渐从二叠纪末期的大灭绝事件中复苏。松柏类植物取代了古生代占统治地位的石松和种子蕨，双壳类动物取代了腕足动物，成为海洋中最重要的有壳动物，菊石占领了古生代头足动物空出的生态位。爬行动物的时代即将来临。似哺乳类爬行动物趋于衰落，但是其他爬行动物日益繁盛并演化出中生代最为恐怖的大型掠食者——恐龙。

三叠纪是中生代的3个地质时代中的第一个。"三叠"一词最初由弗里德里克·奥古斯特·冯·艾伯蒂在1834年用于描述德国的3套差异明显的岩层。在艾伯蒂提出"三叠"这个名字之前，人们仅仅把这3套岩层简单地称为新红砂岩上部。艾伯蒂描述的这3套岩层在中世纪的欧洲家喻户晓，因为这套岩层产出的岩石常被用作建筑石料以及生产食盐和石膏等的化学原料。这3套岩层分别是本特砂岩、壳灰岩和考依波泥灰岩。由于这3套岩层形成于沙漠地带，只有壳灰岩含有化石，因此这种岩层的划分方法对其他地区的岩层划分并没有太大的参考意义。

二叠纪末期，海平面处于低位，因此这一时期的海相岩层非常稀少，给全球范围的地层划分和对比带来了不小的困难。因此，二叠-三叠系界线的确切年代一直没能确定。在三叠纪伊始，海平面依然处

> 三叠纪的陆相地层与二叠纪非常相似，二者都是由新红砂岩组成的。

三叠纪

关键词
菊石、角砾岩、针叶树、恐龙、三棱石、沙丘、哺乳动物、马尼夸根事件、新红砂岩、爬行动物、种子蕨、特提斯海

参考章节
二叠纪：新红砂岩、似哺乳类爬行动物、生物大灭绝
侏罗纪：菊石类、恐龙、盘古大陆开始分裂
古近纪：哺乳动物

二叠纪	2.48亿年前	2.45亿年前	2.4亿年前	2.35亿年前 三叠纪	2.3亿年前
分期	早三叠世/下三叠统（本特砂岩统）		中三叠世/中三叠统（壳灰岩统）		
分阶	印度阶	奥伦尼克阶	安尼阶	拉丁阶	
地质事件		所有大陆联合形成盘古超大陆			
		索诺玛地体与北美洲西部联合		砂岩和蒸发岩形成	
气候		热带干旱气候，盘古大陆有强烈的季风气候			
海平面					
植物	以石松植物为主		以叉叶松（种子蕨类植物）为主		
动物	二叠纪末期大灭绝事件之后缓慢复苏，六射珊瑚出现		各种爬行动物出现		

于低位，但随后开始稳定地上涨。到了三叠纪末期，海平面虽有波动，但基本维持在高位。正是由于海平面的这种变化，海相下三叠统的规模没有上三叠统那样广泛。因此，三叠纪末期的地层对比较三叠纪初期更加容易。

尽管艾伯蒂在1834年就提出了狭义的“三叠”一词，但是直到1872年“三叠纪”一词才正式出现在查尔斯·莱尔的地层划分系统中并沿用至今。时至今日，依然有一些地质学家在非正式场合使用艾伯蒂定义的“三叠”一词。

奥地利南部的阿尔卑斯山区出露大面积的海相三叠纪地层。在19世纪60年代到20世纪20年代间，三叠纪这个地质时代就是根据产自这一地区的海相生物化石确定的。然而，根据这套岩层对三叠系进行分期存在着不少问题，主要原因是这套岩层的连续性较差，并且山麓的挤压变形给地层的精细划分带来了困难。然而，更加完整的海相三叠系在西伯利亚、中国和北美洲的西部山区被陆续发现。如今，根据快速演化的菊石动物群对三叠系的划分和对比已经完成。

菊石动物的快速演化得益于二叠纪末期大量海生游走动物的衰落。鹦鹉螺和角石是古生代主要的游走头足动物，但是它们在二叠纪末期突然灭绝了。它们的近亲菊石幸存下来并迅速占领了这些空出的生态位。不仅菊石迅速扩散到了世界各地，其他动物在三叠纪之初也展现出了复苏的迹象。几乎所有的动物类群在二叠纪末期都趋于灭绝，但是到了三叠纪幸存下来的开始取代那些古老的动物。

> 大灭绝之后的生物复苏标志着三叠纪的开始，而在三叠纪结束时又发生了另外一次生物大灭绝。

来自非洲最南端卡鲁盆地的化石证据显示，这些新出现的动物包括哺乳动物的祖先。从晚石炭世到晚三叠世，卡鲁盆地先后接受了沼泽、湖泊和河流沉积物，化石种类丰富，包括数千种植物、鱼类、两栖动物和爬行动物化石，其中似哺乳类爬行动物在三叠纪末期演化成哺乳动物。卡鲁盆地的沉积岩主要由砂岩和粉砂岩组成。它们埋藏在形成于三叠纪末期、厚达1000米的玄武岩之下，直到19世纪40年代才被发现。这层巨厚的玄武岩层可能形成于非洲与南美洲和南极大陆分裂的过程中，这次事件最终导致冈瓦纳大陆完全解体。

三叠纪末期发生了另一次大灭绝。在这个事件中，大约33%的海洋动物、32%的陆生脊椎动物和90%的陆生植物从地球上消失。而幸存下来的植物的解剖结构反映出三叠纪末期的气温曾陡然升高，并最终摧毁整个生态系统。这个事件可能是由温室效应引起的，但具体的原因至今仍然是个未解之谜。

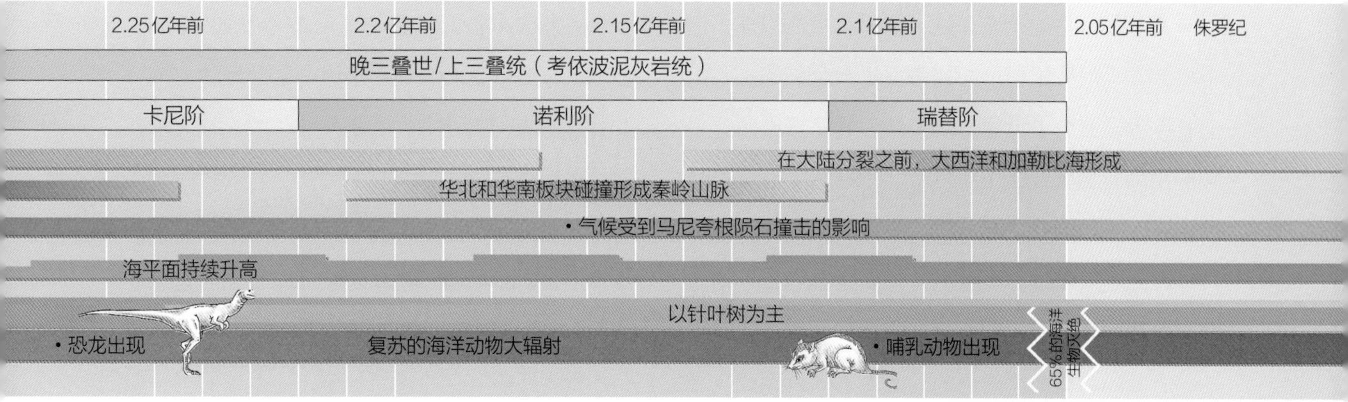

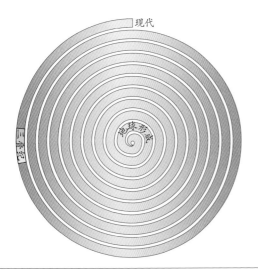

现代

三叠纪

地球形成

进入中生代

三叠纪是中生代的第一个地质时代，从距今2.48亿年一直延续到2.05亿年前。在这4300万年中，盘古超大陆最终形成，海平面也由二叠纪末期时的较低水平开始上涨。这一时期环境的变化对生物产生了深远的影响，陆地和海洋生态系统都变得更加多样和复杂，形成了包括能够游泳和飞行的爬行动物、乌龟、青蛙，以及包括针叶树和银杏在内的植物。

有些学者甚至提出三叠纪末期的大灭绝事件是由陨石撞击引起的，整个过程与发生在白垩纪末期的撞击事件有许多共同点。支持这一学说的证据主要来自意大利托斯卡纳地区三叠系顶部的柯石英，这是一种在陨石撞击过程中产生的、发生形变的石英晶体。值得注意的是，人们在这一时期的岩层中并没有发现铱元素富集，而铱元素的富集往往是陨石撞击的标志。

三叠纪末期的确有一颗大型陨石撞击地球。这个被称作马尼夸根事件的撞击发生于今天的加拿大魁北克省，形成了世界上已知最大的环形山。这个环形山的直径大约为100千米，可能是由一颗直径为60千米的陨石撞击形成的。马尼夸根事件发生的具体时间无从知晓。据推测，它发生在三叠纪结束之前大约1000万年的时候。在三叠纪末期，起源于不同时间的动物类群灭绝的时间也不同，因此这个

撞击事件很可能是导致动植物群开始衰落的因素。与单一的、突然的灭绝事件不同的是，这次衰落之后动物群的复苏持续了将近2000万年的时间。

然而其他证据显示，这次大灭绝发生得非常突然，持续的时间不到100万年，而且马尼夸根事件发生的时间远远早于大灭绝。在三叠纪结束之前的大约1500万年前还发生了一个规模较小的灭绝事件，而这次灭绝很可能是由马尼夸根事件引起的。

> 如果说古生代各个大陆汇聚形成盘古超大陆的话，那么中生代就是超大陆解体的时候。

至少在三叠纪之初，盘古大陆还是一块完整的超大陆。支持这一论述的证据来自这一时期的陆生脊椎动物化石。然而这一局面不久便发生了改变，盘古大陆迅速分裂，甚至在东亚与盘古大陆联合之前，冈瓦纳大陆就已经分离并逐渐向北漂移。盘古超大陆发生的实质性分裂直到侏罗纪才开始，但是三叠纪末期各个板块的边缘已经清晰可辨。地壳破裂和断层沿着年轻的山脉与古老的克拉通延伸，并将各块陆地分隔开。阿巴拉契亚山脉形成的裂谷逐渐被沉积物填充。另一条横穿北部加里东山脉的裂谷形成了今天北海油田的地质结构，而位于两条山脉之间的地带就是今天的苏格兰和挪威。一条狭长的、酷似现代红海的水道伸入冈瓦纳大陆的内部，将印度和非洲板块分离出来。

从太空中看，盘古超大陆的形状酷似字母C，它的北部由劳亚大陆及其东边的部分地体组成，南部由冈瓦纳大陆组成。劳亚大陆和冈瓦纳大陆在二叠纪相互碰撞的时候形成了规模巨大的缝合带，使得现代北美洲的整个东海岸和欧洲南部沿岸与南美洲和非洲北部毗邻。此时，中国和俄罗斯远东地区已经并入劳亚大陆，共同组成了盘古超大陆。因此，所有陆地都集中在地球的一侧，而地球的另一侧则

三叠纪

是浩瀚的泛大洋。在盘古超大陆的中心地带，特提斯海横贯东西。特提斯海的出现，对盘古超大陆的地形和气候都产生了显著的影响。海水在特提斯海中沿顺时针方向流动，这可能是由地球自转产生的科里奥利力引发的。温暖的水流沿特提斯海的南岸向西流动，为这片区域带来了湿润的空气。与此同时，寒冷的水流沿北岸向东流动，因此这里的气候相对干冷。在内陆，映入眼帘的除了绵延的群山，便是一望无际的沙漠——这里的夏天炎热干旱，而冬天则是天寒地冻。这一时期，南北半球的季风可能已经形成。

在今天的意大利和波兰境内发现的浅海沉积物就是当时在特提斯海以北的广阔大陆架上沉积形成的，而人们在奥地利阿尔卑斯山地区找到的海洋生物化石指示这套岩层形成于三叠纪。如今的黑海地区在当时是位于大陆架以东的俯冲带，这里发育的海沟和火山岛弧是特提斯海演化的直接证据。由此向西，在现代欧洲、北美洲和非洲的交会处，特提斯海变窄变浅，两岸的地势也逐渐增高。在这里，特提斯海最终干涸，形成了石灰岩和蒸发岩。

沿着劳亚大陆和冈瓦纳大陆的拼接处，年轻的

到了三叠纪，二叠纪原本巍峨的山脉被侵蚀成小山丘。

阿巴拉契亚山脉虽经受剥蚀，但依然高耸，风化的碎屑在山间盆地形成红色砂岩沉积。河流流向山的西边，穿过北美洲的西南部向西入海。位于欧亚大陆的乌拉尔山脉在三叠纪依然年轻，在其东边喷发的玄武岩流还在持续。

这一时期，位于盘古超大陆南部的冈瓦纳大陆相对宁静。它的西岸和南岸分布着活跃的山脉，而中央则是大片的沙漠。沙漠中零星的雨水汇入季节性河流形成一连串小型湖泊，与今天澳大利亚的艾尔湖好有一比。

冈瓦纳大陆的中心鲜有降雨，这与二叠纪时的情况大致相当。这里是一望无际的沙漠，只有湿润的海风才可能带来降水，因此季节性降水只可能出现在沙漠的边缘。这一时期，地球的南北两极全都位于海中——北极被陆表海覆盖，而南极则位于泛大洋中。

三叠纪的广阔沙漠形成了独特的沉积物和岩石类型。沙丘是沙漠中最典型的地貌。但事实上，现

在显微镜下，三叠纪的砂岩颗粒呈圆形，说明它们是在沙漠环境中形成的。这些沙砾的外表富含铁的氧化物。

代沙漠只有大约20%的面积是被沙子覆盖的，其余绝大部分则是砾漠和裸露的岩石，这与二叠纪末期到三叠纪初期的沙漠相差不大。在这些干旱地带，强风能够将沙子从地上卷起，击打在岩石上，岩石遭受剥蚀，进而再产生更多的沙子。沙子不断打磨岩石，形成了独特的地貌。由于大多数沙石在强风的作用下沿着地表移动，因此岩石的下部较上部更容易遭受侵蚀。沙子在一些地带堆积，进而形成可以随风移动的沙丘。在沙漠地带形成的砂岩中，往往可以观察到原始沙丘的层状结构。

沙丘的层状结构的凹面向上，代表了古老沙丘的坡面。这些沙丘结构的延伸方向可以反映这一时期季风的风向。比如，在英格兰中部和苏格兰发现的二叠－三叠纪沙丘结构提示这一时期的季风主要吹向西部，而在美国西南部发现的沙丘结构指示这一地带在二叠－三叠纪盛行西北风。

砾漠的形成与冲积扇不无关系。高山不断遭受侵蚀，崩塌的岩屑被季节性或非季节性的河流冲刷至低处。但是，在沙漠地带，岩屑只能被季节性河流携带一定的距离，它们通常在河水势能减弱或河流完全消失的地带堆积起来。较重的岩屑被搬运的距离通常较短，而较轻的则可以被搬运很远的距离，

红色地球

三叠纪，盘古超大陆上的绝大多数地区都远离海洋，因此气候炎热干旱。土壤中铁的氧化物使整个陆地呈现红色。

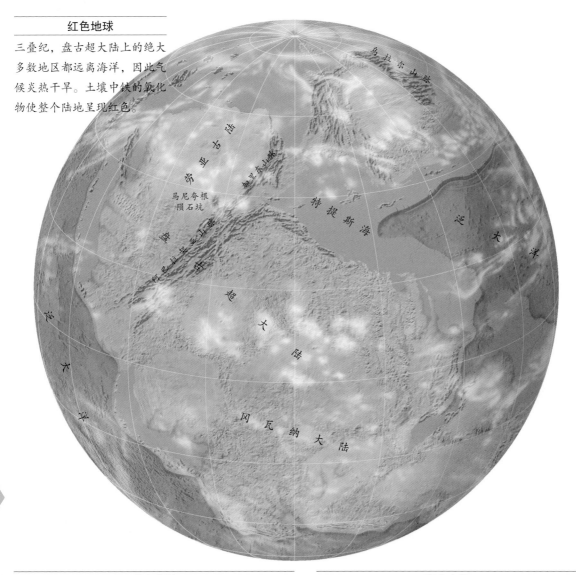

北方大陆

在盘古超大陆北部，现代欧洲、北美洲和非洲交会的地方依然是山脉，这些山脉不断被侵蚀，裂谷盆地也开始出现。

南方大陆

冈瓦纳大陆依然是一个稳定的大陆。古老的山脉环绕着克拉通，而年轻的褶皱山脉则位于冈瓦纳大陆的南缘。

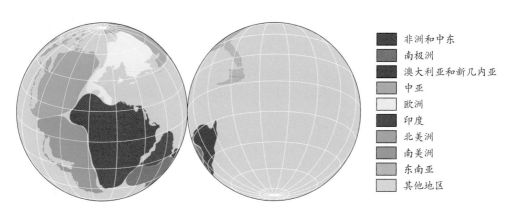

非洲和中东
南极洲
澳大利亚和新几内亚
中亚
欧洲
印度
北美洲
南美洲
东南亚
其他地区

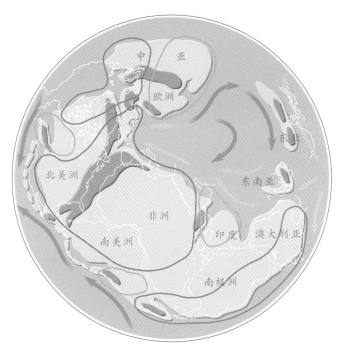

降水分布

由地球自转和海陆分布共同作用形成的现代大气运动可被用来重建三叠纪全球的气候模型。盘古超大陆上的绝大多数地区全年干旱，只有海岸地带存在季节性降水，而高纬度地区气候凉爽，雨量充沛。这种气候模式与三叠纪红层和蒸发岩等特殊岩层的形成有关。植物群也呈现出相似的分布方式，欧美植物群中的耐热植物只分布在气候湿润的地带，西伯利亚植物群位于北部，而冈瓦纳植物群位于南部。

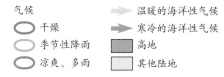

气候		温暖的海洋性气候
⬭ 干燥		寒冷的海洋性气候
⬭ 季节性降雨		▨ 高地
⬭ 凉爽、多雨		▨ 其他陆地

形成冲积扇。因此，地史时期的冲积扇结构可以根据在沙漠地带形成的砂岩粒径来判断。如果沙砾的棱角十分分明，说明它们被搬运的距离并没有多远。由这些大型多角砾石胶结形成的岩石又被称作"角砾岩"。

在沙漠中的平坦地带，沙石不断地打磨岩石，而沙石本身也被磨成了圆形。只要你在沙漠中捡起一块石头，就会发现迎风的一面已经被沙石磨光。有时，迎风的一面被风沙打磨得相当严重，岩石因此失去平衡而翻滚，转而将其他面暴露于风沙中。

> 火星表面的土壤应该与三叠纪地球上的土壤相似。火星探测器发回的照片显示，那里存在红色的沙土及风凌石。

这种岩石大都有3个被磨光的面，又叫风凌石——它是沙漠环境的又一个标志。

沙漠地区的雨季和旱季循环往复，因此沙漠湖泊会在旱季完全干涸。湖中的泥质沉积物收缩、龟裂，第二年新的沉积物又会填满裂缝，将龟裂结构完整地保存下来。当岩层中出现这种龟裂结构时，不管是龟裂结构本身还是填充在缝隙中的沉积物形成的铸

沙丘的形成

大风使沙漠表面松散的沙子堆积形成沙丘。沙丘的运动存在一定的规律，迎风一面的沙砾被大风向上吹拂（❶），并停留到背风面（又称坡面）（❷），因此沙丘

移动的方向与风向一致（❸）。不同规模的沙丘沿着风向排列，其中大型沙丘像一座小山，小型沙丘分布其间，表面呈现纵横交错的纹理。

模，都可以反映岩层形成时的干旱环境。当雨季来临时，雨点打在干燥泥地上的痕迹有时也可以和龟裂结构一起保存下来。

沙漠湖泊经常干涸，因而湖水中的可溶性矿物不断浓缩、结晶，最终沉积在湖底。

保存在红砂岩中的一类十分重要的信息便是由生活在这一地区的动物留下的足印。研究足印的科学叫作"遗迹学"，它是古生物学的一个重要分支。虽然每个动物只有一副骨架，但是可以形成千千万万个足印，因此足印化石比动物实体化石更加常见，也为了解动物的生活方式和环境变化提供了更多的参考。足印化石的研究可以帮助我们了解动物是独立生活还是群居，在哪个季节活跃，以及它们的迁徙是快是慢等诸多问题。但遗憾的是，足印化石并不一定能告诉我们它们的主人是谁。比如，1802年人们在美国康涅狄格州三叠纪地层中找到了第一个恐龙足印化石，但由于当时还未发现恐龙，这些足印被认为是由古代的大型鸟类留下的。

沙丘与沙漠

沉积岩通常由水中的沉积物形成。沙漠往往是侵蚀作用大于沉积作用的地区。沙丘是由细沙堆积而成的，经过埋藏和压实可形成风成砂岩。这种砂岩中通常有沙丘坡面的遗迹。

足印谜团

对足印化石的研究不一定告诉我们足印的主人是谁。因此，古遗迹学家对每种足印都进行了科学命名。比如，*Chirotherium* 是三叠纪地层中常见的一种足印，包括一系列五指/趾型印记。其中稍大的可能是后足形成的，而小一点的可能是前足的印记。令人匪夷所思的是，这种足印的大拇趾看上去像是位于外侧而不是内侧。但这应该是一种错觉，这种动物五趾的排列方式一定非常特别。

由于描述 *Chirotherium* 的作者在业内并无名望，因此很多人对这些特征持怀疑态度。一些人开始猜想这种动物的样子，甚至有人描绘出一种左右腿能够交叉行走的奇怪动物。但是，铁沁鳄的化石终结了所有的怀疑和猜想。这是一种发现于瑞士三叠纪地层中的劳氏鳄类，其短小的第五趾与 *Chirotherium* 的大拇趾完全吻合。如今，绝大多数古遗迹学家相信，*Chirotherium* 足印很可能是铁沁鳄留下的。

二叠纪的植物群和组成成煤森林的植物群没什么两样，无非是由蕨类植物、种子蕨和巨大的石松植物组成的。这一时期，冈瓦纳大陆上的植物主要以舌羊齿为主。到了二叠纪末期，舌羊齿植物群灭绝，随之消失的还有大多数植食性的似哺乳类爬行动物。在早三叠世，石松植物曾多次繁盛。此后，在中三叠世被以叉叶松为代表的种子蕨植物群取代。二齿兽类在二叠纪末期的大灭绝事件中遭受了灭顶之灾，但是犬齿兽成功地逃过了劫难，并在三叠纪繁盛。在种子蕨植物群出现以后，犬齿兽类分化出一支植食性的类群迅速占领了这个生态位。与此同时，另一支植食性爬行动物——喙头类也因种子蕨植物群的出现而兴起。喙头类是一种看上去有点儿像家猪的爬行动物。它们

> 虽然三叠纪基本延续了二叠纪全球的地理格局，但是三叠纪的动植物更为壮观。

植物群落的演替

三叠纪植物类型的快速转变最终形成了在整个中生代都十分稳定的植物群落。现代银杏（左图）和三叠纪的银杏几乎没什么区别。人们在美国亚利桑那州发现的三叠纪硅化木化石（下图）主要是南洋杉类植物，它们和现代的南洋杉非常相似。

的上下颌宽阔，獠牙可以挖掘植物的根，颊齿则主要用于咀嚼。三叠纪的喙头类的化石遍布世界各地——从巴西到大不列颠，从坦桑尼亚到北美洲都有分布。

临近三叠纪末期，以叉叶松为代表的种子蕨植物逐渐被松柏类植物取代，而后者成为了中生代最重要的植物。

三叠纪末期大部分植物用于气体交换的气孔数量稀少，说明这一时期大气中二氧化碳的含量较高，全球气候可能相对温暖。另一个重要的变化是包括种子蕨在内的阔叶植物逐渐被松柏类等针叶植物取代，说明针叶植物可能更适应炎热的气候。

植物出现的一系列变化对动物也产生了颇为深远的影响。可能由于不能适应叉叶松的出现，大多数喙头类和其他植食性似哺乳类爬行动物突然间从地球上消失了，自此它们被其他类型的动物取代。

在海洋生物从二叠纪的大灭绝中复苏之后，海洋中丰富的食物促进了陆生爬行动物向水中进发。

三叠纪

和植食性的类群不同，肉食性的似哺乳类爬行动物成功地度过了二叠纪末期的大灭绝事件，并延续至三叠纪。在三叠纪之初，这些肉食性的似哺乳类爬行动物再度分化出植食性的类群。到了三叠纪末期，肉食性的似哺乳类爬行动物开始衰落，并最终在灭绝之前演化为哺乳动物。然而，哺乳动物之所以重要，并不是因为它们在接下来的1.6亿年成功地统治了陆地，而是因为它们在地球生命演化的整个体系中扮演了重要的角色。另一类在二叠纪大灭绝事件中幸存的肉食性动物是形似鳄鱼的槽齿类，但是到了三叠纪末期，它才开始繁盛，这些动物最终演化为恐龙。

恐龙的演化与松柏类植物的演化密切相关。最早的植食性恐龙是原蜥脚类，它们是一种长颈的爬行动物，头可以伸到树丛中，从枝丫上捋取树叶。这一时期最为常见的松柏类植物是南洋杉，即现代的智利南美杉。这些植物的针叶相对宽阔，边缘如同刀片，这些都可能是用于对抗高大的植食性恐龙的防御性结构。

三叠纪的爬行动物在除陆地以外的其他环境中占据优势。在成为陆地上主要的植食性和肉食性动物以后，爬行动物重返海洋。在演化成陆生动物几千万年之后，爬行动物重新回到它们祖先的乐园。所有的爬行动物类群都演化出适应水生生活的种类。楯齿龙类是一种酷似海象的爬行动物，它们用宽阔扁平的牙齿压碎在海底找到的贝壳。有些楯齿龙类甚至身披铠甲，使它们看上去有点儿像三叠纪的乌龟。幻龙是一类长颈且具有针状牙齿的食鱼动物，它们是蛇颈龙的祖先。最适应海洋生活的爬行动物要数鱼龙，它们是一类形似海豚的爬行动物，也是在三叠纪即将结束的时候出现的。

爬行动物甚至还占领了天空。一些毫无亲缘关系的、蜥蜴模样的爬行动物独立地演化出滑翔能力，比如依卡洛蜥和空尾蜥。在滑翔时，它们的肋骨可以将包裹胸腔的皮肤拉伸成宽阔的翼面。虽然这些原始的善于滑翔的爬行动物生存的时间短暂，但是它们是这一时期飞行能力最强的爬行动物。在三叠纪末期，翼龙出现了，它们的前肢形成宽阔的翼面，并且可以通过复杂的拍翅运动起飞。它们非常适于飞行，以至于在中生代的后半段统治了整个天空。

银色的辫状河流沿着远方平缓的山坡向下流淌，它们时而汇合时而分开，形成了由淤泥和沙洲组成的广阔平原。在死水潭的边缘生长着木贼，其中还夹杂着具有扇状叶片的丛生的蕨类植物。在河流的两岸是由松柏类植物和银杏组成的大片森林，林中

南非的下埃利奥特组化石向人们展示了三叠纪的生物世界。

海生爬行动物

三叠纪出现了很多新的海生爬行动物，其中一些生活在特提斯海沿岸。长颈龙（背景）习惯于捕食各种小型软体动物，而幻龙（前景）细长的颌部和尖锐的牙齿都是捕食鱼类的有力武器。

还生长着茂密的蕨类植物。在远离河流的地方，森林逐渐消失，取而代之的是大片的沙漠。

　　这个位于晚三叠世冈瓦纳大陆上的小生境就是今天南非的卡鲁地区。在晚三叠世，这里曾是一片高原，但不久即变成了沉积盆地。来自冈瓦纳大陆南部山脉的河水带来了典型的红色沉积物，并最终在这一地带沉积下来。

　　植被茂密的地带也是动物的乐园。恐龙时代即将开始，并且在之后的1.6亿年恐龙都将统治陆地。然而，此时的恐龙还尚未达到繁盛。到河边饮水的动物常会陷入软泥中，一只原蜥脚类恐龙（大型植食性恐龙的祖先）就陷入这样的困境，它痛苦的哀鸣引来树林中的肉食性动物和食腐动物。水中游来的4米多长的两栖动物是晚古生代主要的水生捕食者。在陆地上，劳氏鳄是第一个赶来的捕食者。和陆生的鳄型动物一样，劳氏鳄在不久之后即将灭绝。

最早的哺乳动物

最早的哺乳动物出现于三叠纪末期，它们是看上去有点儿像针鼹或负鼠的小型动物，比如上图所示的巨带齿兽。在接下来的1.6亿年中，由于恐龙的存在，哺乳动物显得微不足道。

劳氏鳄身后的一群小型兽脚类恐龙彼时依然是食腐动物，它们的后裔在中生代的后半段演化成陆地上的主要掠食者。

专题　爬行动物的演化

　　两栖动物在晚石炭世演化为爬行动物，而后者统治地球长达1.2亿年的时间并演化出许多地球历史上最令人难以置信的生命形式。爬行动物的演化不仅得益于石炭纪形成不久的独特的森林环境，并

三叠纪

❶ 拟银杏蕨（*Ginkgophytopsis*）

❷ 似木贼（*Equisteum*，木贼类）

❸ *Rissikia*（一种针叶树）

❹ 大头螈（一种两栖动物）

❺ 优肢龙（*Euskelosaurus*，一种原蜥脚类恐龙）

❻ *Basutodon*（劳氏鳄类）

❼ 兽脚类恐龙

❽ 蜻蜓

三叠纪

225

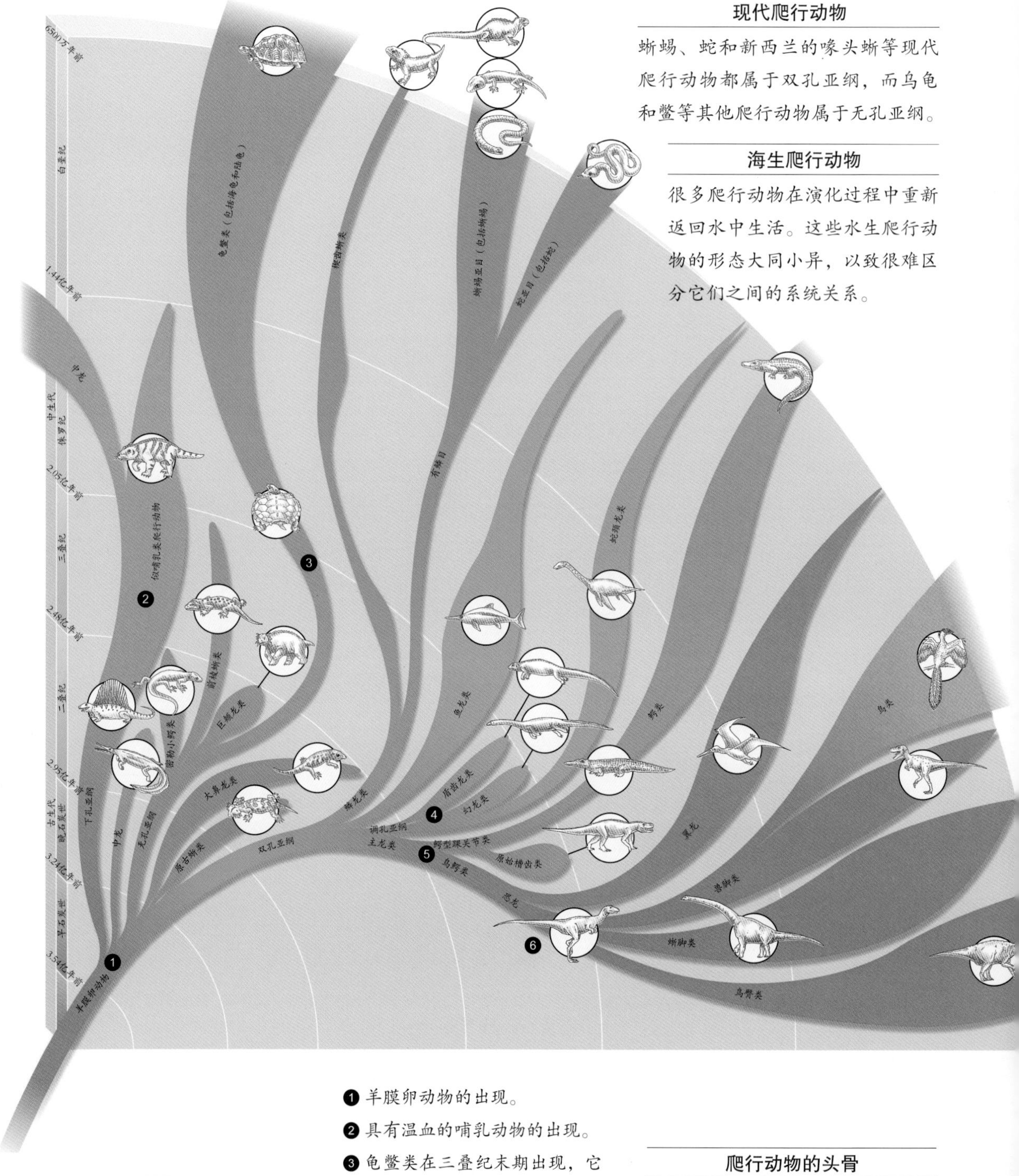

6500万年前

白垩纪

1.4亿年前

侏罗纪

中生代

2.05亿年前

三叠纪

2.48亿年前

二叠纪

2.95亿年前

古生代 石炭纪

3.24亿年前

泥盆纪

3.54亿年前 未固卵动物

龟鳖类（包括海龟和陆龟）

喙头蜥类

蜥蜴亚目（包括蜥蜴）

蛇亚目（包括蛇）

似哺乳爬行动物

② 哺乳动物

③

有鳞目

蛇颈龙类

鱼龙类

鳄类

鸟类

调孔亚纲主龙类

沧龙类

幻龙类

鳄型踝关节类

原始槽齿类

翼龙

滑齿龙类

兽脚类

④

无孔亚纲

下孔亚纲

双孔亚纲

迟钝前棱蜥类

大鼻龙类

巨颊龙类

盘龙类

杯龙类

⑤ 鸟鳄类

沧龙类

鸟臀类

⑥

蜥脚类

鸟臀类

现代爬行动物

蜥蜴、蛇和新西兰的喙头蜥等现代爬行动物都属于双孔亚纲，而乌龟和鳖等其他爬行动物属于无孔亚纲。

海生爬行动物

很多爬行动物在演化过程中重新返回水中生活。这些水生爬行动物的形态大同小异，以致很难区分它们之间的系统关系。

① 羊膜卵动物的出现。

② 具有温血的哺乳动物的出现。

③ 龟鳖类在三叠纪末期出现，它们的龟甲的演化非常成功。

④ 调孔亚纲重新适应海洋环境。

⑤ 主龙类派克鳄是最早出现的半直立行走的四足动物。

⑥ 鸟臀类恐龙演化出两足直立行走的方式。

主龙类

主龙类在三叠纪的繁盛在一定程度上是因为它们演化出了直立行走的方式，因此主龙类又常被叫作"占统治地位的爬行动物"。主龙类包括恐龙、翼龙和鳄鱼的祖先。

爬行动物的头骨

爬行动物依据其眼眶后部颞孔的位置分为4个亚纲（见对页）：无孔亚纲没有颞孔，下孔亚纲具有一个位置靠下的大型颞孔，双孔亚纲具有两个颞孔，而调孔亚纲则具有一个位置靠上的颞孔。

三叠纪

且它们可以这一时期不同类型的植物和昆虫为食。在这种条件下，两栖动物虽然已经开始向陆地生活过渡，但是爬行动物才是第一种能够完全生活在干旱环境中且不需要返回水中产卵的脊椎动物。

爬行动物通过演化出防止水分蒸发的蛋壳来适应干旱的陆地环境，每一个幼体都可以在被蛋壳包裹的水环境中完成早期的发育过程。而对于两栖动物来说，它们的卵过于微小，以至于无法在陆地上完成发育过程，所以两栖动物在水中度过幼体阶段是非常必要的。即使这些卵被产在陆地上，相对较大的表面积也会使它们迅速脱水死亡。因此，具有保护功能的蛋壳的出现可以使胚胎的早期发育不再受水环境的束缚。

爬行动物的卵黄为胚胎提供充足的营养，而尿囊用于储存代谢废物。羊膜中的羊水不仅为胚胎的发育提供了必要的水环境，而且保证了与外界的气体交换。不仅如此，无论是硬蛋壳还是软蛋壳都为爬行动物的胚胎提供了保护，这些重要的变化都使爬行动物的卵区别于鱼类和两栖动物，使爬行动物获得强大的繁殖优势。

尽管恒温动物起源于爬行动物，爬行动物本身却是变温动物。爬行动物全身布满干燥的鳞片，并且它们的卵在体内完成受精。大约3.2亿年前爬行动物出现不久，主要的类群便迅速出现在化石记录中。头骨的结构，特别是眼睛后方的大孔是爬行动物分类的重要依据。这些大孔是咬肌主要的附着部位。

虽然爬行动物能够适应陆地生活，但是在漫长的演化过程中还是有不少类群一次次地重返水生环境。比如，鱼龙为了重新适应水生环境，甚至采取卵胎生的繁殖方式，从而避免了产卵带来的不必要的麻烦。卵在寒冷的地带很容易被冻死，因此采取卵胎生的繁殖方式具有很大的优势。大多数现代爬行动物采取胎生的繁殖方式[1]。

这是谁的蛋

几乎不可能找到蛋化石的真正主人。上图所示的这枚蛋很可能属于蜥脚类恐龙，但是它也曾被认为属于生活在那个时期的、像鸸鹋一样的大型鸟类。这个蛋种的名字叫作 *Dughioolithus siruguei*。

爬行动物的主要类群

爬行动物中最原始的要数无孔亚纲（类），这些动物的眼眶后方没有任何颞孔。龟和鳖是仅有的现生无孔亚纲的代表。下孔亚纲主要由似哺乳类爬行动物组成，包括哺乳动物的祖先盘龙类。调孔亚纲包括楯齿龙、鱼龙，还可能包括长颈的幻龙和蛇颈龙类等一度繁盛的中生代海生爬行动物，如今已完全灭绝。双孔亚纲包括恐龙和绝大多数现生的爬行动物。

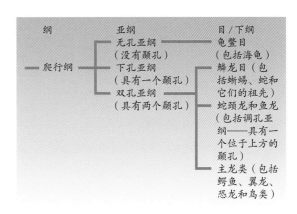

纲	亚纲	目／下纲
爬行纲	无孔亚纲（没有颞孔）	龟鳖目（包括海龟）
	下孔亚纲（具有一个颞孔）	鳞龙目（包括蜥蜴、蛇和它们的祖先）
	双孔亚纲（具有两个颞孔）	蛇颈龙和鱼龙（包括调孔亚纲——具有一个位于上方的颞孔）
		主龙类（包括鳄鱼、翼龙、恐龙和鸟类）

无孔亚纲（前棱蜥）

下孔亚纲（盘龙）

双孔亚纲（异特龙）

调孔亚纲（短尾鱼龙）

---

[1] 译者注：此处疑为作者笔误，大多数现代爬行动物采取卵生或卵胎生的繁殖方式。

侏罗纪
距今2.05亿~1.44亿年

在中生代开始时，盘古超大陆几近形成，但不久即开始分裂，形成现代大陆的雏形。这次分裂并不是在短时间内完成的，而是持续了至少1.5亿年，一直延续至新生代。随着大陆的分离，陆地之间的海洋也逐渐呈现出今天的格局。侏罗纪的海平面持续处于高位，因而原本干旱的大陆中央也变成了湿润的热带气候。侏罗纪的标志性化石是以菊石为代表的海生动物化石，它们不仅数量庞大，而且演化快速，以至于成为侏罗纪地层划分和对比的主要依据。但是在公众看来，中生代是爬行动物的时代，这一点毫无疑问。在这一时期的海相地层中，有可能找到蛇颈龙和鱼龙等善于游泳的海生爬行动物的化石。虽然侏罗纪的陆相地层相对稀少，但是我们有可能找到最令人神往的爬行动物——恐龙的化石。

尽管当时（指后文提到的18世纪末至19世纪初）人们对侏罗系的了解并没有现在那么多，但它是第一个采用科学方式划分和命名的地层单位。18世纪末，在开凿贯穿英格兰中南部的运河时，英国工程师威廉·史密斯注意到工人在不同的岩层中可以挖掘出不同种类的化石组合。史密斯意识到一个特定的化石组合可以用于识别一套特定的地层。他因此成为第一个使用后来所谓的"生物地层学原理"的人，而这一原理直到今天都是地层学的基础理论之一。1797年到1815年间，史密斯绘制了第一幅现代地质图。他在这幅图中用不同的颜色标示不同时代的地层露头。也正是在这幅图中，史密斯完成了对侏罗系的划分和命名。

"侏罗系"的名字源自瑞士北部的侏罗山。1795年，亚历山大·冯·洪堡使用"侏罗石灰岩"一词描述这里的岩

> 早在1795年，侏罗系典型的石灰岩就在瑞士和英国被发现。

关键词
被子植物、始祖鸟、方解石、食物网、地堑、裸子植物、六射珊瑚、鲕状岩、鸟臀类、裂谷、蜥臀类、硬骨鱼类、三叉裂谷

参考章节
地球的起源及其自然环境：地壳、地幔、海洋
太古宙：前寒武纪洋底
三叠纪：盘古超大陆、爬行动物
白垩纪：恐龙、大灭绝、被子植物

三叠纪	2.05亿年前	2亿年前	1.95亿年前	1.9亿年前	1.85亿年前	1.8亿年前	侏罗纪
分期	早侏罗世/下侏罗统（里阿斯统）						
分阶	赫塘阶	辛涅缪尔阶	普林斯巴阶	土阿辛阶		阿林阶	巴柔阶
地质事件	盘古超大陆开始分裂		北美洲、非洲与墨西哥湾之间形成大面积裂谷				
气候				气候变暖			
海平面		海平面较低并不断上升					
植物	种子蕨灭绝			裸子植物尤其是苏铁类植物占统治地位			
动物	六射珊瑚形成大型生物礁 · 现代两栖类出现			恐龙繁盛	兽孔类濒临灭绝 ·		

海底扩张与海洋的年龄

如今最古老的海底是在大约1.8亿年前的侏罗纪形成的。在20世纪60年代的深海科学考察中，科学家发现最年轻的洋壳位于洋中脊附近，并且以每年3.5平方千米的速度不断形成，而最古老的洋壳则位于大陆边缘。这些现象是由海底扩张导致的，而海底扩张学说是1960年由美国地质学家哈利·赫斯提出的。洋壳是由地幔岩浆形成的，岩浆在洋中脊处遇到冰冷的海水冷却形成洋壳，它的密度要比陆壳大得多。地幔的对流作用使年轻的洋壳沿洋中脊向两侧运动。由于岩浆的冷却，洋壳逐渐收缩下沉形成深海盆地。这一理论解释了为什么洋壳总是比陆壳年轻，以及海底的山脉是如何形成的。巨大的大西洋洋中脊几乎从北极一直延伸到南极。它开始形成于早侏罗世盘古超大陆沿今天的南美洲和非洲海岸分裂的时候，这里也是劳伦古陆和冈瓦纳大陆拼合的地方。

层露头。矿工把后来划分为侏罗系的地层称作"青石灰岩"和"鲕状石灰岩"。在多塞特矿工的语言里，青石灰岩指的是从英格兰南部延伸至东北部的石灰岩和黏土互层，鲕状石灰岩则是指位于青石灰岩以上、可以用作建筑石料的厚层石灰岩。科尼比尔和菲利普斯曾将鲕状石灰岩称作"鲕状石灰岩层"，而这两个人正是命名石炭系的学者。1829年，法国地质学家亚历山大·德·布罗格耐尔特使用"Terraines Jurassiques"一词来描述欧洲本土的鲕状石灰岩露头。如今欧洲的侏罗系很容易被分成3层，即相当于早期矿工所谓的青石灰岩层的里阿斯统、相当于鲕状石灰岩下部的道格统和相当于鲕状石灰岩中上部的麻姆统。在1842年到1849年间，还有一些欧洲地质学家将侏罗系地层分为11层，每一层都以最先发现它们的地点命名。

侏罗系地层的快速确定得益于其中含有的丰富多样的海洋生物化石。其中菊石是划分地层的主要工具，它们在这一时期快速演化并遍布世界各地。侏罗系的每一个统都包含若干条菊石带，而今广泛使用的菊石带早在1946年就被确定。

各种生物从三叠纪末期的大灭绝事件中复苏，标志着侏罗纪的开始。关于三叠-侏罗系界线附近的瑞替阶时代的讨论贯穿整个地质学的发展历史。最新的研究表明，这套地层应该属于三叠系的最晚期。与此同时，在英格兰南部的多塞特地区，侏罗系顶部波倍克阶的时代也存在巨大的争议。波倍克阶是一套淡水沉积，没有任何可供参考的海生生物化石带，可是最近的研究表明这套地层跨越了侏罗-白垩系的界线。

侏罗纪全球气候温暖，陆地和海洋中的生命都以前所未有的多样化水平发展。海洋中出现了新的

1.7亿年前	1.65亿年前	1.6亿年前	1.55亿年前	1.5亿年前	1.44亿年前	白垩纪
中侏罗世/中侏罗统（道格统）			晚侏罗世/上侏罗统（麻姆统）			
巴通阶	卡洛夫阶	牛津阶		提塘阶		
		基末利阶				
墨西哥湾和北大西洋形成			北美洲西部的内华达造山运动			
		冈瓦纳大陆沿东西方向分裂		南大西洋形成		
				马达加斯加从非洲分裂出去		
海水缺氧						
海平面适中并不断上升			海平面波动			
·浮游生物抱球虫出现		·硬骨鱼出现		·鸟类出现		

尽管恐龙是侏罗纪体型最大、演化最成功的动物之一，但它并不是当时唯一重要的生物。其他同样重要的生物还包括浮游生物、松树、两栖动物、鸟类和最早的现代鱼类。

浮游生物，新的珊瑚也形成了壮观的热带生物礁。侏罗纪是裸子植物的时代，它们是一类具有种子而不具有花的植物，包括苏铁植物、松柏类植物和银杏。虽然种子蕨在侏罗纪已灭绝，但是其他裸子植物从这一时期起繁盛至今。不仅如此，侏罗纪还是爬行动物的时代，这些动物不仅统治了陆地、海洋，甚至还统治了天空。在这个伟大的时代，不仅出现了最早的现代两栖类和硬骨鱼类，还出现了最早的鸟类——始祖鸟。始祖鸟是一个重要的物种，保留着许多与它们的近亲恐龙相似的特征。

这一时期，盘古超大陆开始分裂。从三叠纪末

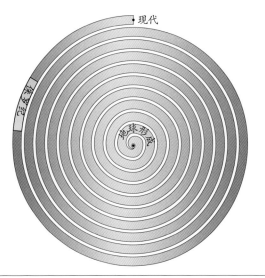

中生代中期

侏罗纪是中生代的第二个地质时代，延续大约6100万年之久。侏罗纪延续的时间几乎相当于三叠纪时间跨度的两倍，但仍不及白垩纪的时间长。盘古超大陆的分裂和年轻海洋的形成是侏罗纪气候变化的主要原因。这一时期全球地理格局开始向现在的样子转变。鸟类、现代两栖动物和松柏类植物等现代生物也从这一时期开始出现。

期开始，原来使各个大陆联合在一起的拉力变成了使它们彼此分离的张力。超大陆上开始出现纵横交错的裂谷，标志着现代大陆的形成过程就此开始。到了早侏罗世，Z字形的断裂横跨整个超大陆，并很快变成地幔岩浆涌出的通道，超大陆随之四分五裂。正是在这次事件中，厚达1000米的玄武岩覆盖了位于今天南非卡鲁盆地中的三叠系。

盘古超大陆只存在了数百万年的时间，它的分裂形成了大西洋和加勒比海盆。

规模最大的分裂发生在今天的北美洲、南美洲和非洲之间。这个事件不仅使3块大陆彼此分离，而且使南美洲和非洲之间的断裂进一步延长。其他的断裂发生在非洲与印度和澳大利亚板块的边界附近，以及现代大西洋的北美洲和欧洲沿岸。尽管不像其他板块分裂得那样彻底，格陵兰也开始从北美洲分离。古地磁资料显示，虽然方向还需要进一步调整，但侏罗纪的各个大陆已经处于它们今天所在的纬度。

南半球的大陆逐渐远离南极点，导致冰川大量融化，海平面不断上升。海平面上升意味着海域面积扩大，大西洋、太平洋和印度洋这3个现代大洋的雏形开始形成，这一时期的海陆格局也开始呈现出现在的样子。

随着北美洲和非洲的分裂，特提斯海不断扩大，看上去就像两块大陆之间的一枚楔子。这个位于今天墨西哥湾的裂谷周期性地被海水淹没，因此形成了巨厚的蒸发岩沉积。与此同时，海水也从北部和西部这两个方向涌向北美洲的西海岸。

特提斯海两岸的低地也被海水淹没，在欧洲南部和这一海域地势较低的岛链上形成石灰岩地貌。同样被海水淹没的还有欧洲北部，海水沿着格陵兰和斯堪的纳维亚之间的裂谷从北部涌入。因此，在

侏罗纪

分裂的美洲大陆

南美和北美大陆的连接中断，桑丹斯海淹没了北美洲西南部的大片陆地。

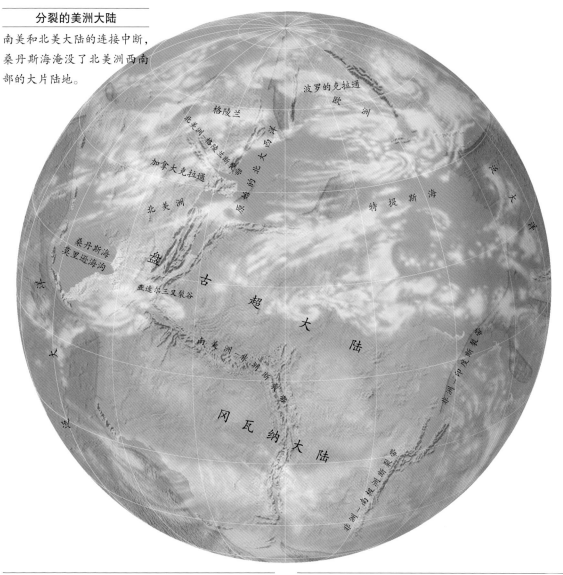

盘古超大陆的分裂

盘古超大陆上裂谷纵横，大陆的破裂从一个三叉裂谷延伸到另一个三叉裂谷。自此冈瓦纳大陆开始展现出现代大陆的模样。

绿色星球

从太空上看，早侏罗世的地球生机勃勃。那些曾经干旱的土地上生长着茂密的植被，山脉和峡谷指示了大裂谷的位置。这一时期并没有冰盖形成。

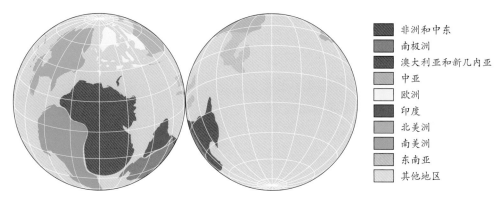

图例
非洲和中东
南极洲
澳大利亚和新几内亚
中亚
欧洲
印度
北美洲
南美洲
东南亚
其他地区

侏罗纪

这些地区，里阿斯统的页岩和石灰岩取代了二叠系和三叠系的红层。

尽管冈瓦纳大陆也开始分裂，但其完整性并没有受到破坏。北美洲和非洲开始沿着古老的海西山脉逐渐分离，但是非洲与南美洲的分裂直到白垩纪才开始。在冈瓦纳大陆的东北边缘，后来成为喜马拉雅山系的两块巨大陆地已经分裂，并开始沿着特提斯海的东部向北漂移。

在沿着盘古大陆西缘分布的俯冲带上方，岛链和大陆正在发生联合。这些陆地最终与海岸山脉形成"外来地体"（即小地块与已有大陆缝合在一起），成为现代大陆的重要组成部分。尤其是在北美洲的西海岸，为数众多的外来地体组成了西部科迪勒拉山系的3/4。一些学者认为，这次被称为内华达造山运动的事件使美洲的西海岸向西推进了差不多300千米。

特提斯海和其他海洋使侏罗纪内陆地区的气候温暖湿润。随着植物的分化和扩散，即使是几百万年来持续干旱的大陆腹地也开始披上绿装。早侏罗世的多个植物群均显示这一时期全球都处于亚热带气候之下。在高纬度地区发现的侏罗纪蕨类植物化石指示那里并不曾天寒地冻，因此这一时期赤道与两极之间的温差可能并不显著。

无论盘古超大陆上的破裂发生在哪里，破裂的形状都是由地壳以下的运动造成的。地幔物质的对流使地壳隆起，进而使地表破裂。这种破裂通常发自一点且具有3个主要的分支，每一个都是两个岩石圈板块的界线。随着破裂的持续，其中的两条破裂带必然形成一条连续的裂谷，且与邻近的三叉裂谷相连形成更长的Z字形断裂带。这种区域彼此相连，贯穿整个大陆。第三条裂谷往往停止扩张，地质学家通常把这些停止扩张的裂谷叫作"衰亡裂谷"。世界上的两大河流（亚马孙河和密西西比河）就是沿着盘古大陆分裂时形成的衰亡裂谷流淌的。

现代的红海是一条被海水淹没的裂谷，它是一个年轻的海洋。在红海的北端，两条裂谷呈三叉状排列，即苏伊士湾和阿卡巴湾。阿卡巴湾向北与约旦裂谷和死海共同构成一个活动裂谷，而苏伊士湾则是一个衰亡裂谷。红海的最南端与另一处三叉裂谷相连，其中亚丁湾是一个活动裂谷，而位于埃塞

> 年轻海洋带来的湿润气候对侏罗纪的大陆产生了深远的影响。原本分布在沿岸地区的植物开始向内陆扩散，并迅速繁盛。

> 盘古超大陆沿着各个板块曾经汇聚的地带分裂，而阿拉伯半岛从非洲大陆分离的过程是现代板块分裂的一个例子。

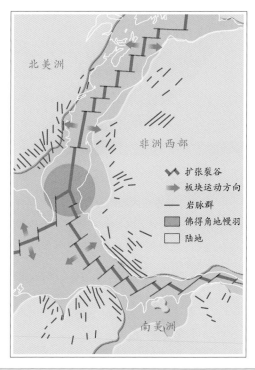

三叉裂谷

如上图所示，地幔物质的上涌（佛得角地幔羽）使地表隆起并形成3条裂谷，将北美洲、非洲和南美洲两两分隔。与此同时，火成岩岩脉沿着主要的张裂涌出，海水也涌入这些裂谷，形成了年轻的大西洋。

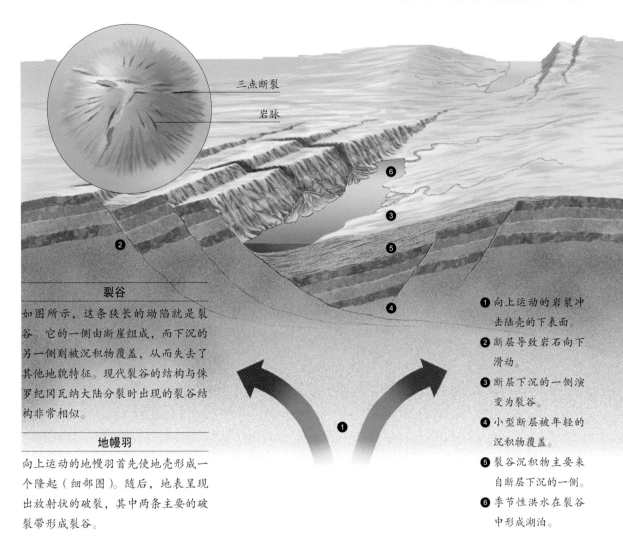

三点断裂

岩脉

裂谷

如图所示，这条狭长的坳陷就是裂谷。它的一侧由断崖组成，而下沉的另一侧则被沉积物覆盖，从而失去了其他地貌特征。现代裂谷的结构与侏罗纪冈瓦纳大陆分裂时出现的裂谷结构非常相似。

地幔羽

向上运动的地幔羽首先使地壳形成一个隆起（细部图）。随后，地表呈现出放射状的破裂，其中两条主要的破裂带形成裂谷。

❶ 向上运动的岩浆冲击陆壳的下表面。

❷ 断层导致岩石向下滑动。

❸ 断层下沉的一侧演变为裂谷。

❹ 小型断层被年轻的沉积物覆盖。

❺ 裂谷沉积物主要来自断层下沉的一侧。

❻ 季节性洪水在裂谷中形成湖泊。

俄比亚阿法尔南部的东非大裂谷北端则相对稳定。

直到20世纪80年代，科学家一直认为裂谷只是由大陆间的张力形成的相对简单的地质结构，在张力最为集中的地区断层的走向垂直于张力的方向。这些平行断裂带之间的区域下陷，在裂谷中形成一种被称为地堑的地质结构。然而，最近对东非大裂谷的研究表明，断裂并不是像人们之前想象的那样对称。如果断裂的一侧存在张力，另一侧的物质为了抵消这种张力而形成的下陷就会形成裂谷。

> 裂谷位于地堑之上，那里是一块陆地相对于另一块下沉的地区。

裂谷中的沉积物大多来自坳陷的一侧，它们被河流裹挟沉积在裂谷中。在断崖的一侧，一些将断崖切穿成峡谷的河流也携带着沉积物汇入裂谷。断层一侧的降水往往在与裂谷平行的方向上形成大型河流。现在的尼罗河就是沿平行于红海裂谷的方向流淌的，不过是在断块山的另一侧。

在裂谷一侧的断崖以及另一侧的坳陷都可以沿裂谷延伸数千千米。此后，裂谷两侧的构造会发生转换，即原来的断崖一侧形成坳陷，而原来的坳陷一侧出现断崖。这种情况会把裂谷分隔成一连串盆地，每个盆地形成一个湖泊。由于绝大多数裂谷出现在大陆中央，这些湖泊不断蒸发，进而使水中溶

侏罗纪

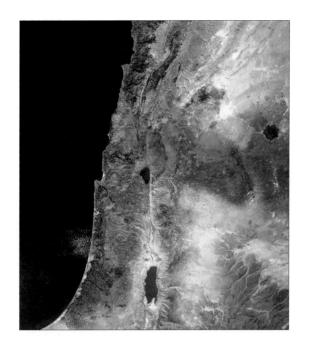

解的矿物结晶并沉积在谷底。

　　海水可以灌入靠近海岸的裂谷，同样为矿物的结晶创造了条件。很多晚三叠－早侏罗世形成的蒸发岩都与裂谷有关。不论矿物是在湖泊中还是在狭小的海湾中蒸发结晶，它们沉积的顺序都是一样的。

现代裂谷

约旦河裂谷从北向南穿过中东地区，其南端与红海交汇于一处三叉裂谷。死海和太巴列湖都是由该地区的内陆水系形成的咸水湖。

　　当海水蒸干时，最先析出的碳酸钙可以形成石灰岩层。当15%的水分蒸发时，海水中溶解的碳酸钙就会全部析出；当20%的水分蒸发时，硫酸钙沉淀即开始形成；而当10%的水分蒸发时，海水中含量最多的氯化钠就会形成晶体。

　　不难想象导致裂谷形成的板块运动同样可以造就火山和其他地貌。地壳与地幔交界处的熔岩沿断层的薄弱部位向上涌出，最终在靠近裂谷断层的地带喷发。这种火山喷发各种类型的玄武岩浆，并且这些主要来自地幔的熔融物质的硅含量较低。

　　然而，在喷发过程中，地壳薄弱部位的岩石也会熔化，因此这些火山喷发的岩浆类型十分多样。位于现代东非大裂谷中的火山喷发的岩浆含有丰富的钙，以至于其形成的火成岩的钙含量与石灰岩中

古代海湾沉积

形成不久的大西洋的一支将北美洲与南美洲分隔开来，年轻的太平洋海水不时涌入其中。海水的蒸发形成了现代墨西哥湾海底大规模的岩盐沉积，后续的沉积物覆盖了岩盐，并将其埋藏在地壳深部。由于密度较小，岩盐开始穿过上覆的沉积岩层向上运动，最终形成了穹顶状的盐丘。由于每个盐丘都将岩层向上拉拽，沉积岩层中形成了许多空隙——它们是理想的储油层。后期的石油流动到这些储油层里，形成了今天石油工业的基础。

裂谷、火山的类型各不相同，这是由于在喷发前不同成分的岩石会再次被岩浆熔化。

侏罗纪陆表海中的底栖无脊椎动物与现代的十分相似。

的相当。这种情况的确十分罕见。

在侏罗纪的特提斯海沿岸，海洋生物十分多样。除了脊椎动物外，无脊椎动物主要包括双壳类、腹足类和头足动物。头足动物的外壳演化出了不同类型，其中最重要的莫过于盘状的菊石和乌贼模样的、笔直的箭石——

① 河流携带养分入海
② 鱼类（包括叉鳞鱼、薄鳞鱼等）
③ 狭蜥鳄（*Steneosaurus*，一种海生鳄类）
④ 利兹鱼（*Leedsichthys*，一种大型鱼类）
⑤ 地栖鳄（*Metriorhynchus*，一种海生鳄类）

特提斯海的食物网

如下图所示，侏罗纪海洋的食物链和现在的一样复杂。海生植物通过光合作用制造有机物，微体植物和植物遗骸成为小型动物的食物，而大型动物又以小型动物为食。体型最大的肉食性动物位于食物链的顶端。大型肉食性动物死亡后腐烂的尸体又为其他生物提供了养分，并使食物链中的其他环节相互作用。食物链之间形成复杂的网络结构，称为食物网。

⑥ 喙嘴龙（*Rhamphorhynchus*，一种翼龙）
⑦ 浅隐龙（*Cryptoclidus*，一种蛇颈龙类）
⑧ 滑齿龙（*Liopleurodon*，一种短颈上龙类）
⑨ 泥泳龙（*Peloneustes*，一种短颈上龙类）
⑩ 菊石（头足动物）
⑪ 大眼鱼龙（*Ophthalmosaurus*，一种鱼龙）
⑫ 箭石（*Belemnites*，一种头足动物）
⑬ 卷嘴蛎（*Gryphaea*，一种双壳动物）
⑭ 弓鲛（*Hybodus*，一种软骨鱼类）
⑮ 史帕斯鳐（*Spathobatis*，一种盘状的软骨鱼类）

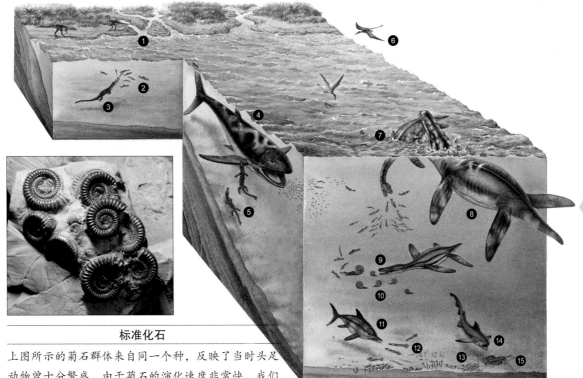

标准化石

上图所示的菊石群体来自同一个种，反映了当时头足动物曾十分繁盛。由于菊石的演化速度非常快，我们可以在不同的地层中找到不同的菊石。物种的快速演替是生物地层学的基础。菊石对水环境的变化十分敏感，不同种类的菊石一般生活在不同的生境中。除了划分地层以外，菊石还能反映古代的海洋环境。

侏罗纪

这两种动物的化石在侏罗系中都十分丰富。菊石的体型从纽扣大小到卡车轮子大小都有，肋、嵴和刺等壳饰的变化则更加多样。以海星为代表的棘皮动物随处可见，它们的丰富程度与古生代没什么两样。海百合的种类较现代多，它们生长在几乎所有能够固着的基底上，或者随水中的木头四处漂浮。

在侏罗纪，硬骨鱼类开始繁盛。硬骨鱼类的鳞片变小，下颌与头骨间的关节形式也出现了变化。这些都是硬骨鱼类区别于原始类群的重要特征。泥盆纪出现的鲨鱼到了侏罗纪并没有任何衰落的迹象，即使到现在也是如此。

这一时期海洋动物中最为壮观的莫过于各种海生爬行动物了，包括模样酷似鳝鱼的长口鳄和具有鳍状尾部的地蜥鳄等海生鳄类，以及具有桨状鳍的大型蛇颈龙类等。蛇颈龙类包括两个类型：一是长脖子的棱长颈龙类，二是大脑袋、短脖子且体长可达12米的滑齿龙类。但是说到最适应海洋生活的爬行动物，不得不提的还是鱼龙。比如，三叠纪的大眼鱼龙的体型像鲨鱼或海豚，并且通过胎生的方式繁殖。在德国霍尔茨马登的岩层中很容易找到它们的化石，说明亿万年前这里很可能是一个非常适于鱼龙繁殖的场所。与侏罗纪海生爬行动物齐名的还有征服蓝天的翼龙。

和今天一样，侏罗纪海洋中每一个物种的生存都离不开彼此，各个物种形成了复杂的食物网。太阳能的输入是食物网的基础。特提斯海沿岸生长着茂密的植被。温暖湿润的气候有利于各种植物生

> 随着生命形式的多样化，不同生物相互依赖形成复杂的食物网。

长，植物死亡后的残骸持续不断地被河流冲进大海。这些植物残骸和海水中的浮游植物共同构成了维持海洋食物网运转的基本原材料。

海水表层中的浮游植物是小鱼和各种无脊椎动物的食物，而小鱼和无脊椎动物又是其他鱼类与菊石的食物。一些以小型动物为食的鱼类体型巨大，和今天的鲸鲨一样，虽然是海洋中最大的鱼类，却以微小的动物为食。体型较小的鱼类不仅会被体型较大的鱼类吃掉，还有可能成为食鱼翼龙的美味。食物网的顶端往往是一些大型肉食性动物，包括蛇颈龙、上龙和海生鳄类。

海底的大部分养分来自陆地上和表层水体沉降下来的物质，这里也生活着底栖的大型动物。像卷嘴蛎一样的软体动物靠水中的浮游生物为食，而箭石和鳐则以这些软体动物为食，它们自身又是鲨鱼和鱼龙的食物。

在海水表层生活的物种要远远多于海底。这可能是由于海底的地形单一，只有很少动物能生活在那里；也有可能是因为深层海水的含氧量低，不利于各种动物生存。此外，众多的岛屿也阻碍了水体的流动，从而限制了深层水体的气体交换。

侏罗纪被公认为是恐龙的鼎盛时期，而美国西部的莫里逊组最能体现这一点。莫里逊组的名字来源于科罗拉多州的莫里逊小镇，这套岩层由页岩、粉砂岩、砂岩、石灰岩和砾岩组成，厚度在30米和

鱼龙化石

这是一块发现于霍尔茨马登的鱼龙化石，它的体型酷似海豚，身体已完全炭化。一些内脏、背部和尾部的肉质鳍以及在一些标本中见到的未出生的幼崽都被完整地保存了下来。

侏罗纪

莫里逊组是侏罗纪形成的一套巨厚的沉积物，它的时间跨度接近600万年，规模超过10个州的面积；人们在其中发现了70多种恐龙化石。

275米之间。莫里逊组形成于晚侏罗世，由河流相沉积和湖相沉积组成，从蒙大拿州向南一直延伸到新墨西哥州，从东部的内布拉斯加州向西直到爱达荷州。莫里逊组每形成1米厚的岩层所需要的时间都相当于人类演化史的10倍那样漫长。

1877年，一位名叫阿瑟·雷

恐龙乐园

侏罗纪的雷龙在美国科罗拉多州莫里逊组的泥岩中留下了巨大的脚印，如右图所示。成群的雷龙在这片土地上季节性地迁徙，追寻丰美的水草。

❶ 由沙子和结核形成的河流相沉积，偶尔出现恐龙化石。

❷ 沙子和淤泥被洪水冲积形成滨岸沉积物。

❸ 古代河流相沉积物。

❹ 足印偶尔形成于河岸的裂隙处。

❺ 湖底的泥质沉积物中常有植物化石。

❻ 富含钙质的地下水形成石灰岩层。

❼ 盐湖形成的石灰岩和岩盐沉积，其中有被毒死的小型动物的化石。

❽ 持续不断的扰动使平原沉积物形成独特的层理。

侏罗纪

晚侏罗世桑丹斯海的蒸发形成了莫里逊组。

克斯的教师在丹佛附近的小镇莫里逊发现了一块嵌在岩层中的恐龙脊椎，莫里逊组和其中产出的化石从此受到了世人的关注。雷克斯发现恐龙化石的时候，距离人们知道地球上曾经生活着恐龙这种动物不过30年的时间，而且当时所有有关恐龙化石的发现都局限于欧洲，而北美洲当时唯一的恐龙化石则发现于遥远的新泽西州。

雷克斯的发现逐渐演变成一场"骨头争夺战"。两位杰出的美国古生物学家奥塞内尔·查利斯·马什和爱德华·德林克·科普开始争先恐后地挖掘恐龙化石。那段时间，两个队伍在向导的带领下分别来到莫里逊组，他们贿赂向导并企图阻挠对方把更多的恐龙化石带回东海岸的研究机构。两个队伍的工作卓有成效，到了19世纪末，由他们命名的恐龙已经达到136种。

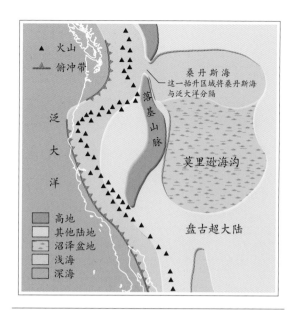

▲ 火山
⊥ 俯冲带

泛大洋

落基山脉

桑丹斯海
这一抬升区域将桑丹斯海与泛大洋分隔

莫里逊海沟

■ 高地
□ 其他陆地
▨ 沼泽盆地
▨ 浅海
■ 深海

盘古超大陆

季节转变

本页下图所示莫里逊组的旱季河流干涸，黄沙漫天，湖水消失，沙丘隐现，成群的恐龙从这里经过。如上页下图所示，雨季的莫里逊组河流纵横，洪水不时出现。这里有许多天然的泉水，泉水形成的湖泊有一些是咸的，还有一些存在一定的毒性。这里植被茂密，在河流两岸还生长着森林。

侏罗纪

桑丹斯海的退缩

侏罗纪初期，桑丹斯海覆盖了北美洲中西部的大片土地，其南部形成了著名的莫里逊海沟。随着时间的推移，桑丹斯海不断向北退缩，之前的海域被河流和湖泊的沉积物覆盖形成莫里逊组。莫里逊组的面积大约为100万平方千米，沉积物来源于西部的落基山脉。

横跨美国西南部的桑丹斯海在晚侏罗世开始向北收缩并逐渐消失。从古老的落基山脉上奔流而下的河水带来了丰富的沉积物，在这一地带形成了广阔的冲积平原，这就是莫里逊组形成时的自然环境。侏罗纪的气候是半干旱的，但是由于平原地带的海拔非常接近海平面，所以这里的气候常年湿润。大型湖泊的水量发生季节性的变化，洪水带来的大量泥沙使河流改道，进而形成更大面积的平原。河流的两岸生长着茂密的植被，其间点缀着一些沙丘。成群的恐龙在这里生活。梁龙和腕龙等大型长颈蜥脚类恐龙以乔木与低矮的植物为食，它们成群结队地迁徙，寻找水草丰美的栖息地。箭龙取食坚硬的植物，小型的植食性恐龙弯龙和橡树龙在干涸的湖盆中留下一连串足迹，它们总是被肉食性的异特龙和小巧的嗜鸟龙侵扰。翼龙盘旋在天空中。

最重要的中生代脊椎动物化石可能要数1861年在德国巴伐利亚州石灰岩中发现的始祖鸟化石了。始祖鸟看上去既像龙又像鸟，对于公众来说，它的发现就像达尔文的《物种起源》刚刚出版时那样令人难以置信。始祖鸟代表了爬行动物和鸟类之间缺失的环节，生动地展示了生物演化的过程。它的精美绝伦是因为形成化石的石灰岩异常精细，以致羽毛的精细结构都被完好地保存了下来。这套石灰岩地层形成于晚侏罗世，又被称作索伦霍芬石灰岩。这套地层出露于德国南部纽伦堡和慕尼黑之间的一块面积大约为2100平方千米的地区。索伦霍芬石灰岩最厚处大约95米，相当于50万年内形成的沉积物。岩层平坦而精细，以至于能够将最为细小的印痕保存下来。这样的沉积环境为动物精细结构的保存提供了理想的条件。像索伦霍芬石灰岩这样能够保存动物精细结构的岩层在德语中叫作"lagerstaten"。

> 在德国南部上侏罗统的石灰岩沉积中发现的始祖鸟化石是世界上最重要的脊椎动物化石之一。

始祖鸟化石是索伦霍芬石灰岩中最重要的动物化石，包括最早发现的羽毛化石在内迄今总共发现了8块化石[1]。在这一地点发现的许多翼龙化石甚至还保存了翼膜的精细结构。这里还出现了小型恐龙、蜥蜴以及喙头蜥的化石。无脊椎动物化石包括最常见的漂泊海百合类，它看上去像海蛇尾一样。除此以外，还有水母、蜻蜓、最早的章鱼和鲨的化石。值得一提的是，与鲨化石一起保存下来的还有它们留下的精美足印。尽管发现了如此众多的化石

始祖鸟——被证实的一环

1860年在索伦霍芬石灰岩中发现的一件始祖鸟羽毛化石将恐龙与鸟类紧密地联系起来。翌年，在同一地点又找到了一副几乎完整的骨架（下图）。

---

[1] 译者注：截至2014年，总共发现11块始祖鸟化石。

特提斯海的北部生长着大规模的生物礁。到了侏罗纪末期，由于盐度的上升，潟湖变成了死亡陷阱，成为化石形成的理想环境。

门类，但每一种化石的数量并不多，只有石灰岩矿的规模扩大时，人们才有可能发现一些。

索伦霍芬石灰岩形成于热带海洋中，起源于三叠纪的造礁生物六射珊瑚是它的主要"建造者"。早期的六射珊瑚只有为数不多的几个种，它们形成的生物礁大约只有3米高。到了侏罗纪末期，六射珊瑚的种类大幅增加，形成的生物礁规模也要大很多。一个巨大的海绵生物礁横跨特提斯海的北部，从今天的西班牙

一直延伸至罗马尼亚和波兰境内，长度大约为2900千米，相当于现代澳大利亚东北部大堡礁长度的一半。特提斯海的海绵生物礁生长在水下大约150米处平缓的大陆架上，这个深度远远超过了现代珊瑚礁生长的范围。形成侏罗纪山脉和裂谷的断裂也可以使海床升高或降低。在海底抬升的情况下，海绵生物礁由于靠近海面而无法生存，因此大规模地死去。这些死去的礁体由于更靠近海面，

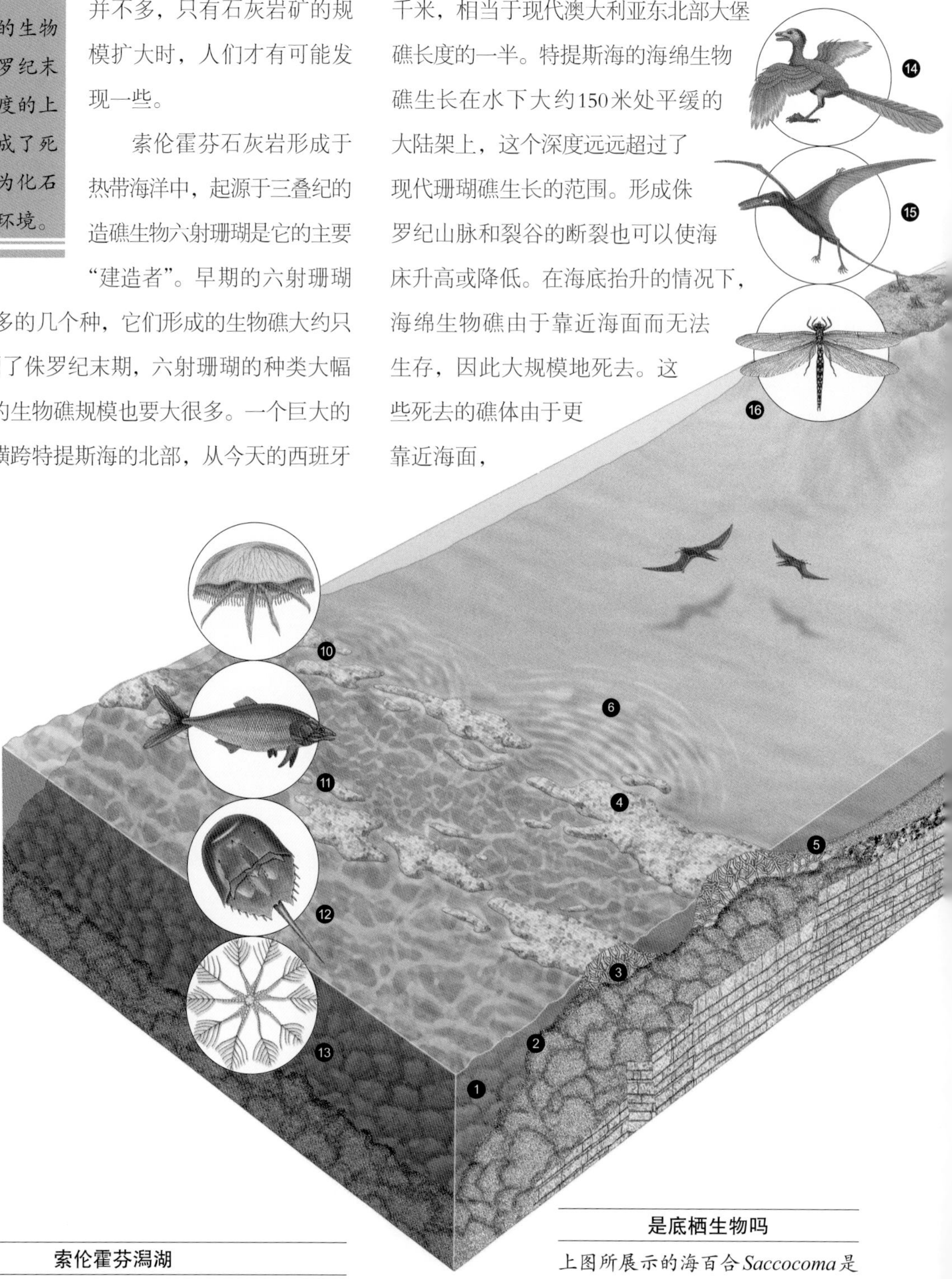

索伦霍芬潟湖

珊瑚礁将潟湖与特提斯海分隔，并在潟湖的静水环境中形成了细腻的石灰岩。持续的蒸发不仅形成了细小的碳酸钙颗粒，还使盐分浓缩，进而使水体产生毒性，杀死了所有接近的动物。

是底栖生物吗

上图所示的海百合 *Saccocoma* 是索伦霍芬石灰岩中的一种十分常见且样子奇特的动物，很多证据显示它们能够在富含盐分的沉积物中生长并繁盛。

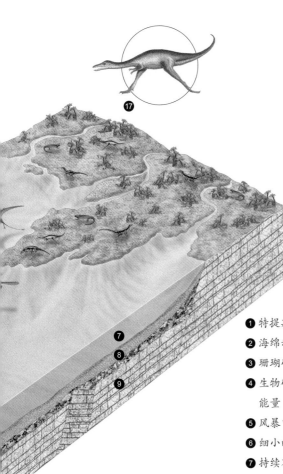

因而成为了造礁珊瑚生长的乐土。这些珊瑚礁切断了形成索伦霍芬石灰岩的宁静潟湖，湖水中溶解的矿物和盐分不断浓缩，进而产生了毒性，杀死了附近的所有动植物。

盘古超大陆的分裂总共持续了1.5亿年。但是在侏罗纪最初的3500万年时间里，所有大陆彼此分离并形成了新的海洋。北美洲沿逆时针方向缓慢地旋转，离其他大陆越来越远。北大西洋也在这一时期形成，使北美大陆与南部的冈瓦纳大陆和东部的欧洲隔海相望。值得注意的是，大西洋并不是

> 在侏罗纪最初的3500万年中，盘古超大陆迅速分裂，形成了年轻的大陆和海洋。

① 特提斯海
② 海绵动物形成的礁体
③ 珊瑚礁在死去的海绵礁体上形成
④ 生物礁形成的障碍物吸收了海浪的能量
⑤ 风暴中产生的珊瑚礁碎屑
⑥ 细小的碳酸钙碎片被冲入潟湖
⑦ 持续不断的蒸发使潟湖中水体的盐度过高而产生毒性
⑧ 碳酸钙碎片形成细腻的石灰岩
⑨ 古老的石灰岩地台形成断层并向北部逐渐抬升

⑩ 水母
⑪ 鱼类
⑫ 鲎
⑬ Saccocoma（一种海百合）
⑭ 始祖鸟（Archaeopteryx）
⑮ 喙嘴龙（Rhamphorhyncus）
⑯ 蜻蜓
⑰ 美颌龙（Compsognathus）

进入潟湖的动物死亡并下沉，在潟湖底部被细腻的沉积物覆盖。

海绵生物礁

曾经生活在特提斯海北部的大规模海绵生物礁如今可以在西班牙中南部、法国东南部、德国西南部、瑞士、波兰中部、罗马尼亚和黑海地区找到。海绵动物靠滤食微小的生物生活，许多种类都可以形成生物礁。

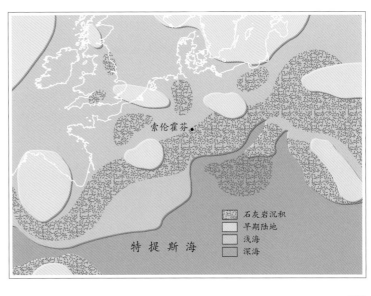

石灰岩沉积
早期陆地
浅海
深海

索伦霍芬

特提斯海

侏罗纪的生物地理分区

在盘古超大陆开始分裂时，侏罗纪不同的地区就开始出现不同类型的生物。在所有生物意识到板块漂移之前，欧洲的海洋生物就已经可以区分为南方和北方两个区系，分别叫作特提斯生物地理区和北方生物地理区。珊瑚化石显示南部的特提斯生物地理区曾属于热带气候；而北方生物地理区没有出现任何生物礁化石，因此肯定不属于热带气候。这两个生物地理区的侏罗纪菊石种类也存在明显的不同。植物化石显示，亚洲的植物群落组成与众不同。在冈瓦纳大陆上，非洲板块裂谷以东的地区生活着独特的植物群落。尽管大西洋已经形成，但这一时期北美洲和非洲北部依然生活着许多相同的物种。东亚和北美洲的动物群也有很大的相似性，比如这两个地区都曾生活着相同种类的恐龙。这里存在一个矛盾，因为人们一般认为不同大陆上的动物群快速发生分异。因此，在生物古地理方面，我们还有许多工作要做。

一个浅海，而是一个拥有海底平原和活跃洋中脊的真正大洋。在洋中脊处不断有火山喷发形成年轻的洋壳。大西洋的形成连接了特提斯海和大陆西边的泛大洋。大西洋的形成带来的最直接的影响莫过于改变了大气环流，进而形成了季风。不仅如此，地球的自转还在全球的低纬度海域形成了持续性的向西运动的洋流。赤道地区温暖的海水沿着盘古超大陆的海岸向南、北两个方向流动，使大陆内部的气候变得温暖湿润，全球气候也因此温和了许多。

此时，冈瓦纳大陆的分裂还没有完成，大陆上纵横的裂谷不断加深，非洲板块似乎比南极和印度洋板块更早从冈瓦纳大陆分裂出去。两块巨大的陆壳率先从印度洋板块的北部分裂，在亚洲南部俯冲带的不断牵拉下，它们不断向北漂移穿过特提斯海。扩张脊因而出现在这两块分离的陆壳和冈瓦纳大陆之间。

与此同时，由于俯冲带的牵拉作用，散布在泛大洋中的岛链和小块陆地不断联合，导致北美洲西海岸的陆地面积不断扩大。有证据表明，在北美洲的西海岸曾经存在许多条俯冲带，深海沉积物在陆地联合的过程中被推挤到大陆之上。这一挤压过程形成了内华达地区绵延的山脉，这次小规模的造山运动一直持续到了白垩纪才逐渐平息。

在遥远的东方，中国的扬子板块开始从北部的陆地分离。

这一时期的特提斯海依然是由大洋和浅海组成的，在它的西北部的浅海中分布着许多低矮的大型岛屿。到了晚侏罗世，海平面开始上涨，并使得欧洲地区的浅海面积进一步扩大。年轻洋中脊的形成导致了这次海平面的上涨，排开的海水淹没了所

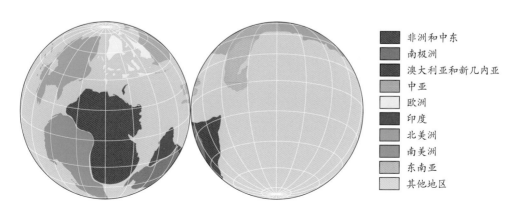

非洲和中东
南极洲
澳大利亚和新几内亚
中亚
欧洲
印度
北美洲
南美洲
东南亚
其他地区

有的低地。从亚洲北部到乌拉尔山东部都被海水淹没，在这一地区形成了广阔的鄂毕盆地。此后，海平面又出现了几次下降，以致曾经覆盖北美洲中西部的桑丹斯海向北继续收缩，并被大量的陆相沉积物覆盖，而北欧的浅海相沉积也被河口相沉积和三角洲相沉积取代。

在不断扩张的海洋的尽头，晚侏罗世的冈瓦纳大陆正在分裂，现代的东非和印度洋板块逐渐分离，形成敦达古鲁海岸平原。海水轻轻地拍打着沙滩，由于海域的面积狭小，因此没有条件形成较高的海

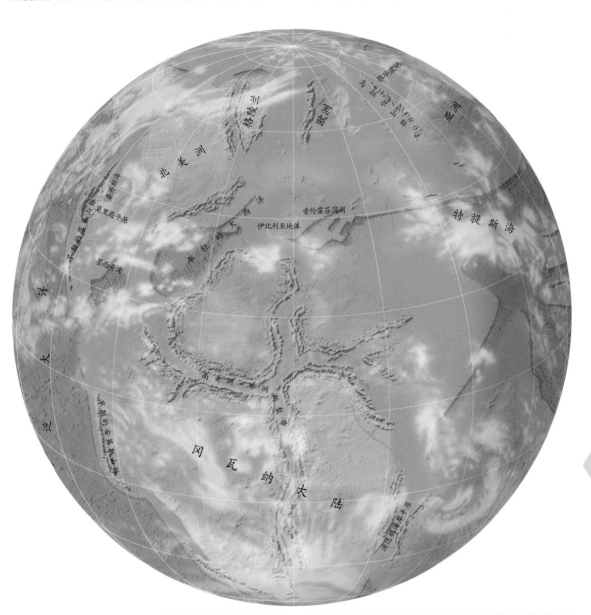

陆表海

欧洲广阔的内陆浅海为海洋生物的多样化创造了理想的环境。大规模的生物礁为索伦霍芬等潟湖提供了天然屏障，使这些潟湖中的细腻沉积物中保存了许多精美的化石。

冈瓦纳大陆的分裂

在侏罗纪即将落幕时，非洲板块与印度洋板块、马达加斯加板块和南极板块均开始发生分裂，南大西洋亦开始形成。伴随这些分裂出现的还有玄武岩溢流事件。

❶ 穗果杉（*Stachyotaxus*，一种针叶树）
❷ 蕨类植物
❸ 腕龙（*Brachiosaurus*，一种蜥脚类恐龙）
❹ 叉龙（*Dicraeosaurus*，一种蜥脚类恐龙）
❺ 蛇颈龙
❻ 尼尔桑（*Nillssonia*，一种苏铁类植物）
❼ 角鼻龙（*Ceratosaurus*，一种兽脚类恐龙）
❽ 轻巧龙（*Elaphrosaurus*，一种兽脚类恐龙）
❾ 肯氏龙（*Kentrosaurus*，一种剑龙类）
❿ 喙嘴龙（*Rhamphorhynchus*，一种翼龙）
⓫ 菊石
⓬ 箭石

晚侏罗世非洲板块与北美洲板块分离不久，非洲东部和北美洲依然生活着相似的动物群。

浪。不仅如此，离岸不远的长满树木的沙洲减缓了海浪的冲击。向内陆望去，在地平线上可以看到由大陆分裂形成的断崖。断崖快速地延伸至由苏铁类、树蕨和松柏类植物组成的湿润的侏罗纪热带森林中。这种森林四季常绿，使这片古老的土地看上去与现代的没什么两样。

留在海滩上的海藻和其他动植物残骸指示了潮水曾经到达的位置。螺旋形的菊石和笔直的箭石壳半埋在沙子中，周围还有其他动物的残骸。天空中是铺天盖地的飞虫，还有四处乱撞的翼龙，地面上箭龙的尸体正在腐烂。箭龙已死了很久，足以引起食腐动物的注意。小型的兽脚类恐龙聚在一起撕咬腐烂的尸体，它们也不断地受到大型恐龙的侵扰，而大恐龙欲将小恐龙赶走而独享这顿美味。

暴躁的肉食性恐龙可能根本没有留意到森林中生活的大型植食性恐龙正站在沙滩另一头的太阳地里尽情地享受着美味。长颈的蜥脚类恐龙十分高大，它悠闲地啃食着最坚硬的松柏类和蕨类植物。这些动物在恐龙时代的中点已经达到演化的巅峰。

侏罗纪

专题1 菊石的演化

软体动物化石对于古生物学家来说非常重要。它们坚硬的外壳非常容易形成化石，其演化历史可以追溯到寒武纪。主要的软体动物类群包括双壳动物、腹足动物和头足动物。后者作为软体动物的主要类群可能有些奇怪，因为大多数现生头足动物并不具有外壳，比如章鱼和乌贼。头足动物化石不仅具有外壳，而且外壳的类型和结构多种多样。

头足动物外壳的演化过程基本上就是一个浮力实验。它们的外壳具有很多腔室。在生长过程中，腔室的数量不断增加，壳的长度也不断延伸。腔室中充满气体，并且各个腔室通过一个管道相连，因此头足动物可以通过调节腔室中的气体改变其在水中的浮力。与现代的章鱼和乌贼一样，头足动物的运动也是依靠喷射高速的水流进行的。

中生代的菊石类头足动物是海洋中最常见的动物之一，因此它们的化石对于地层学家来说非常重要。菊石的分布非常广泛，并且演化迅速，每隔100万年左右就有新的属种形成。这意味着在一个岩层中找到可以识别的菊石属种时，这个岩层的精确年代就可以确定。菊石分布的广泛性还意味着相隔很远的两套地层都有可能通过含有的菊石化石进行对比。目前，整个中生代的地层都已经根据发现于特定层位的菊石进行了划分。

菊石的分类主要是依据外壳的形状、壳饰的种类和缝合线的类型进行的。缝合线属于内部结构，但是由于在石化过程中菊石的外壳多多少少都受到了侵蚀，因此我们可以轻而易举地观察到缝合线的类型。

活化石

菊石已经灭绝了数千万年，但是它们的解剖学特征与今天的鹦鹉螺（左图）非常相似。而菊石的眼睛、消化系统和触手的排列方式等未曾保存为化石的结构也可能与鹦鹉螺如出一辙。

❶ 具有笔直外壳、能够自由漂浮的早期类型。

❷ 弯曲的外壳出现，但依然可以使身体维持水平姿态。

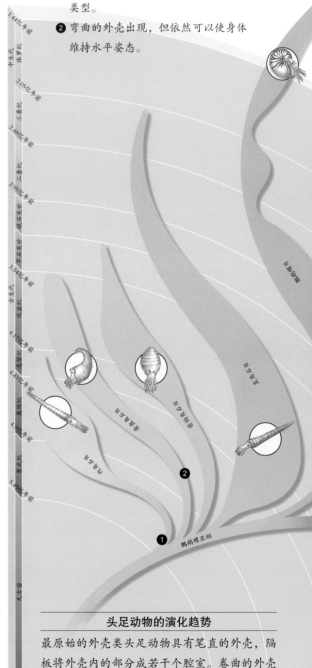

头足动物的演化趋势

最原始的外壳类头足动物具有笔直的外壳，隔板将外壳内的部分成若干个腔室。卷曲的外壳和精致的隔板随着演化变得越来越常见。

菊石的种类

由于栖息环境和生活方式的不同，菊石的外壳演化出许多种类。蛇卷壳是最基本的形式（❶），这种壳的每一个螺旋与其内侧的螺旋紧密接触。第二种类型是透镜状壳（❷），这种壳侧扁的程度比第一种剧烈。第三种称为包旋壳（❸），这种壳的内侧螺旋被外侧螺旋部分包裹。其他的壳型还包括非常罕见的异性壳（❹❺）。

缝合线的类型

菊石壳体内部分隔腔室的隔壁在外壳上留下的印记叫作缝合线。缝合线的形状是头足动物化石分类的依据。早期头足动物的缝合线简单，呈宽阔的波浪形（❶）；棱菊石的缝合线呈锯齿状（❷）；齿菊石的缝合线略显复杂（❸）；而菊石的缝合线更为复杂，具有精美的折叠、褶边以及沟槽结构（❹）。

头足动物的分类

虽然现生头足动物包括许多目，但已灭绝类群的外壳和内壳对研究头足动物的演化具有重要的意义。

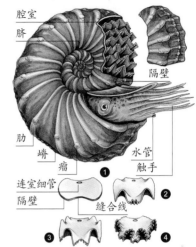

门	纲	目
软体动物门	双神经纲（包括石鳖）	鹦鹉螺目（缝合线简单）
	掘足纲（包括象牙贝）	菊石目（缝合线复杂）
	腹足纲（包括蜗牛和蛞蝓）	箭石目（包括箭石）
	双壳纲（包括蛤蜊和贻贝）	乌贼目（包括乌贼）
	头足纲	枪形目（包括鱿鱼）
	—— 灭绝类群	八腕目（包括章鱼）

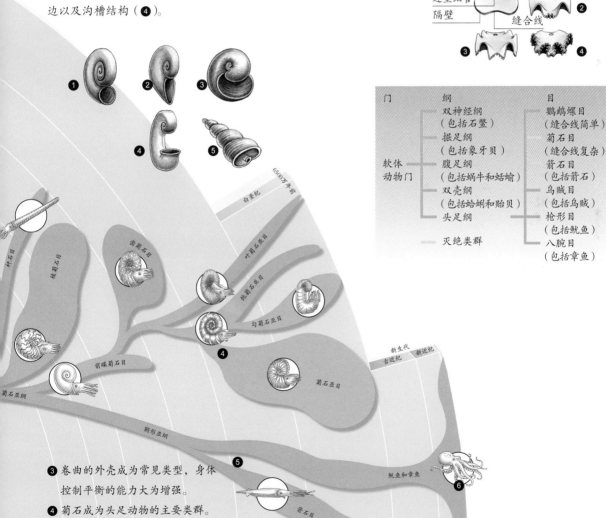

❸ 卷曲的外壳成为常见类型，身体控制平衡的能力大为增强。

❹ 菊石成为头足动物的主要类群。

❺ 箭石演化出内骨骼。

❻ 外壳退化或完全消失。

专题2　恐龙的演化

在所有灭绝的动物中，恐龙是最重要也是最令人难以置信的，但是它们落得了个演化失败者的名声。恐龙起源于2.25亿年前的三叠纪并一直延续到大约6500万年前的白垩纪末期，因此我们很难将这样一个在地球上生活了1.6亿年之久的动物称为演化的失败者。

恐龙和哺乳动物都起源于晚三叠世，而后恐龙不仅遍布每一块大陆，而且占据了所有类型的生境，进而演化出不同的种类。恐龙的祖先是双孔类爬行动物，它们的近亲包括鳄鱼和翼龙，它们的后裔鸟类一直延续至今。由于恐龙和鸟类的关系十分紧密，因此一些学者坚持认为鸟类应被视作高级的恐龙，而不应属于一个独立的类群。

近年来的研究工作不断地改变着人们对恐龙的认识。传统上，人们一直认为恐龙和其他爬行动物一样是一类行动缓慢的冷血动物。20世纪60年代中期，有人提出恐龙可能和它们的后裔鸟类一样都属于温血动物。尽管争论一直持续至今，但恐龙非常有可能是介于冷血动物和温血动物之间的类群。肉食性的恐龙可能是温血的，而大型的植食性恐龙则有可能是冷血的。

科学界争论的另一个话题是什么因素导致恐龙在6500万年前突然从地球上消失。流传最广的答案是一颗陨石在那个时候撞击了地球。然而，像白垩纪末期形成印度德干高原的大范围火山喷发事件也有可能导致同样的结果。还有一些科学家认为，恐龙的灭绝是一个缓慢渐进的过程，有可能是由气候或海平面的变化引起的，只不过这种变化在化石记录中突然出现罢了。需要指出的是，恐龙的灭绝很有可能是上述因素同时作用的结果。

现生恐龙

从某个角度来讲，羽毛、恒温以及翅膀这些特征都证明鸟类可能起源于兽脚类恐龙。

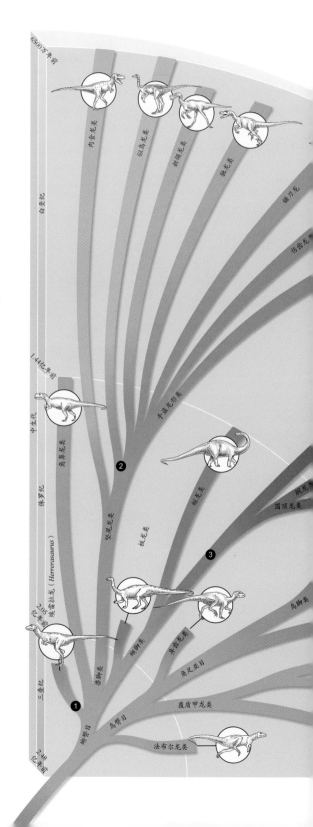

恐龙的演化趋势

三叠纪初期，恐龙横空出世。恐龙由主龙类演化而来，后者还包括翼龙（能够飞行的爬行动物）和鳄类的祖先。根据腰带结构的不同，恐龙被分成两个主要的类群，即蜥臀目和鸟臀目。蜥臀目的腰带酷似蜥蜴，包括肉食性的兽脚类和巨大的植食性蜥脚类恐龙，后者主要生活在侏罗纪。而鸟臀目的腰带与鸟类相似，由两足行走的鸟脚类恐龙以及所有甲龙和角龙组成，它们都是白垩纪最为常见的植食性动物。

四射式腰带（蜥臀目恐龙）

腰带骨骼的排列方式关系到恐龙的分类位置。蜥臀目恐龙的耻骨向前延伸，由于巨大的内脏位于腰带的前方，因此植食性的蜥脚类恐龙是一种四足行走的动物。肉食性恐龙的内脏比植食性的小很多，所以肉食性的兽脚类恐龙由于重心后移成为两足行走的动物。

三射式腰带（鸟臀目恐龙）

鸟臀目恐龙的耻骨向后延伸，因此内脏位于腰带以下。由于这个原因，很多植食性鸟臀目恐龙都是两足行走的动物。但是一旦演化出角和铠甲，这些鸟臀目就不得不四足着地。因此，我们看到的绝大多数角龙和甲龙都是四足行走的动物。

恐龙的爪子

在大多数人的印象中，恐龙是恐怖的杀手，而巨大的肉食性异特龙骨架成为了所有恐龙的原型。它们巨大的前爪足以揪掉一个成年人的头，3个巨大的指爪甚至能够划开当时体型最大的动物的肚皮。然而我们也能看到恐龙的爪子和现代鸟类的翅膀远端有着惊人的相似之处，因为鸟类正是恐龙的后裔。

❶ 最原始的恐龙是两足行走的肉食性的蜥臀类。

❷ 兽脚类恐龙是侏罗纪主要的掠食动物。

❸ 蜥脚类恐龙是大型的植食性动物，能够使食物在肠道中发酵。它们演化出能够承受巨大体重的结构以及修长的脖子。

❹ 鸟脚类恐龙是非常成功的植食性动物。和蜥脚类恐龙不同的是，它们能够将植物嚼碎。

❺ 不同类型的甲龙和角龙开始遍布世界各地。

白垩纪
距今 1.44 亿~6500 万年

白垩纪是中生代第三个也是最后一个时代。白垩纪盘古超大陆分裂以后，各个大陆不断漂移，海平面持续处于高位并最终淹没了大片陆地，规模之大前所未有。海平面的上涨形成了大规模的石灰岩和白垩，这就是"白垩纪"名字的由来。这一时期全球的气候温暖湿润，地球上出现了很多新的生物。被子植物最早出现在白垩纪，到了白垩纪末期，它们已经变得高度多样化并遍布世界各地。虽然蛇和哺乳动物在白垩纪也已经出现，但是在恐龙和其他巨型爬行动物统治的陆地上，它们显得微不足道。大陆的分裂已经影响到物种的演化，但是这一时期最重要的事件还要数在白垩纪末期导致恐龙消失的大灭绝事件。

白垩纪开始的时候，盘古超大陆的分裂已基本完成，各个大陆之间的联系中断，因而形成了完全不同的气候环境。因此，和之前形成的地层相比，对比各个大陆上的白垩纪地层要更加困难。"白垩纪"的名字来自拉丁语中的"Chalk"（意为"白垩"），最早是由奥玛利亚斯在1822年绘制法国地质图时提出的，他将巴黎盆地中的白垩沉积命名为"Terrain Crétacé"。与此同时，对英国白垩纪地层的研究也如火如荼地展开。随后，在那时提出生物地层学原理的威廉·史密斯已经确认了波特兰岩层（侏罗系顶部）和被他称为下部黏土层（第三系的底部）之间的4段地层。史密斯划分的4段地层分别叫作"砖土层""云母黏土层""棕垩层"和"白垩层"。1822年，命

> 随着盘古超大陆的分裂，每一个大陆形成了独具特色的气候和与众不同的岩层。

关键词

被子植物、科迪勒拉山系、裸子植物、热点、有袋类哺乳动物、胚珠、有胎盘类哺乳动物、塞维尔造山运动

参考章节

地球的起源及其自然环境：洋壳、海底扩张
三叠纪：盘古超大陆形成、早期恐龙
侏罗纪：恐龙

侏罗纪	1.44亿年前	1.4亿年前	1.35亿年前	白垩纪	1.25亿年前	1.2亿年前	1.15亿年前
分期			早白垩世/下白垩统				
欧洲分阶	贝利阿斯阶	凡兰吟阶	欧特里夫阶	巴雷姆阶		阿普特阶	阿尔布阶
北美分阶		科阿韦拉阶			卡曼奇阶		
地质事件		南美洲与非洲分裂		美洲西海岸的陆地面积扩大			
			印度从澳大利亚-南极洲分离出去		北美洲西部的塞维尔造山运动		
气候			温暖湿润				
海平面		上升					
植物	裸子植物占据优势地位			·被子植物出现			
动物		·蛇出现				·有袋类哺乳动物出现	

名了石炭系的学者威廉·科尼比尔和威廉·菲利普斯将史密斯划分的4段地层合并为下白垩统和上白垩统，这种白垩系的二分法一直沿用至今。

从19世纪40年代到70年代，一大批欧洲地质学家研究了法国、比利时、荷兰和瑞士境内的白垩系，并将这个时代的地层划分为12个区域性的阶。这些阶的名字全部来源于上述国家典型白垩系露头所在地的名字。欧洲的下白垩统主要由软黏土层、泥岩和砂岩组成，而上白垩统基本上全部由白垩组成。尽管在1983年有部分学者提议将时代跨度最大的阿尔布阶一分为三，但是对所有这些阶的划分和命名一直沿用至今。

欧洲白垩系的分期很难在北美使用。北美的下白垩统又分为科阿韦拉阶和卡曼奇阶，而上白垩统则被称作墨西哥湾阶。

白垩系相对于其他年代久远的地层在柱状图中处于靠上的位置，因此受到的变质和侵蚀作用没有其他地层那么强烈。正是由于这个原因，白垩系的沉积岩以及其中的化石在世界范围内都比三叠纪和侏罗纪的更加丰富。在白垩纪出现的被子植物由于对环境的变化十分敏感，成为了这一时期气候变化的忠实记录者。

> 白垩纪较高的海平面形成了大规模的石灰岩和白垩沉积。除此以外，这个时期的生物遗骸还形成了丰富的油气矿藏，特别是在今天的波斯湾一带。

尽管现代北美洲和南美洲之间的陆桥阻断了大西洋和太平洋之间的联系，但是全球的低纬度海域在白垩纪时是相通的。白垩纪的海平面处于显生宙以来的历史最高位，比现代的海平面还要高出350~650米。因此，和地球表面大约28%的现代陆地面积相比，白垩纪的陆地面积仅相当于地球表面的18%。海平面的上涨很可能是由板块移动过程中新形成的洋中脊排开海水导致的。白垩纪板块漂移的速度比现在要快得多，因此洋中脊的规模可能也要比现在的更大。

白垩纪赤道地区向西运动的洋流依然存在。这些赤道地带的温暖海水随着洋流循环到高纬度的寒冷地带。因此，白垩纪可能是进入显生宙以来全球气候最为温暖的一个时期。白垩纪的热带地区可以一直延伸到南北纬45°的位置，南北极的气候可能也没有现在那么寒冷。因此，极地和赤道地带的温差并不是十分显著。比如赤道地区的海水温度常年都维持在30摄氏度左右，而两极地区则高于14摄氏度。即使大洋底部的水温也可以维持在17摄氏度

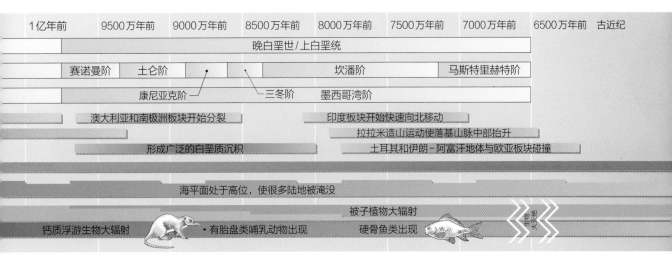

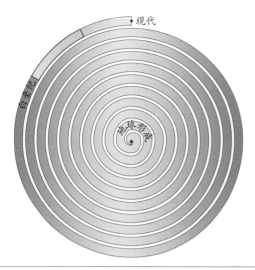

现代

白垩纪

地球形成

中生代落幕

白垩纪的名字来源于这一时期广泛形成的白垩质沉积物，因此白垩纪从字面上理解即为"白垩形成的时期"。白垩纪盘古超大陆分裂形成了今天各个大洲的雏形。随着时间的推移，各个大陆上的动植物不断分异。恐龙的灭绝标志着白垩纪的落幕，它们曾经统治了中生代2/3的时间。

左右，这个温度远远高于今天的海水温度。因此，白垩纪海水的垂直对流非常微弱。

微弱的海水垂直对流阻碍了有机物的分解，进而形成石油矿藏。目前，全世界大约50%的石油矿藏形成于白垩纪，其中3/4位于波斯湾，而其余的1/4则主要位于墨西哥湾和南美洲北部沿岸。石油主要由深水环境中富集的有机物形成，而墨西哥湾的石油矿藏集中在侏罗系盐丘和白垩系岩层之间的储层中。植物遗骸在湿热环境中形成的煤层在除南极洲以外的所有大陆上都有分布。从美国西部到加拿大，再到尼日利亚和东亚的广阔地带的白垩系煤层主要产出褐煤，相对于石炭系的煤层来说质量差了许多。此外，落基山沿线的很多其他矿藏也是在白垩纪北美洲西部剧烈的造山运动中形成的。

盘古超大陆的解体和全球海陆格局的改变是白垩纪发生的最为重要的事件之一。尽管盘古超大陆自中生代伊始就开始分裂，但直到白垩纪初各个

大陆的位置还不像今天这样分散。虽然非洲和南美洲板块逐渐分离，印度洋板块也开始向北漂向遥远的亚洲，但早白垩世冈瓦纳大陆南端的分裂尚未开始——南极和澳大利亚依旧紧密地连接着。

> 白垩纪曾经紧密相连的各个板块开始分裂。

随着大陆间的距离不断增加，古老的海洋不断扩张，年轻的海洋也在逐渐形成。南大西洋、加勒比海和墨西哥湾都是在早白垩世形成的。在形成之初，这些海域的面积要比今天小得多。大西洋连接了南北极，并将美洲大陆与欧洲、非洲大陆完全分隔。早期裂谷断层的不对称性使得大西洋西岸的陆架比东岸的宽阔。大西洋洋中脊的不对称扩张同时也导致了火山岛链分布的不对称性，就像现代的夏威夷群岛一样。

在遥远的东半球，特提斯海逐步演化成为印度洋。从冈瓦纳大陆北部分裂出去的印度大陆向北漂过特提斯海，并最终与亚洲大陆的南部联合，形成的褶皱带演变成喜马拉雅山脉。驱动板块漂移的消减作用并没有停止，一旦板块发生碰撞，海沟和岛弧的出现就标志着新的俯冲带在沿岸形成。在印度洋板块分裂时，形成了两小块陆地，一块成为了今天的马达加斯加，而马斯克林海底高原成为了今天印度洋中的塞舌尔群岛。

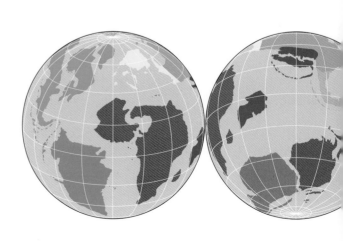

大陆的低洼地带被广阔的陆表海覆盖，乌拉尔山以东的鄂毕盆地从北部的海岸向南延伸。再往西，几乎整个西欧都被海水淹没，北部的陆表海一直延伸到了特提斯海，形成了一块巨大的、包含众多岛屿的广阔水域，并在这里形成了规模巨大的白垩系白垩沉积物。这一地带的一小片陆地成为了今天的西班牙和葡萄牙。北大西洋的扩张使这片陆地与大陆分离，而非洲和欧洲板块的相对运动又使其沿逆时针方向旋转，进而形成了比斯开湾和比利牛斯山脉。

在北美洲，莫瑞海将年轻的落基山脉与加拿大克拉通分隔开。随着时间的推移，这一内陆海向南延伸到墨西哥湾，将北美大陆分成了东、西两部分。

欧洲的白垩海

欧洲陆表海形成的白垩质沉积形成了今天位于英格兰南部多塞特海岸的白垩悬崖（下图）。其他的白垩质沉积发现于美国的堪萨斯州、田纳西州和亚拉巴马州，前者形成于北美洲的陆表海，而后二者形成于北美洲和年轻的墨西哥湾之间的陆表海。

白垩纪的地球

从太空中看，晚白垩世的地球上是一片汪洋。盘古超大陆已完全分裂，只有澳大利亚与南极大陆依然相连。此时世界上面积最大的海洋泛大洋已不复存在，而现代的太平洋正在形成。与此同时，海底的扩张将中美洲和南美洲拼合。

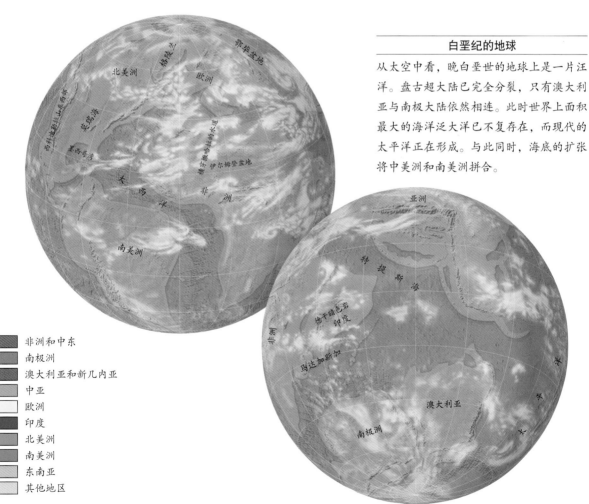

非洲和中东
南极洲
澳大利亚和新几内亚
中亚
欧洲
印度
北美洲
南美洲
东南亚
其他地区

莫瑞海的东部是阿巴拉契亚山脉，这一地带的地势较为平缓，并且在晚白垩世停止了构造活动。莫瑞海的西部是由不断抬升的落基山脉形成的科迪勒拉山系，这一时期的造山运动又称为塞维尔造山运动。科迪勒拉山系向西北方向延伸，穿过今天的白令海峡，使北美大陆与亚洲大陆的北部连接。这一山系向南延伸至墨西哥境内，并与南美大陆的最北端隔海相望。北美大陆和南美大陆之间的岛弧最终形成了中美洲的陆桥。

在南、北美洲之间的水道中，只有赤道的洋流依然活跃，为世界各地带来了温暖湿润的气候。在现代纽芬兰和爱尔兰发现的来自热带海洋的动物化石证明这一时期北大西洋暖流已经出现。

北美洲并不是被陆表海分隔的唯一大陆，非洲西部也被横穿撒哈拉的水道和伊尔姆登盆地分离出去，而这个水道和伊尔姆登盆地是沿着盘古超大陆分裂产生的衰亡裂谷形成的。

大陆分裂产生的裂谷形成年轻的海洋，对流运动使上涌的地幔物质在地幔顶部分流，进而使岩石圈和陆壳抬升。产生的张力使大陆沿薄弱地带形成裂谷，并最终分裂。这就是侏罗纪大陆上最为常见的情形。有时裂谷还会出现在大陆汇聚的地方。

> 大陆分裂可以形成年轻的海洋，而盘古大陆的分裂正是如此。

比如，裂谷沿着在泥盆纪和石炭纪北方各大陆联合时形成的阿巴拉契亚山脉与加里东山脉延伸。可能正是在造山运动中地壳变形产生的薄弱地带成为了日后地幔对流作用的主要部位。

裂谷一旦形成，它们演变为大洋的过程就一目了然了。由于沼泽和淡水湖常沿裂谷分布，因此最早形成的往往是陆相淡水沉积物。大约2000万年之后，当裂谷的宽度达到100~200千米时，海水开始涌入裂谷。当海水逐渐蒸发时，就会析出大量的

白垩纪的澳大利亚

在晚白垩世的所有大陆中，只有澳大利亚大陆未曾出现过陆表海。早白垩世澳大利亚大陆上的确曾出现过陆表海，但到了晚白垩世，当其他所有大陆都出现陆表海的时候，澳大利亚变得干旱，仅在西部和西北部存在小片的陆表海。这片大陆的海拔远高于当时的海平面，甚至比今天还高出350~650米。这种情况的出现主要是由于澳大利亚西部的大洋板块向大陆板块俯冲。不仅如此，今天澳大利亚西南部的凯尔盖朗和断裂海岭等海底高原也都是因此形成的。这些海底高原都曾经是陆壳的一部分，但如今被印度洋洋中脊撕裂。海底钻探取得的岩芯中保存的植物化石反映了这个地区曾经部分高于海平面，而这也应该是由板块运动引起的。

盐分。

又过了大概2000万年，两块大陆之间的距离进一步扩大，年轻的洋壳也开始在它们之间形成。此时，原来裂谷的宽度已经达到200~600千米。3000万~5000万年之后，在原始裂谷断崖的一侧连续发生的断裂在大陆边缘形成了一系列下沉的地堑。地堑的面积非常大并被陆源沉积物覆盖，形成广阔的大陆架。

而在裂谷凹陷的一侧，由于下沉发生得更加突然，形成的大陆架亦相对狭窄。熔融的地幔物质向上运动并沿洋中脊形成年轻的洋壳，有时还会形成岩脉和火山。在大洋的边缘不存在俯冲带的情况下，洋中脊通常位于大洋中心，其两侧的洋壳结构也大体对称，形成大洋洋底。

这些就是白垩纪发生在世界各地的构造运动的缩影。其中大西洋在侏罗纪裂谷的基础上进一步扩张并趋于成熟，其西海岸的大陆架宽阔，东海岸的则相对狭窄。随着印度洋板块的漂移，印度与非洲大陆之间的印度洋以及非洲与南极大陆之间的海域也通过类似的方式形成。需要指出的是，这一时期

白垩纪

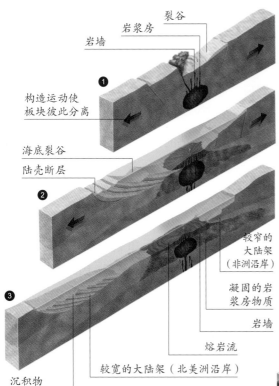

构造运动使板块彼此分离

裂谷
岩浆房
岩墙

❶

海底裂谷
陆壳断层

❷

较窄的大陆架（非洲沿岸）
凝固的岩浆房物质
岩墙
熔岩流
较宽的大陆架（北美洲沿岸）
沉积物

❸

洋壳的增生

熔融的地幔物质上涌，冷却后形成洋壳。陆壳的隆起和裂谷的形成都可以形成岩浆房（❶）。岩浆房中的熔岩沿着裂隙向上运动，有时凝固在裂隙中形成岩墙，而有时则喷出地表形成火山。当两块陆壳彼此分裂时，二者之间即会形成火成岩。火成岩的类型包括表面的熔岩流、下部的岩墙以及深部岩浆房处的火成岩。图（❷）所示的是洋壳的结构，在地堑的一侧形成了断层，而在另一侧形成塌陷，进而形成大陆架（❸）。

岛链

随着年轻洋壳的形成，位于"热点"上方的洋壳形成火山（❶）。"热点"的上方不断有新的火山形成，而已经形成的火山由于移出"热点"而变成死火山（❷）。这样的过程周而复始，最终形成了一连串火山岛弧，它们排列的方向与洋壳增生的方向一致（❸）。

现代"热点"

夏威夷的8个主要岛屿在太平洋中的延伸距离超过700千米。除了这8个岛屿以外，其他的小岛均位于海平面以下。只有一个大火山至今依然活跃，而其他年轻的火山正在其东部的海底形成。

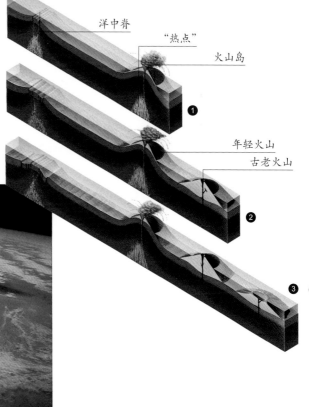

洋中脊
"热点"
火山岛
❶

年轻火山
古老火山
❷

❸

澳大利亚和南极大陆之间的裂谷还没有完全分开。

在冈瓦纳大陆分裂的整个过程中，非洲大陆的构造活动相对于其他分裂出去的大陆而言最为缓和。除非洲外，其他从冈瓦纳大陆分裂出去的大陆都形成了褶皱山脉。即使在今天的非洲版图上，也无法找到任何一条褶皱山脉。但是，东非大裂谷告诉我们，非洲大陆并不是静止的。和其他的大陆一样，非洲大陆也在一刻不停地运动着。

熔融的地幔物质通过地壳的裂隙涌出地表形成火山。由于板块不停地移动，火山因逐渐远离"热点"而休眠，新的火山又会在"热点"的上方形成，最终产生一条火山链。火山链由一系列不同时期形成的火山组成，这些火山在"热点"上方沿板块移动的方向一字排开。现代的太平洋中就有许多这样的火山链，它们中的很多都形成于白垩纪。大西洋的对称扩张方式意味着火山链在洋中脊的两侧都有分布。南大西洋的沃菲斯洋中脊和里奥格兰德海底高原是由白垩纪的"热点"形成的火山链，而现代的特里斯坦达库尼亚则是位于这个"热点"上的活火山。

> 熔融的地幔物质喷发处叫作"热点"，"热点"形成了一连串活跃的和休眠的火山。

相对陆壳而言，洋壳的结构更加简单。洋壳自上而下分为火山岩层、竖直的岩脉层和结晶的岩浆房物质层。陆壳的组成极其复杂，包括被火山岩穿插的变质岩基底及其上覆的沉积岩层。位于大陆中心的沉积岩层极少遭到破坏，但是靠近大陆边缘特别是位于俯冲带附近的沉积岩层经常发生扭曲、破裂、变形或被完全破坏。年轻的陆壳正是在大陆的边缘形成的。

> 陆壳形成于大陆边缘的俯冲带附近，其组成远比洋壳复杂。

随着大洋板块向大陆板块下面俯冲，大洋板块

形成的增生楔与大陆边缘的沉积物混合。这些混合的沉积物之后在板块的运动中发生剪切断裂，进而在大陆边缘形成褶皱山脉。这种作用通常在近岸地带发生，形成平行于沿海岸线的岛链，例如北美洲西海岸的维多利亚岛和南美洲最南端西海岸的智利群岛等。这些岛屿的存在都是暂时的，它们最终都将与大陆完全联合。

随着洋壳俯冲进入地幔，熔融的物质向上运动进入上覆的陆壳，并在那里形成岩浆房，成为海岸山脉火山喷发物的来源。由于这些岩浆房中的岩浆来源于熔融的洋壳而非地幔物质，因此俯冲带岩浆房中的岩浆成分与洋中脊的完全不同。圣海伦斯火山和科多帕希火山等位于俯冲带附近的火山的喷发强度远比冰岛与夏威夷等"热点"处的火山大得多。如果俯冲带处在距离大陆较远的位置，海沟附近的火山岛弧可以指示俯冲带所处的位置。

大陆和海洋在白垩纪都出现了扩张。在这一过

内华达山脉

下图所示的内华达山脉在美国加利福尼亚州北部延伸大约600千米。这个地区成为探险家的禁地，同时极其复杂的地质构造给这一地区的地质研究带来了巨大的困难。

程中，特别是在北美洲西海岸发生的最为重要的事件莫过于外来地体的汇聚。也有人将外来地体称为"allochthonous terranes""suspect terranes""displaced terranes"或"alien terranes"。不管用哪个名词表示，意思都是指最终与大陆联合的小规模陆壳。外来地体包括古老的岛链、小规模陆壳以及曾经的海底高原。随着大洋岩石圈不断向大陆移动并在俯冲带重新消减回收，这些外来地体也逐渐靠近大陆的边缘。外来地体主要由富含硅和铝的陆源物质组成，因此可以漂浮在富含镁的洋壳之上。也正是由于这个原因，外来地体没有随下沉的板块一起俯冲进入地球深部，而是被大陆板块的边缘刮削。

> 西科迪勒拉山系由外来地体组成，使北美洲的西部进一步扩展。在此之前，北美洲的西海岸位于今天的美国内华达州和亚利桑那州一线。

北美洲的西科迪勒拉山系呈宽阔的带状，由位于太平洋海岸和落基山脉之间的一系列山脉组成。西科迪勒拉山系几乎全部由外来地体组成，每个外来地体之间以断层相分隔。这些外来地体来自何方无从知晓，但是根据岩石的种类判断它们并不是来自同一个地区。地质学家在从墨西哥到阿拉斯加的落基山脉中发现了大约200个外来地体，有一些规模很小，而另一些的长度可以达到上百千米。这些外来地体的聚合大多发生在二叠纪到白垩纪期间。古地磁的证据显示一些外来地体在聚合之前甚至移动了1000~2000千米的距离。当然，也有的外来地体本身就位于大陆附近。比如，至少有一个外来地体是在古生代形成的岛弧，然后随着洋壳消减方式的改变而逐渐与北美大陆聚合。由于东太平洋洋中脊在不久前俯冲到北美洲板块以下，因此想要对西科迪勒拉山系的地质进行深入研究就显得更加困难。

如今，古老的岛链和小片的陆地在太平洋中依然随处可见，似乎表明北美大陆的聚合远没有结束。

白垩纪之后的陆生动物才被动物地理学这个专门研究动物分布规律的学科纳为研究对象。动物地理学主要回答为什么特定的大陆上生活着特定的动物群，以及它们为什么与生活在其他大陆上的动物群截然不同等一系列问题。不仅如此，动物地理学还研究种群之间的障碍以及种群隔离出现的原因。在白垩纪以前，所有的陆生动物都生活在广阔的盘古超大陆上，因此在南非和俄罗斯的二叠系地层中

外来地体

包括落基山脉、内华达山脉和其他海岸山脉在内的北美洲的西科迪勒拉山系是由200多个外来地体组成的。许多外来地体由于规模很小无法被标注在小比例尺的地质图上。它们是经过很长的地质时期才挤压到一起的，尽管地质活动一直延续到新生代，但是其中的大部分形成于二叠纪到白垩纪之间。外来地体的不断增多，促使北美洲的西海岸向西扩展。

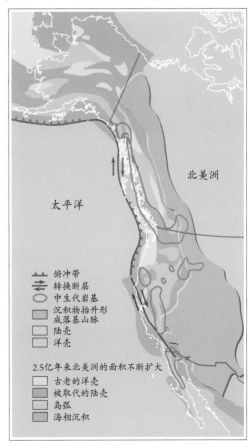

俯冲带
转换断层
中生代岩基
沉积物抬升形成落基山脉
陆壳
洋壳

2.5亿年来北美洲的面积不断扩大
古老的洋壳
被取代的陆壳
岛弧
海相沉积

太平洋

北美洲

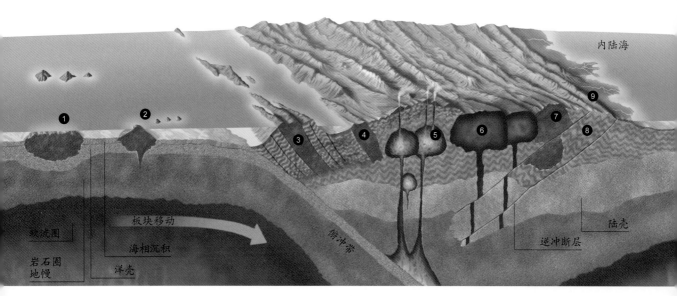

内陆海

软流圈
岩石圈
地幔
板块移动
海相沉积
洋壳
俯冲带
逆冲断层
陆壳

大陆的边缘

位于板块破坏边缘的褶皱山脉除了由海洋沉积物和陆地沉积物组成以外，还包括随洋壳运动漂移到这里的岛屿和小片陆地。这些岛屿和小片陆地彼此之间毫无联系，岩石的组成也不尽相同，它们统称为外来地体。

❶ 小片的地体向大陆漂移。
❷ 古老的火山岛链（即将成为外来地体）。
❸ 由大洋沉积物和外来地体形成的褶皱山脉。
❹ 海岸褶皱山脉。
❺ 洋壳融化形成岩浆房和火山。
❻ 古老的岩浆房冷却并形成岩基。
❼ 古老的外来地体。
❽ 古老的变质岩基底。
❾ 冲积平原。

现在全世界被划分为5个主要的动物地理区系，白垩纪的动物地理区系可能比这个还要多。

可以找到几乎一模一样的植食性的锯齿龙和似哺乳类爬行动物的化石，在非洲的坦桑尼亚和北美洲科罗拉多的侏罗系中也可以找到相同的恐龙化石。但是到了白垩纪，分离的大陆上开始出现不同种类的陆生动物，就像今天的澳大利亚大陆拥有独一无二的陆生动物一样。在白垩纪末期，大陆内部被陆表海进一步分隔成小片的陆地后，形成了更多的动物地理区系。

和种群隔离一样有意思的问题是不同种群之间的交流方式。由于白令海峡形成的天然地理障碍，现代的亚洲和北美洲拥有完全不同的动物地理区系。但是白令海峡在白垩纪尚未形成，这一时期亚洲大陆北部与北美洲的西科迪勒拉山系相连，因此我们不难解释为什么亚洲和北美洲白垩纪的恐龙动物群如此惊人地相似。

科学家还可以研究物种在不同地区的演化过程。例如，角龙起源于亚洲北部，然后逐渐向东扩散并在它们演化的全盛时期到达北美洲北部。而鸭嘴龙

白垩纪不同地区的小气候极大地促进了生物的多样化。

类起源于东欧的禽龙类，然后扩散进入亚洲和北美洲并成为这一时期主要的植食性恐龙。在随后的演化过程中，世界上大部分地区的鸭嘴龙类逐步取代了蜥脚类恐龙，只有当时处于完全分离状态的南美洲拥有独特的陆生动物。因此，在白垩纪结束之前蜥脚类恐龙一直都是南美洲最重要的植食性恐龙。

白垩纪

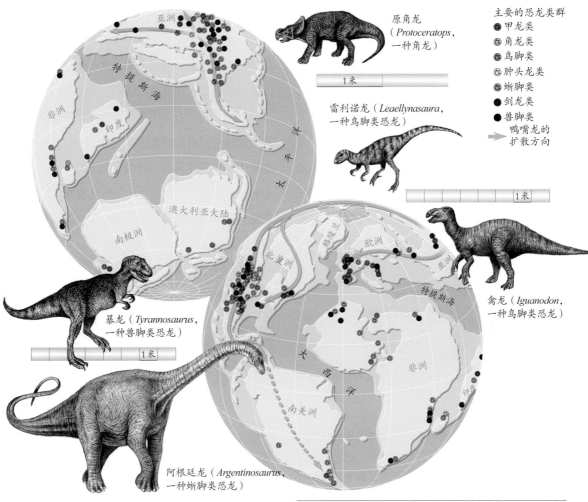

原角龙（*Protoceratops*，一种角龙）

主要的恐龙类群
甲龙类
角龙类
鸟脚类
肿头龙类
蜥脚类
剑龙类
兽脚类
鸭嘴龙的扩散方向

1米

雷利诺龙（*Leaellynasaura*，一种鸟脚类恐龙）

1米

禽龙（*Iguanodon*，一种鸟脚类恐龙）

暴龙（*Tyrannosaurus*，一种兽脚类恐龙）

1米

阿根廷龙（*Argentinosaurus*，一种蜥脚类恐龙）

尽管白垩纪全球的气候大致相同，但是地区间的环境差异依然引起动物生活方式的巨大分异。比如，白垩纪的阿拉斯加位于北极圈内，虽然那里每年有一半时间见不到太阳，但是温暖的气候还不足以形成霜冻；那里的空气湿度与今天太平洋西北部相似，植被以低矮的落叶乔木为主，因此恐龙会在每年特定的季节迁徙到那里。

在海平面上涨之前，早白垩世的北欧曾经是广阔的湿润平原。生长在沼泽中的木贼和蕨类植物为成群的禽龙提供了丰富的食物。这一带的气候并不像阿拉斯加那样有季节性的变化，因此生活在这里的陆生动物也不存在季节性的迁徙。

以亚洲北部为代表的大陆中心气候干燥，在这

白垩纪恐龙的分布

现在的白令海峡在白垩纪曾经是连接亚洲和北美洲的一个陆桥，因此亚洲和北美洲的动物群在那个时期极其相似。这里展示的是高度多样化的恐龙动物群，包括了所有主要的类群。与亚洲和北美洲肉食性恐龙占主导的情况不同，南美洲和非洲主要生活着以阿根廷龙为代表的大型植食性蜥脚类恐龙。鸭嘴龙起源于蒙古，主要生活在北半球。尽管一部分鸭嘴龙扩散到了南美洲，但是鉴于当时的地理格局，印度、非洲和澳大利亚并没有出现它们的身影。

一地区的戈壁荒漠中经常可以找到原角龙化石。它们大部分是被突如其来的风沙掩埋的，但也有一些是在打斗中死去的。

白垩纪的澳大利亚依然位于南极圈内，因此那里的气候与当时的阿拉斯加相似，大型动物也进行

季节性的迁徙，而小型动物则用自己独有的方式度过漫长的冬季。澳大利亚大陆特有的棱齿龙类雷利诺龙拥有巨大的眼睛，这一特征可能是为了适应南极地区漫长的极夜。除了由罗汉松、南美杉和南方山毛榉等看上去有点儿像现在南美洲的植物组成的森林外，澳大利亚大陆几乎没有成煤植物生长。

同一块大陆不同地区的环境也存在着一定的差异。比如，生长在北美洲干旱开阔地带的大面积松柏类植物从侏罗纪以来就没发生什么改变，这些植物依然是阿拉摩龙等长颈蜥脚类恐龙的食物。而其他地区出现的由被子植物和阔叶乔木组成的茂密森林则成为了鸭嘴龙和甲龙的家园。

已知的恐龙当中有一半的属种生活在晚白垩世，

顶级掠食者

趋同演化是动物地理学的重要概念，它表示在不同地区相似的环境中动物独立地演化出相似的外形。暴龙是地球上曾经出现的大型肉食性动物，在北美洲和亚洲都有分布。以南方巨兽龙为代表的、同样大小的甚至比暴龙更大的肉食性恐龙曾生活在南美洲，但它们由其他坚尾龙类演化而来。这种现象说明兽脚类恐龙可以在北美洲和南美洲独立地演化出大型的肉食性种类。

可能是由于这一时期各个分离的大陆具备了维持更多恐龙生存的条件。晚白垩世的海平面上涨阻断了很多原本连接在一起的陆地，欧洲中部也因此变成了孤岛。科学家在这些地区的上白垩统中发现了许多矮小恐龙的化石。比如，一种叫作沼泽龙的鸭嘴龙类的体长只有那些生活在大陆上的鸭嘴龙的1/3，而厚甲龙也不过只有一只绵羊大小。类似的体型变小的例子还包括一些新生代的哺乳动物以及现代的昔德兰矮种马，而后者生活在苏格兰以西食物并不丰富的岛屿上。

直到这个时候，中生代植物群落才开始由包括罗汉松和南洋杉在内的松柏类植物，以及银杏、树蕨和苏铁等植物组成。虽然这些植物一直延续至今，但是现在我们更容易看到的是松树和冷杉等现代针叶植物，以及橡树、杨树、桑树、枫树、柳树和桦树等被子植物。白垩纪的灌木包括木兰、肉桂、荚蒾、冬青以及月桂，草本植物主要是虎耳草、百合和樱草，而为数不多的攀援植物包括葡萄藤和西番莲植物。这些植物组成了极为独特的植物群落，在绿树的掩映下色彩斑斓的花朵若隐若现。

> 被子植物使白垩纪的陆地景观变得更像今天的样子。银杏中夹杂着橡树、枫树和柳树，木兰、百合和英莲也竞相绽放。

恐龙的出现可能是导致被子植物演化的一个重要的生态因素。蜥脚类恐龙是中生代早期主要的植食性动物，它们的身形巨大，脖子细长，能够摄取松柏类植物的叶子并在巨大的消化道中进行分解。

包括禽龙和鸭嘴龙在内的白垩纪鸟脚类恐龙具有能够向下弯曲的脖子和宽阔的嘴巴，更适宜取食低矮的植物。它们能够将所到之处的低矮植物吃光，因此在这种情况下自然选择可能更青睐那些繁殖快速的、依靠能够储存营养的种子进行繁殖的以及那些即使地上部分受损而依然能够以地下茎繁殖的植物。

被子植物一旦出现，它们的演化就与恐龙的演化密不可分了。作为恐龙的主要食物，被子植物的分异使植食性恐龙演化出更多的类型。因此，被子植物的出现可能也是恐龙分异度在白垩纪的最后2000万年中增大的另一个重要原因。被子植物的出现还有一个重要的演化意义，那就是当营养丰富的种子出现以后，植食性恐龙不再需要复杂的消化系统分解食物，因此很多白垩纪的植食性恐龙的体型也比早期的蜥脚类恐龙小了许多。

然而，在一些地区古老的苏铁植物依然占绝对优势。角龙类的小嘴非常适合取食苏铁植物的叶子，而蜥脚类恐龙也在这些地区一直生活到恐龙时代终结。

海生动物化石成为化石记录的主要部分，原因是显而易见的。海洋中的沉积作用无时无刻不在发生，海生动物死后便很快被埋藏在沉积物中。当沉积物最终变成岩石时，这些动物的遗骸也随之变成化石。陆地上的情况恐怕没那么简单。由于陆地上的剥蚀作用大于沉积作用，陆生动物死后便会遭到食腐动物的破坏，即便是最后剩下的坚硬骨骼也会受到风化。在大多数情况下，只有当陆生动物不慎掉进河里或湖水中才有可能形成化石。这也正是恐龙化石比鱼龙和蛇颈龙等海生爬行动物化石更加稀少的原因。迄今，全世界发现的恐龙化石不过3000件。

> 大多数恐龙化石只是一些碎片，完整的恐龙骨架是非常罕见的。

然而，也有不少在陆地上形成的精美化石。在19世纪20年代恐龙研究开始不久，科学家收集到的所谓恐龙化石只是一些骨骼碎片。由于这些骨骼和牙齿的碎片来自爬行动物，恐龙最初被认为是一种

具有像"龙"一样的外表的巨大的蜥蜴。直到1879年在比利时贝尼萨尔煤矿中发现了30多件禽龙的骨骼化石之后，人们对恐龙的误解才逐渐消除。当时，煤矿工人沿着石炭系煤线开掘矿井，在开掘过程中突然发现大量的骨骼化石。工人们花了差不多两年的时间才将这些含有化石的岩石从矿井中运出，随后的系统研究又进行了大约30年。

这些禽龙化石使科学家第一次有机会系统地研究完整的恐龙骨架并得出结论。最初复原的禽龙骨架看上去有点儿像站立的袋鼠。而在发现这些禽龙化石的20多年前，科学家曾依据不完整的骨架推测北美洲的鸭嘴龙可能是两足行走的动物。

由于保存相当完整，科学家第一次知道禽龙是一种小脑袋、长尾巴且前肢短于后肢的动物。当时的比利时国王甚至觉得禽龙看上去很像长颈鹿，禽龙站立时也的确能够轻而易举地够到长在高处的叶子。不过，最近的研究表明禽龙大部分时间是用四足行走的，它们更喜欢吃低矮的植物。

另一个相互关联的恐龙骨骼化石来自蒙古。白垩纪的蒙古高原上生活着一种小型的角龙——原角龙，它们成群地生活在一起，看上去可能就像现在草原上的羊群。古生物学家在砂岩中经常发现保存了原始姿态的原角龙化石，推测它们可能是在突如

白垩纪

其来的沙尘暴中被活埋的。这样的沙尘暴即使在今天的蒙古高原上也非常常见，而它们死于沙尘暴的推测则来自一件保存在一起的原角龙和迅猛龙化石。原角龙是植食性恐龙，而迅猛龙是敏捷的掠食者，二者自然是一对"冤家"。但在这件化石中，一只迅猛龙和一只原角龙的骨架扭缠在一起，保存了打斗时的状态，可见它们是在沙尘暴中"同归于尽"的。

这里是中生代上半叶即将结束时北欧的威尔登平原（见第264页和第265页）。成片的木贼沿着河岸或湖边生长，远方地平线上的山脉笼罩在薄雾中。针叶植物和拟苏铁植物在这里随处可见，而蕨类植物则生长在相对干旱的地带。轻盈的豆娘从水面上掠过，在绿色的草木间划出一抹鲜亮。植物丛中生活着成群的白蚁，它们是地球上出现的第一种社会

沙漠中的恐龙

右图展示了两副埋藏在一起的晚白垩世的恐龙骨架，它们的生命结束在一场打斗中。左边的迅猛龙咬住了原角龙的颈盾，并将令人恐怖的趾爪插入原角龙的腹中。而原角龙蜷成一团，正抵挡着迅猛龙的袭击。这场搏斗并没有赢家，因为一场突如其来的沙尘暴将二者双双掩埋。

性昆虫。而几千万年之后，这里的大部分陆地都将被海水淹没，新的植物群落也将会占据仅有的陆地。

> 早白垩世的北欧曾是一片炎热潮湿的沼泽，不久这里便长满了被子植物。

天空中盘旋的联鸟龙似乎在搜寻猎物，但是陆地上的动物对于它们来说的确太大了。不远处，一群禽龙正穿过平原，周围还有几只寻求保护的棱齿龙。它们的周围有几只肉食性恐龙。河边的重爪龙俯下身子等待鱼儿自投罗网，它们可对禽龙一点儿都不感兴趣。真正危险的是尾随禽龙的新猎龙，但是它们还没到饿的时候，所以对于禽龙来说暂时不存在什么威胁。

虽然发生在白垩纪末期的大灭绝事件不是地球历史上最大的灭绝事件，但的确是最著名的一次。

这次大灭绝事件不仅标志着恐龙时代的终结，同时也使空中和海里的爬行动物、菊石、箭石、一些特化的海生双壳动物以及不少鱼类走向灭亡。这次大灭绝事件又叫作"K/T事件"，"K"来源于德语"白垩纪"一词的首字母，而"T"来自英语中"第三纪"一词的首字母。"K/T事件"发生在大约6500万年前，它标志着白垩纪乃至整个中生代落下了帷幕。这次事件不仅使地球上所有体重超过25千克的陆生动物灭

> 地球上大约75%的物种在白垩纪末期灭绝了。

石炭系的地层，白垩纪的恐龙

早白垩世不列颠群岛南部和欧洲北部分布着广阔的沼泽平原，其北部被一条由石炭系石灰岩和煤层组成的山脉阻隔。石灰岩的风化可以形成落水洞和溶洞。在这里生活的鸭嘴龙以沼泽地中的蕨类植物和木贼为食，并会沿着高高的山脊迁徙。有时，个别"走神"的鸭嘴龙会失足坠落到石灰岩溶洞中。它们的遗骸保存在石炭系地层中，在1.35亿年后被贝尼萨尔煤矿的工人找到。

绝，而且还为那些幸存下来的小型动物的后代提供了无限的演化空间。

至于6500万年前地球上究竟发生了什么，我们无从知晓。但是在这个事件发生的原因上，学者们显然分成了两派，即灾变论派和渐变论派。

持灾变论观点的学者认为6500万年前地球可能遭受过一次陨石或彗星的撞击。撞击产生的冲击波迅速摧毁了撞击点周围的一切，而掀起的巨浪也淹没了所有低地。撞击产生的浓烟遮天蔽日，植物因得不到阳光而逐渐枯萎，随之而来的酸雨进一步破坏了本已脆弱的生态系统。不难想象这样一个遭受严重破坏的生态系统很难继续满足各种生物的生存需要。

铱元素是一种在地球表面极为罕见，但在地外天体上极为普遍的元素。20世纪70年代，人们在世界各地的K/T界线附近都发现了铱元素含量的异常，灾变学说（或撞击学说）应运而生。当然，铱元素含量的异常并不是支持灾变论的唯一证据，柯石英的出现使这一理论看上去更加无懈可击。柯石英是一种只能在高温高压下产生的、具有特殊熔融纹理的石英晶体，因此可以在撞击中产生。后来，一个深埋于地下的酷似撞击坑的结构在墨西哥湾尤卡坦半岛的K/T界线附近被找到。这个撞击坑的直径大约为180千米，推测由一个直径大约为10千米的陨石撞击产生。撞击掀起的巨浪吞没了撞击点周围数千千米内的一切。

另一种灾变理论认为白垩纪末期地球上发生了一次大规模的火山活动，形成了面积超过50万平方千米的印度德干玄武岩。剧烈的火山喷发形成的灰尘与撞击没什么两样，而且喷发同样可以将地球深部富含铱元素的物质带到地表，形成铱元素的富集层。值得一提的是，发生在二叠−三叠纪过渡时期的大灭绝事件正好伴随着剧烈的火山活动，西伯利亚玄武岩正是在这个事件中形成的。

白垩纪

❶ 禽龙（*Iguanodon*，一种鸟脚类恐龙）

❷ 棱齿龙（*Hypsilophodon*，一种鸟脚类恐龙）

❸ 新猎龙（*Neovenator*，一种兽脚类恐龙）

❹ 联鸟龙（*Ornithodesmus*，一种翼龙）

❺ 重爪龙（*Baryonyx*，一种兽脚类恐龙）

❻ 南洋杉（*Araucaria*）

❼ 银杏

❽ 蝶形蕨（*Weichselia*，一种蕨类）

❾ 似木贼（*Equisetites*，一种木贼类）

❿ 威氏苏铁（*Williamsonia*，一种苏铁类）

难道是彗星的撞击吗

白垩纪末期发生了两个猛烈的事件。第一个是小行星或彗星撞击墨西哥湾，另一个是印度大规模的火山喷发。巧合的是，这两个事件发生的地点刚好间隔180°（经度）。因此，这两个事件之间很可能存在某种联系，比如撞击可以引起火山喷发，或者地球在12小时之内遭受了两次连续的撞击。当然，这两个事件发生的地点也许只是巧合，并不存在什么联系。一个可能形成于白垩纪末期的撞击坑的一部分位于印度次大陆的边缘，另一部分位于今天的塞舌尔，在那个时期这两个地区位于同一块大陆上。

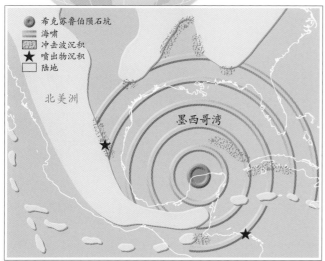

撞击的证据

如左图所示，墨西哥湾尤卡坦半岛附近的海底存在一个巨大的环形构造。这个构造与白垩纪末期一颗直径为10千米的小行星的撞击坑如出一辙，它的名字叫作希克苏鲁伯陨石坑。其他的证据还包括在海啸中形成的沉积物和只有在大爆炸中才能形成的柯石英。这个地区的海洋沉积物还包含大量的陆生植物碎片，它们可能是在海啸退去的过程中被冲到这里的。

如果从另外一个角度思考这两个不同的假说，便会发现白垩纪末期墨西哥的尤卡坦半岛和印度的德干玄武岩正好分别处于两个半球的对应位置，因此不少学者认为这两个事件可能存在着某种联系。第一种推测是撞击发生之前，陨石被地球的引力撕裂成两大块碎片，二者相距12小时分别撞击了地球，而撞击印度的一块碎片触发了大规模的火山活动。另一种推测认为，发生在墨西哥尤卡坦半岛的撞击事件产生的共振在地球的另一侧引起了火山喷发。

然而，持渐变论观点的学者则认为白垩纪末期的大灭绝事件并不是突然发生的。白垩纪末期处于高位的海平面突然下降可能对全球气候产生了深刻的影响。冬天可能因此变得很冷，而夏天变得更加

> 撞击可能会引发气候波动，或带来寒冷的气候，抑或产生温室效应，两个过程也有可能接连发生。无论发生哪种情况，对于生物来说都是毁灭性的灾难。

干燥。恐龙和其他大型动物习惯了数千万年来相对稳定的气候，因为无法承受突如其来的变化而最终走向灭亡。海平面下降形成的陆桥使各个大陆相互连通，不同区系的动物相互交流，进而导致疾病的大面积传播。

支持渐变论的证据主要集中在大灭绝发生的时间节点上。这些学者认为恐龙早在白垩纪末期到来前的2000万年就已经开始衰落，只有生活在北美洲的恐龙依然繁盛。生活在法国和西班牙之间的比利牛斯山一带的恐龙在其他

地区的恐龙衰落前的100万年就已经消失，而一些海生软体动物在白垩纪末期到来前的大约600万年就已经完全灭绝。

需要指出的是，灾变论和渐变论之间并不是不能调和的。白垩纪末期地球非常有可能遭受了一颗巨大陨石的撞击，由此带来的突如其来的环境变化也的确可能使本已衰落的动物群雪上加霜。

目前，两个学派之间存在分歧的主要原因是白垩纪末期的陆生动物化石非常零碎，几乎得不到任何有意义的统计学结果。

成功者与失败者

无论是什么因素导致了白垩纪末期的大灭绝事件，的确都对不同类群的动物产生了巨大的影响（右图）。恐龙从地球上完全消失，而鸟类作为它们的后裔，也有3/4灭绝了。尽管与恐龙的关系密切，只有大约1/3的鳄类在这个事件中灭绝了，此后它们与鸟类还发生了一次复苏。在这个事件中，哺乳动物亦受到重创，大约3/4的有袋类灭绝，而绝大多数有胎盘类哺乳动物和鱼类得以幸免。只有晚古生代占统治地位的两栖类看上去完全没有受到影响。

苏梅克列维9号彗星撞击木星

1994年，一颗经过木星的彗星被木星的引力撕成碎片，在木星上形成一系列撞击（左图）。6500万年前的地球上可能发生过类似的事件，导致生物大灭绝。

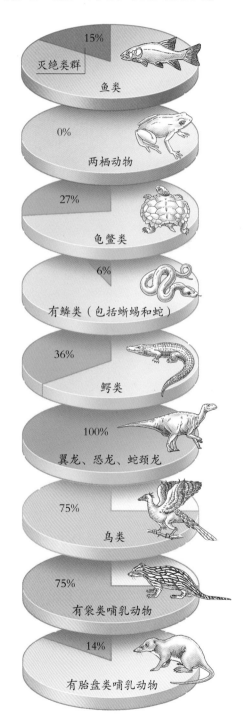

灭绝类群

15%　鱼类

0%　两栖动物

27%　龟鳖类

6%　有鳞类（包括蜥蜴和蛇）

36%　鳄类

100%　翼龙、恐龙、蛇颈龙

75%　鸟类

75%　有袋类哺乳动物

14%　有胎盘类哺乳动物

被子植物的演化趋势

从古生代初期最简单的维管植物开始，植物的繁殖方式不断复杂化，使得植物的多样性得到极大的扩展。

❶ 维管系统的出现使营养物质能够在植物体内输送。
❷ 孢子植物出现，这种植物逐渐产生有性生殖细胞。
❸ 种子的出现为胚提供了充足的营养物质。
❹ 花的出现提高了受精效率。

一种白垩纪被子植物

木兰通常被认为是最原始的现生被子植物，它的花具有很多结构，比如相互分离的花瓣和花药，且都呈螺旋状排列。

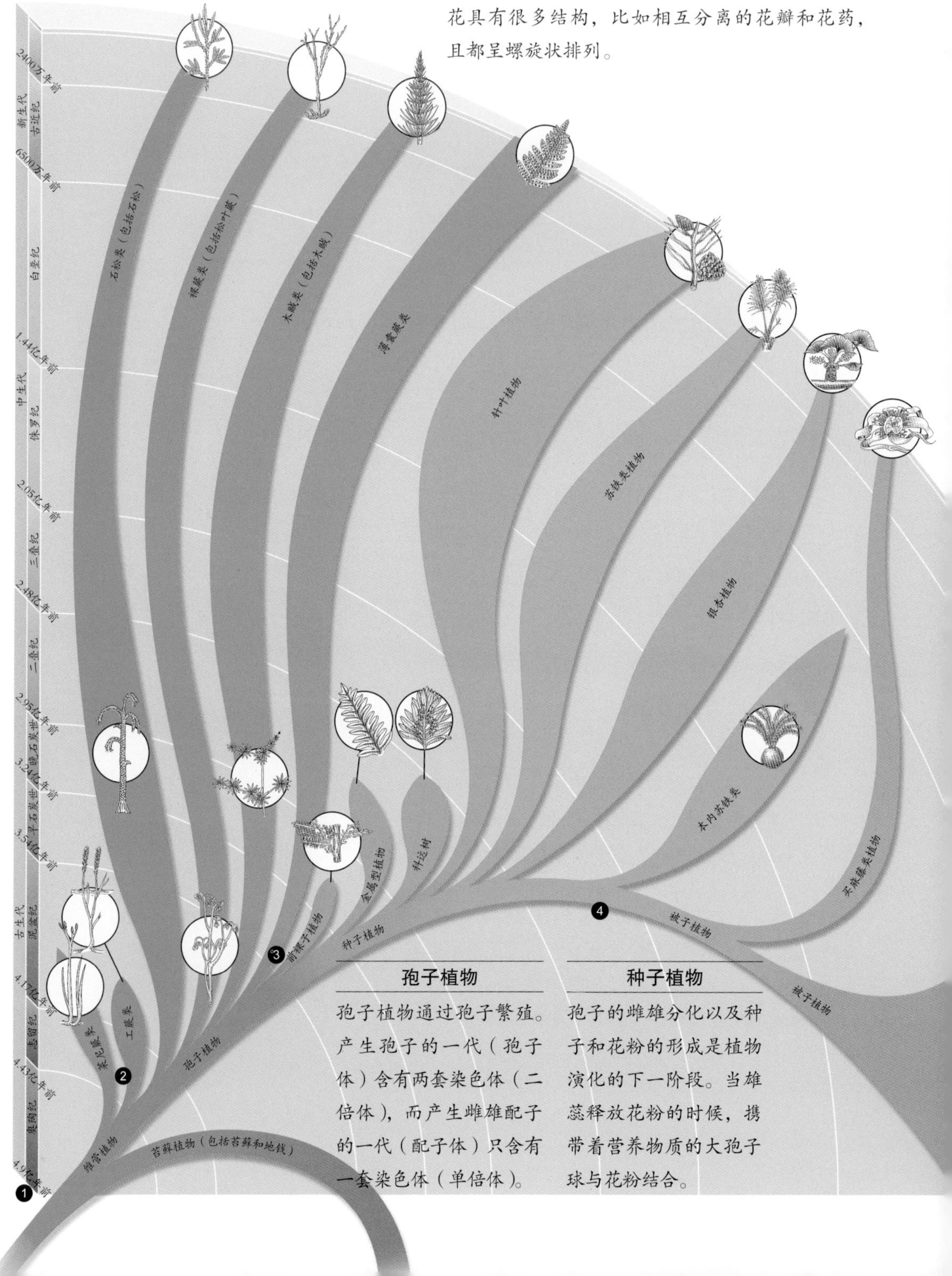

植物演化树图，标注的地质年代（从上到下）：2400万年前、6500万年前、1.44亿年前、2.05亿年前、2.48亿年前、2.95亿年前、3.24亿年前、3.54亿年前、4.17亿年前、4.43亿年前、4.9亿年前。地质纪：新生代 古近纪、白垩纪、中生代 侏罗纪、三叠纪、二叠纪、石炭纪、泥盆纪、志留纪、奥陶纪、寒武纪、古生代。

植物类群标注：石松类（包括拟石松）、楔叶类（包括松叶蕨）、木贼类（包括木贼）、薄囊蕨类、种子植物、苏铁类植物、银杏植物、本内苏铁类、买麻藤类植物、被子植物、针叶植物、科达树、真蕨型植物、前裸子植物、孢子植物、裸蕨植物、莱尼蕨类、工蕨类、苔藓植物（包括苔藓和地钱）、维管植物、藻类。

孢子植物

孢子植物通过孢子繁殖。产生孢子的一代（孢子体）含有两套染色体（二倍体），而产生雌雄配子的一代（配子体）只含有一套染色体（单倍体）。

种子植物

孢子的雌雄分化以及种子和花粉的形成是植物演化的下一阶段。当雄蕊释放花粉的时候，携带着营养物质的大孢子球与花粉结合。

专题 1 被子植物的演化

如今，地球上80%的绿色植物是被子植物。被子植物最早出现在气候适宜的白垩纪中期并迅速扩散至世界各地。科学家并不清楚被子植物究竟是从种子蕨还是从其他裸子植物演化而来的，但可以肯定的是最早的被子植物应该是生活在1.3亿~1.2亿年前的乔木或灌木。花的化石非常罕见，因此花的演化至今仍是个未解之谜。

花由萼片、花瓣、雄蕊和心皮等结构组成，且这些结构全部由叶片特化而来。最早的花由具有叶片的枝芽演化而来。具有繁殖功能的雌性叶片位于枝芽的顶端，它们卷曲形成包围胚珠的心皮，从而起到保护胚珠和种子免遭昆虫取食以及干旱和病毒的威胁的作用。雌性叶片的外层是同样具有繁殖功能的雄性叶片，这些叶片最终演化成为雄蕊。再向外的叶片丧失了合成叶绿素的功能并逐渐演化成为五颜六色的花瓣，其中一些甚至开始分泌花蜜，唯一保留了原始叶片结构的部分就是萼片。虽然草开的花很不起眼，但是它们也属于被子植物。

被子植物的"双受精作用"不仅产生了后代，而且在种子中储存了后代赖以生存的营养物质。因此，受精之前被子植物在繁殖上投入的能量更少，但繁殖的速度更快，这可能是它们迅速繁盛的原因。大型植食性恐龙取食高大的裸子植物可能是被子植物演化的另一个因素。高大的裸子植物逐渐演化出对抗取食者的防御机制，但低矮的裸子植物并不具有这种功能。因此，当小型植食性恐龙逐渐取代了大型种类时，裸子植物亦开始走向衰落。随着被子植物的扩散，蜜蜂和蝴蝶等传粉昆虫出现了。

成功的秘诀

原始木兰植物的花的纵切（❶）显示了被子植物大量特化的生殖器官。每一个心皮都包裹着一枚胚珠，在受精后变成种子（❷）。紫菀代表了更加高等的花的结构（❸），很多胚珠都由一枚心皮包裹。

❶

雄蕊　　心皮
胚珠

❷

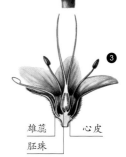

❸

雄蕊　　心皮
胚珠

专题 2　鸟类的演化

恐龙是鸟类的祖先，这一点毫无疑问。实际上，鸟类与恐龙有很多的共同点，以至很多科学家认为它们根本不应该或不可能被分成两种动物。恐龙中与鸟类的关系最近的一支是由迅猛龙和伤齿龙等掠食者组成的兽脚类。兽脚类恐龙前肢关节的连接方式与鸟类的翅膀如出一辙，它们还具有叉骨、纤细的肩带以及与鸟类相似的腰带，甚至就连奔跑的方式都和鸟类一模一样。

鸟类起源于侏罗纪，始祖鸟是已知最早的鸟类。始祖鸟的全身布满羽毛，尽管这种动物远不如现代鸟类敏捷，但是很可能已经具有相当强的飞行能力。除此之外，始祖鸟还具有和恐龙一样长满牙齿的嘴巴、锋利的爪子以及爬行动物典型的长尾巴。

到了白垩纪，各种同时具有恐龙和鸟类特征的动物全部出现，但是它们彼此之间的关系依然颇具争议。20世纪八九十年代，这些动物的化石在南美洲、西班牙特别是中国被大量发现，但它们的形态或多或少都与鸟类存在差异。虽然这些动物也具有发达的翅膀，但并非所有的都适于飞行。一些翅膀上还生长着长长的羽毛，但是长度还不足以让这些动物飞上蓝天。如果这些羽毛真的不是用来飞行的话，那么很可能由具有保温作用的绒羽演化而来并发展出展示的功能，而绒羽对于活跃的小型温血动物来说是必不可少的。这些动物的尾巴要么和蜥蜴一样细长，要么短小且具有发达的尾羽，甚至演化出与现代鸟类一样长着扇形尾羽的尾综骨结构。一些具有飞行能力的翅膀看上去非常简单，而另外的一些则出现了小翼羽——着生于第一指且能够精确控制鸟类的起飞和着陆姿态的羽毛。此外，这些动物有的还保留着和恐龙一样的牙齿，有的则完全被喙取代。

在不同的类群中，上述特征不同的排列组合方式不仅出现得非常突然，而且出现的时间并没有明显的规律，因此这些半龙半鸟动物的分类非常困难。一些似鸟的恐龙体型巨大，有的体长超过2米，并且全身长满羽毛。在这种情况下，羽毛的作用显然不是飞行，而应该是保温。如此看来，恐龙并没有灭绝，它们中的一些只不过是长出羽毛飞走了。

鸟类的演化趋势

为了获得飞行能力，除了羽毛以外，鸟类还演化出许多适应性特征。其中空的骨骼有助于减轻体重，愈合的尾椎能够有效地控制方向，而发达的龙骨突用以附着肩部的肌肉。

获得飞行能力

在翅膀的演化过程中出现的一系列结构变化并不一定都有利于飞行。羽毛最初的功能可能是用来保温，而前肢上的羽毛可能用来帮助动物快速奔跑或保持平衡。最早出现的飞羽可能已经具备滑翔功能，进而有可能进行扑翅飞行。

演化的各个阶段

虽然鸟类的系统树颇具争议，但科学家能够通过比较物种共有的特征来判断它们之间的相互关系。这个系统发育分析结果能够展示从爬行动物向鸟类演化的各个阶段。对页上图展示的是最近发现的尾羽龙，它具有原始的羽毛，但尚不具备飞行能力，代表了爬行动物向鸟类演化的一个阶段。

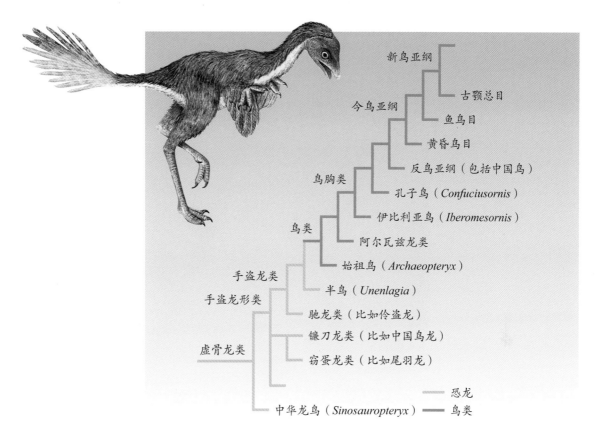

新鸟亚纲

古颚总目

今鸟亚纲

鱼鸟目

黄昏鸟目

鸟胸类

反鸟亚纲（包括中国鸟）

孔子鸟（*Confuciusornis*）

伊比利亚鸟（*Iberomesornis*）

鸟类

阿尔瓦兹龙类

始祖鸟（*Archaeopteryx*）

手盗龙类

半鸟（*Unenlagia*）

手盗龙形类

驰龙类（比如伶盗龙）

镰刀龙类（比如中国鸟龙）

虚骨龙类

窃蛋龙类（比如尾羽龙）

—— 恐龙

中华龙鸟（*Sinosauropteryx*） —— 鸟类

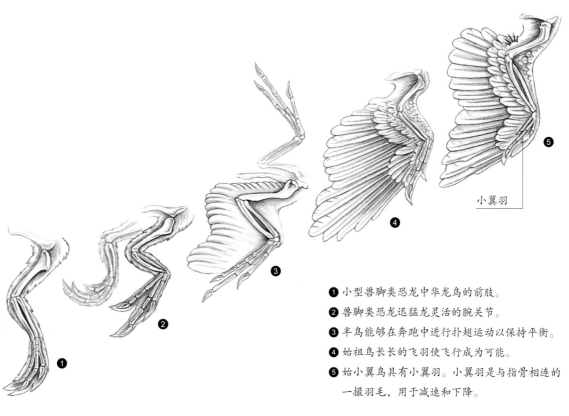

小翼羽

❶ 小型兽脚类恐龙中华龙鸟的前肢。

❷ 兽脚类恐龙迅猛龙灵活的腕关节。

❸ 半鸟能够在奔跑中进行扑翅运动以保持平衡。

❹ 始祖鸟长长的飞羽使飞行成为可能。

❺ 始小翼鸟具有小翼羽。小翼羽是与指骨相连的
一撮羽毛，用于减速和下降。

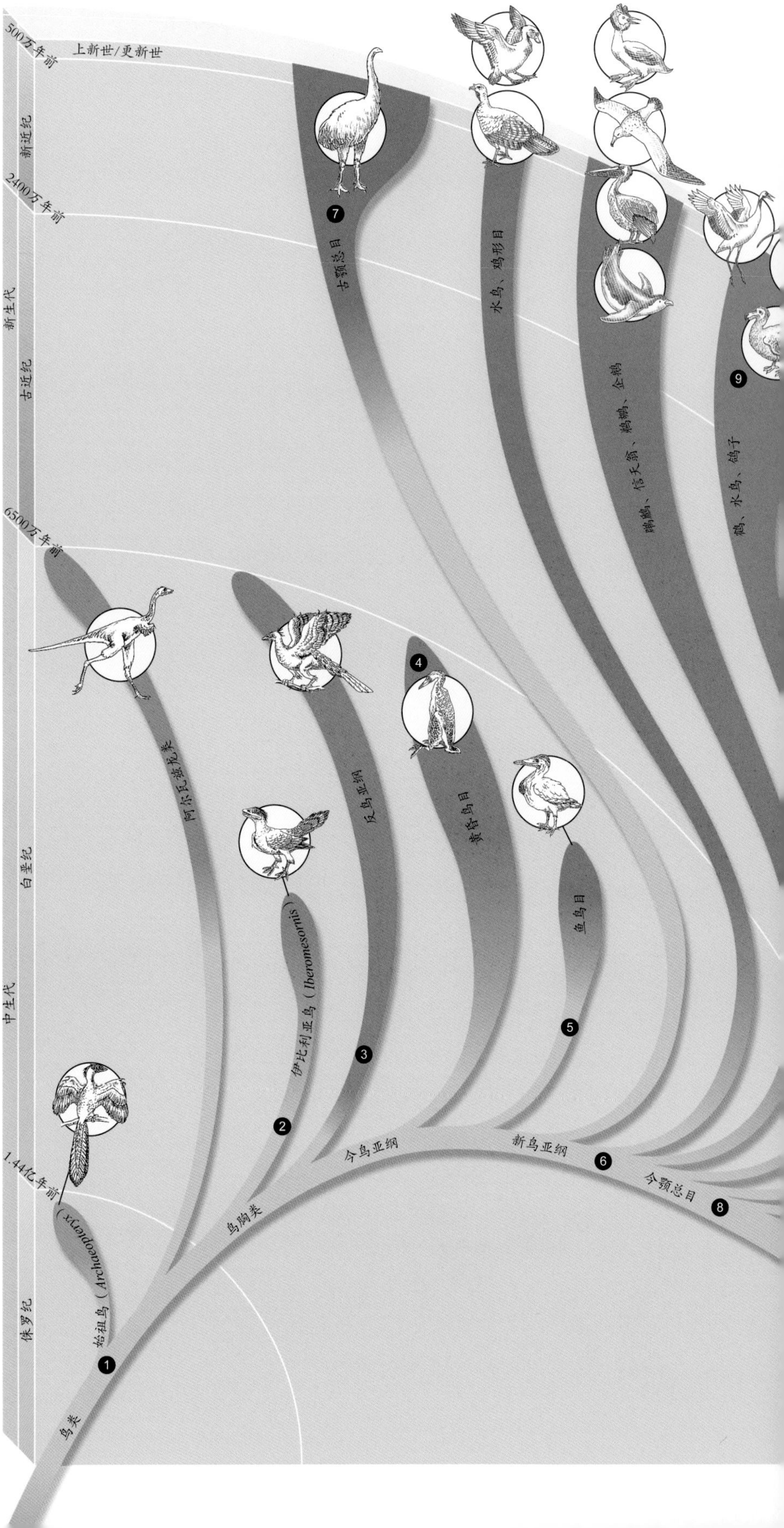
500万年前
上新世/更新世
新近纪
2400万年前
新生代
古近纪
6500万年前
白垩纪
中生代
1.44亿年前
侏罗纪
鸟类
始祖鸟（Archaeopteryx）
1
鸟胸类
阿尔瓦雷兹龙类
伊比利亚鸟（Iberomesornis）
2
反鸟亚纲
3
黄昏鸟目
4
鱼鸟目
5
今鸟亚纲
新鸟亚纲
6
今颚总目
8
古颚总目
7
水鸟、鸡形目
鹈鹕、信天翁、鸬鹚、企鹅
鹤、水鸟、鸽子
9

❶ 最早的鸟类始祖鸟具有羽毛和翅膀。

❷ 伊比利亚鸟具有愈合的尾综骨和便于抓握的后肢。

❸ 反鸟类是白垩纪主要的鸟类，它们和其他鸟类一样也有愈合的跗骨。

❹ 黄昏鸟是一种不具有飞行能力的水鸟，可能由具有翅膀的祖先演化而来。

❺ 鱼鸟具有和现代鸟类一样高度发达的翅膀和强壮的龙骨突。

❻ 今鸟类的牙齿消失。

❼ 不飞鸟类（平胸类）中的新西兰恐鸟于1775年灭绝。

❽ 绝大多数现代鸟类都属于今颚总目，拥有活动颚和高级的踝关节。

❾ 著名的不飞鸟渡渡鸟于1681年灭绝。

鸟类的起源

到了白垩纪末期，鸟类已演化为脊椎动物的主要类群之一，但是由于存在3000万年不连续的化石记录，人们对于早期鸟类和非鸟兽脚类恐龙之间的演化关系一直不清楚。最原始的鸟类始祖鸟被认为由小型蜥臀目恐龙演化而来。始祖鸟很可能具有滑行能力，而以黄昏鸟为代表的其他一些中生代鸟类并不具有飞行能力。

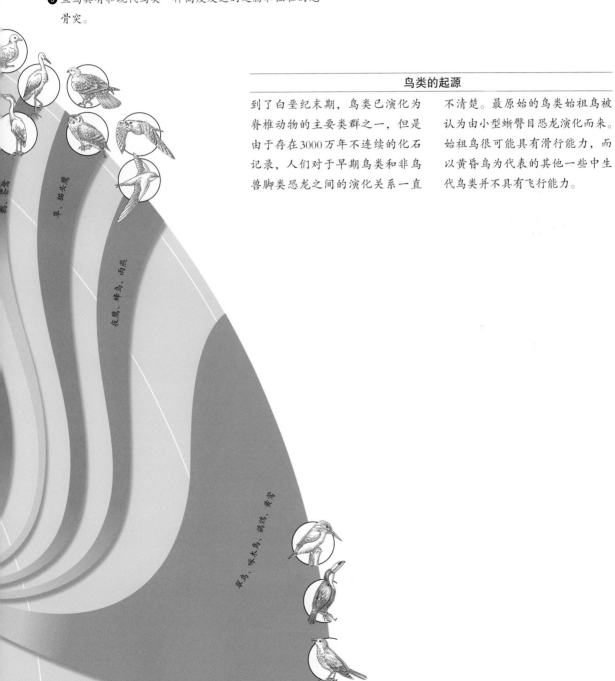

哺乳动物
的兴起

第三纪

距今6500万~180万年

古近纪 ▶

新近纪 ▶

于6500万年前开始的新生代标志着地球进入了全新的时代。在新生代开始之前，菊石、大型的海生爬行动物以及在中生代形成大规模白垩沉积物的钙质超微化石和恐龙一起从地球上消失了。和更为古老的地层不同的是，新生代的沉积物非常松软（新近纪早期形成的一些碳酸盐和硅酸盐沉积物除外），这一特质使新生代的沉积物相对容易识别。新生代地层的出露更加广泛，其中含有的大量化石也使其容易区别于下伏的中生代地层。传统上新生代分为第三纪和第四纪两个阶段，而后者比前者更加年轻。然而，现代地质学家似乎愿意将注意力集中在第三纪和第四纪中更小的年代单位上，每个更小的年代单位的时代跨度都很短。

第三纪的名字源于18世纪欧洲矿工和早期地质学家的研究结果。这些学者将欧洲本土和不列颠群岛的岩石划分成3个部分。他们认为组成包括阿尔卑斯山在内的各个欧洲山脉基底的火成岩和变质岩都是在创世不久的混沌时期最早出现在地球上的。这些最初的岩石进而又被"次生"的沉积岩覆盖，而后者含有的化石则被认为是在圣经故事里的洪水中形成的。很多欧洲山脉周围的低矮山丘上的第三种岩石是由松散而分层的石灰岩、黏土和砂岩组成的，其中富含的化石看上去与今天生活的动物非常相似。正是由于这个原因，这些沉积物被认为是在圣经故事里的洪水之后形成的，因此得名"第三纪"。著名的法国比较解剖

学家和地质学家居维叶正是在研究第三纪的哺乳动物化石时萌生了物种灭绝的想法。居维叶注意到生活在第三纪的哺乳动物与现代的明显不同，它们应该已经从地球上消失了很久。

由古近纪和新近纪组成的第三纪从大约6500万年前的中生代结束一直延续到距今大约180万年前。第三纪终结了中生代和新生代早期温暖适宜的气候，这一时期不仅全球的气温剧烈下降，气候也变得干燥。在第三纪澳大利亚和南极大陆最终分离时，大洋深部形成的大洋冷水圈导致了第四纪（特别是更新世）的冰河时期的产生。第三纪其他重要的事件还包括巴拿马地峡的形成——它使大西洋温暖的海水向北欧流动。此外，大陆之间的碰撞还形成了阿尔卑斯和喜马拉雅山脉。

第三纪的环境变化引起了全球性的哺乳动物大辐射。鲸目出现在冰冷的大洋中，那里丰富的小型无脊椎动物足以满足任何捕食者的需要。在陆地上，草地取代了中生代的热带森林，为大型植食性哺乳动物的快速扩张创造了生态位。食草动物取代了众多以树叶为食的动物，彻底改变了植食性哺乳动物群落的结构。肉食性哺乳动物进而快速出现，它们主要以植食性动物为食。

由于哺乳动物的种类迅速增加并成为占据优势地位的大型动物，新生代又被称为"哺乳动物的时代"。哺乳动物起源于晚三叠世，但是由于恐龙在中生代居于统治地位，它们没有机会获得大发展。恐龙不仅和哺乳动物存在食物（无论是动物还是植物源性食物）上的竞争，甚至还以早期

哺乳动物为食。但是到了新生代，一切都发生了改变。大部分夜行性的、未特化的小型哺乳动物迅速演化出包括鲸、蝙蝠和马在内的众多类群，到了始新世已经出现了将近100个科。大象、牛、猫和狗出现得稍晚，它们中的一些是在新近纪才出现的，而另外一些则是中生代业已存在的哺乳动物的后裔。并不是这些动物都延续到了第四纪，那些灭绝的动物包括长腿鸭、巨大的肉食性不飞鸟类以及早已灭绝的陆地上体型最大的哺乳动物巨犀。

灵长类也是这些多样化哺乳动物中的一员，它们具有不同寻常的思维能力和社会属性。大约5000万年前，一种酷似现代鼠狐猴或眼镜猴的小型树栖动物逐渐演化成灵长类动物。这些树栖动物体型最大的也不过1千克重。它们的后裔在古近纪晚期和新近纪早期扩散到了世界各地，然后又演化出了类人猿并最终成为人类。

哺乳动物的时代见证了一群曾经生活在恐龙阴影下的动物快速和大规模多样化的过程。

到了大约3500万年前的早渐新世，具有笔直尾巴和狭长吻部的"旧大陆"灵长类出现在非洲和欧亚大陆，而拥有卷曲尾巴和宽阔吻部的南美洲新大陆的灵长类到了渐新世末期才由一支走出非洲的类群演化而成。旧大陆的灵长类演化为猩猩，其中绝大部分变成了地栖动物。大约1700万年前，猩猩中的一个科腊玛古猿出现在非洲，它的体重从20千克到275千克不等。大约400万年前，在如此高度多样化的猩猩中能够直立行走的南方古猿出现了，它是可以肯定的最早出现的人科动物。

伊恩·詹金斯

古近纪
距今 6500 万 ~2400 万年

由于古近纪是白垩纪恐龙大灭绝之后的第一个时代，因此它经常被各种教科书忽视。但是从今天的角度看，它是地球历史上一个非常重要的时代。这一时期的重要变化包括从始新世的热带森林到渐新世凉爽的稀树草原的过渡，以及由此产生的全新的哺乳动物类群。

这些全球性的变化与围绕南极大陆循环的寒流的形成息息相关。随着南美洲和澳大利亚大陆与南极大陆的分离，寒流驱散了原来大陆周围的暖流，最终导致冰原的形成。因此，今天的南极冰盖和现生哺乳动物的多样性都是地球这段历史的伟大遗产。

伟大的地质学家查尔斯·莱尔的工作为第三纪概念的确定奠定了基础。第三纪从新生代开始一直延续到第四纪冰河时期到来之前。还有一些学者将新生代分为两个大致相当的时期，即古近纪（距今 6500 万~2400 万年）和新近纪（2400 万年前至今）。在新生代的历史上，最具深远意义的环境变化发生在中始新世到早渐新世之间，并且与任何时代的界线都不吻合，这一点多多少少让人难以理解。新生代 6 个地质时期（包括古近纪的 3 个地质时期）的确定以及后来对地层的进一步划分使得人们对地球的这一历史阶段发生的环境变化有了更深的理解。

发生在白垩纪与古近纪之交的恐龙大灭绝事件彻底改变了陆生脊椎动物群落的组成，此前被恐龙占据的生态位一下子向其他动物敞开了大门。哺乳动物取代了大型植食性和肉食性恐龙的地位。不仅如此，进入古近纪以来，哺乳动物还开创了地球上前所未有的生态位。这些特化的类群包括食蚁动物、食草动物

> 白垩纪末期恐龙的突然灭绝造成了许多生态位空缺。

关键词

阿尔卑斯造山运动、古鲸类、食肉类、踝节类、肉齿类、"热点"、拉拉米造山运动、哺乳动物、中兽类、火山带、海底扩张、特提斯海、有蹄类

参考章节

太古宙：构造板块、海底扩张和洋中脊

白垩纪：北美洲西部的科迪勒拉山系

新近纪：澳大利亚与南极大陆分离

更新世：冰河时期

白垩纪	6500万年前	6000万年前	5500万年前	5000万年前	古近纪	4500万年前
分期	古新世/古新统		始新世/始新统			
欧洲分阶	丹尼阶	塞兰特阶	坦尼特阶	伊普里斯阶	鲁帝特阶	
北美分阶	贝尔卡阶	托里约阶 迪法尼阶	克拉克福克阶 华沙溪阶	勃里吉阶		
	大西洋中部的裂谷将格陵兰与北美大陆和欧亚大陆分隔开		亚得里亚微板块的碰撞引发阿尔卑斯造山运动			
地质事件	拉拉米造山运动仍在继续，落基山脉依然在不断抬升		太平洋板块形成新的俯冲带			
气候	温暖的热带、亚热带气候					
海平面	海平面处于高位并持续波动					
植物	热带植物（藤本植物、苏铁类植物等）占绝对优势					
动物	哺乳动物的适应性辐射 · 真正的肉食性动物出现		肉齿类是主要的肉食性动物 · 鲸类出现			

大灭绝事件

和啮齿动物等，它们都是由陆生哺乳动物分化而来的。很多这些看上去样子奇特的动物的出现正是为了填补由灭绝动物空出的生态位。然而，在重新填补过程的早期阶段，演化出了令人眼花缭乱的具有各种身体结构和适应性的动物类型。

混乱的哺乳动物演化不仅发生在陆地上，还发生在海洋里——鲸正是在古近纪出现的。鲸是由古近纪（古近纪早期）踝节类动物中一种叫作中兽的肉食性哺乳动物演化而来的。最早的鲸化石发现于巴基斯坦和埃及的早、中始新世地层。不仅如此，古近纪的海洋还见证了脊椎动物演化的其他重大事件，包括现代鲨鱼的繁盛。虽然鲨鱼的软骨很容易被分解，但是它们的坚硬牙齿可以形成精美的化石。因此，爱好者和专业人士一直热衷于收集古近纪的鲨鱼牙齿化石。

17世纪中叶，丹麦医生尼古拉斯·斯丹诺在解剖鲨鱼头部时注意到几个世纪以来在马耳他岛上发现的"舌石"与鲨鱼的牙齿非常相似。在1667年出版的《鲨鱼头部解剖》一书中，斯丹诺提出"舌石"其实就是葬送在圣经故事所述的洪水中的远古鲨鱼的牙齿。他的理论流露出现生生物死亡后其结构可以保存为无生命的化石的观点，因此，斯丹诺这位医生应该说是世界上第一位古脊椎动物学家。

而如今，我们对当年给予斯丹诺灵感的古近系岩层的重要性又有了更深层的认识。

古近纪剧烈的气候变化一直没有停歇。尽管有所波动，但从古近纪开始，全球气候进入了长期凉爽的阶段。在古新世，全球气候开始变冷之后，从古新世到始新世过渡的时期全球气候又曾出现过短暂的回暖。这次回暖与印度洋板块和亚洲板块从晚古新世到早始新世（距今5600万~5100万年）的碰撞息息相关。这段回暖期也成为最近5.5亿年来地球上最温暖的时期之一。紧接着，全球气候又从晚始新世的温室效应迅速过渡到了早渐新世的冰室效应。

白垩纪印度洋板块的向北漂移引发了大规模的火山活动，直到印度洋板块与巨大的亚洲板块碰撞，这些火山活动才逐渐平息。

火山活动和沉积物抬升释放的二氧化碳导致全球变暖。

由于大陆边缘抬升使深海沉积物中的有机物释放出大量的二氧化碳，这一事件进而导致了中始新世全球气温的升高。所谓的二氧化碳来自海洋中浮游生物、鱼类以及微生物的遗骸。这一事件削弱了部分海洋的碳汇效应，同时大气中增加的二氧化碳又加剧了温室效应。根据现代地质学理论，发生在古新世到始新世过渡

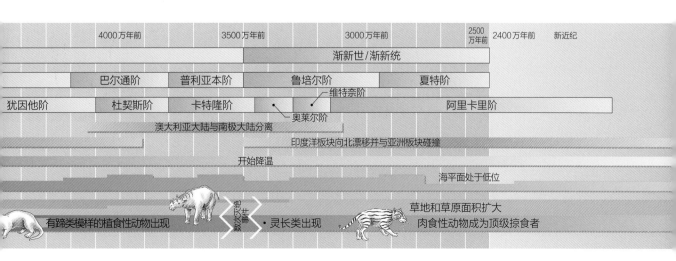

哺乳动物的时代

古近纪延续了4100万年，仅相当于地球历史的0.9%。哺乳动物类群在古近纪即开始成型，其中不乏现代哺乳动物的祖先，但也有一些样子十分奇特。古近纪的哺乳动物填补了所有由恐龙灭绝形成的生态位空缺。气候和植被的变化也为哺乳动物的多样化提供了难得的机遇。

时期的全球变暖是由多种因素而不是单一因素触发的。除了印度洋板块和亚洲板块的碰撞以外，还包括由格陵兰与北美和欧洲大陆分离引起的北大西洋的火山活动以及海洋中有机物生产率的提高等其他因素；而由火山活动引起的高纬度地区的海水升温进一步削弱了大气环流。

从古新世到整个始新世，全球气候都比较温和，各地区差别不大。因此，北美洲西北部、德国南部、伦敦甚至整个英格兰的气候都与今天中、南美洲的热带雨林气候相似。在这些地区发现的植物化石包括木兰、柑橘、月桂、鳄梨、黄樟、樟树、腰果树、阿月浑子树、杧果以及其他热带藤蔓植物。这里的气温也常年稳定在20~25摄氏度，全年的气温波动不超过10摄氏度。三角洲地带生长着茂密的森林以及缠绕着藤蔓植物的树木，河水在广阔的冲积平原上蜿蜒流淌，这一切都与今天亚马孙平原的三角洲没什么区别。这一时期的水椰和苏铁植物化石更是诉说着这里曾经的葱翠。

尽管草本植物在古生代[1]末期就已经出现了，但是直到渐新世末期它们才从沼泽和林地等最初的生境中扩散开来并走向繁盛。这一过程与植物抵抗植食性动物取食的能力密不可分。换句话说，植物需要演化出快速且可靠的繁殖方式。只有当植物演化出风媒传粉的能力而不再仅仅依靠昆虫传粉时，它们才开始了快速扩散并形成辽阔的草原。

随着非洲板块向欧亚板块不断移动，古老的特提斯海在古近纪开始闭合。东西走向的特提斯海曾经一度从欧洲延伸至今天的中国境内，同时它也是现代地中海（与古特提斯海相比甚小）的前身。特提斯海的地位曾经十分重要，对这一时期全球气候的影响也是十分深远的。板块运动使特提斯海的闭合最终产生了位于欧亚大陆的巨大山系（特别是在接下来

"巨人之路"

上图展示的是位于北爱尔兰的由六边形玄武岩柱构成的"巨人之路"，它是由大西洋扩张引起的大规模熔岩溢流形成的。

---

[1] 译者注：此处疑似作者笔误。原文"Paleozoic"译作"古生代"，但草本植物自中生代就已经出现。

非洲板块向欧洲南部的挤压不仅使特提斯海消失，还导致地中海形成以及从西班牙延伸到青藏高原的巨大山系出现。

的新近纪）。瑞士境内的阿尔卑斯山就属于这一山系。此外，西班牙和法国境内的比利牛斯山脉、意大利的奔宁山脉、欧洲东南部的喀尔巴阡山脉、横跨欧亚大陆的高加索山脉、亚洲南部的喜马拉雅山脉以及非洲北部的阿特拉斯山脉也都是这一山系的重要组成部分。

与此相反，古近纪早期北半球的大陆分裂却十分有限。6500万~6000万年前，只有曾经共同组成盘古超大陆北部的劳伦古陆和波罗的大陆在距北极点大约30°（纬度）的区域内出现小规模的分裂。这个位于今天的格陵兰与欧洲本土之间的分裂区域恰是大西洋洋中脊所处的位置，而后者直到今天依然是大西洋最为显著的地质特征。虽然大西洋在这一时期还没有形成今天的规模，但是海底的扩张使这片年轻的大洋愈加宽阔。

劳伦古陆和波罗的大陆的分裂导致北大西洋出现了规模巨大的火山，而其中的一座成为了今天的冰岛。北爱尔兰和苏格兰地区在当时亦经历了剧烈的火山活动，而1.5千米厚的熔岩流更是形成了广阔的玄武岩高地。不仅如此，北爱尔兰境内的"巨人之路"也正是由熔岩流形成的。这些外形奇特的规则多边形节理是熔岩流在极其均衡的温度下缓慢冷却形成的，它们是这套著名岩层的标志性特征。在格陵兰东部也能找到这次火山活动的证据——这一地区的火山碎屑沉积（含有胶结在一起的火山岩碎屑）夹在两层欧洲西北部常见的近岸海相沉积岩之间。

在白垩纪，北美洲、格陵兰和欧洲仍旧是一个整体，北极海盆与大西洋之间的联系尚未建立。但是，这一局面随着北大西洋陆地分裂并向北延伸而终结。到了古近纪，大西洋洋中脊的增生将陆地从格陵兰的东西两侧撕开，在东西两侧分别将格陵兰与北美大陆和欧洲大陆分隔开来。格陵兰就此成为与劳伦古陆完全分离的孤岛。

随着大西洋的扩张，今天北美洲的东海岸在当时也受到了其自身与欧洲和非洲大陆分裂时产生的张力的影响。而在西部，由北美洲板块挤压太平洋板块产生的拉拉米造山运动从白垩纪末期一直延续到了新生代。这次造山运动不仅形成了北美洲科迪勒拉山系落基山脉的一系列地质景观，而且太平洋板块的俯冲带沿南美大陆西边缘一路向南延伸还形成了安第斯山脉。

晚始新世澳大利亚和南极大陆的分裂标志着冈瓦纳大陆的最终解体，随后澳大利亚与南极大陆继续向完全相反的方向漂移。东半球其他地区的海陆变化主要由从东南亚经日本和太平洋南部[1]一直延伸到北美洲西海岸的年轻的俯冲带所驱动。这些地带由火山活动形成的岛弧也因此有了昵称，即环太平洋火山带——这个称谓一直沿用至今。中国南海和菲律宾海在这个时期也都已经形成。到了大约5700万年前的古新世末期，尽管喜马拉雅山脉已初具规模，在漂移的印度洋板块与亚洲大陆南缘之间依然存在着一片广阔的海域。这片海域也是古老的特提斯海的一部分。在东边[2]的乌拉山地区，图尔盖海峡连通了特提斯海和北冰洋。

随着澳大利亚分离出去，南极大陆漂移至南极点并被南极寒流环绕。

---

[1] 译者注：此处疑为作者笔误，似乎应为太平洋北部。

[2] 译者注：此处疑为作者笔误。由于乌拉尔山脉位于喜马拉雅山脉的西侧，因此此处疑为"西边"。

古近纪

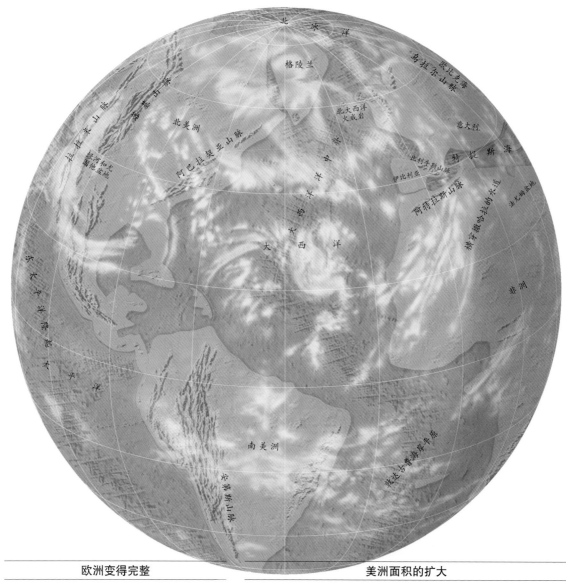

欧洲变得完整

特提斯海依然是一片广阔的水域，伊比利亚半岛逆时针旋转及其与法国的碰撞分别形成了比斯开湾和比利牛斯山脉，而亚平宁半岛向北挤压形成了阿尔卑斯山脉。

美洲面积的扩大

由太平洋板块、法拉隆板块、科科斯板块、胡安·德富卡板块以及纳斯卡板块向美洲板块下方俯冲引起的科迪勒拉造山运动到了新生代依然活跃。这一时期北美洲广阔的内陆海依然存在。

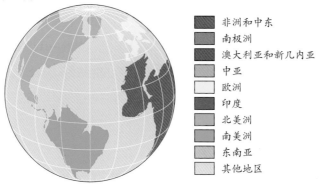

■ 非洲和中东
■ 南极洲
■ 澳大利亚和新几内亚
■ 中亚
□ 欧洲
■ 印度
■ 北美洲
■ 南美洲
■ 东南亚
□ 其他地区

随着澳大利亚向北漂移，它与南极大陆之间的联系逐渐消失，因此在南极附近形成了南极环流。从本质上说，这一事件标志着现代全球气候环境的开端。早在与澳大利亚分离之前，南极大陆也曾位于南极点附近。但是由于受到来自亚热带暖流的作用，这一时期的南极大陆气候温和。板块的运动改变了风和洋流的方向，南极大陆周围的冰冷海水形成的环流进而阻碍了温暖的海水到达这里。到了渐新世，南极大陆周围的表层海水基本上已经完全由寒流取代。

在这种情况下，海冰在始新世末期开始形成。南极附近接近冰点的海水下沉（冷水的密度略大于温水，因此冷水会下沉）并向北流动，形成海洋冷水圈环流。海洋冷水圈环流是由海洋最深层接近冰点的海水形成的，对深海生物有重要的影响。直到现在深海冷水圈都是大多数海洋生物不可逾越的生理极限。因此，从始新世末期的化石记录中可以观察到具有钙质外骨骼的深海有孔虫发生了一次集中灭绝。此外，包括软体动物在内的其他深海生物也发生了几次规模不等的灭绝。

这些事件集中发生在中始新世到中渐新世前后。由南极冰盖的快速增厚引起的海退还引起了一次动物数量的锐减。

由深海冷水圈触发的另一个海洋生态环境的改变是石珊瑚的再度兴起（与二叠纪末期灭绝的皱纹珊瑚和横板珊瑚不同的是，石珊瑚包括所有现代珊瑚类群）。这些"真正的珊瑚"度过了地球历史上寒冷的时期并成为现代海洋中主要的造礁生物。大型海洋动物同样受到了环境变化的影响，但情况可能没有无脊椎动物那么糟糕。鲸最早出现在中始新世早期东特提斯的温暖海域。

> 始新世和渐新世过渡时期的全球降温对接下来的生物演化产生了深远的影响。

火山弧

上图展示了巴布亚新几内亚附近的一处火山喷发的景象。澳大利亚的向北漂移是导致印度尼西亚群岛形成的主要因素，在这个过程中板块的俯冲形成了一系列呈弧形排列的海底火山。

这些原始的鲸是水生的肉食性动物，也是现代齿鲸的祖先。到了渐新世，全球气温下降导致浮游生物大量出现，而能够利用角质鲸须滤食浮游生物的须鲸也随之出现。和其他哺乳动物一样，鲸也是温血动物，因此它们也需要产生大量的皮下脂肪——鲸脂用以维持体温。像须鲸这样的大型鲸类拥有较小的相对表面积，因此这样的体型也有助于减少热量的散失。

> 大西洋洋中脊是一条绵延16000千米的海底山脉，它是由地幔物质上涌形成的。

在水下大约3000米的深处，大西洋洋中脊组成了北美洲和非洲板块的天然边界。大西洋洋中脊从北极圈一直延伸到非洲大陆的最南端，总长度超过16000千米，而到东、西两块大

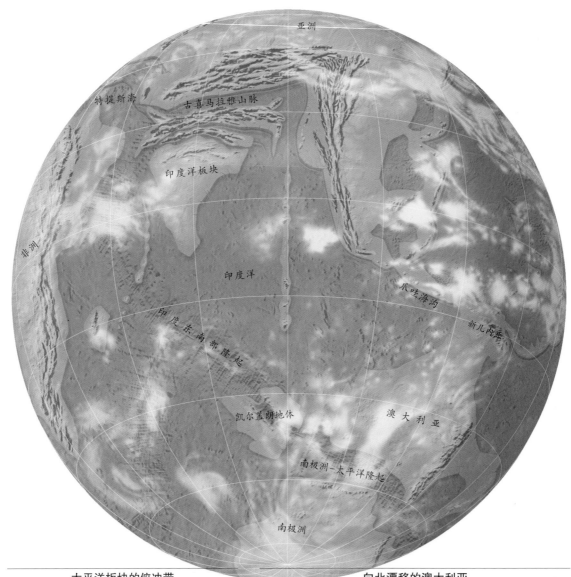

太平洋板块的俯冲带

太平洋板块边界处年轻俯冲带的出现形成了一条几乎连续的火山弧，人们将其形象地称为环太平洋火山带。

向北漂移的澳大利亚

古近纪初期，澳大利亚从南极大陆分离出来后向北漂移了大约800千米。澳大利亚的漂移导致一系列海沟和岛链的形成，这些岛链成为了今天的印度尼西亚群岛。

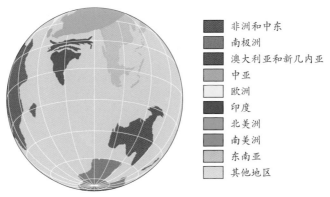

- ■ 非洲和中东
- ■ 南极洲
- ■ 澳大利亚和新几内亚
- ■ 中亚
- □ 欧洲
- ■ 印度
- ■ 北美洲
- ■ 南美洲
- ■ 东南亚
- □ 其他地区

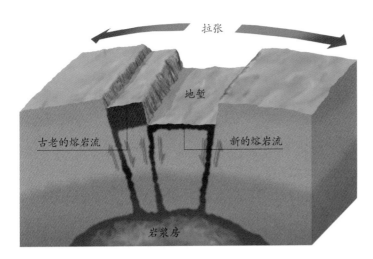

拉张

古老的熔岩流　地堑　新的熔岩流

岩浆房

古近纪

地堑

下沉地堑两侧的断层向下一直延伸到岩浆房，形成了岩浆涌出的通道。随着两侧板块的拉张，岩浆流不断地涌出形成年轻的洋壳。

陆的距离差不多都在1600千米左右。沿洋中脊延伸的一条宽度为80~120千米的狭长地带就是引起海底"扩张"的火山活动集中的区域，喷出的岩浆形成新的洋壳。大西洋正是通过这种方式每年扩张1~10厘米不等。

冰岛是地处大西洋洋中脊的一座火山岛屿，它不停地抬升，直到露出海平面。对于地质学家来说，这的确是大自然的一个恩赐。冰岛这座岛屿完全由

洋壳形成，并且是海底山脉的一部分。所不同的是，冰岛高出海底山脉其他部分至少2500米，这个高度

洋中脊

北大西洋的洋中脊是一条绵延数千千米的巨大的海底构造，而冰岛是陆地上唯一能见到这条洋中脊的地方。下图展示了冰岛辛格韦德利地堑中陡峭的峡谷，大西洋洋中脊在这里形成的玄武岩是构造板块拉张的直接证据。

足以使其露出海平面并冷却上面的玄武岩。沿大西洋洋中脊分布的、露出海平面的其他火山岛屿包括南大西洋的阿松森岛、圣赫勒拿岛以及垂斯坦昆哈群岛，但除冰岛以外的其他火山岛屿都未坐落在洋中脊上。所有这些火山岛屿都与"热点"密不可分，而"热点"就是地下600千米深处熔融的地幔物质的喷口。冰岛所处的"热点"负责聚积用于形成岛屿的大量岩浆。而覆盖格陵兰东部几百千米长的巨型熔岩流也是由格陵兰和欧洲分离时形成的类似的"热点"产生的。

　　海底扩张学说的创始人、美国地质学家哈里·赫斯注意到洋中脊处经常出现深沟，在冰岛它们甚至成为了人人可见的景观。这些深沟由地堑形成，而后者是由两侧断层围限、中间下降的槽式断块结构。地堑通常出现在板块拉张、岩浆涌流的地带。进行大西洋洋中脊研究的科学家通过水下探测器发现那些狭长的地堑往往覆盖着一层枕状熔岩——这种结构通常是由熔岩在水中快速冷却形成的。除此以外，地堑中还布满了与洋中脊平行的裂隙。裂隙的宽度通常不超过10米，看上去就像海底正在受到巨大力量的撕扯一般。

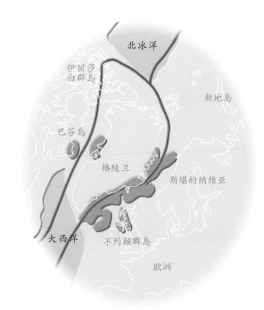

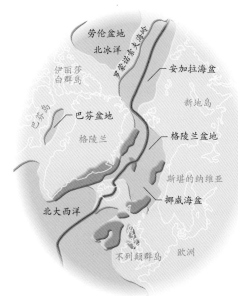

　　古近纪另一个与大西洋东北部扩张有关的现象是古北海海盆下沉并接收了数千米厚的沉积物。古北海与今天的北欧毗邻，因此在今天不列颠东南部、法国与丹麦之间的欧洲本土地带可以看到大范围的细腻的海相沉积物，这些沉积物反映了当时的亚热带气候。随着古

> 古北海的涨落在今天的巴黎盆地和伦敦地区形成了大范围的海相沉积物，证明那个时期这些地区曾属于亚热带气候。

近纪晚期海平面的上升，从北欧到乌拉尔山脉的大片陆地都被北海淹没。

年轻的海洋

大西洋洋中脊是年轻洋壳增生的地带。由熔岩冷却形成的年轻洋壳以每年2.5厘米的速度不断向两侧推挤板块。在距今6300万~5200万年间，这里曾出现过大规模的火山活动，产生的溢流玄武岩形成了位于北爱尔兰和苏格兰的内赫布里底群岛。板块的张力在欧洲、格陵兰和北美洲之间形成了年轻的海洋（顶图），最终将格陵兰变成一个位于大西洋和北冰洋之间的孤岛。到了古近纪中期，西部的拉张作用停止，但东部继续扩张，直至今天（上图）。

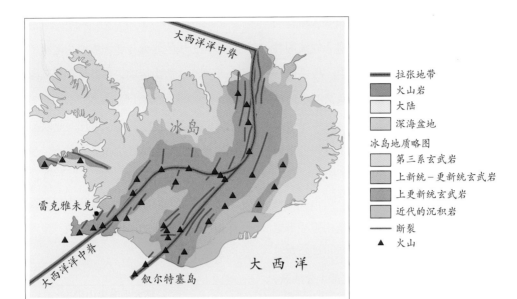

海底扩张地带

推动格陵兰与欧洲分离的地幔羽活动在冰岛依然活跃。在这里可以看到以火山活动和裂谷为代表的北大西洋构造板块的边界。整个冰岛都是由火山活动形成的，而位于冰岛外海的叙尔特塞岛形成于1963年。

这一地区的两套沉积对于欧洲地质学史尤为重要，其中之一便是伦敦盆地的黏土沉积。英国著名的地质学家理查德·欧文对产自伦敦盆地黏土层的化石进行了仔细的研究。这套下始新统含有包括鳄鱼、乌龟、鲨、哺乳动物、其他鱼类甚至小型鸟类在内的众多保存较好的化石，总数达到350个种。动植物化石组合显示这里曾是亚热带的潮间带，森林断断续续地生长，和今天的红树林湿地非常相似。一些种类的化石甚至与生活在马来西亚的一些现代类群有着较近的关系。

另外一套沉积位于巴黎盆地。伟大的比较解剖学家、曾经主持过巴黎国家自然历史博物馆工作的居维叶对这里的石灰岩沉积中的化石进行过研究，认为这套沉积中的动物化石组合与伦敦盆地的基本一致。此外，居维叶对一种看上去像貘的古老哺乳动物古兽（意为"远古的野兽"）的发现和描述是关于这类动物的首次报道，这项工作对古生物学的研究有着深远的影响。

"热点"火山

下图所示的基拉韦厄火山是形成夏威夷的5座火山之一，属于太平洋中部火山岛链的一部分。这里远离任何板块的边界，因此是一处"热点"火山，但基拉韦厄火山同样喷出通常只在构造边界出现的溢流玄武岩。

洋壳的增生一般发生在洋中脊的拉张区域，而破坏则主要发生在海沟处的板块俯冲进入软流圈并重新熔融的过程中。板块俯冲进入软流圈的区域又叫作俯冲带。俯冲带主要沿太平洋边缘分布，大洋板块在这些地带俯冲进入亚洲和北美洲板块以下。（需要指出的是，作为世界上最小的板块之一的菲律宾板块的四周完全由俯冲带组成，它受到来自太平洋板块和亚洲板块东缘的双重挤压。）整个太平洋地区的火山和地震都十分活跃，因此这一地带又被称作环太平洋火山带。环太平洋火山带从太平洋北部向南一直延伸至东南亚和印度洋板块的北缘，甚至沿着喜马拉雅山脉穿越整个亚洲直达地中海。

当6000万年前澳大利亚连同新西兰和新几内亚从南极大陆分离出去的时候，上述地质活动就开始

> 世界上主要的俯冲带位于太平洋板块的周围，形成了著名的环太平洋火山带。

了。此时的印度洋板块已经在漂向中国西藏的路上，而印度洋板块的北缘与亚洲板块东南缘的碰撞引发了一系列海底造山运动，并最终形成以印度尼西亚群岛为代表的弧形海山链。这条海山链包括爪哇岛、苏门答腊岛、苏拉威西岛、新几内亚以及1883年最后一次喷发的喀拉喀托火山。夏威夷－皇帝海山链形成于大约7000万年前，但随着大约4300万年前东太平洋隆起的向西扩展以及日本列岛南部和南太平洋俯冲带、岛弧的出现，夏威夷－皇帝海山链的走向发生了弯曲。

环太平洋火山带

由于洋壳向下俯冲进入地幔，因此在洋壳向陆壳俯冲的地带往往形成海沟。在地球深部，洋壳熔化并形成密度较低的熔岩。这些熔岩经过向上运动并通过陆壳的裂隙喷出地表。太平洋板块的边界形成了连续的俯冲带，因此火山和地震都较为活跃。正因为如此，这些火山沿太平洋板块形成了一个巨大的弧形，又被称为环太平洋火山带。

▲▲ 俯冲带

▲ 代表性的火山

■ 主要的地震带

苏门答腊外海的明打威群岛新生代地层出露良好，岛上的岩层在新生代初期和中新世形成的明显褶皱依然清晰可见。这一带的珊瑚礁阶地提示明打威群岛是不久前才露出海面的。不仅如此，由于尼科巴和安达曼群岛在不断向缅甸靠近，明打威群岛至今依旧在不断抬升。在缅甸附近，岛屿汇成连片的陆地并最终并入伊洛瓦底江以西的若开山脉。在爪哇岛以东的太平洋中，印度尼西亚岛弧形成了高耸的帝汶岛。帝汶岛最有意思之处莫过于它的上面连续形成的珊瑚礁随岛屿一起抬升，以至于今天甚至在海拔1200米的高处依然可以找到古代珊瑚礁的遗迹。毫无疑问，这些珊瑚礁遗迹不仅记录了岛屿形成的历史，也记录了亿万年来的潮涨潮落。

这条长长的岛链与高山和水下山脉的有机统一——从它们与巨大的海沟地带负重力区域的一致性上也可以略见一斑。荷兰地质学家韦宁·迈内兹在20世纪20年代发现了这个重力异常。他克服了海浪"钟摆效应"的干扰，利用水下设备清晰地绘制出一条沿印度尼西亚岛弧延伸超过4000千米的带状负重力区域。迈内兹认为这个负重力区域代表了一条向下弯曲且因此增厚的洋壳。但是现代地球物理学的研究表明，重力异常区域的洋壳厚度与陆壳-洋壳过渡地带的地壳厚度并不存在显著的区别。

弧后扩张，即岛弧后方的海底扩展和延伸通常出现在汇聚板块的边缘。有证据显示弧后扩张要么是由消减板块上方岩石圈及其复杂的对流运动引起的，要么是由邻近板块的拉张作用产生的。地幔物质的上涌以及消减板块俯冲过程中的摩擦和刮削作用是区域性张力产生和正断层形成的原因。正是由于这些区域性的张力，弧后扩张一般出现在俯冲带的后方并形成下陷。在形成初期，弧后扩张仅比周围的大陆板块略低，它们的规模还需要继续扩大才能够形成弧后盆地。弧后盆地的基底通常较为年轻，沉积物的厚度也不大。这些区域的岩石主要由1000万~2000万年之内形成的年轻的玄武岩组成。这里的地热活动依然活跃，但是与大西洋不同的是，这里并没有形成显著的洋中脊。弧后扩张及最终形成的弧后盆地在地球漫长的历史长河中曾经广泛存在。今天的日本海在新生代初期便开始形成，它就是一个位于日本列岛和欧亚大陆之间、已经停止活动的弧后盆地。

阿拉伯海与印度洋的形成存在着紧密的联系。

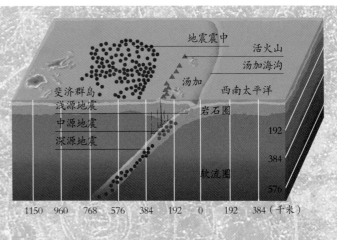

贝尼奥夫地震带

当洋壳在俯冲带俯冲进入地球深部的时候，其产生的张力会导致地震的发生。1954年，地震学家胡戈·贝尼奥夫发现震源深度（浅源、中源及深源）的不同与俯冲带的角度有直接的关系。这种震源深度的分布规律在南太平洋汤加地区表现得最为显著。在汤加海沟的西北方向，由于俯冲带的深度增加，震源深度也随之增加。因此，与海沟有关的地震带又叫作贝尼奥夫地震带。这里，震源深度分布与俯冲带的角度有直接关系，而地震的震级随震源深度的增加而减弱，其结果是浅源地震的破坏力极强，且相对危险。在洋壳消减地带，这种浅源地震尤其容易发生在陆地附近。

印度洋板块与欧亚板块南缘的最终碰撞形成了印度洋，同时位于印度半岛和阿拉伯半岛之间的阿拉伯海也因此形成。在亚丁湾地区发现的蛇绿岩最早可以追溯到早白垩世，因此这个时代也标志着亚丁湾开始形成的时间。直到大约2000万年前，亚丁湾地区才形成了今天的样子。

从古近纪中期开始，欧洲的自然地理面貌就发生了翻天覆地的变化，阿尔卑斯山脉正是在这一时期形成的。从地质学专业的角度讲，阿尔卑斯山脉是一条极其年轻的山脉，它是由向北漂移的非洲板块与欧洲板块碰撞产生的。古阿尔卑斯山是沿欧亚大陆南缘东西向延伸的绵长山系的一部分。

> 非洲板块向欧洲板块的挤压不仅形成了阿尔卑斯山，而且对欧洲的自然地质构造产生了巨大的影响。

这条山系西起法国和西班牙交会处的比利牛斯山，经过东欧的喀尔巴阡山，终止于亚洲的喜马拉雅山脉，而非洲北部的阿特拉斯山脉则与它隔海相望。

冈瓦纳大陆的向北漂移是这条山系形成的主要原因，而喜马拉雅山脉是这条山系中海拔最高的地区。直到古近纪，这条山系都位于欧亚大陆的南缘，毗邻古特提斯海。在阿尔卑斯山地区发现的由中生代和新生代早期洋壳形成的蛇绿岩进一步支持了这个结论。这些蛇绿岩主要出露于意大利和瑞士之间的奔宁山脉，在著名的马特洪峰山脚下就可以见到。

有意思的是，非洲与欧洲大陆之间的绝大部分造山带并不是两个板块碰撞的位置。持续不断的造山运动在这一地区制造了频繁的地震，特别是意大利南部和土耳其的地震十分活跃。地震活跃的区域与横跨地中海和中东的造山带在空间上高度吻合，而且这些地区的断裂带也与地震带的位置相吻合。

地中海地震带恰恰反映了该地区独特的地壳结

年轻的山峰

阿尔卑斯山的高度表明它的历史并不久远（下图）。这是因为阿尔卑斯山没有像那些更加古老的山脉一样经历长时间的风化。

伊比利亚与亚得里亚半岛以及科西嘉和撒丁岛所在的微板块共同形成了阿尔卑斯山。

构。这一带分布着很多微板块（地球最外面坚硬的一层，包括地壳），它们在非洲板块和欧亚板块之间相互挤压形成复杂的地壳运动。因此，从地质成因方面讲，阿尔卑斯山脉是由伊比利亚、科西嘉、撒丁特别是亚得里亚等众多与欧洲南部相连的微板块组成的。今天意大利所在的亚平宁半岛就是由亚得里亚微板块形成的，但是它最初位于现在欧洲的巴尔干地区。大约4500万年前，当亚得里亚微板块的北缘与欧洲大陆南部碰撞时，它被挤压到欧洲克拉通之上。这次事件不仅导致该地区的地壳增厚，同时在俯冲板块的上方还形成了火成岩。这些复杂的地壳结构后来成为了阿尔卑斯山形成的基础。

在阿尔卑斯山形成之初，年轻的褶皱山脉之间尚存小面积的海洋（三叠纪的分裂形成了特提斯海北部的奔宁海），因此形成了独特的深色硅质页岩沉积（指示深水环境）和零星分布的砂岩（形成于狭长的水下暗滩之间）。阿尔卑斯山地区这些特殊

的沉积岩套在地质学上叫作复理石。到了渐新世，残存的小面积海洋及其北部的陆地在非洲板块压力的作用下形成了大规模的褶皱山脉，而此次造山运动中产生的陆源碎屑在北麓的山前坳陷地带形成了磨拉石。因此，现在阿尔卑斯山北部有大面积的磨拉石高原。

阿尔卑斯山脉是由一系列东西走向且大致平行的山脉组成的，从北向南依次是侏罗山、瑞士阿尔卑斯山、奔宁阿尔卑斯山和南阿尔卑斯山。位于瑞士境内的瑞士阿尔卑斯山由规模巨大的复理石构成。阿尔卑斯山地区最古老的复理石形成于中生代位于欧亚板块和亚得里亚微板块之间的奔宁海。虽然始新世两个板块的碰撞使奔宁海消失，但残存水体在阿尔卑斯山南麓形成了更加年轻的复理石沉积。阿尔卑斯造山运动一直持续到了1000万~500万年前的中新世末期。

北美洲西海岸的拉拉米造山运动从白垩纪末期持续到始新世。这次造山运动波及的范围从墨西哥至加拿大，向东甚至延伸至南达科他州的布拉克山脉。在瓦萨奇和前山的山谷间分布着许多宽阔的盆

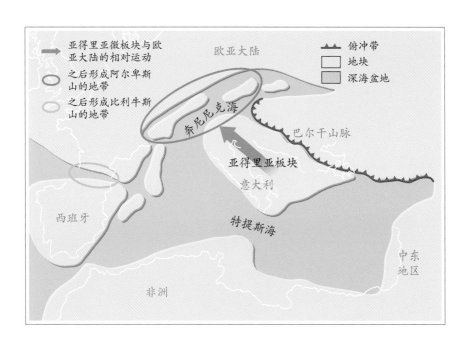

北美洲西部的山脉从墨西哥一直延伸到加拿大境内，其间大型湖泊星罗棋布。

地，包括比格霍恩盆地、尤因他盆地、瓦沙基盆地以及绿河盆地等。这些盆地汇集了山体剥蚀的碎屑和山上的溪水，在古新世到始新世的这段时间里形成了许多湖泊和沼泽。尤因他盆地的湖泊是始新世该地区所有湖泊中最深的，著名的绿河组地层就是在这里沉积形成的。绿河组由厚达600米的淡水石灰岩和非常薄的纹层状页岩组成，其层理由纹泥形成，每一到两层就代表了一

年内形成的沉积。经过计算，科学家认为绿河组的形成至少用了650万年。

白河组以其丰富的边缘亚热带水生生物化石著称。这里的始新统洪泛沉积物中含有丰富的哺乳动物

在恐龙灭绝1800万年后，哺乳动物在今天美国怀俄明州的湖泊地区开始繁盛。

化石，其中不乏大型哺乳动物化石——有的死于大洪水，而有的在洪水来临前就已经奄奄一息。现在人们关于北美洲新生代哺乳动物演化的大部分知识都来源于这套地层中的化石。

山脉的结构

山脉一般形成于构造板块相互碰撞的地带，要么位于两个大陆板块碰撞的地带（比如阿尔卑斯山和喜马拉雅山），要么位于大洋板块与大陆板块碰撞的地带（比如安第斯山）。随着大洋板块向大陆板块下方俯冲，一部分表层沉积物在两个板块之间的巨大剪切力的刮削作用下聚集，形成了山前增生楔（❶）。洋壳在地球深部熔化形成的岩浆沿着陆壳的裂隙向上运动，通过火山喷发至地表，形成了年轻山脉的核心。还有一些岩浆在地壳深部结晶形成巨大的火山岩体，又叫作深成岩体。沉积物覆盖在由增生楔形成的弧前盆地内。这些沉积物大多来源于陆地。在山脉的另一侧，陆壳四陷形成山前盆地。最初海相的复理石沉积在山前盆地中形成，但随着山脉高度的增加和海退的进行，非海相的磨拉石沉积逐渐取代了复理石沉积。

洋壳向下俯冲时，其化学物质与结构在高温和高压的作用下都发生了重大改变，形成变质岩。这些变质岩位于山脉以下数千千米的地球深部，当它们随着山脉抬升到地表之后，就形成了地质学家眼中的年代久远的变质岩带（❷）。而在陆地上，挤压作用使岩石发生折叠和推覆，形成褶皱冲断带。

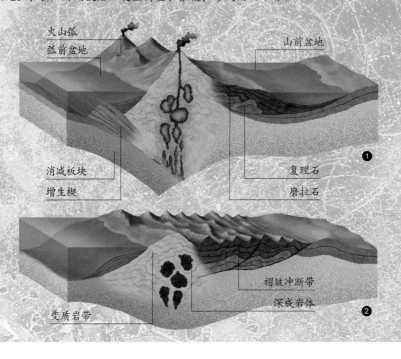

火山弧
弧前盆地
山前盆地
消减板块
增生楔
复理石
磨拉石
❶

褶皱冲断带
深成岩体
变质岩带
❷

五颜六色的悬崖

美国怀俄明州的瓦萨奇组地层是由始新世的河流形成的，这里保存了许多哺乳动物化石。

湖相沉积物中保存的其他种类的化石（包括植物化石以及蟾蜍、龟鳖类、蜥蜴、蟒和鳄类等脊椎动物化石）显示这里的气候曾属于亚热带。而丰富的动物化石也反映出当时生活在湖泊周围的脊椎动物一度相当繁盛和多样化。不仅如此，人们在这套沉积物中还发现了精美的淡水鱼类化石。

19世纪，耶鲁大学奥塞内尔·查利斯·马什领导的考察队最早对怀俄明地区的古近系湖相沉积展开研究。1866年，野外爱好者（后来成为著名学者）约翰·贝尔·海彻尔在该地区总共发现了10400千克的大型动物骨骼化石。这些骨骼化石后来被鉴定为一种非常笨重的动物——雷兽（意为"能够发出雷鸣般声音的野兽"）。海彻尔发现的雷兽"墓地"正好位于古河床，今天人们在那里依然可以找到洪水出现过的痕迹。雷兽是一类体型介于猪和现代大象之间的掘食性动物。它们的眼眶上方和后方长有骨质的角（与现生长颈鹿的角一样），头的两侧也长有骨质的角，但是现生动物中没有它们的近亲。深

领兽（*Bathyopsis*）[1]甚至还长有巨大的向下弯曲的獠牙，和今天的野猪颇有几分神似。以肉齿类为代表的始新世肉食性动物的个头甚至比今天的棕熊还要大，但是拥有长角的头、巨大的身形和致命獠牙的雷兽在捕食者看来总是显得无懈可击。

至此，雷兽、肉齿类（早期真食肉性动物）、早期的马科动物、原始的犀牛甚至纽齿类和裂齿类等神秘的类群，以及早期灵长类、食虫类和踝节类均已悉数登场。

中生代的哺乳动物只是一些体型甚小的穴居和树栖类群。它们一直生活在恐龙的阴影中，直到白垩纪末期，随后发生的大灭绝事件才为它们创造了巨大的演化空间。古近纪早期各种适应性演化背后的驱动力创造了许多盛极一时而与现生动物迥异的哺乳动物类群。它们中的大多数都没有在形态和生态上比较接近的现生类群，因此研究这些动物的生活方式需要面对巨大的困难。

> 现在看来，古近纪哺乳动物的样子非常奇特，没有一种与现在的哺乳动物相似。

以现在的眼光看古近纪的哺乳动物，会发现它们的样子十分奇怪。这些原始哺乳动物中较为独特的类群是踝节类，它是一个包括长有巨大獠牙的冠齿兽（钝角目）以及其他不同类群的小型哺乳动物的集合。这些动物体型矮胖且不具爪子，但是每个趾头上都长有一个蹄子。踝节类逐渐演化出包括中爪兽和厚中兽在内的一些掠食种类。这些动物能够利用蹄子和牙齿撕扯猎物，这让它们看上去的确有点儿像"披着羊皮的狼"。事实上，它们都属于一类叫作"中兽"的动物。这类动物的特点就是具有特化的牙齿和长有蹄子的五趾型的脚。遗憾的是，并不是所有古近纪的掠食动物都找到了适合它们的

古近纪

---

[1] 译者注：深领兽属于尤因他兽科，并不属于雷兽科。

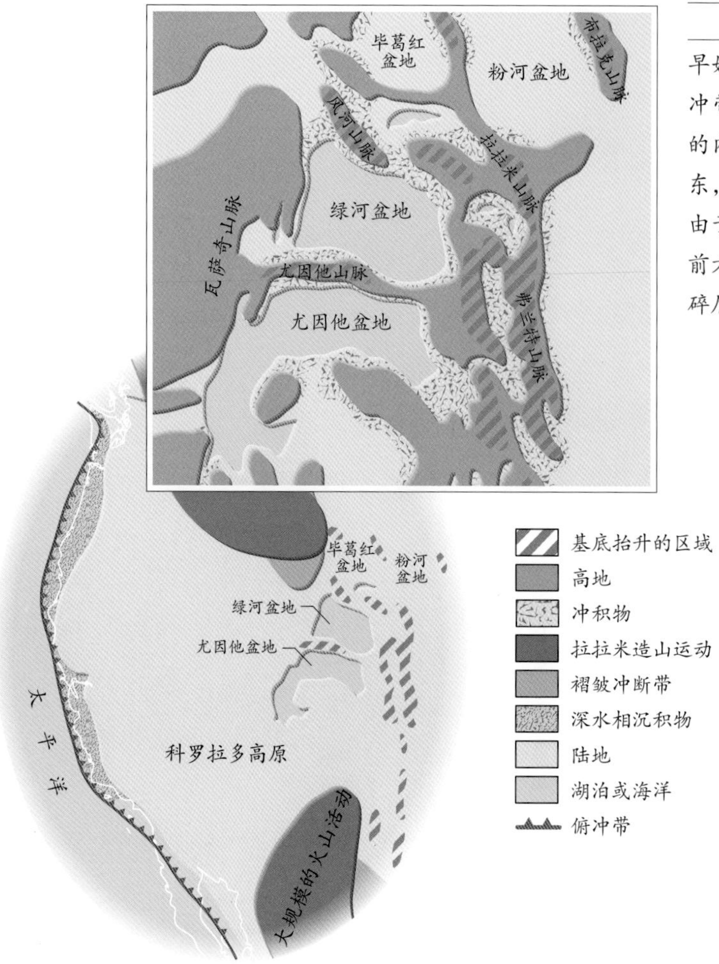

古近纪

图例：
- 基底抬升的区域
- 高地
- 冲积物
- 拉拉米造山运动
- 褶皱冲断带
- 深水相沉积物
- 陆地
- 湖泊或海洋
- 俯冲带

地图标注：毕葛红盆地、粉河盆地、布垃戈山脉、风河山脉、拉拉米山脉、瓦萨奇山脉、绿河盆地、尤因他山脉、弗兰特山脉、尤因他盆地、太平洋、科罗拉多高原、大规模的火山活动

怀俄明州的湖泊

早始新世末期，由于北美洲西海岸俯冲带角度的减小，在1500千米以外的内陆形成了一条褶皱冲断带。再向东，前寒武系的岩基沿南北向抬升。由于水流的冲刷，在这些抬升的岩基前方形成了湖泊，山上风化下的岩石碎屑很快被冲积到这里。

生态位。肉齿类是那些"真正"食肉类的近亲，它们在古近纪颇为繁盛。肉齿类比巨型的中兽还要特化，它们长有能够切断鲜肉的牙齿，这一点有别于撕扯猎物的踝节类的牙齿。肉齿类的样子十分奇特，像是由熊、鬣狗和狮子杂交出来的动物。父猫和牛鬣兽等肉齿类都是体型矮胖的动物，它们的尾巴结实，颌部强壮有力，嘴里长满了锋利的牙齿，通常以古近纪亚热带森林中的有蹄类为食。

这些有蹄类几乎包了古近纪所有长相最奇特的哺乳动物，比如纽齿类看上去既像熊又像啮齿动物。鹦鹉兽和笔齿兽等纽齿类的身体比例有点儿像长有巨大前爪的宽背熊，但是它们的头骨甚深。这些动物还拥有一对巨大且强壮的门齿。因为门

齿的齿根开放且釉质弯曲，这类动物得名"纽齿类"——顾名思义，长有"弯曲的牙齿"的动物。

要想解决演化问题，研究灭绝动物的生存之道是十分重要的。拿纽齿类来说，想要找到任何与它们存在亲缘关系的物种都是徒劳的，因为现生动物中既不存在像熊一样的植食性动物，也没有植食性的熊类。纽齿类可能起源于食虫类的祖先，而后者与生活在白垩纪末期的肉食类祖先白垩兽有较近的亲缘关系。纽齿类和裂齿类都居于大型啮齿动物奇异的生态位。以裂齿兽为代表的裂齿类不仅没有纽齿类的块头大，头骨也没有

> 以裂齿兽为代表的裂齿类与纽齿类共同占据大型啮齿动物奇异的生态位。

后者的深。巨大的门齿和头骨结构使裂齿类看上去很像巨型兔子。裂齿类和纽齿类在解剖学上的差异很可能反映了这两种动物的食物结构有所不同，因此二者的食性和取食习惯可能并不像人们想象中的那样接近。纽齿类拥有巨大的门齿、强有力的颌部以及能够挖掘植物根茎的爪子。纽齿类和裂齿类的化石经常在同一地层被发现，说明它们之间并不存在食物上的竞争，即存在食性的区别。

　　长有巨大凿形门齿的啮齿动物的适应性特征还出现在演化颇为成功的多瘤齿兽中。多瘤齿兽的体型介于老鼠和猞猁之间，包括从穴居到树栖等众多生态类型。小型多瘤齿兽的骨骼看上去有点儿像松鼠，但是纹齿兽类具有和河狸相似的短而低的头骨

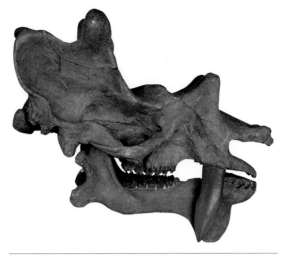

头上的犄角

尤因他兽的头骨大约有60厘米长，头上长有巨大的犄角。这些犄角可能在求偶的过程中发挥作用，而巨大的犬齿可能用于打斗。

❶ 长鼻雷兽（*Dolichorhinus*，一种雷兽）

❷ 始祖马（*Hyracotherium*，一种原始的马）

❸ 獏犀（*Hyrachyus*，一种原始的犀科动物）

❹ 古蹄兽（*Meniscotherium*，一种蹄节类）

❺ 拟两栖犀（*Amynodontopsis*，一种善于奔跑的小型犀牛）

❻ 尤因他兽（*Uintatherium*，一种恐角兽）

❼ 原蹄兽（*Phenacodus*，一种蹄节类）

始新世的植食性哺乳动物

美国怀俄明州和犹他州的湖相地层以保存较好的有蹄类化石而声名远扬。始新世最早的有蹄类哺乳动物填补了很多生态位，那个时期最大的哺乳动物是恐角兽（意为"长有恐怖犄角的野兽"），包括犀牛大小的尤因他兽。始祖马是一种矮小的马，也是在这个时期发现的。

古近纪

与棒状门齿。多瘤齿兽的名字源于它们的臼齿釉质形成的成排的"瘤尖"，这些"瘤尖"主要起研磨食物的作用。多瘤齿兽是所有哺乳动物类群中延续时代最长的。它们最早出现在1.6亿年前的晚侏罗世，并一直延续到4000万年前的古近纪末期——长达1.2亿年的生存时间仅比恐龙少了3000万年。

恐龙在白垩纪的生态系统中居于统治地位。白垩纪末期恐龙的灭绝空出了许多生态位，导致之后哺乳动物发生了一次快速的适应性演化。这次哺乳动物的快速演化主要集中在颌部和牙齿的结构上，使得这些之前看似不起眼的动物迅速地占领了不同的生态位。出现在这个时期哺乳动物身上的很多"解剖结构"都可以看作"演化实验"，而这也正好解释了为什么这个时期出现了众多样子奇特的哺乳动物类群。但是，这些大胆的尝试不少都无果而终。由于没有任何类似的现生动物，它们中的许多至今仍让人感到神秘而特别。

由陆生哺乳动物演化为鲸（哺乳纲鲸目）的过程无疑是一个精彩的故事，而近些年发现的化石证据正在让这个故事变得日益丰满。如果单从海豚流线型的身体或滤食性蓝鲸100多吨的体重来看，很难想象这些惊人的哺乳动物是如何从陆生动物祖先演化来的。然而，科学家找到了足以令人信服的证据来证明这个过程的确发生过。

中生代巨型海生爬行动物的灭亡创造出一系列生态真空。硬骨鱼类旋即占据了这些生态真空并获得了更大的体型。当然，鱼类的这些变化和鲸的出现并没有什么关系。在陆地上，哺乳动物迅速占据了恐龙灭绝空出的生态位。

> 化石证据显示鲸起源于陆生哺乳动物。

水里的情况恐怕没那么简单，因为从海生爬行动物消失到鲸的出现至少经过了1000万年，这么长的时间跨度意味着一个新生态位被占据之前，鲸目祖先经历了一个重要而漫长的演化过程。因此，鲸并不是简单地填补了由中生代海生爬行动物遗留的生态位。

由鲸可能的演化过程推知，以厚中兽为代表的陆生中兽和以游走鲸为代表的早期鲸目成员很可能都是生活在海岸地带的食腐动物。这有点儿像今天生活在南非的鬣狗，它们不仅以腐烂的动物尸体为

牙齿与哺乳动物的兴起

在古生物学家看来，哺乳动物与所有其他脊椎动物的区别就在于它们的牙齿和颌部拥有复杂的结构，也正是由于这些器官的适应性，哺乳动物的演化获得了巨大的成功。哺乳动物复杂的牙齿可以使它们非常精确地咀嚼食物，因此牙齿的形态是鉴定很多哺乳动物的重要依据。

哺乳动物牙齿的雏形要向前追溯到三叠纪的下孔类（似哺乳类爬行动物）。随着这些哺乳动物祖先的牙齿演化出齿尖和齿窝，磨蚀面随即出现。这些下孔类的牙齿从简单的同型齿（即所有的牙齿都具有相同的形状）向异型齿（即牙齿分化出不同的形态，比如门齿和犬齿）过渡，这个变化可能自石炭－二叠纪的异齿龙就已经出现。到了三叠纪，犬齿兽在异型齿的基础上演化出了紧密的咬合能力和用于咀嚼的肌肉。尽管如此，这些动物尚未形成哺乳动物的精确咬合，而这种能力直到三叠－侏罗纪以摩尔根兽为代表的真正哺乳动物的出现才得以完善。侏罗纪的多瘤齿兽演化出了与啮齿动物相似的构造，但是咬合的精确度直到侏罗－白垩纪过渡时期才达到现代哺乳动物的水平。

新生代没有了恐龙，哺乳动物的牙齿演化达到了前所未有的高度。在缓慢的开始之后，牙齿迅速复杂化。大多数早期的植食性动物主要以树叶和灌木为食。它们的臼齿演化出圆形的齿尖和圆钝的咀嚼面，这种类型的牙齿称为丘型齿。丘型齿的出现使哺乳动物的演化获得了前所未有的成功。包括猪在内的很多现生哺乳动物都具有丘型齿。

古近纪有蹄类的牙齿具有新月形的齿尖，这种类型的牙齿又被称作月型齿。在古近纪的哺乳动物中，月型齿比丘型齿更为少见，然而对于食草动物来说，月型齿的咀嚼效率更高。到了渐新世，为了适应迅速扩展的草原，月型齿开始广泛地出现在食草动物当中。

渐新世开始出现第三种牙齿类型，即啮齿动物的牙齿。啮齿动物的牙齿虽然在三叠纪的三列齿兽和多瘤齿兽中就已经出现，但它们都不具有真正啮齿动物的复杂的臼齿结构，也不具有啮齿类锋利的门齿。啮齿类门齿的适应性使它们的演化自渐新世以来获得了巨大的成功。

食肉类牙齿的演化表现在臼齿强大的撕咬能力上。肉食性动物的臼齿是锋利的裂齿，其中最后一颗上前臼齿与第一颗下臼齿形成咬合。这个能力使肉食性动物顺利地成为顶级掠食者。除此之外，肉食性动物的犬齿依然大而锋利，但是这个结构在不同的类群中行使不同的功能。

古飙（*Dinictis*，一种肉食性动物）

完齿兽（*Entelodon*，一种杂食性动物）

真岳齿兽（*Merycoidodon*，一种植食性动物）

食，有时还会捕食非洲南部大西洋沿岸的小型海洋动物。古近纪大型海洋掠食动物的威胁已不复存在。陆生中兽的后裔，也就是鲸的祖先，可能已经尝试着一步步走向海洋。随着对海洋生活的逐渐适应，早期鲸的四肢向着更适于游泳的方向演化。最终，古老的鲸目成员完全摆脱了对陆地的依赖，成为真正的海洋动物。

现生的熊，特别是北极熊绝对是游泳能手。而海豹、海狮和海象也都是从渐新世－中新世像熊一样的祖先演化来的。如果从功能趋同的角度考虑，陆生的中兽演化成海生的鲸是完全可能的。

目前人们对鲸早期演化的了解主要基于在早、中始新世地层中发现的5副不甚完整的骨架。所有这些标本均

今天的巴基斯坦曾经是特提斯海的北部。大约5000万年前，鲸类的祖先生活在这里。

巨犀

巨犀的出现为了解动物如何占据一个空出的生态位提供了绝好的例子。在巨犀出现的数百万年前，这个生态位曾经被长脖子的蜥脚类恐龙占据。在恐龙灭绝之后，一些哺乳动物开始尝试适应和占据这个生态位，但仅有巨犀获得成功。巨犀身高达8米，但它与大象和长颈鹿没有什么关系，而与犀牛具有较近的亲缘关系。

埃及重脚兽

左图所示的埃及重脚兽是生活在非洲的一种恐角兽类，它们经历了不同寻常的演化过程。埃及重脚兽的体型与犀牛相仿，它的名字来源于古埃及阿尔西诺皇后。虽然埃及重脚兽的样子看上去很像犀牛，但牙齿、头骨和四肢的形态显示它与犀牛没有任何关系。埃及重脚兽属于重脚目，虽然它是一种食草动物，但并不属于有蹄类。以马为代表的有蹄类依靠特化了的蹄子行走，而且并不一定以植物为食。

来自巴基斯坦的浅海相沉积物，5000万年前这里曾经是特提斯海的北部。巴基斯坦的这些始新世的原始鲸类属于原鲸。无论在形态上还是在生活方式上，它们都与现代的鲸有很大的区别。

鲸目的确起源于始新世颇为繁盛的中兽。不仅龙王鲸宽阔锋利的牙齿支持这一结论，就连鲸演化过程中躯干、四肢、耳朵和头部的变化也都与之吻合。

中始新世的游走鲸（意为"行走的鲸"）是已知最早的海生原鲸，长有修长的四肢和桨状足。游走鲸一般被描绘成体长大约3.5米（头长0.6米）、水獭或海豹模样的、长有桨状足且善于游泳的动物。尽管的确会在陆地上活动，游走鲸四肢的结构却是

适应划水的。因此，在陆地上行走的时候，游走鲸可能会像海豹一样弯着身子拖行。同时代的印支鲸和游走鲸的样子差不多，但是愈合的腰带与脊柱以及独特的尾部结构反映了印支鲸可能更多地依靠尾部力量游泳。印支鲸以后的所有鲸目成员都依靠尾部游泳，再无依靠桨状足划水的种类出现。

最近发现的罗德侯鲸再次为研究鲸的起源问题带来了曙光。罗德侯鲸的头部不但长，而且非常强壮，还长有和其他原鲸一样的锋利牙齿。有意思的是，罗德侯鲸脊椎的神经棘非常长，而且腰带与脊柱直接关联，这些结构说明罗德侯鲸的骨骼能够在陆地上支撑其身体。但罗德侯鲸的脖子缩短，股骨

古近纪

齿鲸

今天的齿鲸与古近纪古鲸的相似程度比它们与现代须鲸的相似程度还要高。须鲸已经成为高度特化的滤食性动物，而齿鲸可能与古鲸一样属于掠食动物。

退化，腰带能够自由活动，这些细节反映了罗德侯鲸代表了鲸类从桨状足划水到尾部游泳之间的过渡环节。因此，人们推测罗德侯鲸不仅能够在陆地上行走，而且也可能在水中游泳。

从罗德侯鲸到巴基斯坦古鲸，所有晚始新世的鲸目成员都具有相似的头骨。从头骨的结构上判断，它们的演化趋势应该也比较接近。但是背脊鲸的身体有12米长，它也是海洋中最早出现的大型鲸目成员。背脊鲸的后肢骨骼尚未消失，只是由于对游泳没太大的作用而减小了许多。

完全适应水生的原鲸体长不超过3米。和巴基斯坦古鲸一样，原鲸的头长只有0.3米，颌部也比较修长，但是体型不如海豚匀称。原鲸的颌部非常强壮，嘴里长满了排列紧密的巨大的三角形牙齿。牙齿的前、后边缘上有许多锯齿，形状与现代大白鲨的非常相似，虽不及后者的锋利，但足以致命。这些是以龙王鲸为代表的原鲸牙齿的典型特征，原鲸和巴基斯坦古鲸都具有这种形状的牙齿。

原鲸的身体灵活，它的前、后肢虽已强烈退化，但前肢尚能完成一些陆地上的简单运动。这一点与现代鲸目成员完全不同。前不久，来自巴基斯坦的几项研究成果还揭示了鲸目演化过程中的其他中间环节。

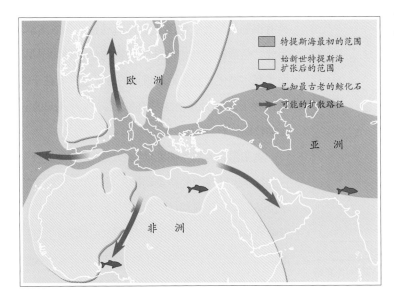

欧洲

亚洲

非洲

	特提斯海最初的范围
	始新世特提斯海扩张后的范围
	已知最古老的鲸化石
	可能的扩散路径

鲸的起源

古近纪的特提斯海沿今天的欧亚大陆东西向延伸。在这片古老的亚热带海域沿岸生活着鲸的祖先中兽。中兽属于踝节类哺乳动物，样子有点儿像熊和鬣狗的混合体（熊喜欢在水中寻找食物，而鬣狗也常出没于南非的海岸）。古特提斯海沉积物中保存的化石记录了鲸的祖先从陆生到半水生再到完全水生的演化过程。

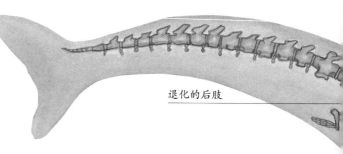

退化的后肢

世界上的众多化石发现地点只有极少数能够脱颖而出，其中就包括德国法兰克福附近以盛产早始新世化石著称的麦塞尔湖。无论从哪个方面说，麦塞尔湖地区出土的化石都是世界古生物学界公认的最完美也是最特别的。这里发现的化石种类和保存状况绝无仅有，像毛发、羽毛、隔膜、胃容物甚至内脏等极其难以保存的结构在一些标本中也可以见到。

周围的地质环境反映了始新世的麦塞尔湖地区曾是山谷间的一个小型湖泊。由于湖水相对较深，深层的水体可能因为缺氧而产生毒性。在麦塞尔湖地区发现的月桂、橡树、山毛榉、柑橘、棕榈、睡莲和甚少的针叶植物化石，证明这里曾经是一片葱翠的热带森林。而这一带的沥青黏土应该是在温暖的亚热带水体中沉积形成的。

尽管麦塞尔湖地区的沉积物并不成层，但反映出的古环境表明这里曾经的确不适合生物生存。因此，即使动物的尸体顺水漂入麦塞尔湖也没有遭到食腐动物的破坏，缺氧的水体和湖底安静的环境使这些动物的尸体有机会保存在细腻的沉积物中。因此，由动物尸体形成的油气矿藏自19世纪以来为该地区创造了重要的工业价值。

麦塞尔湖地区化石中的昆虫、其他无脊椎动物以及脊椎动物主要来自周围的陆生环境。在一般情况下，陆生生物的化石以叶子、花粉、蝙蝠、鸟类和昆虫为主，它们要么是能够随风飘动的生物结构，要么是能够自由飞行的动物；而大多数小型两栖动物则主要发现于注入湖泊的内河河口附近。像猫这样的典型森林动物是极少形成化石的，这种埋藏规律十分值得思考。试想，一个在森林中死亡的动物可能很快被其他食腐动物吃掉，其骨骼还有可能被植物根和芽的生长破坏。最重要的是，森林地被物具有很强的酸性，能够迅速地将动物的骨骼溶解。因此，生活在森林中的陆生动物的化石最为罕见。而麦塞尔湖化石发现地最重要的意义之一就在于这里保存了5000万年前生活在欧洲的鲜为人知的陆生动物的化石。

麦塞尔湖的陆生哺乳动物和蝙蝠化石是最吸引古生物学家注意力的两类动物化石。在这里发现的不少哺乳动物化石都是当地特有的，但是它们为研究哺乳动物的演化提供了重要的信息。发现于这一地点的欧食蚁兽除了颊齿依然存在以外，和今天的食蚁兽已经没什么两样。欧食蚁兽在欧洲的出现依然是一个谜，因为现代所有的食蚁兽都只生活在南

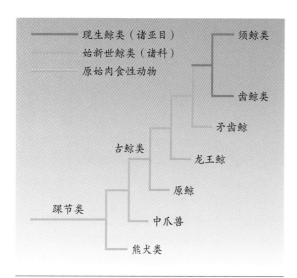

鲸的系统发育关系

上图展示的鲸的系统发育关系是基于各个属种共有的解剖学特征得到的。这个结果显示了鲸起源于中兽以及现代齿鲸和须鲸的演化历程。

美洲。另一个未解之谜是这里发现的始穿山甲，现生穿山甲仅发现于非洲和东南亚。虽然今天的欧洲已经没有食蚁兽和穿山甲生活，但是这两种动物很可能都起源于欧洲。

在麦塞尔湖发现的其他陆生哺乳动物化石包括很多特殊的类群，它们和现生哺乳动物的关系目前依然不甚明朗。最早的马科动物原古马只有小狗一般大，它的四肢呈现原始的结构，每条腿的末端还

古近纪

鲸的演化

古特提斯海沉积物中鲸化石的特征显示鲸起源于掠食性的踝节类——中兽。厚中兽的体型与熊接近，代表了鲸的祖先，而游走鲸可能代表了厚中兽向原鲸演化的过渡阶段。

龙王鲸（*Basilosaurus*）

古近纪的庞然大物

龙王鲸已经完全适应了海洋生活，它看上去就像一条大海蛇。

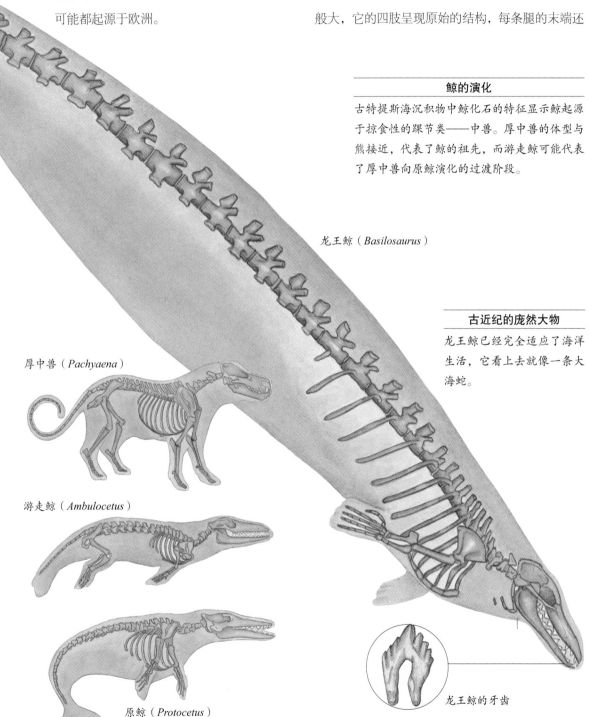

厚中兽（*Pachyaena*）

游走鲸（*Ambulocetus*）

原鲸（*Protocetus*）

龙王鲸的牙齿

长有4个蹄。它们的齿冠低矮，说明它们仅以森林中的嫩叶和水果为食。毫无疑问，原古马属于食草动物，因此要确定这类动物的系统关系并不是什么难事。但是，要想知道长鼻跳鼠的系统关系可就没那么容易了。长鼻跳鼠是一种用两足行走的小型食虫动物，体长不超过20厘米。它们的身体短粗，尾巴细长，后肢与袋狸的非常相似。长鼻跳鼠的前肢过于短小，没有行走能力；但是它们能够像现生的野兔一样利用交替步伐快速奔跑。在现生动物中找不到任何与这种神奇的动物相似的类群。人们在麦塞尔湖甚至还发现了极其罕见的蝙蝠化石，而其中的一种只以蝴蝶为食。

这里差不多是5500万年前古新世末期中亚腹地的景象（见第316页和第317页）。和今天一样，由于地处内陆，很少受到海洋影响，这里的气候异常

精美绝伦的化石

麦塞尔湖保存的精美化石使科学家有机会研究这些动物的形态、系统发育关系以及生活方式。这些动物大都生活在森林中，而森林环境本身并不利于这些小型动物的遗骸形成化石。但是在麦塞尔湖，它们的尸体被埋藏在有毒的静水沉积物中，因此这些动物的精细结构得以完整保存。下图展示了一件保存完好的初蝠化石，与它一起被发现的还有许多陆生的鸟类化石。

> 安氏中兽可能是陆地上曾经出现过的最大的掠食动物。

极端——夏季极其炎热，冬天又冰冷刺骨。尽管如此，由于全球气候温和，这些地带依然生长着茂密的森林。虽然有证据表明这里曾经出现过开阔的平原，但并未持续至渐新世。茂盛的植被为植食性动物提供了丰富的食物，后者也因此繁盛并演化出巨大的体型。作为反馈，这一时期食腐动物和掠食动物的体型也比现代的大出许多。

在森林的边缘，一只巨大的安氏中兽正在用长钉状的犬齿和三角形的前臼齿撕咬一只大角雷兽的尸体。安氏中兽和大角雷兽的体型都与河马不相上下。据保守估计，其体重在3吨左右。体型差不多大的掠食动物裂肉兽有3米多长，体重却超过了任何一种现生的熊类。裂肉兽典型的肉食性臼齿和能够压碎骨头的前臼齿反映了这种动物比现代杂食性的熊具有更多的肉食性倾向。另一种狮子大小的强

中兽也具有非常强的掠食性。这一时期中亚为数不多的开阔平原为成群的古肉食性动物副犬鬣兽提供了绝佳的狩猎场所。样子有点儿像貂的细齿兽类拟狐兽属于最终取代古近纪巨型肉食性动物的真食肉类。此时的拟狐兽依然无法和其他的大型肉食性动物抗衡，因此它们只能等到其他的大型肉食性动物用完美餐之后才能靠近猎物。而出现不久的小型灵长类则待在相对安全的树林里。

1. 初蝠（*Archaeonycteris*，已知最原始的蝙蝠）
2. 梅氏锥齿兽（*Messelobunodon*，一种原始的偶蹄类）
3. 原古马（*Propalaeotherium*，一种原始马）
4. 长鼻跳鼠（*Leptictidium*，一种食虫类）
5. *Paroodectes*（一种细齿兽类）
6. 欧食蚁兽（*Eurotamandua*，一种食蚁兽）
7. *Pholidocercus*（一种食虫类）
8. *Chelotriton*（一种陆生蝾螈）

麦塞尔湖的哺乳动物

人们在麦塞尔湖总共发现了包括蝙蝠、食虫类、食肉类、有蹄类、贫齿类、灵长类、有袋类、鳞甲类和啮齿类在内的35种哺乳动物。这些动物中既有样子古怪的长鼻跳鼠，也有欧食蚁兽，它们的样子都与现生类群非常相似。

❶ 强中兽（*Harpagolestes*，一种中兽）

❷ *Paracynohyaenodon*（一种肉齿类）

❸ 一种早期灵长类

❹ 裂肉兽（*Sarkastodon*，一种肉齿类）

❺ 安氏中兽（*Andrewsarchus*，一种中兽）

❻ 大角雷兽（*Embolotherium*，一种雷兽）

❼ 拟狐兽（*Vulpavus*，一种细齿兽类）

专题 1　哺乳动物的演化

古近纪

诸如温血、胎生和哺乳行为等现生哺乳动物的特征对于鉴定哺乳动物化石来说毫无意义，因为这些信息不可能保存在化石当中。然而，科学家依然可以从冰冷的骨骼化石中提取到有用的信息，并且这种方法就像从现生动物的头骨中提取信息一样简单。

分支系统学分析是一种着眼于寻找动物最近的共同祖先并重建各个类群之间的关系的分析手段。通过比对物种的解剖学特征，分支系统学的分析结果认为哺乳动物很可能起源于中三叠世鼩鼱大小的似哺乳类爬行动物——三列齿兽。三列齿兽的确具有很多哺乳动物的典型特征，特别是它们的头骨结构。但是中生代小型哺乳动物的分支系统分析结果往往是颇具争议的。举个例子，澳大利亚现生的单孔类哺乳动物比早已灭绝的多瘤齿兽等中生代哺乳动物拥有更多的原始特征。但是一个不争的事实是，现生有袋类和有胎盘类比其他的哺乳动物类群更加高等，这意味着它们拥有更多的进步特征。

分支系统学分析方法的应用解决了新生代哺乳动物的系统关系问题。比如，食蚁兽、树懒和犰狳都是穿山甲的近亲，而兔形类则与啮齿类和象鼩存在较近的亲缘关系。树鼩、蝙蝠和蜜袋鼯实际上与灵长类的关系更近，它们共同组成了统兽总目。而鲸、海牛、蹄兔、大象和土豚则共同组成了有蹄类。

对新生代哺乳动物化石的分析还揭示出哺乳动物有趣的演化模式。比如，纽齿类看上去是由与肉齿类的亲缘关系很近的熊犬化来的，而后者是小型的早期踝节类，也是食肉目在古近纪的近亲。巨型的恐角类（比如尤因他兽）是鲸和奇蹄类的旁支。与鲸的亲缘关系较近的两个类群都是有蹄类的动物，因此人们认为鲸也起源有蹄类，鲸与中兽较近的亲缘关系同样支持这个观点。

母乳

哺乳动物最重要的特征就是具有用于哺育幼崽的乳腺。

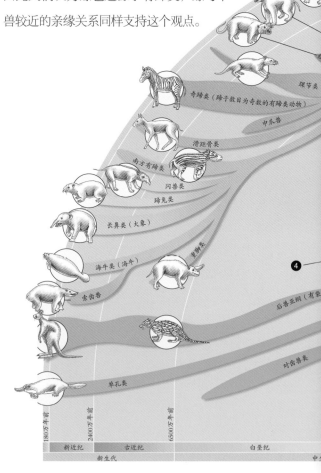

奇蹄类（蹄子数目为奇数的有蹄类动物）

踝节类

中爪兽

滑距骨类

南方有蹄类

闪兽类

蹄兔类

长鼻类（大象）

牛蹄类

海牛类（海牛）

索齿兽

后兽亚纲（有袋类）

单孔类

对齿兽类

180万年前　2400万年前　6500万年前

新近纪　　古近纪　　　白垩纪

新生代　　　　　　　　　　　中生

4

❶ 2.25亿年前的北美洲，一种体型和鼩鼱差不多的 *Adelobasileus* 代表了最早的哺乳动物。

❷ 哺乳动物演化出许多依然原始的类群，比如多瘤齿兽。

❸ 单孔类起源于晚侏罗世。

❹ 早白垩世北美洲的有袋类阿法齿负鼠将有袋类和有胎盘类哺乳动物联系起来。

❺ 由于恐龙的灭绝，哺乳动物出现了大辐射。

❻ 鲸类占据了海洋爬行动物空出的生态位。

❼ 多瘤齿兽最终走向灭亡。

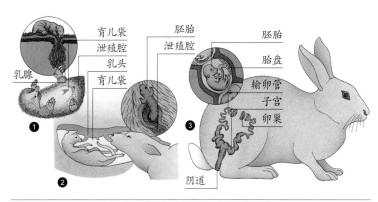

单孔类、有袋类和有胎盘类哺乳动物

单孔类哺乳动物（❶）是卵生的哺乳动物，包括鸭嘴兽和针鼹，它们的幼崽生活在原始的育儿袋中。以袋鼠为代表的有袋类哺乳动物（❷）的幼崽需要经历短暂的妊娠期，在分娩之后幼崽进入育儿袋中哺乳并继续发育。有胎盘类哺乳动物（真兽）（❸）的幼崽在子宫中通过胎盘获得营养。

❽ 纽齿类和裂齿类发生了大规模的适应性辐射，但现生动物中没有任何一个类群与它们存在亲缘关系。

❾ 肉食性动物出现多样化，取代了肉齿类和踝节类。

❿ 全球环境的改变和草原面积的扩大导致偶蹄类大辐射。

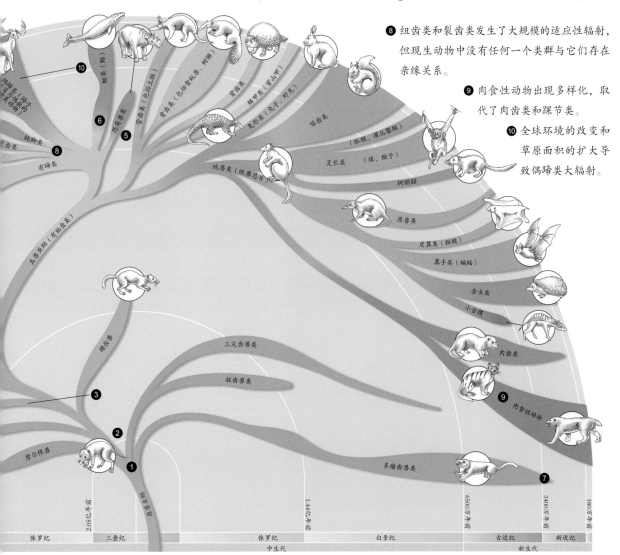

专题 2　肉食性动物的演化

恐龙在白垩纪末期的灭绝同样为顶级掠食动物打开了生存空间。由于新生代初期哺乳动物的适应性辐射并不包括大型肉食性动物，因此居于该生态位的其他动物在演化过程中被逐渐取代。

在南美洲，以恐鹤为代表的巨型"恐怖的鸟类"在整个始新世和渐新世的大部分时间里占据了肉食性动物的生态位，只是在后期与有袋类肉食性动物形成竞争，比如美洲虎大小的 *Arminiheringia*。进入中新世以后，恐鹤趋于灭绝，有袋类肉食性动物很快便遭遇了有胎盘类肉食性动物。现生有袋类肉食性动物主要分布在澳大利亚，包括家猫大小的袋獾（亦被称作"塔斯马尼亚恶魔"）。最后一种中等体型的有袋类肉食性动物袋狼灭绝于 1933 年[1]。

世界上其他地区的大型脊椎动物也在争相角逐掠食动物的生态位。在欧洲，真食肉类在与大型的肉齿类和一种陆生鳄类进行着激烈的竞争。这种陆生鳄类的演化历程并不久远，可能只是夹在食肉类哺乳动物和半水生鳄类的竞争关系之间。

在亚洲，有袋类的体型依然很小，早期真食肉类也不是很大。肉齿类和中兽是这里主要的掠食动物，它们中的一些不仅体型硕大，样子也十分特别。安氏中兽是史上最大的陆生掠食动物和食腐动物，而裂肉兽则是笨重的、像熊一样独居的掠食动物。另一种大型的掠食动物是厚中兽。和狼差不多大的副犬鬣兽身形低矮，并且很可能是群体捕猎——这一点与裂肉兽完全不同。所有这些掠食动物都喜欢在古近纪亚洲茂密的森林里捕食那些相对容易猎捕的植食性动物。需要指出的是，这些掠食动物中不少都是食腐者而非完全的肉食性动物。

随着全球气候趋冷，在亚热带森林锐减的同时，植食性动物也逐渐减少。对于大型掠食动物来说，以笨重的身体和短小的四肢捕获能够快速奔跑

骨头"切割机"

一只雌性鬣狗向它的幼崽张开大嘴以示问候，它的齿列即使对于肉食性动物来说也极不寻常。能够咬断骨头的最后一颗前白齿呈锥形，它是鬣狗独有的武器。上下颌的每一侧都长有一枚这样的牙齿，能够将骨头压断，而不至于咬碎。

---

[1]　译者注：也有学者认为世界上最后一只袋狼于 1936 年 9 月 7 日死于塔斯马尼亚霍巴特动物园。

的小型植食性动物的代价实在太大了。在这种情况下，修长的四肢似乎更具有优势，而这也是之后真食肉类演化成功的原因之一。食肉类的优势还在于它们的牙齿能够咀嚼树根、坚果和水果，而肉齿类的牙齿只能用来撕扯猎物。听起来有些荒谬，真食肉类演化的成功似乎是它们经常换口味的结果。

切肉机

真食肉类独特的牙齿赋予它们其他肉食性动物所不具备的撕咬能力。在撕咬时，第四枚上前白齿和第一枚下白齿像剪刀一样相对滑动。猫科动物比鬣狗科动物拥有更强的撕咬能力，而鬣狗科又比犬科的撕咬能力更强。狗也有碾压型的白齿，这使它们不仅可以咀嚼，还可以撕咬。

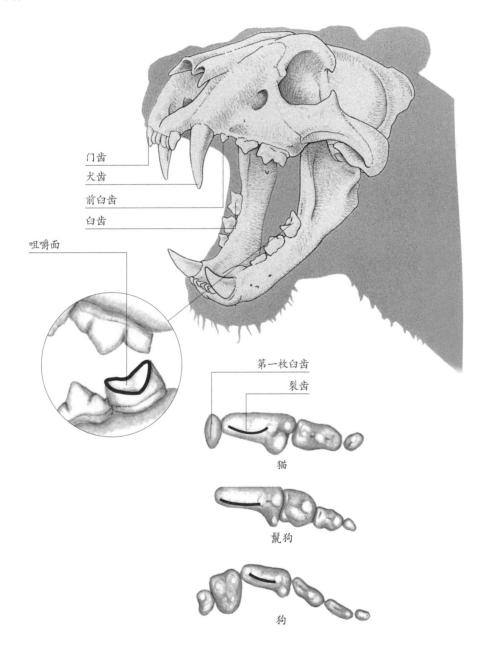

门齿

犬齿

前白齿

白齿

咀嚼面

第一枚白齿

裂齿

猫

鬣狗

狗

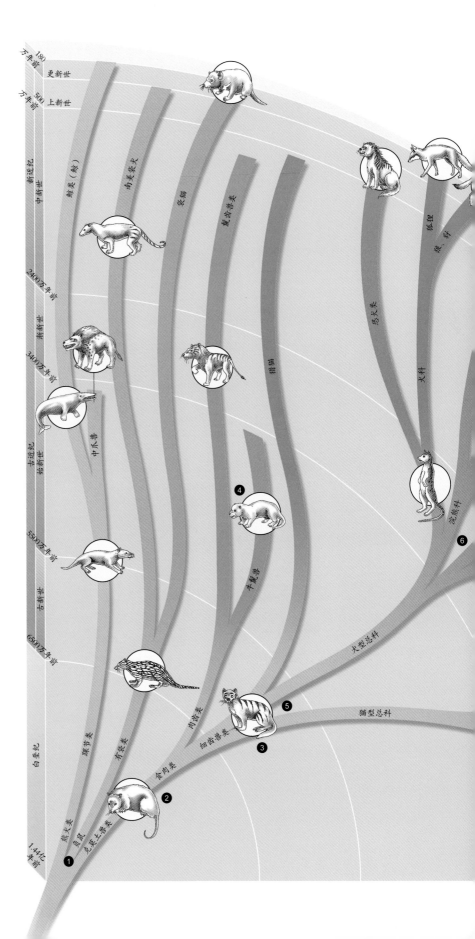

肉食性动物的类群

古近纪"真正"的肉食性动物是和貂的样子差不多的细齿兽类，它与此后出现的中兽、肉齿类以及南美洲的袋鬣狗等大型掠食动物完全不同。大约6000万年前，细齿兽类进一步分化出犬型总科和猫型总科。现生的犬型总科包括犬科、熊科和鼬科，其中不少种类都是杂食性的。猫型总科的食性更加狭窄，分为四大基本类群，其中包括样子看上去像狗的鬣狗科。已经灭绝的猫型总科动物包括剑齿虎。一大批犬型总科动物也灭绝了，其中包括能够咬碎骨头的恐犬以及巨大的熊狗和猎猫。猎猫的样子很像剑齿虎，但是解剖学结构显示它们与犬型总科的关系比猫型总科更近。

❶ 各种小型肉食性动物出现，包括负鼠和踝节类。

❷ 白垩窃兽的臼齿开始特化，能够剪切肉食。

❸ 细齿兽是第一种"真正"的肉食性动物。

❹ 肉齿类是顶级掠食者。

❺ 细齿兽分化为以拟狐兽为代表的犬型总科和以灵猫为代表的猫型总科。

❻ 犬型总科和猫型总科分化出很多物种。

❼ 剑齿虎代表了新生代肉食性动物演化的顶峰。

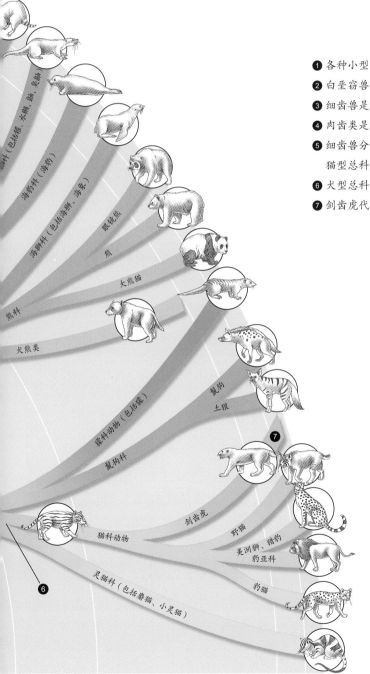

新近纪
距今 2400 万 ~180 万年

新近纪包括中新世和上新世，从2400万年前一直延续至180万年前。在此期间，地球经历了3次非常重要的变化：首先是现代哺乳动物以及人类的出现，其次是主要发生在第四纪的冰河时期拉开序幕，最后是草本植物进入空前的大繁荣。古近纪原始的哺乳动物到了新近纪演化出现代类群，包括很多南美洲特有的大型哺乳动物在内的绝大多数古近纪哺乳动物被更高级的类群取代。这次哺乳动物类群的更替仅仅持续了2400万年，在地质学上不过是短暂的一瞬。

和其他地质时代有所不同，古近纪和新近纪的过渡时期并没有发生大灭绝或其他的演化事件。但全球的生物群落在新近纪的确发生了不少重要的变化：首先是草本植物的扩散，其次是以植食性动物牙齿演化为标志的新的生态关系的建立，最后是哺乳动物新的科级单元的出现。草本植物的扩散是由全球气候的变化引起的。新近纪冰原的面积不断扩大，导致全球气候逐渐变冷。冰盖面积的扩大最初仅局限于南极大陆，然后波及北极。随着海平面的升降，全球的温度和湿度出现波动，进而导致气候变得凉爽而干燥。区域性的构造事件导致东非局部地区、北美洲西部和南美洲的降水量较之前大幅减少，动物也没能逃脱气候变化的影响。年轻陆桥的出现更是加快了动植物扩散的速度。

更新世冰河时期到来前，新近纪最主要的生态类型是以大型植食性动物占主导的生态系统的重建和多样化。尽管中渐新世以来草原的面积不断扩大，但是由于开

> 新近纪全球的气候趋于寒冷和干旱，热带的森林被草原取代。

关键词

南方古猿、鲸须、鲸类、雕齿兽、人科动物、有袋类哺乳动物、墨西拿盐度危机、北极露脊鲸、南美有蹄类动物、鳍脚类、灵长类、有蹄类

参考章节

古近纪：海洋冷水圈、草原、鲸类、哺乳动物
更新世：冰川作用、墨西哥湾暖流、人类
全新世：加勒比海、安第斯山脉、东非大裂谷

古近纪	2400万年前		2000万年前	新近纪	1500万年前	
分期					中新世/中新统	
欧洲分阶	阿启坦阶		布尔迪加尔阶		兰哥阶	塞拉瓦尔阶
北美分阶	阿里卡里阶			亥明佛德阶		巴斯图阶
地质事件		印-澳板块向北漂移，印度克拉通与欧亚板块碰撞形成喜马拉雅山脉				
	阿尔卑斯造山运动持续，阿尔卑斯山脉与喀尔巴阡山受到挤压					
气候			北温带的稀树草原出现，降水量较少			
海平面				海平面适中		
植物			草原面积扩大，草本植物逐渐适应干旱的环境			
动物			鲸类分化		啮齿动物、雀形目鸟类和蛇类分化	

阔地的扩张并不是以植被的消失为代价的，所以森林依旧是地球上独特的植被类型之一。尽管如此，新近纪全球的森林面积明显减小，而开阔林地、草原和沙漠的面积有所扩大。

新近纪全球环境与现在的区别主要是冰川周期作用的结果，而非主要由海陆格局的变化导致。不仅如此，复杂的区域气候变化和短暂的气候波动在新近纪也十分显著。这些气候变化作用于生物群落，往往引起一个地区动物快速的适应性演化，而后者又很难与一般意义上的演化相区别。开阔植被的出现多多少少是驱动新近纪哺乳动物演化的直接因素，因为后者出现的特征与这样的生态系统高度适应。比如，高齿冠的快速演化是为了抵抗草本植物植硅体的磨耗，快速奔跑能力以及其他与运动有关的新特征的出现是对开阔地的适应，植食性动物硕大的体型是为了消化大量低能量的草料。再如，小型穴居植食性动物的多样化以及与之相对应的肉食性动物的多样化等也都是与生态系统高度适应的表现。

尽管新近纪只延续了2400万年，但大范围的气候波动使这一时期动植物的演化快速而显著。除了大型植食性动物，小型动物也出现了大规模的辐射。新出现的鸣禽、青蛙和老鼠以草本植物的种子或昆虫为食。虽然老鼠可以在干燥的土里打洞，但亦难逃脱它们的天敌——蛇。

新近纪，特别是新近纪末期的动植物群落在很多方面都与今天的相似。尽管如此，中新世和上新世的一些哺乳动物还是与现代的有很大区别。根据达尔文在19世纪提出的动物演化的普遍规律，无脊椎动物的演化明显慢于脊椎动物。相对于无脊椎动物的演化速度来说，脊椎动物在新近纪有限的时间里发生的变化是极其显著的。

北半球大陆冰原的形成开始于2400万年前。值得注意的是，极地冰原对气候的影响足以超越所有其他的气候效应。新近纪极地冰原面积的扩大引起了一系列复杂的气候变化，这些气候变化直到最近才通过同位素地球化学和新兴的古生物学研究手段得以阐释。然而，受冰室效应以及造山运动和大陆分裂等区域性因素的影响，全球气候确实一度变得寒冷。因此，始新世以来一个主要的气候变化就是在两极和赤道之间形成了很大的温度梯度。

> 新近纪复杂的气候变化正在被揭开。

与全球变冷有关的另一个气候事件是显著的全球性干旱化。全球性干旱化出现的原因一部分归咎于海水蒸发量的下降，另一部分则是极地冰盖的扩

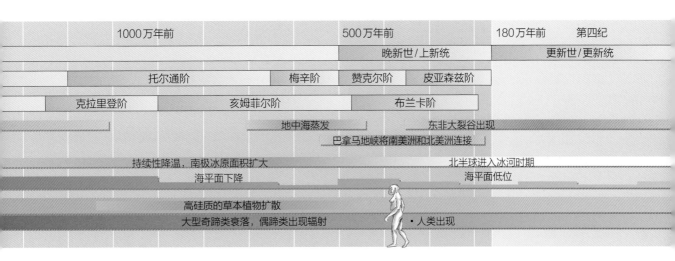

新近纪

新近纪延续的时间不及地球历史的1%。哺乳动物的快速辐射和演化成为这一时期生态系统最显著的特征，这对之后全球生物的发展产生了深远的影响。

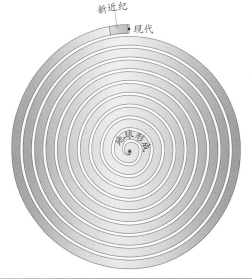

阿特拉斯山脉

下图所展示的是从卫星上拍摄的位于非洲北部的阿特拉斯山脉及其附近的褶皱构造。与阿尔卑斯山脉一样，阿特拉斯山脉也是因非洲板块向欧洲大陆挤压而形成的。

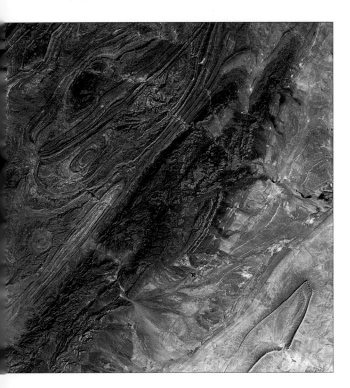

大和深层冰冷海水（即海洋冷水圈）的形成。大量淡水由于形成了极地冰盖而无法被动物利用，因此这次干旱是一次生理性干旱。

对新近纪气候的研究主要集中于北半球的高纬度地区，而这一时期低纬度地区的气候变化及其对生物的影响同样复杂。在冰川引起全球性干旱化的同时，非洲中部和亚马孙地带的热带雨林锐减，但苏门答腊的热带雨林并没有受到严重的影响。在高纬度地区气候变冷的同时，很多低纬度地区也经历了干旱，而湿润的气候只在间冰期出现过。东南亚热带雨林也反复受到间冰期海平面升高的影响。总之，一系列研究表明，新近纪热带地区的气候非常不稳定，这些地区的生物群落也受到了显著的影响。

除了少数差异外，600万年前晚中新世的全球地理格局与今天的已经非常接近。在西半球，古近纪拉拉米造山运动形成的落基山脉巍然屹立，而现代阿巴拉契亚山脉也在晚古生代劳伦古陆和波罗的大陆碰撞形成的古老山脉上悄然出现。接连不断的构造活动使今天美国加利福尼亚州南部的大面积陆地被海水淹没；火山活动不仅形成了喀斯喀特山脉，还在俄勒冈-犹他-亚利桑那州一带形成了大规模的火山岩——哥伦比亚河流域的大型玄武岩就是这套岩层的一部分。由于太平洋板块不断地向美洲板块挤压，美洲西部持续不断的造山运动亦形成了安第斯山脉。

连接北美大陆和南美大陆的巴拿马陆桥也从这一时期开始出现，但此时的加勒比海依然是太平洋的一部分，并非像今天成为与大西洋连通的一个海湾。加勒比海地区还出现了一些火山岛屿，但依然有不少尚未露出海面。巨厚的石灰岩沉积覆盖在这些尚未露出海面的火山岛屿上，形成了日后大安的

> 北美洲的落基山脉在新近纪形成，与此同时，南美洲的安第斯山脉也正在形成。

列斯群岛上独特的喀斯特地貌。巴拿马陆桥的出现还有一个十分重要的意义，那就是切断了南大西洋暖流向西运动的通道，使后者转向东北方向，进而形成了墨西哥湾暖流。

　　在侏罗纪非洲与欧洲大陆碰撞之前，由于大西洋扩张和非洲板块相对于欧洲大陆向东移动，特提斯海曾是一片极其狭长的裂谷盆地。随着非洲板块的漂移，特提斯海从白垩纪末期开始闭合，而且到了古近纪与新近纪的过渡时期进一步闭合；东部仅存的副特提斯海形成了今天的地中海。南极冰原面积扩大，使地中海海平面下降了50米，以致切断了

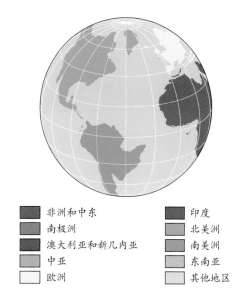

非洲和中东	印度
南极洲	北美洲
澳大利亚和新几内亚	南美洲
中亚	东南亚
欧洲	其他地区

新近纪

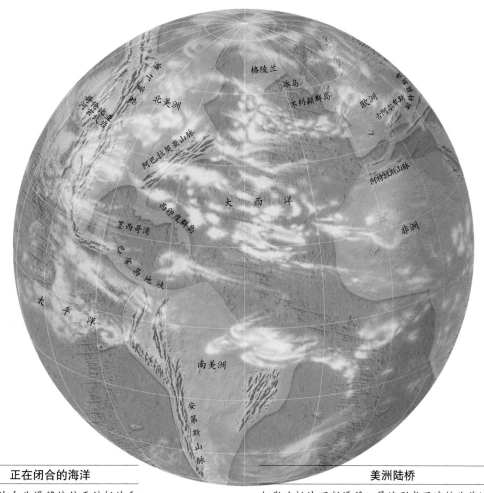

正在闭合的海洋

非洲板块向北漂移使位于该板块和欧洲大陆之间的海洋闭合，残存的部分水体形成了今天的地中海。

美洲陆桥

加勒比板块不断漂移，最终形成了连接北美洲和南美洲的陆桥。陆桥的形成产生了巨大的效应，比如它阻断了向西运动的大西洋暖流，并使其转向东北方向。

新近纪

当时地中海与大西洋之间的联系，进而导致地中海在新近纪结束的时候完全干涸。

> 这一时期欧洲并没有出现新的造山运动，但是古特提斯海的闭合给这里带来了巨大的变化。

非洲板块在新生代初期与欧洲大陆发生碰撞，并且至今一直在向东漂移。由于非洲板块的漂移，地中海和北非沿岸常受到海平面起落的影响。而阿特拉斯山脉、阿尔卑斯山脉、比利牛斯山脉和喀尔巴阡山脉也都是在非洲板块与欧洲大陆的撞击中产生的。非洲板块和欧洲大陆之间的微板块组成了亚平宁、伊比利亚半岛以及科西嘉、西西里和撒丁等众多岛屿。欧洲地区厚达250千米的岩石圈参与了西阿尔卑斯山脉的形成，这些山脉的形状和走向实际上也代表了板块撞击产生的形变。在高空或者卫星照片上可以清晰地看到整条山脉自东向西弯曲，而且这条山脉正在非洲北部和欧洲地带形成巨大的S形弯曲。

非洲板块的漂移同时带动了伊比利亚板块和欧洲南部向东运动。因此西班牙和葡萄牙所在的伊比利亚板块在这一时期并不是位于现在的比斯开湾一带，而是后来才与欧洲西部联合的。由板块联合引起的地壳形变直到中新世才停止。

非洲板块的运动在欧洲大部形成了大规模的东西向拉伸应变。与此同时，大量的小型张裂也在垂直于拉伸张力的方向上出现，在卫星照片上它们呈南北方向延伸，其中就包括著名的罗纳河谷和莱茵河谷。

伊比利亚板块和欧洲大陆之间的挤压构造最早出现于大约7500万年前的晚白垩世。包括比斯开湾在内的扭张盆地随着比利牛斯山脉的抬升而逐渐演化为前陆盆地。如今，西班牙北部和法国南部的大多数前陆盆地完全由陆地包围，但是比斯开湾是个例外，它至今依然是欧洲大陆西部的一个近海盆地。比利牛斯山脉就是由伊比利亚板块和欧洲西部之间的挤压构造形成的。

在东半球，印度洋板块与欧亚板块正在相互碰撞形成喜马拉雅山脉。这一时期碰撞尚未结束，而喜马拉雅山脉也仅仅是个雏形。

> 地球发生了两个剧烈的变化，即喜马拉雅山脉的形成和晚中新世南极冰盖的出现。

但是，中新世包括恒河在内的很多大型河流的出现都与喜马拉雅山脉有关，因此喜马拉雅山脉的出现对亚洲大陆来说就具有深远的意义。再向北，古老的颚比克内海以及曾经沟通特提斯海和北部大洋的图尔盖海峡双双消失，但是东亚和南亚的大片陆地依然被浅海覆盖着。阿拉伯半岛虽然完整，却是一个孤岛；马达加斯加也开始从非洲大陆的东部分离，构造压力使这里的非洲大陆隆升了大约3000米。澳大利亚正缓慢地向北移动，与周围火山活动强烈的地带不同，这里的构造活动十分微弱。中新世初期，澳大利亚的气候出乎意料地温和，这里的冰原到了1500万~1000万年前才开始形成。

南极点的封冻使整个南半球都受到了影响。有充足的证据表明，1000万~500万年前，南半球的气候逐渐变冷。这一时期南半球的大洋洋底突然出现

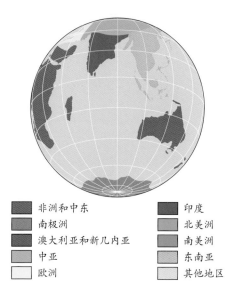

非洲和中东	印度
南极洲	北美洲
澳大利亚和新几内亚	南美洲
中亚	东南亚
欧洲	其他地区

了由硅藻形成的大面积硅质沉积物，它们的出现表明深海冷水的上涌作用更加强烈。需要指出的是，这次气候变冷并不是全球性事件，但产生了重要的后果：大量的水被封存在了南极冰盖中，海平面急剧下降，以致大西洋的海水无法流入地中海，后者也正是因此而逐渐干涸的。

进入上新世后，海平面回升，因此450万~350

万年前的海平面远高于现在的海平面。这次海平面的上升（海侵）不仅在今天的美国加利福尼亚州和北美洲东部的内陆地区形成了大规模的海相沉积，甚至在地中海和北海沿岸国家也形成了类似的沉积物。如今，英国和丹麦都是研究晚新世海相地层的理想地区。

在这次海平面上升期间，北欧的气候比现在

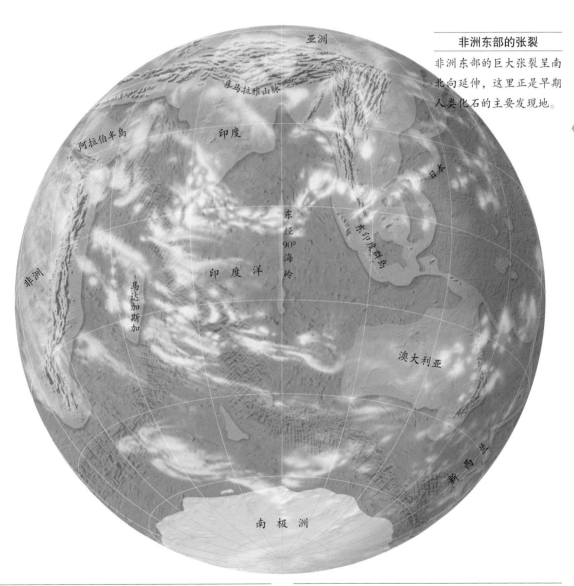

非洲东部的张裂

非洲东部的巨大张裂呈南北向延伸，这里正是早期人类化石的主要发现地。

喜马拉雅山脉

印度曾经是一片孤岛，它的运动与澳大利亚密切相关。当印度洋板块与亚洲大陆的南部碰撞时，碰撞产生的巨大力量在两个板块的交界处形成了喜马拉雅山脉。

澳大利亚与南极环流

澳大利亚向北漂移导致南极环流的形成，进而使全球气候变冷。这次漂移使澳大利亚穿越了数个纬度，进而使这片陆地的气候在3000万年中发生了剧烈的变化。

更加温和。在这一带发现的植物化石，特别是花粉化石表明当时英格兰东南部属于或接近亚热带气候，而且这一结论考虑到了曾经和正在发生着的冰室效应。欧洲北部的这种温和的气候一直延续至大约300万年前第四纪冰期的到来。

大约8000万年前的白垩纪末期，当印度洋板块开始向北漂移时，喜马拉雅山脉的雏形即开始形成。但是直到大约2000万年前，印度洋板块才与欧亚板块完全碰撞。然而碰撞并没有就此停止，印度洋板块继续向欧亚板块俯冲，最终楔入后者之下2500千米。这次撞击的猛烈程度在板块碰撞的历史上绝无仅有。它不仅创造出青藏高原，将中国和蒙古向东挤压，还形成了沿线的一系列山脉。

> 大约8000万年前，喜马拉雅山即形成，而长达2400千米的印度洋板块经历了6000万年的时间才移动到今天的位置。

喜马拉雅山脉从恒河平原上拔地而起。按照地壳均衡说理论，喜马拉雅山脉地区的地壳应该非常厚。地壳是地球表面坚硬的岩石圈的一部分，漂浮在由部分熔融的岩石组成的致密的软流圈之上。随着山脉的抬升，它的浮力应当与其浸没在软流圈中的体积成正比。喜马拉雅山脉的高度诠释着它的年龄——这座年轻的山脉显然没有经过长时间的剥蚀。世界最高峰珠穆朗玛峰的海拔为8848米[1]，但是随着印度洋板块继续缓慢地挤压，珠穆朗玛峰至今依然在增高。虽然青藏高原的平均海拔超过了5000米，但是在这样的高度上依然可以找到由古代洋壳形成的蛇绿岩。这些蛇绿岩分布在喜马拉雅山脉残存的火山岛弧一带，它们的出现为了解这条大型山脉的演化提供了重要的线索：6500万年前新生代刚刚开始不久，印度洋

板块（克拉通）还未与欧亚板块碰撞，而此时形成蛇绿岩的大洋洋底和岛弧位于印度洋板块和欧亚板块之间。因此，印度洋板块要与欧亚板块发生碰撞就必然先与岛弧发生碰撞。

随着印度洋板块继续向北运动，它的东北角最先与亚洲东南部发生碰撞。这次碰撞减缓了印度洋板块的运动速度，但在此之后它发生了旋转并再度撞向欧亚板块的南缘。印度洋板块到了大约1500万年前才到达它今天所在的位置，因此不仅青藏高

印度洋板块的漂移之路

印度克拉通曾经和澳大利亚、新几内亚共同位于印度洋板块上。作为冈瓦纳大陆曾经的一部分，印度洋板块在中生代晚期冈瓦纳大陆解体的时候即开始向北漂移，最终在大约1500万年前与欧亚板块碰撞、联合。化石证据显示，新生代的哺乳动物大约在4500万年前抵达印度次大陆，很可能在这个时期印度洋板块的东北部已经与印度尼西亚相连。

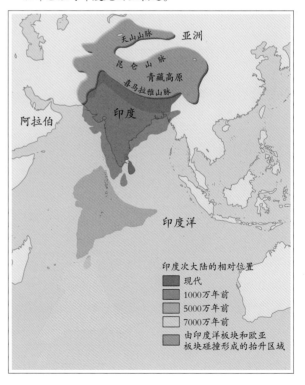

印度次大陆的相对位置
- 现代
- 1000万年前
- 5000万年前
- 7000万年前
- 由印度洋板块和欧亚板块碰撞形成的抬升区域

---

[1] 译者注：根据2020年的数据，珠穆朗玛峰峰顶岩石面的海拔为8848.86米。

原年代最古老的磨拉石沉积大致形成于这个时期，而且喜马拉雅山脉主要也是在最近1500万年内形成现在的规模的。由于喜马拉雅山脉绵延数千千米，因此磨拉石沉积的面积相当大。如今，恒河和印度河三角洲大部分形成于磨拉石沉积上，而这两条大河发源于青藏高原上年轻的雪山。

化石证据可以反映印度洋板块与欧亚板块南缘碰撞的时间。当6500万年前"哺乳动物的时代"到来之际，印度依然是茫茫大海中的一个孤岛。因此，亚洲大陆上出现的哺乳动物类群直到两个板块非常接近甚至已经碰撞的时候才扩散到印度。新生代冈瓦纳大陆的哺乳动物到了大约4500万年前的中始新世才第一次在印度半岛出现。这一时期印度洋板块的绝大部分依然位于海平面之下，造山运动尚未开始。到了晚中新世，陆相沉积和浅海相沉积（磨拉石）覆盖在始新世海相石灰岩之上，说明此时印度洋板块与欧亚板块的碰撞已经发生。

青藏高原发育了许多断裂带，其中就包括横贯东西的阿尔金断裂带。至此，印度洋板块的移动并没有停歇，而是继续向东挤压欧亚板块。在这个过程中，地壳块体之间沿大角度的走滑断层水平滑动；亚洲北部的贝加尔裂谷和山西裂谷即由地壳块体滑动产生。裂谷处的岩石圈明显比其他地区的要薄许多，因为这里的岩石圈底部已经沉入软流圈。贝加尔裂谷可能在印度洋板块

> 裂谷、断层和火山活动都是地壳与青藏高原张裂时产生巨大应力的有力证据。

青藏高原

地质学理论认为，喜马拉雅山脉和青藏高原（下图）均匀地抬升，是由印度洋板块向欧亚板块俯冲引起地壳增厚导致的。然而，青藏高原的地壳没有人们想象的那么厚，这可能是因为部分地壳已经沉入了软流圈。

新近纪

与中南半岛（亚洲东南部）碰撞不久就已经出现，而中南半岛也正是东北亚[1]与亚洲大陆中心分离的位置。

这些活动构造带附近经常发生强烈地震。1976年中国的唐山大地震造成了大约25万人死亡，而据史料记载，16世纪中叶发生在中国的另一次强震造成了80万人罹难。

非洲板块的向北漂移使特提斯海封闭，进而形

> 地中海形成于新近纪，此后随着全球海平面的降低而转变为沙漠，最后又重新注满海水。

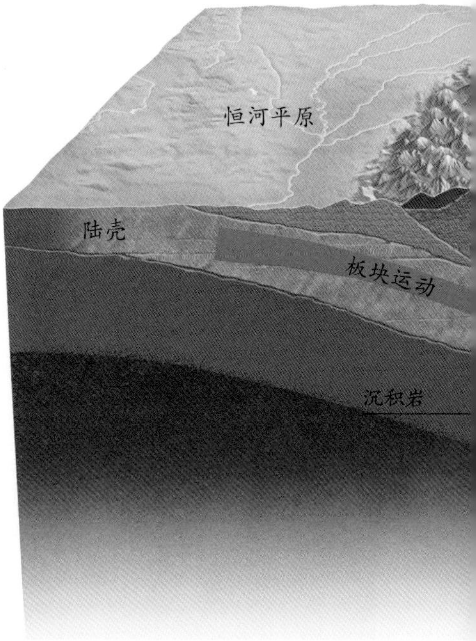

成了今天沿欧亚大陆一线分布的地中海、黑海、里海和咸海。非洲和欧洲之间的陆桥在中新世出现，使得陆生动物特别是哺乳动物能够在西班牙南部和非洲北部之间自由迁徙。不仅如此，这一事件还标志着特提斯海与东部太平洋的联系彻底中断。

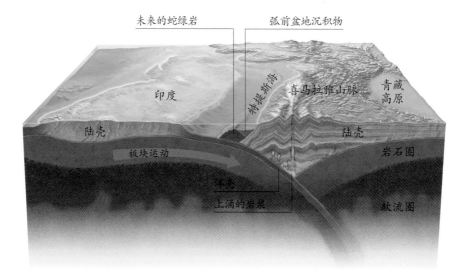

喜马拉雅山脉取代了特提斯海

当印度洋板块的北部与亚洲大陆南部发生碰撞时（上图），造山运动使位于印度洋板块和亚洲大陆之间、东西向延伸的特提斯海完全消失。巨大的扭力将特提斯海的海底抬升成我们今天看到的喜马拉雅山脉。

喜马拉雅山脉的形成

随着印度洋板块与欧亚板块的碰撞，前者俯冲进入后者以下。在印度次大陆与欧亚大陆联合之前，印度洋板块的地壳必然已经与欧亚板块的地壳发生碰撞，沿着两块大陆的缝合线形成了一条蛇绿岩带（抬升的洋壳）。喜马拉雅山脉北部的走滑断层是由印度洋板块与欧亚板块碰撞时产生的摩擦力形成的。如今，地壳的俯冲形成了新的断层，即主边界断层。

---

[1] 译者注：此处疑为作者笔误，因该句一直在说东南亚，估计作者本意为东南亚。

特提斯海在早中新世即分成南北两支。随着非洲板块向北漂移，南斯拉夫和希腊境内的迪拉那山脉以及土耳其境内的金牛山脉不断隆升，进而使特提斯海的南北两支完全分隔。地中海由副特提斯海形成，后者接收来自欧亚大陆的淡水补给且在中新世结束之前都是一个内陆海。

大约600万年前的中新世末期，地中海爆发了墨西拿盐度危机。这个事件的发生涉及大尺度的地质力学基础。早在这个事件发生前的数百万年，南极大陆的冰盖就已经开始迅速扩展。接下来，我们通过一些实例来解释冰盖究竟在墨西拿盐度危机中扮演了怎样的角色。海冰的形成会导致海水体积减小，但是由于海冰的密度小于海水，在漂浮状态下它排开海水的体积远大于它融化成海水的体积。因此当海冰融化时，海平面不仅不会上升，反而会下降。

但是，大陆冰盖的形成则会产生完全不同的影响。在大陆冰盖大规模出现的情况下，气温必然下降到一个极低的温度。南极大陆幅员辽阔，形成南极冰盖的海水体积可想而知。当大量的海水形成大陆冰盖时，海平面的下降成为必然。硅质的放射虫沉积物和有孔虫种类的变化证明中新世由南极冰盖扩展引发的全球海平面下降很有可能是墨西拿盐度危机的根源。

地质学证据和化石证据都表明这一时期南极冰盖面积的扩大导致海平面下降了50米，进而在连接大西洋和地中海的咽喉要道——现在的直布罗陀

新近纪

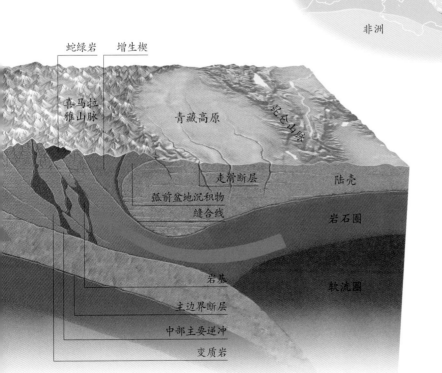

海洋的形成

现代地中海所在的地区曾经是中生代盘古超大陆分裂的位置。在大约2000万年前的早中新世（上图），特提斯海是一片开放的水域，有一条狭窄的通道与大西洋相连。在东部，特提斯海分成两支，与位于亚洲东部的印度洋、太平洋相连。

陆地
海洋
干旱地区
受侵蚀的河道

特提斯海的闭合

随着非洲板块和欧亚板块的碰撞，特提斯海与其他大洋的连接中断。到了中中新世，造山运动使特提斯海的东支与外界隔绝，并形成了副特提斯海。欧亚大陆的河流为副特提斯海带来了水源补给，后者也逐渐变成了一个半咸水的内陆海。中新世快要结束的时候，由于与大西洋相连的水道中断，地中海完全干涸（左图）。

地中海的湖泊

由于福特提斯海不断注入干涸的地中海盆地，一连串小型湖泊随之形成。其中3个湖泊至今依然存在，它们分别是黑海、里海和咸海（右图）。由地震波探测到的盐丘结构是地中海曾经干涸的直接证据，而深深的峡谷则是由古代的河流切割形成的。

海峡的位置形成了非洲-欧洲陆桥。非洲-欧洲陆桥的出现使地中海与大西洋完全分隔开来。尽管莱茵河和尼罗河依然是地中海水源的重要补给，但地中海的蒸发速度显然高于这两条大河补给的速度。不仅如此，地中海独特的地质结构进一步加快了蒸发速度。这样的局面一直没有什么改变，最终在大约500万年前地中海完全干涸。这一事件又叫作墨西拿盐度危机。

1961年利用地震波在地中海海底探测到的柱状盐丘是第一个支持地中海曾一度干涸的地质学证据。这些柱状盐丘是极其特殊的地质结构，看上去很像在墨西哥湾发现的侏罗系盐丘。它们在地中海中的出现不同寻常，因为如果这些柱状结构真是盐丘的话，它们只可能在完全干涸或几近干涸的海盆中形

咸海

现代咸海位于亚洲腹地，与任何一个大洋都隔着千山万水，代表了新生代特提斯海闭合后的一片残存的水域，而咸海本身也正在快速干涸。

盐壳

地中海可能一度与美国加利福尼亚州有"魔鬼的高尔夫球场"之称的死亡之谷非常相似（上图）。这里的盐壳是由末次冰期之后全球气候变暖、湖水干涸形成的。在地中海的中部也找到了岩盐沉积，证明这里曾经是一个蒸发盆地。

成。但有证据表明，欧洲人经常光顾的几处海滩曾一度是盐漠。

1970年，地中海海床中的蒸发岩沉积物在钻探中被发现。这些蒸发岩为硬石膏岩（一种硫酸钙矿物），形成于晚中新世。不仅如此，人们在钻取的岩芯中还找到了指示浅海相或陆相环境的砾石。而发现于地中海中央的岩盐成为支持地中海在新近纪完全干涸的最有力的证据。岩盐的溶解度很高，通常在其他盐分析出之后才形成晶体，且总是出现在蒸发盆地的中央。因此，各种地质学证据都支持地中海的确曾经干涸。

化石提供了进一步的证据。人们在钻取的岩芯中找到了淡水介形类（一种沙粒大小的节肢动物）化石。这种发现于中新世末期海底的小动物如今在包括沙漠时令湖在内的很多环境中都能找到。此外，人们在莱茵河和波河的现代河床下面还发现了被上新统沉积物填充的深谷。这说明这一时期干涸的地中海形成了巨大的落差，湍急的河水涌入地中

海形成了咸水湖，而介形类应该就生活在这些咸水湖中。

墨西拿盐度危机的爆发非常迅速。按照这一地区现在的蒸发量计算，如果切断今天地中海与大西洋之间的联系，地中海在1000年内就会完全干涸。可以想象，当大西洋的海水经直布罗陀海峡再次注入干涸的地中海时，那景象绝对比今天的尼亚加拉大瀑布还要壮观。

鲸在特提斯海中生活了至少5000万年，新近纪特提斯海的闭合迫使它们不得不开始适应新的生境。这一时期气候的由热变冷使鲸发生了大规模的适应性辐射，其中就包括海豚和淡水海豚的分化。值得一提的是，极地附近的海洋生物的生产力是最高的。这里可供鱼类享用的浮游生物丰富，而齿鲸和须鲸也很可能演化出不同的牙齿类型以适应范围更广的食谱。由于缺少皮毛保温，鲸脂层可以使鲸的体温维持在36~37摄氏度——这个温度与其他哺乳动物的体温差不多。巨大的身形也可以使鲸减少热量的散失。一般来说，动物体型的大小与环境温度有着明显的关系。巨大的身形减小了相对表面积，因此我们在温度低的海

> 虽然在5000万年前中兽就演化为鲸，但是它们的高度多样化发生在新近纪。

须鲸

如左图所示，起源于中新世的须鲸是世界上最为特化的动物，因为它们具有适应滤食行为的大口和梳子一样的鲸须。精致而坚硬的鲸须能够在几小时的进食时间内滤食数吨海洋无脊椎动物。

域几乎找不到海豚的踪迹。

中新世的鲸和海豚在海生哺乳动物演化历史上占有重要的位置。在美国马里兰州的卡尔弗特组地层中可以找到包括齿鲸、海豚、须鲸，甚至是早期的海豹和海狮等在内的各种海生哺乳动物的化石。在卡尔弗特组地层中发现的肯氏海豚是一种小型的早期海豚，体长一般不超过2米。和现代海豚具有回声定位功能的不对称头骨不同，肯氏海豚头骨的对称性堪称完美。这说明这种小型海豚尚不具备现

代海豚精准的回声定位能力。

中新世的海豚种类已经十分多样，比如剑吻海豚——它的上颌长度至少是肯氏海豚的两倍。肯氏海豚所属的肯氏海豚科在中新世是优势类群，现代海豚、逆戟鲸、鼠海豚、白鲸和一角鲸都是从这个支系演化而来的，它们分属齿鲸亚目的5个科。在76种现生鲸目成员中，有66种归于齿鲸亚目。中新世的奥巴斯托鲸是现代肉食性抹香鲸的祖先。这种动物尚未演化出现代抹香鲸的巨大身型，但是已

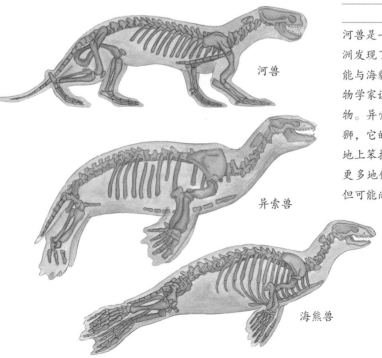

河兽

异索兽

海熊兽

新近纪的鳍脚类

河兽是一种生活在渐新世的水獭，人们在欧洲发现了许多保存完整的河兽骨架。河兽可能与海豹有较近的亲缘关系，也有一些古生物学家认为河兽只不过是一种水生的鼬科动物。异索兽是一种体长在2米左右的原始海狮，它的下颌和前肢出奇地强壮有力。在陆地上笨拙地行走时，异索兽可能比现代海狮更多地使用前肢。海熊兽亦为海狮的祖先，但可能尚未完全适应水中的生活。

海象

如上图所示，除了长长的獠牙之外，海象与海狮在很多方面都极其相似，它们二者都由看上去很像熊的祖先演化而来。

经出现了典型的窄小的下颌和坚硬的锥形牙齿。

现生脊椎动物中最大的当属须鲸，露脊鲸和蓝鲸都属于这一类动物。它们的体长可达24~27米，

体重达150吨。佩罗鲸是中新世最早出现的须鲸之一，这类动物可以利用鲸须滤食水中的小型无脊椎动物。尽管在商业上鲸须经常被叫作"鲸鱼骨"，但它们实际上是特化了的牙齿，且无法保存成化石。鲸须的厚度和数量在不同属种中有很大的差别，包括灰鲸在内的很多现生须鲸需要很长的鲸须才能发挥功

鳍脚类的祖先

海豹、海狮和海象等鳍脚类的祖先依然颇具争议。古生物学家一度认为鳍脚类是一个多系类群，而动物学家则一般认为它是一个单系类群，即包括最晚共同祖先及其全部后裔种在内的一个自然类群。这个观点得到了分子生物学证据的进一步支持。古生物学家根据形态学特征认为海狮起源于海熊兽，而海豹起源于一种样子酷似水獭的鼬科动物。然而，最近的古生物学证据推翻了原有的观点，认为鳍脚类是由食肉目熊科动物（熊及其近亲）演化而来的一个单系类群。

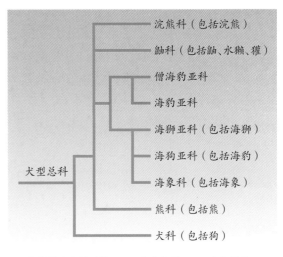

浣熊科（包括浣熊）
鼬科（包括鼬、水獭、獾）
僧海豹亚科
海豹亚科
海狮亚科（包括海狮）
海狗亚科（包括海豹）
海象科（包括海象）
熊科（包括熊）
犬科（包括狗）
犬型总科

▬相关的肉食性动物　　▬海豹总科　　▬海狮总科

新近纪

海豹和海狮的起源虽然不同，但它们都演化出了相同的适应性特征。

能。因此，为鲸须提供充足营养物质的血管在这些动物的头骨上留下了明显的沟痕。佩罗鲸的头骨也存在类似的沟痕，可以肯定它属于须鲸。

海豹、海狮和海象都属于一类叫作鳍脚类的哺乳动物，它们是海生哺乳动物在新近纪演化出的又一分支。然而，鳍脚类的起源颇具争议：化石证据显示它们由一类狗熊模样的动物演化而来，但是古生物学家的研究表明海豹和海狮来自完全不同的祖先，它们由于适应相似的环境而逐渐演化出了相近的身体结构。

最古老的鳍脚类化石是北美洲早中新世海熊兽的化石。海熊兽的形态与熊的祖先非常相似，它的犬齿极其锋利，与以鱼类为主要食物的现代海狮的锥形牙齿完全不同。它的鳍状肢已经出现，但尚不及现代鳍脚类的扁平。最早的海狮化石是发现于北美洲上中新统中的洋海狮化石，它的很多解剖结构都与现代海狮相似，包括具有未分化的锥形牙齿等现代鳍脚类成员的典型特征。

最早的海象（拟海象）化石也出现于中新世。拟海象已经演化出现代海象的长牙和缩短的头骨，但是相对简单的颊齿结构依然为了解海象的系统关系提供了重要的信息。海狮和海象可能都起源于太平洋地区，而海豹似乎起源于大西洋－地中海一带。海熊兽亚科仅出现在中新世，这一类群可能在与更加特化的海狮和海象的竞争中逐渐衰落。

和海熊兽同时代的海生哺乳动物还包括索齿兽类，这类动物也仅出现在中新世。索齿兽因具有链状排列的柱状牙齿而得名，骨骼特征显示它们自成一科且没有任何现生后裔。索齿兽类中的古异兽具有锹头状的头骨和向前生长的獠牙，看上去就像海豹和大象的混合体。最明显的特征是，它们在岸上行走时两只前脚呈内八字。

由于地理隔离，有袋类和陆生蜥蜴成为澳大利亚的优势动物。

澳大利亚的新近纪哺乳动物以有袋类为主，澳洲有袋类比美洲有袋类更为多样，因为它们始终是澳大利亚最主要的哺乳动物。澳洲有袋类的演化与板块运动密不可分。大约6000万年前，澳大利亚所在的板块与南极板块在新生代开始不久便分离。此后澳大利亚以及位于同一板块的新西兰和新几内亚不断向北漂移。到了始新世，澳大利亚所在的板块与南极板块完全分离，澳洲有袋类从此与外界隔绝。这个事件成为驱动澳洲有袋类演化的重要因素。由于没有任何入侵种干扰，它们的演化过程与其他大陆上生活的哺乳动物截然不同。因此，澳大利亚又被誉为有袋类的"诺亚方舟"。

在过去的200万年中，由于澳大利亚所在的板块不断向赤道地区漂移，大陆中心的气候相当干旱。澳大利亚成片的沙漠形成于大约30万年前，在乔治湖地区钻取的岩芯保存了许多气候变化的详细信息。澳大利亚以南的塔斯马尼亚岛曾经被冰川覆盖。由于对这一地区的研究相对薄弱，而且生活在寒区的动物很少保存为化石，因此塔斯马尼亚地区的化石记录十分有限。

但是澳大利亚的情况并没有那么糟糕。尽管气候干旱，澳大利亚新近纪广阔的草原却为植食性动物的演化创造了难得的条件。澳大利亚演化出独特的哺乳动物，无论从功能上还是生态上都与其他大陆的有胎盘哺乳动物高度相似，即趋同演化。澳大利亚的哺乳动物群落与现代非洲的大型哺乳动物群落非常相似，只不过前者完全是由有袋类组成的。最重要的区别可能就是澳大利亚并没有出现如大象体型的大型有袋类动物。除此之外，今天非洲的其他生态位在新近纪的澳大利亚也都存在，比如大型

"职业杀手"

这件精美的袋狮化石展示了其强壮的方形头骨和有力的前肢。虽然袋狮的体型和美洲豹差不多，但身体更加结实，拇指上的巨大爪子看上去就像是为捕食双门齿兽设计的。和其他真食肉类不同的是，袋狮长有锋利的匕首状的门齿而不是犬齿，且臼齿不具备碾压能力。对袋狮牙齿磨蚀痕迹的显微学分析也证明，袋狮的确是"职业杀手"。

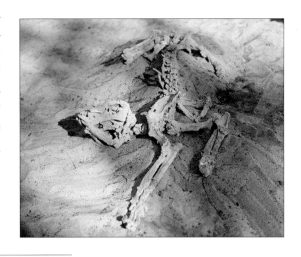

澳大利亚的植食性动物

一幅中中新世澳大利亚的生态场景展示了大型植食性动物新疣兽和袋貘。新疣兽和袋貘都属于双门齿动物[1]，具有发达的臼齿和宽阔的门齿。新疣兽是一种体型与牛差不多大的食草动物，大量的化石表明它们以群居为主，与现代非洲的植食性动物非常相似。袋貘的头骨很高，但吻部非常低，说明它们曾长着像貘一样的长鼻子。

❶ *Wakeleo*
❷ 新疣兽（*Neohelos*）
❸ 袋貘（*Palorchestes*）
❹ 草原袋鼠

[1] 译者注：双门齿动物是一个已经废弃的生物学名词。在旧的分类法中，双门齿动物被归入有袋目的一个亚目，现已独立为袋鼠目。

327

华莱士线

澳大利亚的向北漂移使澳大利亚和亚洲两个原本分离的动物群融合在一起。最早研究位于这两个板块相接处的马来群岛的生物的是博物学家华莱士，他和达尔文都是自然选择学说的提出者。1859年，在达尔文出版《物种起源》的同时，华莱士发表了一篇有关生物地理界线的论文，而这条界线随后便以他的名字命名，即华莱士线。华莱士最初将这条界线划在苏拉威西岛的北部，但是后来他注意到苏拉威西岛的生物群依然属于亚洲的典型类型，遂将这条线的位置重新划在了苏拉威西岛的南部。实际上只有一种来自澳大利亚的有袋类哺乳动物抵达了苏拉威西岛，而对于多样性较高的亚洲动物群来说，也只有鼯鳚、两种猴子、一种鹿、一种猪和一种豪猪生活在苏拉威西岛。海洋是动物迁徙的巨大障碍，而植物要好很多，因为澳大利亚和亚洲的植物群共同组成一个面积非常大的植物区系。

板块学说为解释苏拉威西地区相互重叠的动物群分布提供了补充。新几内亚与亚洲东部的碰撞发生在大约1500万年前，此后印度尼西亚群岛开始变成各个物种扩散的前沿阵地。典型的亚洲哺乳动物包括牙齿很小的椰子猫、体型相对较大且毛茸茸的熊狸，而澳大利亚的哺乳动物则主要是有袋类。

的植食性哺乳动物。在非洲，现生大型的植食性哺乳动物包括非洲野牛、犀牛和河马等，而在新近纪的澳大利亚，体型与母牛接近的植食性有袋类包括新疣兽、袋貘、双门齿兽、宽颧弓兽以及高频袋犀。

这些植食性的有袋类化石最早于19世纪30年代发现于惠灵顿附近的山洞中。伟大的英国比较解剖学家欧文将当时收集到的零碎的哺乳动物化石命名为双门齿兽（意为"两个门齿"）。同一时期，澳大利亚的动物学家杰拉德·克拉夫特研究了这批化石，但由于种种原因，他最终不得不将化石寄回给欧文，一个最重要的原因就是克拉夫特当时囊中羞涩支付不起研究费用。

直到1892年，一大批双门齿兽化石的发现才进一步澄清了这种动物的真实身份。根据双门齿兽独特的头骨形态以及欧文对长鼻目起源的个人观点，他曾经认为双门齿兽属于长鼻目的一员。因为有袋类适应干旱的气候而现代长鼻目高度依赖充足的水源，欧文推测澳大利亚过去的气候比现在要湿润许多。到了19世纪末，当科学家意识到双门齿兽实际上是一种犀牛大小、袋熊模样的植食性有袋类动物时，对澳大利亚新近纪气候的解释才得到纠正。

在盘古超大陆完全分裂之后，北美洲和南美洲

> 当巴拿马成为连接南美洲和北美洲的陆桥时，两个大陆的动物群出现了双向交流。

曾一度缓慢地靠近。和澳大利亚一样，南美洲也生活着许多有袋类，它们起源于北美洲早白垩世的 *Kokopellia*，并在白垩纪–新生代过渡时期通过两个大陆之间的一系列岛屿全部扩散至南美洲。进入新近纪后不久，一些哺乳动物已经可以通过游泳及漂浮等方式在两个大陆之间进行交流。

板块运动使两个大陆之间的联系再度中断。在这种情况下，虽然南美洲的有袋类变得高度多样化，但是由于南美洲这一时期生活着大量有胎盘类哺乳动物，它们并不如澳洲有袋类的多样化程度高。不仅如此，南美洲有胎盘类哺乳动物的多样性水平也超过了北美洲，因此在新生代早期南美洲和北美洲的哺乳动物已经有了明显的区别。需要说明的是，这种局面即将再次发生改变。

大约300万年前，相当于尼加拉瓜大小的一片陆地自墨西哥南部分裂并漂移至尤卡坦半岛东部。紧接着，巴拿马地体漂移至尼加拉瓜和南美洲北部之间，北美洲和南美洲再次相连，两个大陆动物群之间的交流重新建立。这次动物群交流又被称作美

洲动物大迁徙。美洲动物大迁徙使猴子、犰狳、食蚁兽、树懒、豪猪和负鼠等南美洲特有的动物扩散至北美洲，它们中的一些甚至比同一类群的现生种要大出几倍。比如，今天在北美洲西部可以找到丰富的大地懒化石，因为那里正是它们曾经的乐土。

与此同时，更多的哺乳动物由北美洲迁入南美洲，比如不同种类的马、猪、鹿、熊、貘、犀牛、骆驼、松鼠、鼬、猫和狗等。到了距今200万~100万年前，南美洲的哺乳动物已经极其丰富和多样，

并且不同种类的动物已经占据了各自的生态位。

到了晚上新世和更新世，很多南美洲特有的动物群完全消失。这些动物包括看上去像骆驼的滑距骨类、长得像啮齿动物的南方有蹄类、包括雕齿兽在内的贫齿类以及以袋剑齿虎为代表的肉食性有袋类。这个灭绝事件与巴拿马陆桥的形成几乎同时发生，但是发生的原因十分复杂

> 在美洲动物大迁徙发生后不久，南美洲的许多哺乳动物都永远地消失了。

通往澳大利亚之路

晚白垩世，有袋类自北美洲起源之后迅速扩散至世界各地，和负鼠样子差不多的有袋类的臼齿在很多地点都曾发现过（❶~❹）。如今，有袋类主要分为美洲有袋类和澳洲有袋类，但这种分类方式以及有袋类的北方扩散路线假说在很长一段时间内都饱受诟病。然而，对大陆漂移的认识使有袋类的南方扩散路线理论得到了广泛的接受。在晚白垩世到古近纪初期的过渡

时期，陆桥连通了北美洲和南美洲、南美洲和南极洲，以及南极洲、非洲和欧洲。在南极洲始新世地层中发现的有袋类化石具有和在北美洲发现的化石一样的特征。尽管人们在亚洲渐新世地层中也发现了有袋类化石（渐新世澳大利亚已出现有袋类），但其年代以及与欧洲有袋类的密切联系依然支持有袋类在白垩纪–古近纪过渡时期通过南方路线扩散的理论。

➡ 有袋类迁徙
➡ 南方路线
➡ 北方路线
— 古近纪的澳大利亚

❶ 阿法齿负鼠（*Alphadon*）
❷ *Amphiperatherium*
❸ *Garatherium*
❹ 小袋兽（*Peratherium*）

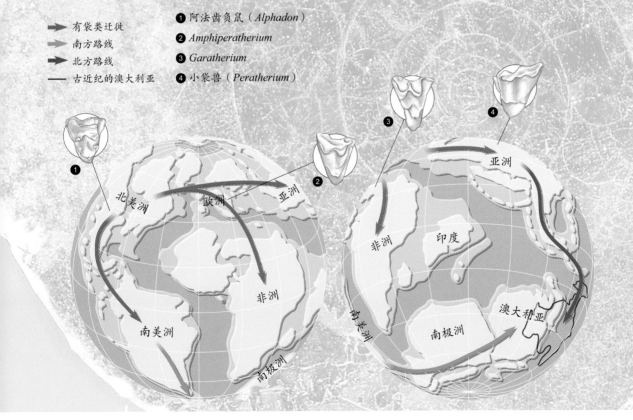

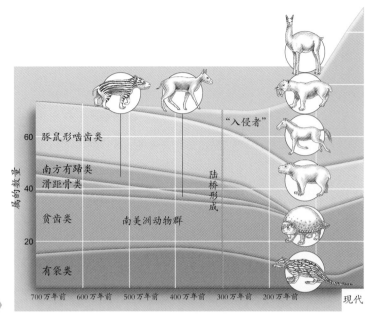

北方动物的入侵

由北美洲迁徙而来的哺乳动物不仅没有给南美洲原有的哺乳动物带来太大的冲击，反而通过占据一些新的生态位增加了南美洲哺乳动物的多样性。绝大多数哺乳动物的多样性都达到了扩散之前的水平，仅南方有蹄类和滑距骨类发生了灭绝。而北美洲和南美洲入侵哺乳动物的灭绝数量也大体相当。

且我们并不是非常清楚。

一般认为，这次哺乳动物的大规模灭绝是由强大的北美洲哺乳动物入侵南美洲并与南美洲适应性较差的本土类群发生竞争导致的。然而，近些年大量的古生物学研究表明这种认识可能是完全错误的。事实上，这个灭绝事件发生的原因极其复杂。从生物地理学的角度来说，今天南美洲的哺乳动物中有50%的科是由北美洲迁徙而来的，只有21%的科起源于南美洲。这样看来，上述大灭绝的确可能是由北美洲哺乳动物的入侵导致的。

事实上，南美洲哺乳动物属一级数量的增加的确发生在巴拿马陆桥形成之后，而且与北美洲动物入侵的时间吻合。但是，北美洲动物的入侵并不一定导致灭绝的发生，也就是说北美洲的这些动物很可能占据了南美洲哺乳动物尚未占据的生态位。这一点非常重要，因为和北美洲哺乳动物相比，南美洲哺乳动物十分独特，它们的生活方式也与北美洲的入侵者存在显著的不同。北美洲入侵者的到来，在一定程度上确实降低了南美洲原有哺乳动物的多样性水平，但是从整体上说，它们使南美洲的哺乳

动物群落更加多样化。由北美洲迁徙到南美洲的动物包括美洲虎、剑齿虎、大象、松鼠、鹿、狼、兔子、熊和马等。这些动物中能够与大地懒和雕齿兽等植食性动物竞争生态位的寥寥无几。

滑距骨类和南方有蹄类在北美洲动物入侵之前已经开始衰落，闪兽和焦齿兽甚至已经接近灭绝的边缘，而其他类群直到大约1.1万年前才与由北美洲迁徙而来的乳齿象和马一同灭绝。与此同时，狃狳、大地懒、箭齿兽、豚鼠、豪猪、负鼠、食蚁兽和普通树懒也从南美洲迁徙到北美洲。入侵的南美洲动物也没有被北美洲的原住动物取代。在美洲动物大迁徙中，南美洲的哺乳动物从26个属下降到21个，然后又回升到26个。因此，不能简单地认为更新世发生在南美洲的哺乳动物灭绝事件是由北美洲哺乳动物的入侵导致的。

同样，气候变化反复无常。安第斯山脉的形成阻碍了湿润的空气，因此南美洲中部的干旱程度愈发严重。巴西境内的热带雨林和巴塔哥尼亚地区的森林逐渐被稀树草原和干草原取代。实际上，在中中新世的时候，气候的剧变和栖息地的丧失已经使

南美洲哺乳动物的多样性水平出现了显著的下降。

中新世的气候变化对大尺度生态系统产生了深远的影响。在澳大利亚与南极板块完全分离之后，南极冰盖的扩展使海平面进一步下降。与此同时，海水温度的降低使海水的蒸发量减少，进而使全球的降水减弱。因此，在全球范围内森林的面积锐减，而稀树草原和沙地的面积不断扩大。自始新世以来，冬天的气温不断下降，这个过程直到今天还在继续。欧洲的孢粉化石记录反映出植被的剧烈变化与哺乳动物的变化有直接的关系。南极环流对陆地也产生了重要的影响，化石证据显示这种影响甚至导致哺乳动物类群发生重大的转变。在哺乳动物的演化历史上，全球气候从温室效应到冰室效应的转变是一个重要时刻，它的重要性甚至与古近纪原始的植食性哺乳动物被现代有蹄类取代相当。

猪、马、犀牛、鹿、牛和其他长有蹄子的哺乳动物都属于有蹄类。它们漫长而独特的演化历史反映了有蹄类不同的支系对新生代环境、生态系统和气候变化的高度适应性。它们的繁荣和成功驱动了以猫科和犬科为代表的现代陆生肉食性动物的演化，同时也是人类演化的一个关键因素。

古近纪初期，虽然大型植食性动物的种类不多，但森林的面积极大。这与晚白垩世的情况形成鲜明的对比，这一时期虽然没有草本植物，但许多大型

> 寒冷干旱的气候使森林面积锐减，新的生境随之出现。

大型食草动物

南美洲哺乳动物中最奇特的贫齿目包括雕齿兽和大地懒（右图）。其中数量较多的大地懒体长超过6米，能够使用强壮的前肢和巨大的弯爪拽下树枝。大地懒成功地在北美洲生存了下来，并最终在大约10000年前灭绝。

植食性恐龙经常出现在开阔地带。从这个角度看，新近纪主要的生态景观可以理解为大型植食性动物和开阔地带低生物量植被的再度出现与多样化。然而，新近纪的陆地生态系统与晚白垩世明显不同。晚白垩世草本植物尚未出现[1]，而开阔地带生长的植物只是松柏、苏铁和以木兰为代表的原始被子植物。然而，到了4100万年之后的新近纪，开阔地带生长着各种草本植物。草本植物可以生长在降水量很少的区域，开阔的环境也有利于种子的传播。到了新近纪，那些体重在100千克和15吨之间的哺乳动物占据了那些体重为2～60吨的恐龙曾经占据过的生态位。由于草原的扩展提供了丰富的食物，新近纪的哺乳动物变得极为多样。像羚羊、牛和马这样的类群都演化出适于长距离奔跑的物种。不仅如此，这些动物还演化出高齿冠的牙齿，以弥补硬草带来的磨损。除此之外，啮齿动物、雀形目鸟类、青蛙和蛇也都在环境变化中受益。

新近纪草原面积的扩大并非简单地以森林面积的减小作为代价，而是演化出十分多样的植被类型。有证据表明，新近纪全球范围内的森林面积的确一度减小，而林地、草原和沙漠的面积都有所扩大。新近纪的植食性哺乳动物的确没有晚白垩世巨大的蜥脚类恐龙那样令人震撼，但是哺乳动物的代谢水平比恐龙高出很多。正因如此，在一定时间内哺乳动物需要的食物最多相当于恐龙的8倍。除此之外，植食性哺乳动物高度特化的牙齿在陆生脊椎动物的演化历史上可谓是效率最高的咀嚼纤维性食物的结构。如果从这一点考虑，新近纪植食性哺乳动物与晚白垩世植食性恐龙相比，消耗的食物总量并没有太大的区别。

相对于稀树草原来说，包括狐猴、狨猴、猴、猿和人在内的灵长目成员更喜欢生活在森林中，它们中的绝大多数也的确都是典型的树栖动物。非洲和亚洲"旧大陆"猿与猴子的历史最早可以追溯到始新世，它们都属于狭鼻猴类（意为"具有

> 灵长类是一种生活在树林中的动物，但是在中新世的某个时期，它们离开了丛林，开始到平原上生活。

稀树草原的出现

为了适应新出现的开阔的稀树草原，许多哺乳动物都演化出长长的后肢和更为高效的奔跑方式，跑犀就是一个例子。而植食性动物运动方式的改变又加速了以猎豹为代表的能够快速奔跑的肉食性动物的出现（左图）。对现代非洲稀树草原生态系统的深入研究十分必要，这可能会对了解渐新世相似的生态系统提供重要的参考。事实上，生活在晚中新世北美洲稀树草原上的哺乳动物种类与今天非洲的并没有什么差异。

---

[1] 译者注：此处疑为作者笔误，草本植物在白垩纪已经出现。

牙齿的增长

随着马逐渐适应啃食硬草，高冠齿取代了低冠齿。此后，马科动物演化出了更加发达的咬肌，而这些肌肉附着的部位也随着肌肉力量的增强而加大。因此，咬肌的变化是马科动物食性变化的又一个后果。

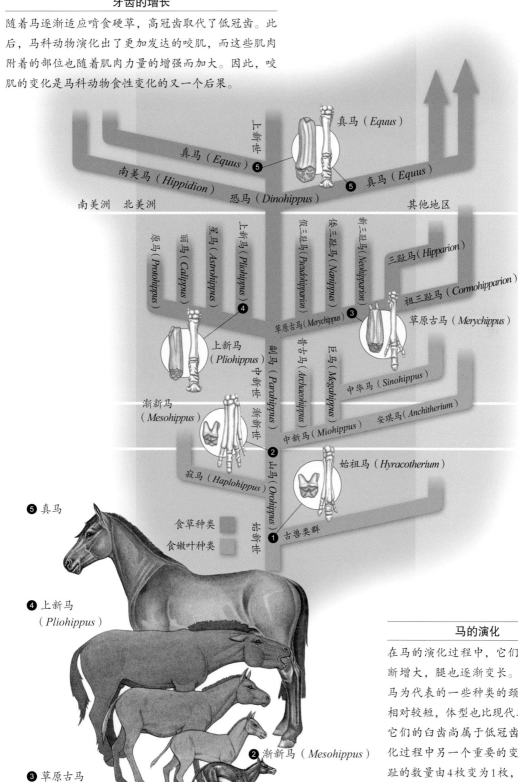

❺ 真马

❹ 上新马（Pliohippus）

❸ 草原古马（Merychippus）

❷ 渐新马（Mesohippus）

❶ 始祖马（Hyracotherium）

马的演化

在马的演化过程中，它们的体型不断增大，腿也逐渐变长。以草原古马为代表的一些种类的颈部和腿都相对较短，体型也比现代马小很多。它们的白齿尚属于低冠齿。马的演化过程中另一个重要的变化就是脚趾的数量由4枚变为1枚，现代的马科动物仅靠中趾的角质层（蹄子）行走。

马的牙齿

生活在上新世的矮壮的、短腿的三趾马具有圆形的齿尖和复杂的釉质结构（上图，这个三趾马上齿列的舌侧和前部分别位于图中的上方和左侧）。典型的马科动物的牙齿属于月型齿，表现为牙釉质形成新月形的图案。现代马科动物具有高冠齿，用以对抗植物对牙齿造成的磨损。因此，马科动物牙齿的演化与它们从取食嫩叶到啃食硬草的习性转变是息息相关的。

狭窄的鼻中隔"）。此后不久，灵长目的另一支——阔鼻猴类（意为"具有宽阔的鼻中隔"）到达南美洲。狭鼻猴类分为猴超科和人超科两大分支，包括猩猩、大猩猩、黑猩猩以及人科的人和南方古猿两个属。灵长类具有复合视野、灵巧的手指和脚趾以及相对较大的脑容量，因此是一类比较特别的哺乳动物。而能够直立行走的人科动物，特别是人类，又是特殊的灵长类动物。尽管人99%的遗传物质与猿一致，但它们在身体结构上的差异还是显而易见的。

人类的演化与恐龙的演化恐怕是古脊椎动物学领域最受欢迎的两个问题，当然人类的演化也是媒体最经常触碰的主题。究其原因，除了公众的兴趣和研究的重要性等因素外，由于人类化石相对不容易发现，渴望了解人类起源的过程也是一个颇为重要的原因。尽管如此，过去100年来的解剖学研究、考古工作、支系分析以及对于人类各部分骨骼的功能和生物力学的不断探索，已使人类演化过程的研究初具雏形。

第一个人类的化石种于1848年在直布罗陀被

> 人们在东非发现的成年南方古猿化石经确认是人类的祖先。

发现，但是在当时并没有被正确地鉴定。而第一个比较完整的人类骨骼化石于1856年在德国的尼安德峡谷被发现，刚好与达尔文的《物种起源》的出版是同一年。德国的化石不仅破碎，而且有点儿变形，随后这件化石被命名为尼安德特人。在非洲找到了更为原始的人类化石之后，科学家错误地将尼安德特人解释为位于猿类和现代人之间的一个古老人种。

1924年，南非的解剖学家雷蒙·达特在距今200万年的上新世最晚期的地层中发现了一个人类头骨，将其命名为南方古猿非洲种（意为"非洲南部的古猿"）。这件标本是一个幼年的头骨，具有许多猿类的特征和一个不大的脑颅，外号叫作"汤恩男孩"。达特认为这个头骨的形态介于猿和人之间，这一观点一经宣布就引发了激烈的争论，但在一年之后便得到了大多数学者的认同。一些学者坚持认为这件标本可能属于一个幼年的猿类，但是随后更多成年的南方古猿化石在东非大裂谷被发现，他们的观点不攻自破。

在现代人演化的支系上曾经有12种南方古猿。1990年，所有的南方古猿都被归入一个属，但之后新的研究工作认为它们属于3个不同的属，即距今440万年的最古老的人类地猿、南方古猿（纤细

新近纪

奥杜韦峡谷

下图所示的奥杜韦峡谷长达50千米，最深处达100米，位于坦桑尼亚北部塞伦盖蒂平原的一个小盆地中。这里正是1959年李基教授发现拥有180万年历史的南方古猿鲍氏种（现更名为傍人）的地点。

新近纪

种）和傍人（粗壮种）。目前的观点认为人属包括6个种（如果算上尼安德特人的话就是7个种），而寻找最古老的人类化石依然是不少古生物学家的梦想。地猿是已知最古老的人类化石，它们的犬齿锋利，臼齿较窄，釉质层薄，其形态相对于现生猿类来说更偏向于人亚科，推测它们应该以树叶和水果作为主要食物。而南方古猿应该是人属的姐妹群，最新的系统发育分析也支持这一观点。南方古猿湖畔种是另一种比地猿相对高级的化石人亚科成员，并且后肢形态显示它们是可以直立行走的。

"露西少女"的骨架属于南方古猿非洲种，为了解人类最早的演化阶段带来了曙光。

目前数量最多的人类化石就是南方古猿非洲种，而其中一件是唐纳德·约翰森于1974年在埃塞俄比亚的哈达尔发现的"露西少女"——这可能是最为人们熟知的古人类化石。"露西少女"保存了40%的骨架，这样的完整性对于古人类化石来说非常罕见。她生活在大约318万年前，死亡时年仅20岁左右；虽然她的后肢轻微弯曲，但已经可以直立行走。对孢粉化石和动物化石的研究显示，"露西少女"曾经生活在开阔草原与林地的过渡地带。南方古猿非洲种的身高在1米到1.2米之间，脑容量只有415毫升。虽然具有很多猿类的特征，但因为吻部较之于猿类已经不那么向前突出，南方古猿非洲种已经算是人类了。另一种南方古猿——南方古猿湖畔种化石为阐明人类的直立行走带来了曙光。最近的研究表明，南方古猿非洲种和湖畔种的腕关节保留了适于指背行走的特征，行走时以第二指背着触地面负体而行。这对于理解人类步态的演化来说无疑是至关重要的证据。这一研究表明，能够进行指背行走的早期人类已经部分适应了陆地生活；指背行走在人类、大猩猩和黑猩猩中非常普遍，而不仅仅是大猩猩和黑猩猩特有的适应性特征。

以"露西少女"为代表的南方古猿展示了现代人起源的过程。而在南非上新世－更新世地层中找到的鲍氏傍人化石极其与众不同，它们很可能占据当时陆生"猿类"的生态位。鲍氏傍人的面部大

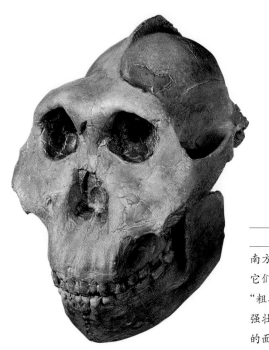

结实的头骨

南方古猿有两个明显的演化趋势：一些标本被叫作"纤细种"，它们的骨骼、牙齿和颌部都非常适中；而另外一些标本被称为"粗壮种"，它们具有厚重的头骨和强壮的颌部，平坦的颊齿、强壮的颌骨以及位于头顶的发达的矢状脊共同组成了一个宽阔的面部。纤细种最终演化为人类，而粗壮种并没有留下后代。

最早的工具

左图所展示的这些工具发现于奥杜韦峡谷，它们统称为奥杜韦打制工具。这些工具是由240万年前的矮种人制作的，它们都是用卵石和石块打制的简单石片，用来砍砸和刮削。

而扁平，而且颧骨硕大。它们的身高不超过1.6米，体重大约为50千克。南方古猿粗壮种的身形与鲍氏傍人差不多，最重要的区别是前者不具有扁平的面部。需要指出的是，南方古猿粗壮种和鲍氏傍人都不是人类的直系祖先，因为根据前臼齿和臼齿的形态推测，这两种动物都是以硬草为食的。

全球气候变冷和草原面积扩张是稀树草原哺乳动物群特别是偶蹄类出现的根源。北美洲以鹿科动物为代表的植食性偶蹄动物在上新世就已经出现。其中的一些属于"真鹿"，比如原角鹿科的奇角鹿——它们是骆驼的姐妹群，其他的偶蹄类有牛科（包括牛、绵羊和山羊等）的叉角羚——它仅比

水鼷鹿略大一点。这些动物的角和现生鹿与羚羊的角相比有很大的区别，但可能具有相似的功能。尽管与现代生态系统的差别不大，但新近纪的草原上确实生活着许多奇怪的动物，比如北美米拉鼠。北美米拉鼠是一种长着双角的穴居啮齿类动物，生活习性和现代土拨鼠比较相近。它们头上的角在所有现代啮齿动物中均不存在，因此角的功能依然是一个谜。新近纪的草原上同样生活着肉食性哺乳动物。但是北美洲并没有像鬣狗那样能够咬碎骨头的掠食动物，这一生态位被食腐的恐犬类嗜骨犬（*Osteoborus*）占据。

上新世北美洲的稀树草原上生活着许多不同种类的有蹄类。

❶ 鹿科（*Cranioceras*）

❷ 新三趾马（*Neohipparion*，马科）

❸ 奇角鹿（*Synthetoceras*，原角鹿科）

❹ 骆驼科（*Megatylopus*）

❺ 恐犬亚科（*Osteoborus*）

❻ 叉角羚（*Merycodus*，叉角羚科）

❼ 啮齿类（*Epigaulus*）

❽ 假猫（*Pseudaelurus*，猫科）

新近纪

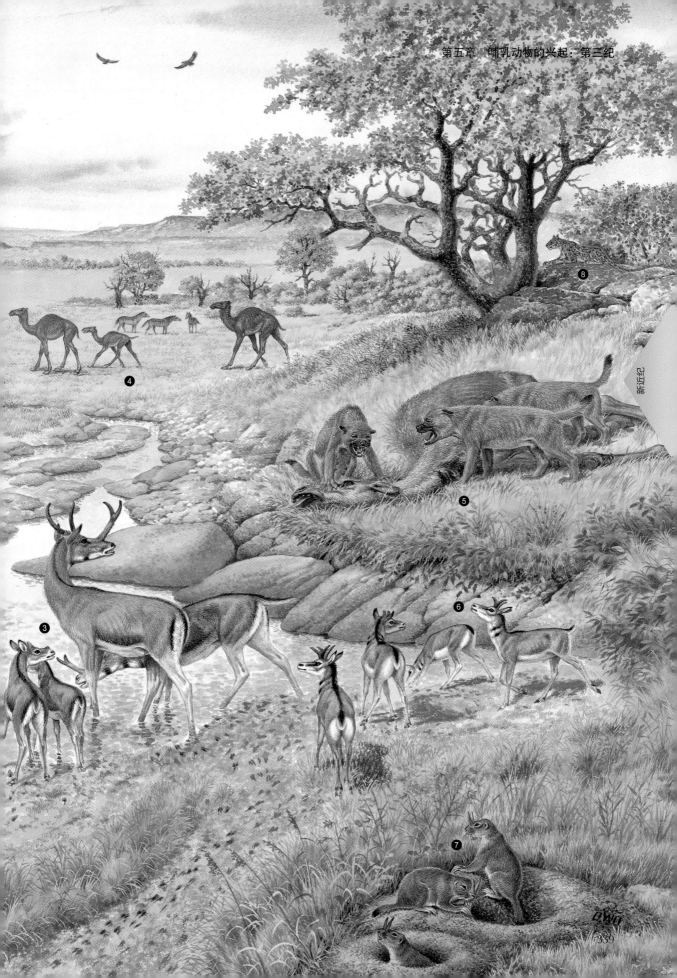

专题 1 有蹄类的演化

有蹄类是指有蹄的植食性哺乳动物，包括牛、猪、貘、骆驼、犀牛和马等，几个世纪以来这些动物为人类创造了重要的经济价值。有蹄类的化石以及现生类群的种类和数量都证明了它们在新生代获得了巨大的成功。在哺乳动物的系统发育关系中，鲸、食蚁兽、蹄兔、海牛、大象都属于或起源于有蹄类。有蹄类包括两个目，即奇蹄目和偶蹄目，分别表示具有奇数个蹄子和偶数个蹄子的哺乳动物。

像许多其他哺乳动物一样，有蹄类起源于晚白垩世踝节类众多类群中的一支。先蹄兽（意为"最早有蹄的动物"）是最早的踝节类动物，与其他晚白垩世的有胎盘类哺乳动物相比，它们的饮食结构发生了改变。它们的齿冠是圆钝的，因而进一步增强了研磨和压碎食物的能力。早期的有蹄类具有这样的牙齿，但是后来演化出具有月牙形齿冠的牙齿，特别是马演化出了复杂的高冠牙齿，用以咀嚼粗糙的植物。而偶蹄动物用完全不同的方式消化它们的食物，即反刍。鹿科、麝科、鼷鹿科、长颈鹿科、叉角羚科和牛科都属于反刍动物，但是猪、野猪和河马都不是反刍动物，而骆驼属于"假反刍类"。所有的反刍动物都具有一个叫作瘤胃的器官，瘤胃里部分消化的食物可以反流到嘴里再次被咀嚼。这个过程就叫作反刍。再次咀嚼过的食物进入另一个胃，在那里食物中的营养成分得到吸收。

最早的有蹄类是早始新世的古偶蹄兽。古偶蹄兽是一种看上去像现生麂子的、兔子大小的哺乳动物，这种动物的化石在北美洲、欧洲和亚洲都曾发现过。它的四肢纤细，特别适于奔跑，而它的身体和其他高级的偶蹄类没什么两样。

古近纪的哺乳动物通过不同的途径演化出新近纪的有蹄类。到了新近纪，巨猪、岳齿兽、石炭兽和貘的数量以及种类都发生了显著的下降，而巨

"水宝宝"

人们总认为貘是猪的近亲，但实际上貘与马的关系比猪更近。现代的貘生活在南美洲和亚洲的森林中，大多数时间待在水中。

大的雷兽已经从地球上完全消失。这些古近纪哺乳动物曾经占据的生态位如今被犀牛、鹿、骆驼和石炭兽取代。到了新近纪，相对奇蹄类而言，偶蹄类的数量更多，分布的范围更广，种类也更加丰富。如今，偶蹄类包括79个属，而奇蹄类仅有6个属。鹿、牛、羚羊等现代偶蹄类的基干类群都是在古近纪起源的，虽然这些动物在新近纪晚期曾经发生过适应性辐射，但仅是形成了一些属而已。

科学界曾经普遍认为，北美洲与亚洲渐新世的森林中和平原上主要生活着马与犀牛等奇蹄类动物，而中新世以后骆驼、猪和牛等偶蹄类逐渐占据优势。然而，过去20年来这些观点饱受质疑。新的研究表明，奇蹄类和偶蹄类的辐射演化与灭绝的方式多多少少是同步的，这两个类群都是为了适应环境而独立演化的。

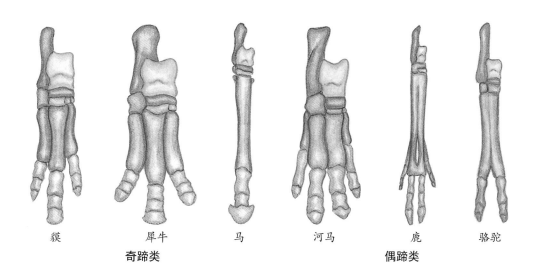

貘　　　　犀牛　　　　马　　　　　河马　　　　鹿　　　骆驼
奇蹄类　　　　　　　　　　　　　　　　**偶蹄类**

奇蹄目与偶蹄目

在有蹄类中，哺乳动物常见的前后足发生了改变，表现为踝关节的改变和指（趾）数的减少（图中褐色部分）。奇蹄目只有1个或3个指（趾）头，因此动物的体重完全落在中间的那个指（趾）头上。而在偶蹄目［具有2个或4个指（趾）头］中，动物的体重被分散在中间的那两个指（趾）头上。为了承担体重，犀牛和河马的脚趾是分开的，而那些善于奔跑的动物的跖骨（图中蓝色部分）是细长而愈合的。所有有蹄类都是用脚趾前端的角质层（蹄子）行走。

牛科和鹿科

牛科动物（包括牛、羚羊、山羊、羚羊等）、鹿科动物和长颈鹿科动物共同组成了有蹄类中的有角下目。从演化的角度说，有角下目的分化很晚。在早中新世，鹿科动物是有角下目中最繁盛的类群，而时至今日牛科动物成为了有角下目最主要的类群。

骆驼和它们的近亲

骆驼是胼足亚目中的一个类群，在上新世之前除了北美洲以外，其他地方也有它们的身影出现，因此可以说现代的骆驼比以前衰落了很多。出现较晚的高骆驼具有很长的颈部，曾占据和长颈鹿一样的生态位。能够快速奔跑的骆驼至今依然生活在南美洲，它们的后裔包括美洲驼、羊驼、原驼和小羊驼等。

新近纪

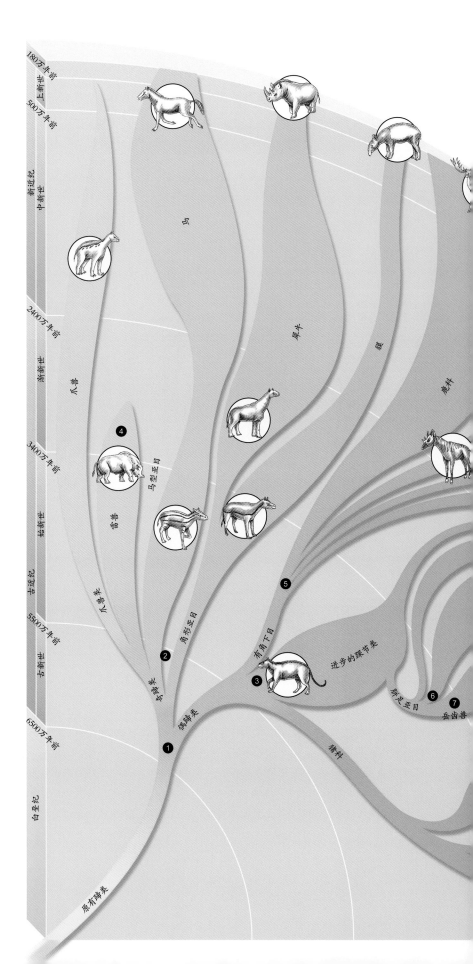

180万年前

上新世

500万年前

中新纪

中新世

马

犀牛

貘

2400万年前

渐新世

爪兽

犀牛

貘

虎科

马型亚目

雷兽

3400万年前

始新世

4

5

古近纪

角形亚目

爪兽类

有角下目

进步的踝节类

古新世

55万年前

2

奇蹄类

3

古新世

原始奇蹄类

蹄兔亚目

6

7

岳齿兽

6500万年前

偶蹄类

1

猪科

白垩纪

原有蹄类

新近纪

有蹄类的演化趋势

以硬草为食的高齿冠的有蹄类数量比过去显著增加。与此同时，大型植食性动物的数量明显下降，而雷兽、恐角兽、巨猪和巨犀等大型动物已完全灭绝。

猪的祖先

巨猪是真正的猪和西貒的近亲。这种巨大的杂食性动物的身高可达2.5米，它的头骨极长，牙齿巨大。

无果而终

奇蹄动物中的雷兽和爪兽两个类群曾广泛分布于世界各地，但它们都没有延续到今天。雷兽具有奇怪的鼻角和巨大的身形；而爪兽则是哺乳动物中人类了解最少的类群之一，它的前肢很长，后肢很短，头骨看上去与马非常相似。

马科与犀科

马科动物与犀科动物在2800万年的时间里都曾是演化最为成功的奇蹄动物。开始时犀科动物的演化比马科动物更为成功，但后来情况发生了逆转。

① 原始有蹄类分化为两个类群。

② 奇蹄类发生第一次适应性辐射。

③ 偶蹄类发生第一次适应性辐射。

④ 体型巨大的雷兽是一类重要的植食性动物。

⑤ 有角亚目发生了适应性辐射。

⑥ 胼足亚目多样化。

⑦ 岳齿兽是北美洲数量最多的食草动物。

⑧ 北美洲的巨猪数量庞大。

⑨ 炭兽在世界各地都十分常见。

⑩ 牛科动物发生了适应性大辐射。

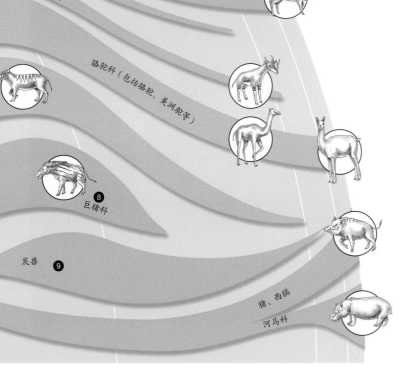

长颈鹿科（包括长颈鹿、霍卡皮鹿等）

牛科（包括牛、羚羊等）⑩

麖鹿科（包括麝鹿等）

原角鹿类

骆驼科（包括骆驼、美洲驼等）

巨猪科 ⑧

炭兽 ⑨

猪、西貒

河马科

新近纪

专题 2　灵长类的演化

哺乳动物以它们较大的脑容量和智慧著称。有一种哺乳动物脑部的增大使它们占据了一个完全不同的生态位，这种动物就是灵长类。灵长类起源于大约5000万年前，包括狐猴、丛猴、猴子、猿和人。它们对环境特殊的适应性与它们高超的攀爬能力、复杂的社会关系、超凡的智慧、敏锐的立体视觉和进步的育雏行为密切相关。有一些灵长类是地栖的，由于大多数生活在丛林中，因而灵长类的化石并不丰富，也不如有蹄类等稀树草原上的大型哺乳动物化石保存得完好。尽管如此，通过化石记录还是可以了解灵长类的演化历史的。

最早的灵长类是阿特拉斯猴，发现于摩洛哥晚始新世地层中，仅保存了10枚颊齿。阿特拉斯猴属于早已灭绝的始镜猴科，主要生活在始新世的北美洲和欧洲。始镜猴科的成员看上去有点儿像现在的鼠狐猴和眼镜猴，绝大多数的始镜猴体重都不超过1千克，但依然比阿特拉斯猴大。数量最多的早期灵长类是以 *Smilodectes* 为代表的兔猴类，从始新世到中新世这段时期它们遍布全球，并且看上去很像现在的狐猴。兔猴、始镜猴、狐猴、懒猴和眼镜猴这些类群的集合叫作"原猴类"。"原猴类"是一个描述性的词汇，而不是一个系统发育的术语，因为这个名词所包含的动物实际上是一个并系类群，包含两个独立的分支。

在灵长类的系统发育中，兔猴和始镜猴究竟哪个类群更原始，哪个类群更加靠近类人猿亚目，始终存在争议。始镜猴看上去比兔猴更像眼镜猴，因此科学家认为始镜猴和眼镜猴更接近高等灵长类。

原猴亚目

下图所示的环尾狐猴具有狐猴的基本体型，它尚未特化的解剖结构看上去与以兔猴科 *Smilodectes* 为代表的早期灵长类非常相似。马达加斯加特有的狐猴、其他原猴类以及类人猿都具有许多灵长类的自近裔特征，但同时也具有诸如敏锐的嗅觉等哺乳动物的原始特征。

新近纪

在灵长类的系统发育中，类人猿亚目属于最末一级分支，包括猴子、猿和人类。类人猿亚目由两支分别在新大陆（主要是南美洲）和旧大陆独立演化的类群组成，即阔鼻猴类和狭鼻猴类。以狨猴和僧帽猴为代表的新大陆阔鼻猴类的鼻孔朝前且鼻孔间距较大，它们大多具有卷曲的尾巴，所有的种类都适应树栖生活。狭鼻猴类包括两个分支，分别是旧大陆的猴子（猴科）和猿（人超科）。狭鼻猴类的吻部狭窄，尾巴不适于攀援，因此绝大多数只在地面上生活。目前，已知最古老的类人猿是体重仅为10克的中华曙猿。发现于中国中始新世地层的中华曙猿是世界上最小的灵长类动物，它的发现证明了类人猿亚目和原猴亚目分化的时间早于渐新世。

丛林中的猿类

红毛猩猩具有树栖灵长类典型的长长的前肢和相对较短的后肢，它们是生活在亚洲的唯一一种大型猿类。

猴子

类人猿亚目比原猴亚目具有更大的大脑。相对于猿类来说，猴子的体型更小且长有具有抓握本领的长长的尾巴，而猿类通常不具有尾巴。猴子，特别是狒狒还长有长而危险的犬齿，它们是极其特别的、生活在开阔地带的猴科动物。

猿类

相对于猴子来说，猿类更适应开阔地的生活且更乐于群居。目前已知的猿类化石包括早期猿类原康修尔猿、现代红毛猩猩的近亲西瓦古猿（唯一一种树栖猿类）以及现代非洲猿类的近亲森林古猿等。

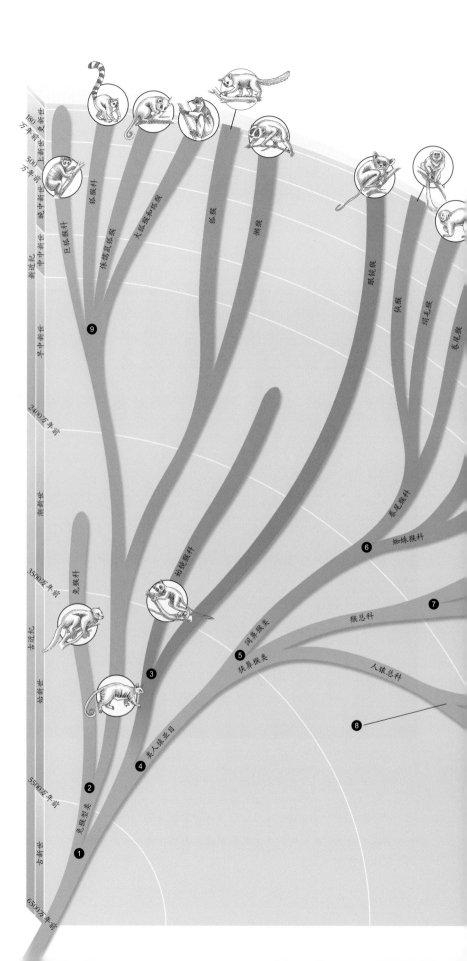

灵长类的演化趋势

灵长类的辐射开始于中新世之初，随后出现了非常快速的分化。从灵长类化石的结构上看，对陆地生活的适应应该是在很晚才出现的。以阿特拉斯猴为代表的早期灵长类都是树栖类型。地栖的灵长类直到中新世的最晚期才出现，算下来它们不过延续了不到700万年的时间。半两足行走的猿类出现的时间要更晚，而两足行走方式的出现与开阔生境的扩展可能有直接关系。

❶ 阿特拉斯猴代表了最早的现代灵长类。

❷ 兔猴型动物成为数量最多的灵长类。

❸ 最原始的灵长类始镜猴科开始多样化。

❹ 类人猿出现。

❺ 类人猿亚目分化出阔鼻猴下目和狭鼻猴下目。

❻ 阔鼻猴下目分化出卷尾猴科和蜘蛛猴科。

❼ 猕猴科出现大辐射。

❽ 适应开阔地生活的人科动物出现。

❾ 狐猴科出现大辐射并演化出巨狐猴。

❿ 高等人科动物出现。

阿尔猴

祖瓦猴

抗和顶猴

长鼻猴、蛤猴

疣猴

长尾猴

猕猴

山魈

原康修尔猿（*Proconsul*）

长臂猿

肯尼亚古猿（*Kenyopithecus*）

西瓦古猿（*Sivapithecus*）

森林古猿（*Dryopithecus*）

猩猩

大猩猩

人科

黑猩猩

南方古猿（*Australopithecus*）

人（*Homo*）

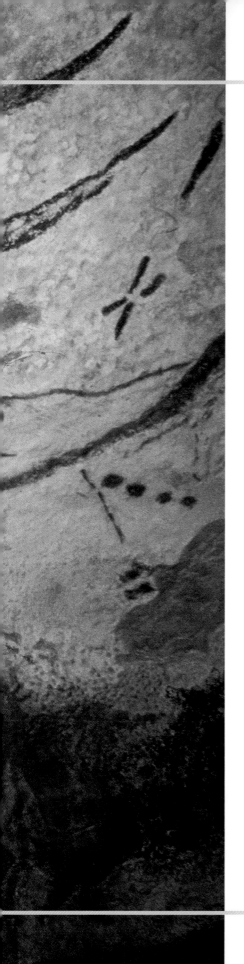

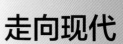

第四纪

180万年前至今

更新世　▶

全新世　▶

第四纪是指地球历史最后的180万年，它涵盖了从古生物学研究的时代（化石）向考古学研究的时代（时代更晚，包括人类及其文化）过渡的阶段。毫无疑问，这一时期人类的演化和迁徙对人类自身产生了重大的影响，而人类的生产活动对地球的影响同样显著。然而，第四纪首要的主题还是气候变化。

在漫长的地球历史中，尽管全球的气温几经波动，但尚在一个较小的范围内。如今，我们正处在持续了200万年的冰河时期结束后的一个温暖时期。冰河时期在地球的历史中曾多次出现，比如前寒武纪至少出现了4次，奥陶纪出现过一次，在石炭纪与二叠纪之交还出现过一次。总的说来，过去的几次冰河时期都是由大陆漂移至两极形成冰盖造成的，最终也都因为大陆的继续漂移而结束。

从古地理学的角度来说，现在全球的海陆格局和极地冰盖的出现都是不寻常的。第三纪南极环流的出现使南极大陆与北部温暖的气候完全隔绝。这一时期，随着巴拿马地峡的形成和墨西哥湾暖流的出现，流经北冰洋的暖流也不复存在。南北半球的冰原开始迅速扩大，其中北半球的冰原规模更大，并且以前所未有的方式周期性地扩展和消退。在地球历史中，第四纪以前的冰川通常可以存在较长的时间，且不会出现周期性的变化。因此，地质学的证据显示，第四纪的冰川周期在之前的地球历史中从未出现过。

教科书一般强调冰川作用对现代地球景观的显著影响，而一个世纪以前还有不少学者坚持认为地球上的景观是由圣经故事中的洪水等大灾难形成的。无独有偶，在人们认识到动物的灭绝总是周期性地发生之前，化石也一直被认为是由洪水中死去的动物形成的。在当时的哲学态度以及有限的科学技术水平下，19世纪的人们经常把很多自然现象归结为神的力量。直到19世纪30年代，瑞士裔美国博物学家路易斯·阿加西对于冰碛的来源和冰川悬谷的形成提出了合理的解释，此后冰川理论才被普遍接受。

第四纪冰川对海洋也产生了影响。随着冰原面积的扩大和缩小，海平面的涨落幅度最多达到了100米。深水黑色页岩和冷水放射虫形成的硅质沉积物反映了海平面周期性的上涨。持续不断的海平面变化在加勒比地区的岛屿沿岸也可以略见一斑。随着海平面的涨落，这里的珊瑚礁和沙滩曾多次出现。当海平面下降的时候，珊瑚礁和沙滩显露出来，而当海平面上涨的时候，它们又被淹没。原本生长在浅海的珊瑚如今生活在更深的地方。

从地质学的角度来说，第四纪各个大陆的位置和今天没什么区别。当冰期达到极盛时，冰川一直延伸到了今天的意大利北部和美国的纽约，由此引发的海平面下降使陆桥得以再现。连接西伯利亚和阿拉斯加的白令陆桥使亚洲和北美洲的动物群落建立了联系。虽然这个陆桥已不复存在，但化石证据显示第四纪两个大洲之间的动物曾一度出现双向迁徙。与此同时，欧洲冰原的出现也为动物向不列颠群岛的迁徙创造了条件，使得这些岛屿上第四纪的动物群与欧洲本土的非常相似。

在间冰期，这些陆桥消失，大陆之间的联系中断，不同大陆上的生物群各自独立地演化。然而，间冰期温暖的气候也会使热带地区的动物向北扩散。不列颠群岛上发现的第四纪的狮子、鬣狗和河马化石反映了间冰期这一地带温暖的气候。不列颠群岛的化石记录了这一地区的植被从冻土到寒带桦木林、针叶林和温带阔叶林循环往复的变化过程。在1万年内，这一地区很可能再次被厚达数十米的冰原覆盖。

陆桥的出现也为人类走出非洲提供了难得的机遇。到了全新世，所有其他的人科动物都灭绝了，只有人类稳定地生存下来并发展了农耕。早期人类的数量仅有400万~500万，而今天全世界的人口多达70多亿。显然，人类已经成为地球上最强大的物种。对于地球的过去和今天，我们已经了解了很多，但是我们并没有很好地运用这些知识。在过去150年的时间里，人类的行为使动物的灭绝达到空前的速度，并且影响了全球气候。如果我们不想目睹包括我们自己在内的地球上的大量生物灭绝，我们就应该成为地球的管理者。

> 第四纪的重大事件包括北半球冰原面积的扩大以及人类的出现。

伊恩·詹金斯

更新世
距今 180 万~1 万年

更新世是全新世之前的一个时代，从距今大约180万年一直延续到距今大约1万年。从科学研究的角度说，在这一时期，原始人类不断向现代人类演化，因此更新世涵盖了从古生物学研究的时代（化石）向考古学研究的时代（时代更晚，包括人类及其文化）过渡的阶段。人类演化出复杂的社会结构，进而产生了文明社会，创造了大量的文化瑰宝。

对于古生物学家和地质学家来说，更新世的特点就是冰期和间冰期的交替出现、周而复始。在冰期，冰川覆盖了北半球陆地面积的1/3。其他时代也曾出现过大规模的冰川，但没有一个时代的冰川像更新世那样周期性地形成和消融。这种气候变化最直接的后果就是使陆生和海生的动植物出现多次灭绝和复苏。

今天地球上有14%的陆地面积被冰原覆盖，另有大约4%的海洋季节性地被海冰覆盖。但是在过去的200万年中，曾经有多达25%的陆地和6%的海洋位于冰盖以下。覆盖全球的冰层总称为冰冻圈，它包括海冰、永久冻土和冰川。相对于地球历史中曾经出现的其他冰河时期来说，更新世的冰河时期代表了一系列完全不同的气候事件。虽然更新世的冰期仅出现在过去200万年中，但是它的影响波及更加古老的岩层。无论是什么样的岩石，只要曾经遭受过冰川作用就会留下冰川遗迹。冰川形成和融化的过程会凝结与释放大量的水，进而改变陆地的水循环，并产生许多独特的冰川地貌。陆地和湖泊反复出现与消失，我们今天看到的北美洲的五大湖就是冰河时期留下的一处珍贵遗迹。所以，很多冰川地

> 冰原覆盖了25%的陆地和6%的海洋，其规模相当于今天的3倍。

关键词

白令陆桥、墨西哥湾暖流、智人、间冰期、线粒体夏娃、冰碛物、"走出非洲"假说、岁差、冻土带

新世纪	180万年前	170万年前	160万年前	150万年前	140万年前	130万年前	120万年前	更新世
分期							早更新世/下更新统	
欧洲分阶							卡拉布里亚阶	
北美分阶							埃尔广登阶	
冰期（欧洲）			多瑙河冰期			多瑙-恭兹间冰期		恭兹冰期
冰期（北美洲）								
地质事件				北半球30%的大陆被冰原覆盖				
			太平洋板块连续向北美板块下部俯冲					
海平面							海平面处于低位且持续波动	
考古学时代	旧石器时代早期（奥杜韦文化）							开始使用火·
	·匠人出现							
动物	·剑齿虎出现		·猛犸象出现					

貌实际上都非常年轻。

伟大的英国地质学家查尔斯·莱尔在 1833 年出版的四卷本《地质学原理》中首次定义了更新统。"更新统"一词曾一度用来描述比上新统更年轻的地层，这一用法一直延续到 1837 年。莱尔对上新统的定义主要依据海生动物化石，而更新统较上新统有更多的动物类群延续至今。另外，瑞士裔美国地质学家阿加西首次认识到欧洲独特的地貌是由冰川作用的结果，但是他并没有像莱尔一样定义任何具体的地质时代。如今，阿加西被尊崇为古生物学家和地貌学家，而莱尔则是地质学家和理论家。

19 世纪的许多博物学家都曾怀疑过冰川存在的真实性，并且经常援引《圣经》中的洪水和其他神的力量去解释冰川漂砾等不寻常的地质现象。在 19 世纪的地质学家展示了相当多的无可辩驳的证据之后，对冰川的科学解释才最终战胜了宗教观点。阿加西正是这些地质学家中的一员，他在 19 世纪 30 年代坚持认为全世界的大部分地貌都是由冰川作用形成的，其中除了他自己家乡瑞士的陡峭山谷以外，还包括北美洲的五大湖。

从上新世到更新世北半球的冰川作用还解释了包括木兰在内的很多物种分布的不连续性，这个问题曾一度困扰着博物学家。在经过欧洲向南扩散的过程中，木兰科植物被阿尔卑斯山和比利牛斯山一带的冰川阻隔并消失，如今木兰科植物主要生长在北美洲和亚洲。直到意识到冰川可以使种群重新分布，人们对这些生物地理学问题的重要性才有了足够的认识。

陆地上剧烈的环境变化与更新世最后一次冰期北半球中纬度的冰川有着密切的联系。在这次冰期中，北美洲的落基山脉、欧洲西北部、不列颠群岛、加拿大北极地区的岛屿以及西伯利亚北部的广大地区都被冰原覆盖。在这次冰期中，覆盖欧洲西北部和北美洲的冰原规模在大约 1.8 万年前达到了极盛。到了大约 1.4 万年前，这些冰原开始迅速融化，虽然融化的速度在 1.1 万~1 万年前有所停滞，但之后又继续融化。到了大约 8500 年前，欧洲的冰原基本上消失了，而北美洲的冰原一直持

由于世界各地冰川运动的速度不同，冰川旋回的时间并不十分精确。

参考章节

古近纪：海洋冷水圈、草原、肉食性动物

新近纪：喜马拉雅山脉、巴拿马陆桥、人科

全新世：加勒比地区、安第斯山脉、东非大裂谷、孑遗生物

更新世

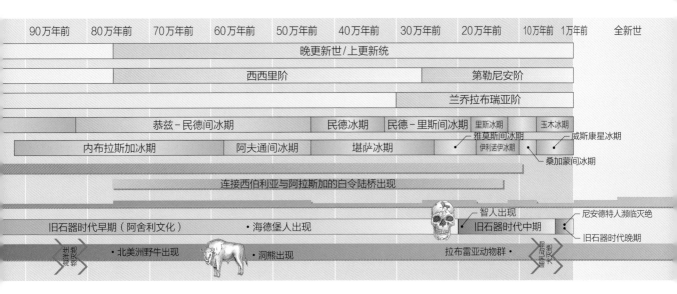

| 90万年前 | 80万年前 | 70万年前 | 60万年前 | 50万年前 | 40万年前 | 30万年前 | 20万年前 | 10万年前 | 1万年前 | 全新世 |

晚更新世/上更新统

西西里阶　　　　　　　　　　第勒尼安阶

兰乔拉布瑞亚阶

恭兹－民德间冰期　　民德冰期　民德－里斯间冰期　里斯冰期　玉木冰期

内布拉斯加冰期　　阿大通间冰期　　堪萨冰期　雅莫斯间冰期　威斯康星冰期

伊利诺伊冰期　桑加蒙间冰期

连接西伯利亚与阿拉斯加的白令陆桥出现

智人出现　尼安德特人濒临灭绝

旧石器时代早期（阿舍利文化）　·海德堡人出现　旧石器时代中期　旧石器时代晚期

·北美洲野牛出现　·洞熊出现　拉布雷亚动物群·

续到了6500年前。

随着北半球冰原面积的扩大，地球上主要的气候带和生物带都逐渐向赤道移动。在北半球紧挨着冰原的地方是冻土带。冻土带的植被极为稀疏，这里冬天的最低气温逼近零下57摄氏度。在欧洲，冻土带向南延伸至法国北部，而在北美洲中部，这些冻土带的宽度至少有150千米。如今，冻土带主要分布在西伯利亚和加拿大的北极地区。这些地带的营养物质十分匮乏，因此植被每年仅能长高几厘米。在地表以下几厘米的地方就是永久冻土层，即使在夏季也不会融化。冰河时期的冻土带环境更加严酷，永久冻土层的厚度甚至可达几十米。由于地表水无法渗入永久冻土层，所以它们在这些地带切出了很深的河道。

随着北极地区的冰原向南扩展，纬向气候带也

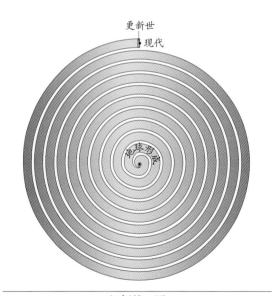

短暂的一瞬

更新世的时间跨度仅相当于地球历史的0.04%。如果把地球的历史比作一年时间的话，更新世只不过相当于12月31日零点钟声敲响之前的最后12分钟。然而，正是在这个短暂的地质时期，生物圈和气候发生的剧烈变化改变了地球的面貌。在地质学家看来，周期性的冰川作用是更新世独有的，在此之前地球上从未出现过如此频繁的冰川旋回。

向赤道南压。因此，气候带的南北宽度比以前小了很多，生物带也因此靠得更近。与此同时，气候带的南压也将降水带到了像东非这样原本干旱的地区。

大约30万年前，人类起源于东非，这可能是地球历史上最有影响力的事件之一。这一时期的人类在凶猛的肉食性动物主宰的世界里还是一种胆怯的动物。用生物学家洛伦·艾斯利的话说，任何生物法则都不会让人类这种具有病态前肢的瘦高的动物生存下去，但是人类的确生存了下来并日趋繁荣。

更新世的海陆格局与今天的相差不大，但并非完全一致。比如，连接西伯利亚与阿拉斯加的白令陆桥在更新世就曾存在，它的出现使亚洲和北美洲的动植物可以自由地交流。白令陆桥在大约7.5万年前出现，一直到大约1.1万年前才消失。这一时期的白令陆桥为冻土带，成群的麝牛和驯鹿经由这里迁入阿拉斯加和加拿大。尽管这一时期大陆冰原十分广阔，但不时出现通往美洲的无冰走廊，早期人类正是沿着这条走廊抵达美洲大陆的。

虽然冰原覆盖了北半球的大部分地区，但其下面的陆地已与今天的没什么两样。

冰原面积的扩大使北大西洋洋流转向西班牙和位于直布罗陀海峡的地中海"水闸"，北欧各地因

西海岸的地质构造

北美洲西海岸区域性的隆升形成了落基山脉，西海岸的俯冲带和火山沿圣安的列斯断裂带分布。

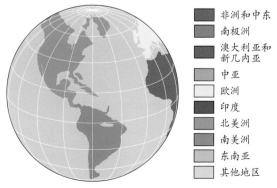

非洲和中东 / 南极洲 / 澳大利亚和新几内亚 / 中亚 / 欧洲 / 印度 / 北美洲 / 南美洲 / 东南亚 / 其他地区

冰川的均衡调整

在冰期发展的过程中，大陆冰川面积的扩大不仅使海平面下降，而且会导致其下方的岩石圈出现均衡下沉。冰山漂浮在水中时，浸入水中的冰的质量小于其排开的水的质量。根据同样的原理，当低密度的陆壳漂浮在软流圈上时，山脉下沉的幅度要更大，而当山脉被侵蚀后则会上升。因此当冰川退去之后，下沉的陆壳由于质量的改变亦会上升，有时上升相

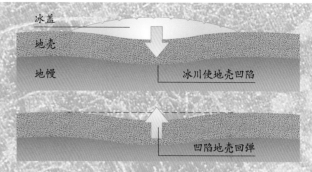

当显著。比如，加拿大的哈得孙湾地区在过去10000年内上升了330米。然而，这种上升是一种延迟响应，更大的上升幅度需要等到冰原完全融化之后才出现。间冰期冰原的融化使海平面升高，淹没了均衡下沉的地区，波罗的海就是一个例子。海平面的起落与陆地上升和下沉之间的关系是一个复杂的问题，但这些过程的结果就是导致海岸线上移。在一些地区的现代海岸线以上可以找到"阶梯状"的古海岸线，比如加拿大北部、斯堪的纳维亚半岛、挪威的斯匹次卑尔根群岛。这些地区在更新世都曾被厚重的冰原覆盖，并且至今依然在缓慢地上升。

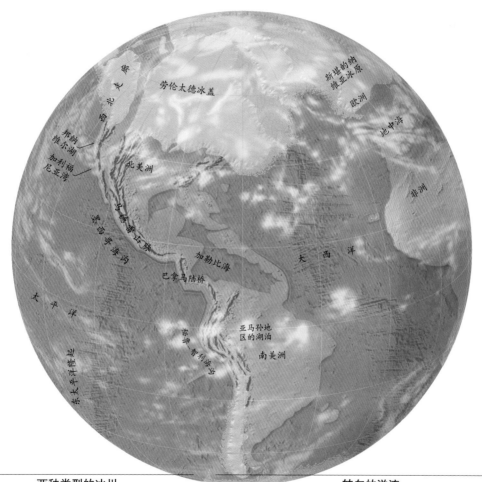

两种类型的冰川

更新世的北半球曾存在两种冰川，即海冰和大陆冰川。海冰形成的时间较短，而大陆冰川在非常寒冷的气候中需要经过数百年才能形成。

转向的洋流

在巴拿马陆桥形成后的300万年中，携带着湿润空气的大西洋洋流转而流向北部的高纬度地区，不仅为那里带来了充沛的淡水补给，而且使大陆冰原的面积迅速扩大。

此愈加寒冷。海平面的下降还使一些岛屿与邻近的大陆相连。在美洲，加勒比地区海平面的下降就使一些之前被海水淹没的地带露出海面。在末次冰期极盛时，巴巴多斯一带的海平面甚至比今天的要低120米。

在东半球，山岳冰川覆盖了年轻的喜马拉雅山脉，冰川的融水汇成了欧亚大陆冻土带的众多湖泊。尽管冰川主要分布在更北的地带，但大西洋的海冰规模大约相当于今天的两倍。古近纪就已经出现的南极环流推动浮冰向东运动。安第斯山脉以及澳大利亚和新西兰也都出现了小型冰原。海平面的下降使澳大利亚与新几内亚相连，东印度群岛亦连成一片。如今东南亚的岛屿只不过是更新世这一地区的山脉罢了。

和巨大冰原周期性的出现与融化形成鲜明反差

> 冰河时期是一个复杂的事件，由许多冰期和间冰期组成。

的是，地球上大气圈、水圈和生物圈的大多数物理参数并没有发生显著的变化。到了19世纪末，人们开始认识到更新世全球的气温出现了几次突然下降。这一时期冰河取代了原有的大洪水的概念，人们同时意识到冰河时期并不是一个简单的气候事件，而是包含若干个冰川作用活跃的阶段。最终，一个包括4个主要冰期和3个间冰期的时间表得到了科学界的广泛接受。这些阶段的划分不仅参考了地质学、地球化学（格陵兰冰芯中的氧同位素）和古生物学的证据，甚至还运用了测定树轮年龄的新技术。20世纪50年代以来，放射性同位素测年技术的应用将每个冰期的年代厘定得更加精细。

最后一个大冰期发生在大约2万年前的更新世。在这之后，地球开始变得温暖，北半球的冰原也退缩至北极圈内。我们的地球现在正处在一个间冰期的中期，间冰期虽然短暂，但各种生物和物理环境发生的变化极其迅速，其程度甚至超过了地球历史上的任何一个阶段。

在冰期结束和间冰期开始的过渡时期，气候通常极不稳定。这种不稳定的气候在丹麦周期性的湖相沉积物中最先被观察到。这些湖相沉积物形成的时间恰好处于末次冰期向现在的间冰期过渡的阶段，

更新世

大陆冰川

仅存的大陆冰川分布在南极和格陵兰。下图所展示的是格陵兰西部雅各布港的大陆冰川向海洋中运动。

因此记录了一些不寻常的环境变化过程：湖岸地带的冻土被稳定生长的植被所取代，并且湖中的水量也有所增加。这些反映了全球气候转暖的过程还经历了几次中断。岩芯中黏土沉积物的增多说明气候还曾短暂地转冷，而且这些黏土在整个欧洲大陆钻取的同一时代的岩芯中都曾出现过。

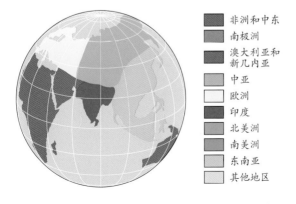

非洲和中东

南极洲

澳大利亚和
新几内亚

中亚

欧洲

印度

北美洲

南美洲

东南亚

其他地区

更新世的冻土带

亚洲大陆冰原的南部分布着冻土带。冰川融水在这些平坦的地区流淌，注入低地形成广阔的湖泊。

澳大拉西亚

更新世之初，澳大利亚与新西兰和新几内亚一度相连。澳大利亚的向北漂移使海底山脉抬升形成了今天的印度尼西亚群岛。至此，一大片陆地露出了海面。

短暂转冷的气候足以使北半球的冰川再度扩展，这些冰川在苏格兰和斯堪的纳维亚都留下了明显的遗迹。由于人们在这一时期的黏土层中发现了大量北极－阿尔卑斯山地区特有的新仙女木的叶片化石，因此这段寒冷时期的出现又被称为新仙女木事件。放射性碳同位素测年显示新仙女木事件发生在距今1.1万~1万年这段时间。除此之外，欧洲大陆的不少地点还记录了发生在距今1.2万~1.18万年的另一个更加短暂的寒冷事件，这个事件被称为老仙女木事件。

大气、海洋、生物圈和冰原都是地球系统的有机组成部分，彼此之间存在着紧密的联系，无论哪个部分发生变化都会影响到其他部分，而每个部分对变化的响应速度也不尽相同。大气对变化的调节通常仅需数周，而海洋和生物圈要慢得多，一般需要数百至上千年的时间。而冰原的变化速度最慢，需要数万年甚至数十万年。

> 冰河时期是缓慢发生的自然现象，是对全球变化数千年尺度的响应。

发生于晚奥陶世以及石炭－二叠纪的大冰期都与冈瓦纳大陆和南极点的相对位置有关。晚奥陶世冰川主要出现在非洲北部，进入石炭纪以后非洲南部也开始受到冰川作用的影响，而到了二叠纪冰川进一步扩展到了澳大利亚。需要指出的是，由板块运动引起的气候变化十分缓慢，通常以100万年为

单位。因此，板块构造理论并不能用于解释更新世特有的冰期旋回。

这个现象一直困扰着早期的地质学家。1876年，英国地质学家詹姆斯·克罗尔提出地球公转轨道的周期性改变会引发太阳辐射变化，进而导致地球气候的周期性改变。然而，直到1941年，南斯拉夫天文学家米卢廷·米兰科维奇才计算出地球接受太阳辐射的变化与地球公转轨道的变化有关，克罗尔理论的机制也得到了阐述。

米兰科维奇确定了引起这些变化的3个因素分别是黄赤交角、地球公转轨道的偏心率以及岁差。地球的自转轴并不是垂直于地球公转轨道的平面，而是与后者形成大约23.5°的交角（黄赤交角）。黄赤交角并不是恒定的，而是在21.5°和24.5°之间变化，大约每4万年为一个周期。当黄赤交角达到最大时，不同纬度接收的太阳辐射差异也达到最大。

地球的公转轨道也不是正圆形，有时会比其他时候稍扁一点（偏心）。这个偏心的周期大约是10万年。此外，地球还会沿地轴晃动，这个现象叫作

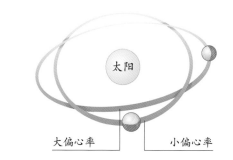

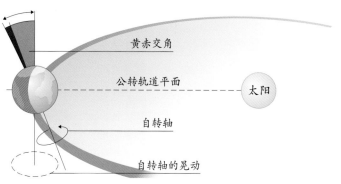

地球公转轨道的变化

在地球围绕太阳运动的过程中，公转轨道并不是正圆形，自转轴也不是垂直于公转轨道的平面，同时还存在岁差运动。

确定冰川形成的年代

有孔虫是一类微小的单细胞动物，通常具有球形的钙质骨骼。它们是海洋浮游生物的重要组成部分，在死后沉入海底，与其他底栖类一同保存。经过千百万年，有孔虫的遗骸被保存在海底的石灰岩中形成化石。海水中的溶解氧主要包括氧16和氧18两种同位素，而有孔虫骨骼中这两种同位素的相对丰度与海水中的完全一致。深海岩芯中有孔虫化石的氧同位素的相对丰度会出现比较大的波动，而在冰期极盛的时候此值变化最大。

最初科学家曾认为这些波动反映了海水温度的变化，然而后来发现类似的波动不仅出现在浮游有孔虫中，还出现在底栖有孔虫中。而这一区域的冷水层自3500万年前海洋冷水圈形成时就已经存在。如今，科学家认识到海水的温度对有孔虫骨骼中两种氧同位素的比例只有微弱的影响，而这种波动反映了这些有孔虫所生活的海水中的氧同位素丰度，它们与大陆冰川的规模有很大的关系。

在冰期，较轻的氧16随降雪降落到地表并在冰川中富集。这个过程会导致更重的氧18留在海洋中。因此，认识到有孔虫骨骼中较高的氧18的丰度与大陆冰原的扩展有关，是将有孔虫骨骼（如右图所示的圆辐虫骨骼）作为古气候反映指标的重要前提。与古地磁学分析数据相关联后，依据有孔虫的同位素数据就可以清楚地构建气候周期的年代框架。利用这种手段，更新世冰原扩展和消退的精确年代就可以确定。

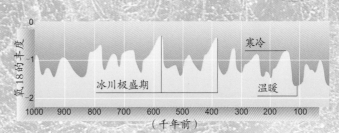

岁差。岁差是由太阳和月球对地球赤道隆起的引力作用造成的，它改变了地球通过二至点（夏至和冬至）的时间。这种变化与地球在椭圆形公转轨道上的位置有关。大约1.1万年前，地球在北半球的夏季抵达近日点，而不像以往在北半球的冬季抵达近日点。岁差的周期大约是2.3万年。

对过去80万年来地球气候的研究表明，这一时期的气候波动表现出10万年、4万年和2万年3个主要的周期。由此可知，地球公转轨道的变化是决定长期气候趋势的主要因素。

浮冰

海冰通常只有几米厚。海水的流动会导致海冰破碎形成自由漂浮的浮冰（右图所展示的是雅各布港外海的浮冰）。和冰山随海流的移动不同，浮冰的漂流主要受风力作用。

然而，米兰科维奇循环与一些地质学数据并不吻合。首先，冰期和间冰期的温度极差只有4~5摄氏度，但由地球公转轨道变化引起的太阳辐射能的改变所能产生的气温波动最多不过0.5摄氏度。其次，不同地质时期气候变化的周期性也不尽相同。研究表明，80万年以前的气候波动主要遵循4万年的周期，而80万年前至今的气候波动则以10万年的变化周期为主。最后，米兰科维奇的"轨道起搏器"理论并没有从根本上解释距今300万~200万年的冰河时期是如何增强的。总而言之，关于更新世的冰川旋回开始的原因至今依然没有一个令人满意的答案。

气候系统的反馈机制同样发挥着重要的作用。冰原面积的扩大提高了地表的反射率，由此引发的降温效应可能大于米兰科维奇循环产生的结果。此外，由格陵兰和北美洲分裂引起的北冰洋海水注入北大西洋事件，以及南极环流在过去至少4000万年中以海洋冷水圈的形式向全球注入冰冷海水的过程，可能都会引发全球气温下降。尽管具体的机制尚不明确，但过去

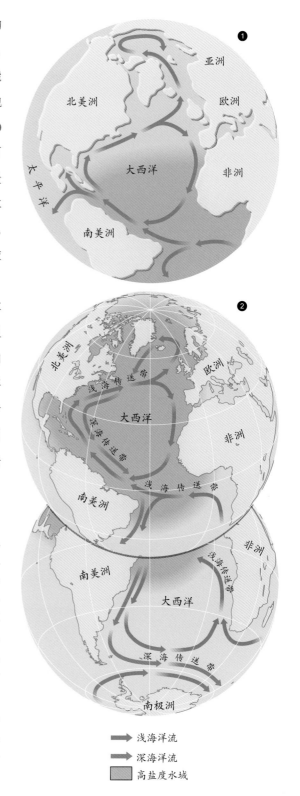

➡ 浅海洋流
➡ 深海洋流
▨ 高盐度水域

大西洋海水循环

第四纪冰川的出现可能直接导致了大西洋海水循环方式的改变。在上新世初期（❶）巴拿马地峡形成之前，温暖的大西洋海水可以自由地向北流动并进入太平洋。这个过程导致大西洋的海水盐度较低，因此其密度比今天的密度更小。进入太平洋之后，这层温暖的海水一直流动到北冰洋，在下沉之前为北极地区带来了热量。巴拿马地峡的形成切断了大西洋与太平洋之间的海水交换，而撒哈拉地区干旱的季风又加剧了大西洋海水的咸化。如今（❷）大西洋的洋流在冰岛附近即开始下沉，形成了环状的大洋传送带。由于大洋传送带在大洋深部将冷水从北冰洋向南输送，北极地区变得更加寒冷。

200万年来独特冰川旋回的出现很可能是由上述效应的叠加导致的。

更新世独特的冰川旋回在它们所到之处的岩石上留下了"烙印"。它们不仅创造了许多特殊的地貌，而且将原来的大部分地质结构抹去。由于高山地带的剥蚀作用大于沉积作用，山岳冰川并不会在地层中留下任何信息。与此相反，大陆冰川能够留下踪迹，比如今天的格陵兰和南极大陆就几乎被大陆冰川完全覆盖。

格陵兰和南极的大陆冰川最厚处均位于它们的中心，重力使它们像山岳冰川一样向低矮处流动。

> 特殊的地貌表明这里曾经出现过冰川。

沿着山谷流动的山岳冰川的长度远大于宽度。在流动过程中，不同方向的山岳冰川可能汇合。冰斗冰川是在山坡的洼地中形成的体积较小的冰川。形成冰斗冰川的地带的温度一般刚好能够维持粒雪盆的存在，并且没有足够的降雪来形成山岳冰川。

冰川所到之处总会留下一系列痕迹，这些痕迹为证明冰川曾经存在提供了宝贵的地质学证据。冰川可以沿它们流动的方向搬运岩石和沉积物，并且磨损岩石。冰川搬运物在运动中与基岩摩擦形成的擦痕叫作冰川擦痕。当冰川从凸起的岩石上经过时，通常会将岩石陡峭的一侧削掉，因为那里的应力比较集中。削掉的岩石形成冰川底部的刮削"工具"，在基岩上刻划出一道道冰川擦痕。凸起的岩石在冰川刮削和剖光的双重作用下形成了具有擦痕的平缓小丘，叫作羊背石。

高山地带山岳冰川的快速移动在岩石上形成更深的切口。在复杂的冰川系统中，主冰川对基岩侵蚀的速度比支冰川快，因此在支冰川与主冰川的汇

冰川侵蚀

冰川往往被认为是固体，但是在重力的作用下，它可以像液体一样缓慢地流动（下图）。山岳冰川缓慢地向下流动，其对岩石的侵蚀可以形成一些特殊的地貌，比如U形谷、冰川悬谷、角峰以及各种类型的冰碛物。

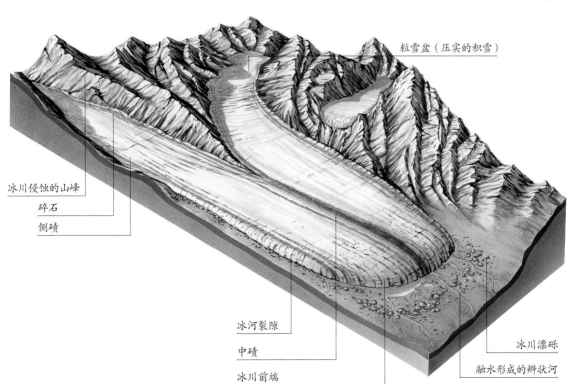

粒雪盆（压实的积雪）

冰川侵蚀的山峰
碎石
侧碛

冰河裂隙
中碛
冰川前端

冰川漂砾
融水形成的辫状河

冰川漂砾

冰川能够将不同地区的岩石包裹、搬运很远的距离（左图），一般可达500千米。这些漂砾具有擦痕，并杂乱地分布，与周围的岩石有明显的区别。尽管大多数冰川漂砾的来源无从知晓，但有一些能够确定。通过研究冰川漂砾，地质学家有可能重建冰川运动的路线。

合处，支冰川的峡谷常悬挂在主冰川峡谷的崖壁上形成冰川悬谷。与河流对峡谷谷底的侵蚀不同，山岳冰川通常对峡谷底床和谷壁都进行磨蚀，因而可以将V形谷侵蚀成U形。

冰碛是冰川融化后遗留下来的冰川搬运物，指示了冰川边缘现在或曾经的位置。冰碛包括不同的类型，终碛和底碛都是由冰川搬运物在冰川尽头沉积形成的，而后退碛则是由冰川后退形成的，它们都标志着冰川运动的短暂停滞。侧碛是由冰川侵蚀山谷的崖壁形成的。当冰川融化时，侧碛会出现在崖壁附近；而当两条冰川汇合时，相邻的两条侧碛合为一条中碛。有时冰川也会越过冰碛，此时不稳定的冰碛会扭曲和折叠，这个结构叫作推进冰碛。

冰碛广布在北美洲和欧洲的各个地区。一些冰碛的规模十分壮观，北大西洋的科德角就是其中之一。终碛是由冰川停滞形成的，其两侧的围岩往往出现凹陷。今天北美洲的五大湖就是由当年类似的一些凹陷形成的。加拿大境内的哈得孙湾并

> 北美洲东北部海岸的科德角是一个不寻常的大型中碛。

非由终碛围成，而是由当年北美洲巨厚的大陆冰川侵蚀产生的巨大凹陷形成的。

冰川对下方基岩挤压和磨蚀的过程可以产生从

U形谷

下图展示了由巨大的大陆冰川留下的宽而浅的山谷。威尔士北部斯诺登尼亚的昆伊德瓦尔山谷中有一个冰斗湖。

泥土到卵石等不同粒径的碎屑，统称为冰碛物。与水和风不同的是，冰川不具备分选沉积物的能力。因此，冰碛物通常是各种粒径的沉积物的混合体，而且这些沉积物上常有冰川运动留下的擦痕。经过长时间的埋藏、压实和化学变化，冰碛物最终形成冰碛岩。冰碛物和冰碛岩都是过去冰川活动的典型产物。

冰川还常常阻断正常的河道。在更新世冰原逐渐消退的过程中，由冰川阻挡形成的冰堰湖时有出现。然而，冰川融水也同样会注入永久性的湖泊。冰川常受到季节性气候变化的影响。每当冬季到来，冰川融水流速减缓；而夏季来临时，冰川融水又会再度注入湖泊中。这种周期性的水量变化可以形成不同颜色的沉积物——纹泥。有时，随着冰山的崩裂和融化，其裹挟的岩石碎屑坠落在湖底细腻的沉积物上。这些大大小小的石头叫作冰川漂砾，是冰川作用的真实写照。

19世纪中叶以来，科学家开始对北美洲五大湖地区更新世和全新世的地质展开研究。1850年，哈佛大学的瑞士裔美国古生物学家阿加西考察了苏必利尔湖并对该地区的地质进行了细致的描述。阿加西不仅是冰川运动理论的创建者，而且是第一个阐明冰川地貌的学者。他的著作后来被研究五大湖地区冰川地质的罗森

> 北美洲的五大湖以及世界上其他地区相似的湖泊都是由更新世的冰川遗留下来的。

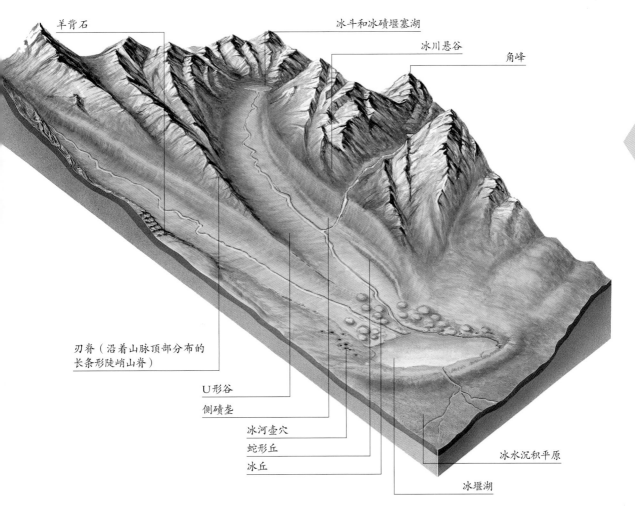

- 羊背石
- 冰斗和冰碛堰塞湖
- 冰川悬谷
- 角峰
- 刃脊（沿着山脉顶部分布的长条形陡峭山脊）
- U形谷
- 侧碛垄
- 冰河壶穴
- 蛇形丘
- 冰丘
- 冰水沉积平原
- 冰堰湖

更新世

（1893年）和泰勒（1895年和1897年）多次引用；不仅如此，历史上面积最大的冰缘湖阿加西湖也是以他的名字命名的。阿加西湖曾覆盖今天加拿大中南部以及美国北达科他州的广大地区。

尽管地质学在过去的100年来取得了巨大的成就，但直到上个世纪，科学家依然不清楚北美洲的五大湖形成的准确时间。造成这一局面的原因主要是五大湖是由连续的冰川作用侵蚀而成的，每一次侵蚀都会使之前保存下来的可能用于测年的证据荡然无存。然而，附近岩层提供的证据表明五大湖出现的时间不早于更新世，这意味着它们形成的时间应该在距今200万~170万年前。现在五大湖的湖底曾是以前的低地。更新世北极地区的巨大冰原向南一直延伸到这里，不仅侵蚀了原有的地貌，而且使

这一地区的地壳均匀地下沉（哈得孙湾一带地壳下沉幅度达330米）。随着一个持续大约1万年的间冰期的到来，冰川融水聚集在这些低地，形成了今天的五大湖。

裹挟着大量碎屑的巨型冰川在湖盆南岸融化，形成了今天密歇根中北部特有的由不规则的小山和湖泊组成的丘状地形。更新世末期在密歇根湖南岸形成的沉积物在北美洲天气系统的作用下向东移动并最终形成沙丘，一些沙丘直到今天依然可以见到。由于五大湖的面积十分巨大，湖岸不仅出现倾斜，而且还在均匀地抬升。湖泊的出现对冰川运动也产生了影响，在重力的作用下，冰川更容易向地势低洼的湖泊地带移动。由于河流改道以及冰障的出现和消失，威斯康星冰期之后，五大湖地区的地

五大湖的变迁

右图所展示的北美洲的五大湖是由更新世巨大冰原南部的冰舌遗留下来的。由冰原形成的下沉地区在大约1.4万年前冰原消退时被冰川融水注满（❶）。到了1万年前，除了苏必利尔湖以外的湖区都已经开始注入冰川融水，而苏必利尔湖依然位于冰原之下（❷）。北美洲的五大湖只不过是大陆冰原形成的众多湖泊中的几个，冰川作用在北美洲形成的湖泊数量要远比其他地质作用形成的湖泊的总数多。不仅如此，五大湖的面积也远远超过了其他湖泊。

冰后期的湖泊

加拿大克拉通上曾经的冰原决定了这里水系的分布特点。如今，冰川侵蚀或冰碛物阻挡形成的低地充满水，形成冰后期的湖泊，如左图所示。以邦纳维尔湖为代表的其他湖泊形成于冰原南部的盆地，融化的雪水和雨水是它们重要的水源补给。

质变得十分复杂。威斯康星冰期仅出现在大约80万年前的北美洲，而这一时期欧洲的冰川正在消退。地形的变化使五大湖及其周边地区在更新世形成了众多湖泊，密尔沃基湖、莱弗里特湖、莫米湖和萨基诺湖都是这一地区曾经存在的湖泊。

这些湖泊周围的地貌都不尽相同，因此湖泊的形状也是千奇百怪。这种情况不仅出现在北美洲，今天荷兰的萨利内盆地和德国境内的埃尔斯特盆地也都是由曾经的冰川湖泊形成的。然而，广阔的北美大陆更容易形成大型冰川湖泊，包括著名的尼亚加拉大瀑布。末次冰期即将结束时，冰川的退缩使向南倾斜的、质地坚硬的白云岩悬崖出露，进而形

米苏拉湖的洪水

右图所示的是美国华盛顿州的一处槽型山谷，它是由纵横交错的沟壑形成的复杂地貌。这些沟壑是由冰舌向南推进并阻断哥伦比亚河的主要支流克拉克福克河形成的（❶）。冰川阻碍了水流，形成了位于蒙大拿州西部的米苏拉湖。随着冰川的消退，阻挡水流的冰坝坍塌，形成了一场巨大的洪水。洪水席卷哥伦比亚高原，冲走了大量的泥土，并在地表形成了这些沟壑（❷）。

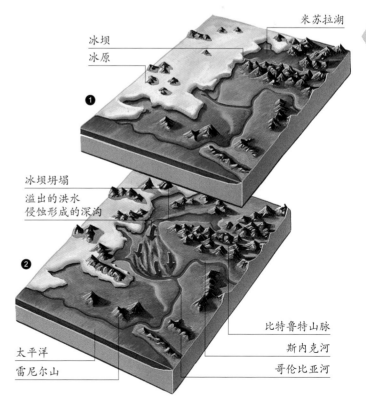

米苏拉湖

冰坝
冰原

❶

冰坝坍塌
溢出的洪水侵蚀形成的深沟

❷

比特鲁特山脉
斯内克河
哥伦比亚河

太平洋
雷尼尔山

成了今天地处伊利湖和安大略湖之间的尼亚加拉大瀑布。白云岩悬崖位于坚硬的洛克波特石灰岩之上，但这层岩石之下是脆弱的页岩。瀑布的水流倾泻而下，常年的冲刷使岩石不断崩塌，上游方向受到了侵蚀。因此，包括五大湖和尼亚加拉大瀑布在内的众多壮丽的风景都是由更新世的冰川形成的，从地质学的角度看，它们都还非常年轻。

更新世的冰川旋回使哺乳动物在冰期和间冰期的分布有很大的不同。这一点在以啮齿动物和鼬科肉食性动物（黄鼬、雪貂和白鼬）为代表的小哺乳动物身上表现得尤为明显。更新世末期，由于生境的破碎化，很多生活在一起的哺乳动物开始彼此分离。这些冻土动物群是不和谐的，因为它们中的很多动物以后不再能够共存。更新世的冻土面积比现在的要大很多，这里生活的不同体型的动物要么可以适应严寒的气候，要么能够在寒冷的季节迁徙。更新世冰原的扩展对北半球动物的生活产生了深远的影响，其中之一便是大规模冻土生物群落的形成，这些生物群落直到今天依然存在。

如今，地球上的冻土分布在北极圈内和亚南极岛屿上，冻土也可以出现在阿尔卑斯山区林线以上。冻土带可供植物生长的季节非常短暂，只有那些非常耐寒的植物可以生长在这里。典型的冻土植物包括苔藓、地衣、莎草和矮化林。生活在冻土带的主要大型动物包括驯鹿和麝牛，小型植食性动物有白靴兔、田鼠和旅鼠。除此之外，很多鸟类也会在夏季迁徙到冻土带，寻找昆虫作为食物。

现代冻土生态系统中的肉食性动物包括北极狐、狼、隼、鹰和猫头鹰。一些生活在更新世冻土带的动物如今一直存在，比如驯鹿、驼鹿、野兔、狼、田鼠和貂。后两种动物并不会在坚硬的土地上打洞，而是生活在雪洞中。

更新世冻土带上生活的动物比今天还要多，但是这些动物目前都已经灭绝了。一些重要的动物种类并不是本地的。为了应对冰期和间冰期的气候波动，哺乳动物要么迁徙，要么增强自身对气候和植被的适应性。哺乳动物与特定环境和特定植被类型的关系反映了气候变化改变了许多哺乳动物类群的生活习性。比如，现在生活在亚洲高寒草甸地区的仓鼠是更新世间冰期的一种典型的森林动物。现在的野马主要生活在开阔的环境中，但是化石证据显示过去的野马也曾生活在草原与森林环境中。犬类起源于北美洲，在更新世时穿越白令海峡抵达亚洲并成为开阔生境中的捕食者。从亚洲经白令陆桥扩散进入北美洲的动物都能够适应寒冷的气候，比如山羊、麝牛、麋鹿、狮子和人类。各种各样的牛是很常见的动物，但是猛犸象就不那么常见了。

人们通常认为长着长毛的猛犸象是一种在冰天雪地中艰难生活的动物。其实不然，因为猛犸象的食量惊人，而寸草不生的环境不太可能维持这种动

各种适应寒冷气候的动物生活在冻土带。

猛犸象的遗骸

下图展示的是在美国南达科他州发现的猛犸象遗骸。猛犸象遗骸的分布十分广泛，为了解这种动物提供了十分重要的信息。在西伯利亚发现的猛犸象要比北美洲的体型更小，雄性个体的肩高只有3米左右。

更新世

哺乳动物的分布范围

如右图所示，驼鹿、猛犸象和披毛犀等传统的季节性迁徙的植食性动物的分布范围要比更新世同一时期的大多数肉食性动物更广，这可能是由植食性动物演化出了更强的适应能力导致的。剑齿虎是北美洲的优势物种，而在欧洲生活着牙齿分别为短剑形和弯刀形的猫科动物。

晚更新世哺乳动物

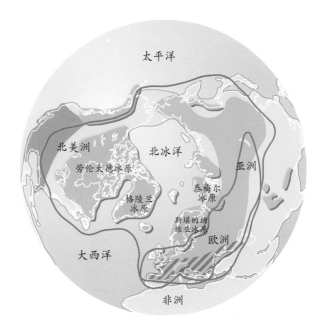

- ⬭ 巨鹿
- ◯ 猛犸象
- ▨ 洞熊
- ▢ 披毛犀
- ▢ 剑齿虎
- —— 12000年前的海岸线
- ▨ 12000年前的冰盖范围

物的生存。猛犸象很可能曾经生活在冻土带以外的森林地带，至少在一年中的部分时间里这些地区的食物相对充足。它们也可能生活在更加温暖的高山草甸的边缘，那里的食物更加丰富。需要指出的是，身形硕大的猛犸象不太可能取食矮小的苔藓和地衣，它们的鼻子可能很难抓取如此矮小的植物。与猛犸象不同的是，牛科动物具有向下弯曲的颈部、善于咀嚼的牙齿、灵活的嘴唇和宽阔的吻部，这些特征都特别适于取食极其矮小的冻土植物。这也可能正是它们能够在严酷的环境中如此繁盛的原因。驯鹿和驼鹿也具有同样的生态功能，它们为狼等老练的肉食性动物提供了丰富的食物。

在冻土带以南数百千米今天的美国加利福尼亚州一带生活着完全不同的动植物。与北部的天寒地冻不同，加利福尼亚州的气候温暖，并且生活着很多特有的动物，有一些今天依然可以见到，而另一些已经灭绝。无论如何，北美洲西海岸的圣安的列斯断裂带为了解这片曾经富饶的土地提供了大量的信息。这一断裂带是沿整个美洲西部南北向延伸的巨大地质系统的一部分。该系统绵延数千米，是

> 圣安的列斯断裂带是陆地上可见的北美洲和太平洋板块的连接处。

众多组成太平洋岩石圈的板块与美洲板块的交界处。组成太平洋岩石圈的板块由北向南依次为库拉板块、法拉隆板块、纳斯卡板块、菲尼克斯板块和南美洲最南端的南极板块。随着东太平洋隆起的向东挤压，纳斯卡板块向南美洲板块的俯冲是安第斯山脉形成的直接原因。

在加利福尼亚州一带，北美洲板块向南漂移，而位于太平洋板块东北部的法拉隆板块则向北移动。绵延数百千米的圣安的列斯断裂带就位于这两个板块相对移动的边界。圣安的列斯断裂带是一个走滑断层，两个板块沿着这条断层相对滑动而不是上下运动。随着时间的推移，有些时候两个板块相互拉扯变形，由此释放的强大应力则产生地震。研究表明，板块在圣安的列斯断裂带的相对滑动速度大约为每年5厘米，而过去的年平均滑动速度为每年1厘米。照此计算，在2500万年内洛杉矶会移动到和旧金山同样的纬度。

圣安的列斯断裂带的主体部分仅局限在一个

更新世

❶ 披毛犀（*Coelodonta antiquitatis*）

❷ 大角鹿（*Megaloceros giganteus*）

❸ 猛犸象（*Mammuthus primigenius*）

毛茸茸的"外套"

大型动物的热量比小型动物散失得更慢，因此大型动物通常在寒冷的气候中更有优势，如上图所示。尽管如此，像猛犸象这种体型的动物依然需要额外的保温层来抵御更新世冰期极端的严寒。小型动物可以通过挖掘雪洞冬眠的方式保存能量，但是大型动物做不到这一点。因此，由于长时间生活在寒冷的地带，猛犸象、牦牛和披毛犀都演化出了厚厚的毛茸茸的"外套"。

更新世

> 地壳的断裂可以使沥青溢出地表，由此形成的沥青湖使许多动物丧命。

狭窄的活动带，向南一直延伸至加利福尼亚湾，并在那里形成一系列小型的水下转换断层。像圣安的列斯断裂带这样的走滑断层可以在两个相邻板块抵消部分的牵拉作用的情况下逐渐下沉并形成小型盆地。这些盆地形成沉积中心，因此附近的动物尸体更容易被冲到这里并形成化石。圣安的列斯断裂带切穿整个岩石圈，其附属的小型断层向外延伸至法拉隆板块和北美洲板块，甚至贯穿地下的储油层。储油层是由腐烂的有机物形成的。在河口或三角洲等低洼地带，大量动物的尸体变成腐烂的有机物。在深埋的条件下，由压力、温度和密闭环境引起的化学变化使腐烂的有机物进一步转变为石油。地下储油层的破裂会导致半液态的原油溢出地表。这种情况通常发生在渗透性较高的地层，特别

是埋藏较浅的上新统。渗出的原油在与空气接触后发生氧化并失去大量挥发性的组分，进而变成更为黏稠的沥青。由于沥青是憎水的，因此雨水会在其表面形成小水潭。乍看上去，这些水潭与普通的水潭并没有什么区别，但是动物一旦前来饮水就随时会有陷进去的可能。动物为了躲避捕食者的追击或者寻找水源可能会进入水潭的中心，而沥青非常容易将它们的皮毛或羽毛粘住。

圣安的列斯断裂带的持续活动形成了一个位于洛杉矶市中心的更新世的沥青坑——拉布雷亚沥青坑。拉布雷亚沥青坑以其中保存完好的大地懒、猛犸象、美洲野牛、可怕的大头狼和秃鹫（又叫作"恐怖的鸟"）化石而著称，但数量最多的要数剑齿虎——一种狮子大小、长着锋利犬齿的动物。最近的研究表明，这种掠食性动物拥有许多令人意想不到的特点。剑齿虎的体重是成年狮子的1.5倍，它

圣安的列斯断裂带

在一些地区，圣安的列斯转换断层十分显眼，如左图所示。两个板块的相对移动可以通过仔细测量断层两边的岩石确定。当两个板块滑动、碰撞时，就会引发地震。

的前肢骨骼可扭转以支持宽大的肌肉。短小的后肢表明剑齿虎可能不会像现代非洲狮一样主动追击猎物，它们可能会用蛮力将猛犸象和大地懒等体型巨大的猎物拖倒。这样大的猎物即使是现代的非洲狮也难以企及。剑齿虎会同时使用强壮的前肢和锋利的犬齿，它们紧紧地抱住行动迟缓的猎物以期将犬齿折断的风险降到最低，然后将犬齿深深地插入猎物的身体里，在下颌的配合下将一大块肉撕下。这一过程叫作剑齿虎撕咬。如果不幸被剑齿虎咬中颈部的话，猎物很快就会因失血过多而死去。

除了安第斯山脉以外，纳斯卡板块向南美板块的

圣安的列斯断裂带的变迁

大约2500万年前，东太平洋隆起开始向北美洲板块下方俯冲（❶）。随着该隆起能量的释放，法拉隆板块减小为两小块。这一系列板块运动使里维拉和门多西诺发生南北向滑动，圣安的列斯断裂带形成。在距今400万~300万年前（❷），圣安的列斯断裂带向内陆延伸，将今天美国加利福尼亚州巴贾－墨西哥的一小块地体分离且并入太平洋板块。圣安的列斯和门多西诺断裂带都是转换断层，门多西诺断裂带连接了胡安·德富卡扩张脊和北美洲板块的俯冲带，而圣安的列斯断裂带连接了胡安·德富卡扩张脊和另一个位于加利福尼亚湾的离散边界。

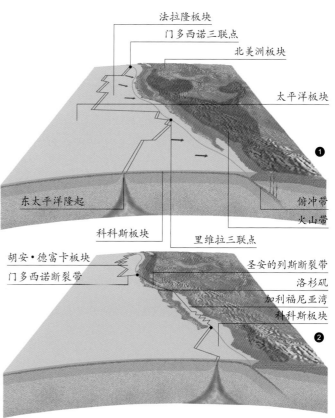

沥青坑

不整合

更新世地层

油砂

第三纪沉积物

裂隙

石油矿藏

在拉布雷亚沥青坑以下，一系列第三纪断层和上覆的更新世地层形成角度不整合（上图）。第三纪岩层的不透水层之间聚集了丰富的石油矿藏，它们通过大量的岩石裂隙溢出地表形成沥青坑。

> 墨西哥湾暖流的形成对欧洲西部的气候、生态系统和动植物产生了巨大的影响。

俯冲还形成了巴拿马地峡。这个构成中美洲并连接南美洲和北美洲的地峡是汇入南美洲安第斯山脉的高地，所以说造山运动不仅形成了安第斯山脉，还形成了巴拿马地峡。然而，北美洲与南美洲之间的陆桥并不是一整块陆地，而是由这两块大陆之间的一系列岛屿和海岬组成的。

巴拿马陆桥在大约300万年前的上新世完全形成，它的形成对北美洲和南美洲两个大陆上的陆生脊椎动物产生了重要的影响。不仅如此，巴拿马陆桥的形成还对其他地区产生了巨大的影响。在此之前，大西洋洋流向东穿越中美洲的海峡进入太平洋（大西洋洋流的运动方向受地球自转和大气运动的双重影响），但是巴拿马地峡的形成完全阻隔了大西洋洋流进入太平洋的通道，并使其转向东北方。转向后的大西洋洋流称为墨西哥湾暖流，它沿北美大陆的东海岸向北运动并最终抵达欧洲西部和不列颠群岛。

更新世气候的快速变化与全球洋流运动和大气循环不无关系。以墨西哥湾暖流为例，这条800米

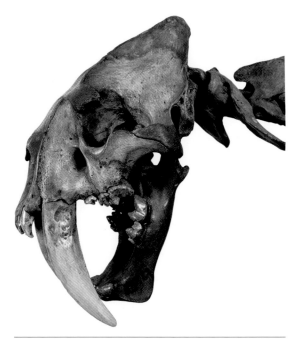

剑齿虎

位于洛杉矶市中心的拉布雷亚沥青坑保存了许多精美的平原动物化石，其中数量最多可能也是最著名的要数剑齿虎化石。这种健壮的掠食性动物能够用巨大的犬齿刺穿猎物厚厚的皮毛。

洋流间的界线

上图所展示的是从太空中看到的快速流动的墨西哥湾暖流（下半部分）和美国东海岸相对平静的寒流在大西洋中交汇时形成的界线。墨西哥湾暖流对于北半球生态系统的形成至关重要，它不仅使欧洲的气候比同一纬度的其他地区更为温暖，而且阻挡了更新世海冰的向南扩展。因此，北大西洋的海冰在更新世的冰河时期从未抵达欧洲南部。

深、盐度很高的温暖水体使北大西洋海水的温度升高，最终抵达冰岛时仅表层海水尚存一些热量。由于冰冷海水的密度比温暖海水大，墨西哥湾暖流在丧失热量之后旋即下沉。在巴拿马地峡完全形成之前，大西洋的海水由于可以和太平洋的海水混合而呈现较低的盐度，因而在抵达北冰洋之前不至于下沉。当巴拿马地峡完全形成之后，季风加速了海水蒸发的速度，大西洋海水因盐度的增加而快速下沉，进而导致北冰洋海水温度的降低。北冰洋海水温度降低可能导致冰河时期的来临。

在更新世冰期，北半球巨大的冰原对形成时间不到150万年的墨西哥湾暖流产生了极其深刻的影

生活在岛屿上的大型和小型物种

巴拿马地峡将南美洲从一座巨大的"孤岛"变成与北美洲相连的陆地，进而使原本生活在南美洲的动物开始遭遇入侵者。这些动物的演化随即受到了严重的影响，其中一些典型的特征能够在化石上反映出来。体型的小型化就是其中之一，它反映了受地理隔离影响的地区的动物的演化策略。虽然南美洲和北美洲动物的基因库依然存在联系，但地理隔离使南美洲动物的基因库与正常的相比出现了明显的变化。受地理隔离影响的地区的动物体型小型化的原因主要是地理隔离使许多动物赖以生存的资源下降到一个很低的水平，比如捕食和繁殖场所的显著缩小、食物和水源的匮乏以及摆脱捕食者追击的难度增大，等等。一般情况下，陆生哺乳动物和爬行动物受到的影响比鸟类明显，因为海洋对鸟类种群的交流并不构成障碍。

从演化的角度说，地理隔离使动物的体型发生了令人意想不到的变化——既可以使大体型动物小型化，又可以使小型动物大型化。植食性动物的体型由于食物匮乏逐渐变小，而包括啮齿类在内的小型动物的体型则因为天敌的消失而逐渐增大。更新世生活在马达加斯加的巨狐猴以水果和树叶为食，由于岛上缺少大型捕食者，巨狐猴演化出熊一样大小的体型。在现生动物中，科莫多巨蜥是一个体型增大的经典例子。生活在印度尼西亚科莫多岛的科莫多巨蜥由于缺少大型哺乳动物天敌而逐渐成为岛上的顶级肉食性动物。

在一些小型动物大型化的同时，另外一些动物的体型减小，在马耳他岛上发现的矮种象化石就是一个例子。更新世生活在这里的象体型不过如圣伯纳德犬一般。其他的例子还包括曾经生活在西伯利亚外海中的弗兰格尔岛上的猛犸象以及广为人知的昔德兰矮种马。

更新世

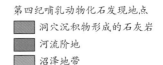

—— 河马分布范围的北界（末次间冰期）
—— 冰盖范围的南界（末次冰期）
➡ 可能存在的陆桥

第四纪哺乳动物化石发现地点
▨ 洞穴沉积物形成的石灰岩
▨ 河流阶地
▨ 沼泽地带
▨ 海岸悬崖

爱尔兰

大不列颠

岛屿的气候

不列颠群岛更新世间冰期（大约12万年前）的河马化石证明了墨西哥湾暖流对北大西洋气候的增温作用，但是到了2万年前，冰原扩展到了苏格兰、英格兰北部以及威尔士和爱尔兰的绝大部分地区，这些地区的动物群落亦随之发生改变。野牛、驯鹿和驼鹿等耐寒动物的化石开始增多，证明这个时期不列颠群岛的气候要比今天寒冷许多。寒冷的气候导致海平面下降，进而使欧洲本土的哺乳动物能够迁徙到不列颠群岛，甚至不列颠群岛的一些哺乳动物能够通过偶尔出现的陆桥扩散进入爱尔兰。在更新世结束时，进入爱尔兰的动物包括爱尔兰大角鹿。

响。最初北大西洋的浮冰迫使墨西哥湾暖流向欧洲西部和伊比利亚半岛方向流动。随后，冰期极盛时大陆冰川和海冰面积的扩大使北半球的季风有所加强，同时将构成墨西哥湾暖流基础的赤道暖流南压。这些洋流同时受到海冰的阻挡而无法抵达欧洲，北半球因而形成了极大的纬向温度梯度。大西洋沉积物中的有孔虫和放射虫等海洋无脊椎动物化石反映了形成墨西哥湾暖流的"大洋传送带"在冰期全盛

阶段基本上完全消失，这一过程进一步削减了向北输送的热量并加速了冰原的扩展。

在墨西哥湾暖流最活跃的时期，欧洲和不列颠群岛的气候要比同一纬度的其他地区温暖许多，这和今天的情况差不多。这种气候对不列颠群岛的动物群产生了深刻的影响。在由北极南下的冷空气和大西洋暖流的共同作用下，不列颠群岛的气候和哺乳动物群发生了快速而剧烈的变化。

爱尔兰大角鹿

左图所展示的所谓的爱尔兰大角鹿实际上是一种鹿科动物，但它的角足有3米长，因此称得上庞然大物。为了承担巨大鹿角的重量，爱尔兰大角鹿的头骨和颈椎也都异常宽阔。爱尔兰大角鹿需要摄入大量的能量才能维持如此巨大的鹿角健康生长。

如今，欧洲大陆的生物多样性水平高于不列颠群岛，而不列颠群岛又高于爱尔兰。在末次间冰期之前，不列颠群岛的生物群落与欧洲大陆的没什么明显的区别。鬣狗和棕熊等大型肉食性动物的分布表明，中更新世之前爱尔兰和不列颠群岛之间依然有陆桥相连。不列颠群岛与欧洲大陆的分离应该发生在最后一次间冰期（1.2万年前），因为这一时期生活在欧洲大陆的松田鼠、犀牛、马和早期人类在不列颠群岛上已难觅踪影。不列颠群岛最后一次冰期的动物群落与欧洲的相似，表明这一时期动物交流的通道尚未被阻断，但这一时期爱尔兰动物群落的衰退说明在爱尔兰和不列颠群岛之间的陆桥已经消失。进一步的隔离使野鼠、青蛙和蛇等欧洲本土常见的动物至今依然无法在爱尔兰见到。

早期人类生活的自然环境并不利于化石的形成，因此人类演化的证据少之又少——人类演化的早期阶段几乎一片空白。现代人的起源和早期演化理论是当今所有科学争论中最具争议的问题。然而，大多数古人类学家认为500万~200万年前生活在非洲东部和南部的人科动物是沿着南方古猿与人这两条路线演化的。所有人科动物都具有一些相同的特征，包括他（它）们都是两足行走的小型猿类，都具有较小的脑容量、强壮的颊齿和不甚笔直的前后肢。这些特征说明他（它）们并不是完全生活在丛林中的。

> 大约190万年前，一种个子高高的、直立行走的人科动物出现在肯尼亚。

此后，在大约190万年前的上新世末期，一种新的人科动物出现了。这种新的人科动物化石具有比能人（大约200万年前的最古老的人类化石）更加进步的特征，其中保存最好的一件标本是1984年由理查德·里基在肯尼亚的图尔卡纳湖附近发现的。尽管最初被命名为"直立人"，这件标本的生物学名称却叫作匠人（意为"工人"），他还有一个绰号叫作"图尔卡纳男孩"——用以纪念这个尚未成年的人科动物化石。"图尔卡纳男孩"的身高大约为1.6米，脑容量为830毫升，大眼眶、深下颌、宽鼻孔、方脸盘和平坦的下巴代表了"图尔卡纳男

直立人

直立人（下图）是第一种广泛分布的人类，其进步特征表现为具有相对较大的脑容量。这副匠人骨架是世界上已发现的最完整的早期人类化石之一，骨盆结构显示其属于一个身高为1.6米的男性。他死亡时的年龄大约为12岁。

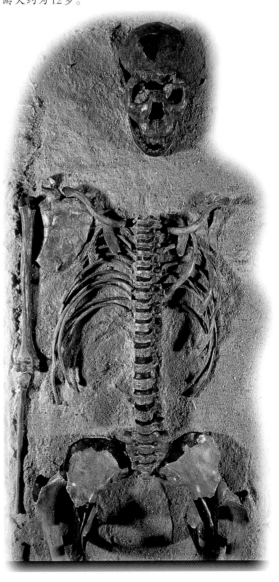

更新世

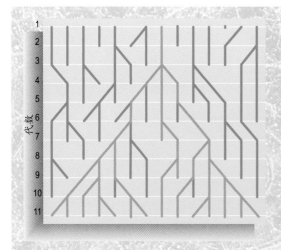

"线粒体夏娃"

线粒体是真核细胞特有的一种半自主性细胞器，含有独立的DNA。线粒体DNA只受母系（红色）遗传控制，而男性（蓝色）并不能遗传给后代。因此，通过随机变异过程，一个女性的线粒体DNA有可能在一个群体中取代许多不同的线粒体DNA类型。

孩"比智人（现代人）更加原始的头部特征。尽管如此，他的头后骨骼与现代人的差异不大，并且他可以直立行走。在匠人发现的地点还出土了许多工具和武器，说明他们不仅会制造工具，而且通过相互协作的方式集体狩猎。人们在北非、亚洲（特别是印度尼西亚）和欧洲也发现了类似的早期人类化石，这些化石开始形成的年代距今大约125万年，他们被归入直立人。1995年中国也发现了一件直立人化石，该化石开始形成的年代距今大约190万年。这不仅证明了直立人出现的时间比之前想象的更早，而且说明直立人早在大约200万年前就已经走出非洲——比原来推测的时间早了差不多100万年。

毫无疑问，匠人和直立人比他们的祖先能人掌握了更多的技术。能人使用的工具简单而粗糙，无非是只有一个刃口的卵石——它们都是奥杜韦文化的代表，而"奥杜韦"这个名字来自东非的奥杜韦峡谷。很多欧洲的直立人化石发现地点出土了属于阿舍利文化的锋利的石制品。"阿舍利"这个名字因该文化最早发现于法国亚眠市郊的圣阿舍尔而得名，这里发现的人类化石距今78万~53万年不等。阿舍利工具的发现表明中更新世初期人类在非洲和欧洲曾发生过一次不寻常的快速演化，他们较直立人高

级，但是比欧洲的智人要原始。

1987年和1991年，两项有关智人DNA的研究取得了一些结论：所有的现代人都来自同一祖先，这个祖先来自20万年前的非洲，并且早期人类对现代人的基因库没有任何贡献。这项研究是基于一种叫作线粒体DNA（mtDNA）的遗传物质展开的。线粒体DNA的演化速度比核DNA快，因此可被用作测量两个种群分化时间的分子钟。在分化后，两个种群各自会继续发生基因突变，分化的时间越长，形成的突变也就越多。线粒体DNA是通过母系遗传的，因此这位母系祖先被形象地称为"线粒体夏娃"，而现代人起源的假说则被叫作"走出非洲"假说。

> 线粒体DNA的研究显示，最早的现代人来自非洲，此后通过迁徙扩散到了世界各地。

在这项研究中，科学家首先对来自世界各地的147个受试者的基因样本进行了检测，随后样本量又增加了189人。其中121名非洲裔受试者来自撒哈拉沙漠以南的6个不同地区。研究结果表明，不同受试者个体间仅有0.4%的基因差异（说明现代人起源的时间较晚），而非洲裔受试者的基因多样性水平非常高（反映了长时间的演化）。将这些结果

阿舍利手斧

阿舍利工具（名字来源于其发现地点）的特征是沿着一个长轴两面打制出新月形的刃。

与猿类的相比，二者的差异微乎其微。这一结果支持了现代人是最近才出现的观点。两项研究的结果表明所有现代人的线粒体DNA都源自20万年前非洲的一名女性，因此认为现代人的祖先来自20万年前的非洲。这项研究同时指出，人类的系统发育包含两条主要分支：一条代表了现在撒哈拉沙漠以南非洲的6个线粒体DNA类型，而另外一条代表

走出非洲

大约15万年前，现代智人起源于非洲并扩散至整个旧大陆（下图），最终于5万～3.5万年前进入澳大利亚。智人的出现有可能是直立人等早期人类消失的原因。1.8万年前，末次冰期正值极盛阶段，海平面降至低位。这些恶劣的环境条件有如催化剂一般使人类掌握了狩猎技术、工具和武器制造以及生存策略。

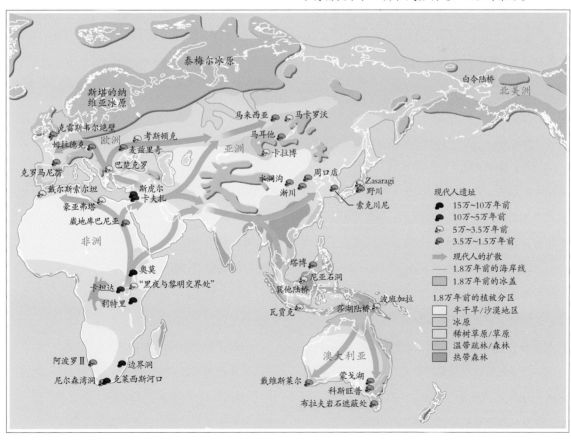

一处早期遗址

麦道克劳夫特岩石遮蔽处位于美国宾夕法尼亚州匹兹堡南部大约48千米。这里的沉积物主要包括11层，碳同位素测年显示这处遗址的时代从距今1.4万年（也有可能是1.7万年）一直延续到250年前，成为新大陆上延续时间最长的遗址。

了所有其他人。

另外，如果这个"线粒体夏娃"的后裔与其他早期人类杂交，那么其他早期人类的线粒体DNA也会进入现代人的基因库。然而这样的事件并没有发生过，这意味着现代人走出非洲后取代了直立人，而不是与后者杂交。

不难想象，"走出非洲"的理论同样遭到了质疑，主要的反对意见是多地起源说。这个理论认为智人曾遍布旧大陆（非洲、欧洲和亚洲），并通过一步步的演化取代了其他早期人类。因此，这种理论认为现代人演化的过程既没有经历过大规模迁徙，也没有其他早期人类被取代的事件。

多地起源说对人类变异的解释十分牵强。它强调大约100万年前早期人类发生了地理隔离，进而产生生殖隔离——这是现代人族群形成的原因。尽管人类的族群曾经多次出现地理隔离，但因地理隔离的时间较短，从未产生过族群间的生殖隔离。尽管可以将人分成不同的种族，但这种分类实际上并没有生物学意义——事实上这仅代表了一个种群内的遗传变异，而非种间差异。

根据多地起源说，如果直立人在至少100万年前离开非洲的话，现代人群的线粒体DNA应当出现巨大的差异，但事实并非如此。尽管单一起源理论也存在争议，但越来越多的遗传学研究和化石证

更新世

地图标注：

泰梅尔冰盖
斯堪的纳维亚冰原
布罗姆
维尔勃里
拉马德莱娜
奥维耶多
阿卡里达弗
久克台洞穴遗址
Berelekh
德赖
克里克
旧克罗
白令陆桥
蓝鱼洞穴
尼纳纳河
布罗肯山默斯
乌西基
格陵兰冰原
劳伦太德冰原
迈恩多夫，斯德尔墨
宾斯维特
麦兹里奇
法兰许提洞穴
奥阿洛Ⅱ
波克尔塔吉特
Afontova Gora
马卡罗沃
马家宁斯卡娅
野川
科迪勒拉冰原
马米斯
肯尼威克
肯尼－米尼辛色
麦道克劳夫特
福尔松
维尔
德波特
巴布鲁克
霸鸟
布莱克沃特德罗
特佩斯潘
泰马－泰马
潘卓品塔达岩洞
潘卓弗拉达
Quebrada
Jaguay
蒙特沃德Ⅰ，Ⅱ
霍勒费尔斯岩洞

现代人遗址
（画线的地点尚存在争议）
1.5万~1.2万年前
1.2万~1.1万年前
1.1万~1万年前
现代人类的扩散
1万年前的海岸线
1.2万年前的冰原
1万年前的冰原

最早的美洲人

科学家对于人类何时通过白令陆桥进入北美洲的问题一直争论不休。最为广泛接受的观点是人类在大约1.3万年前通过东部的科迪勒拉冰原与西部的劳伦太德冰盖之间的一个通道进入北美洲。然而，宾夕法尼亚麦道克劳夫特岩石遮蔽处等位于冰原南部的时代比上述推测的年代更早。不仅如此，巴西和智利的一些地点的时代可以追溯至3.3万年前。

据都支持这个假说。

尽管存在一些原始的特征，但在奥莫（埃塞俄比亚）、利特里（坦桑尼亚）、边界洞（南非）、克拉西斯河口（南非）发现的距今15万~10万年的人类头骨化石都确定属于现代智人。人们在以色列的卡夫泽和斯胡尔洞穴中也发现了类似的化石，其脑颅高而短，前额竖直，眉弓微弱，下巴明显，脑容量大约为1550毫升，这些都符合现代人的特征。这些化石的时代距今10万~9万年，代表了最早走出非洲的现代人。

欧洲最早的人类化石发现于西班牙北部的阿塔普埃卡，时代距今大约80万年。他们与非洲同一时代的早期人类显著不同，古人类学家将他们命名

为海德堡人（在德国海德堡的毛尔地区出土人类化石并被命名为"海德堡人"之后）。数千年后，欧洲的早期人类演化出一些特有的特征，其中许多都反映了对寒冷气候的适应。这些早期的人类被称为尼安德特人（在德国的尼安德特河谷发现的古人类化石被命名为"尼安德特人"之后）。他们的四肢较短，但身体健壮，具有非常突出的面部和强健的牙齿。4万年前，当智人从亚非交界地带走入欧洲时，他们取代了当地的尼安德特人。到了3万年前，尼安德特人消失了。4万~3.5万年前，现代人开始出现在西伯利亚南部，并在不久之后通过白令陆桥扩散至北美洲。32750年前，他们抵达澳大利亚。

到了末次冰期，世界上的大部分地区都出现了人类的身影。与早期人类不同，他们已经能够通过耕作和技术改进来适应不同的环境条件。比如，他们能够使用武器通过复杂的合作共同完成一次大型的捕猎活动。人类数量的增多和高效的狩猎活动

> 大型植食性动物消失的时间与现代人扩散的时间不谋而合。

更新世

更新世

拉斯科克斯洞穴中的岩画

克鲁马努人最早抵达欧洲，他们不仅带来了一系列独具特色的工具，还在法国和西班牙境内的山洞里留下了同样富有特色的岩画。位于法国南部拉斯科克斯的一处绘有公牛图案的山洞令考古学家、人类学家和古生物学家心驰神往。这处岩画见证了曾经生活在这里的古人和动物，而根据同一地区发现的欧洲野牛、野马、野山羊和驯鹿化石推断，古人生活在该处洞穴中的时间为距今1.7万~1.6万年前。一件野牛化石的伤痕说明这一时期的古人已经开始将大型动物作为他们的食物的一部分。

在很大程度上导致了距今1.2万~1万年间许多物种尤其是大型陆生食草动物的灭绝。这种观点被称为"猎杀假说"。

北美洲的大型陆生哺乳动物中有33个属（约占总数的73%）灭绝，其中包括所有的长鼻类（猛犸象、大象和乳齿象）、许多种马、所有的骆驼、貘、笨重的大型雕齿兽和身形巨大的大地懒。许多种类的鹿也灭绝了，进而导致以巨型美洲虎、剑齿虎和似剑齿虎为代表的许多肉食性动物消失。在澳大利亚，巨蜥和5种有袋类动物灭绝了；而在南美洲，包括滑距骨兽、南方有蹄类和贫齿类等特有动物在内的46个属灭绝。尽管披毛犀、大角鹿和长毛的猛犸象都灭绝了，但欧洲的损失相对还是较小的。其他动物（比如河马和鬣狗）只是分布范围有所缩减，但并没有完全灭绝。

大型动物由于具有极长的妊娠周期且成长缓慢，需要经过很多年才能达到性成熟，因而更容易因为人类的过度猎杀而灭绝。相对而言，体型较小、成长快速、繁殖能力强的动物更具优势。当猎杀速度超过繁殖速度时，人类对这些动物的过度利用必将导致其数量减少。

支持"猎杀假说"的学者指出，在人类扩散的过程中大型动物灭绝的直接原因是人类的猎杀。由于人类起源于非洲，非洲的大型动物与人类同时演化，因而有时间逐渐适应人类的威胁。而人类对于其他大陆的动物来说是一个全新的物种，它们对人类的狩猎行为毫无防备，因此更容易遭到杀害。除此之外，人类还是"善变的捕食者"，当一种动物灭绝之后，他们很快就会把另一种动物作为猎杀对象。

大量的证据同时表明，至少欧洲的气候变化和冰川消退并不是导致动物灭绝的主要因素。但遗憾的是，考古学家至今并没有找到人类狩猎场所的遗址，也有证据表明人类进入澳大利亚（可能也包括北美洲）很久之后才出现动物灭绝的事件。这些事实无疑降低了"猎杀假说"的可信度。对北美洲动物灭绝的时间和地点的重新研究表明，事实可能与"猎杀假说"推测的不完全相同。尽管非猎杀对象的灭绝是"气候变化假说"的证据之一，它同样是支持"基石物种"假说的重要证据。"基石物种"假说认为，大型植食性动物因为人类的过度猎杀而灭绝会对小型动物产生不利的影响，进而破坏整个生态系统。这一假说认为，大型动物的灭绝是气候变化和人类活动共同作用的结果。

在位于今天洛杉矶市郊的拉布雷亚沥青坑中，人们发现了众多更新世哺乳动物化石。这个沥青坑曾被许多动物误以为水潭，最后陷入其中。这里发

> 在拉布雷亚沥青坑中挣扎着的动物引起了捕食者和食腐者的注意。

现了40种、超过4000个个体的哺乳动物化石以及100种鸟类化石，其种类和保存的状况都令人惊叹。大约200万年前，这里的地貌与今天开阔的草原非常相似，生长着草本植物、阔叶乔木和以加利福尼亚鼠尾草为代表的灌木。这些动植物组合反映了多样的温带生境。猛犸象是这里体型最大的动物，其中一些还长有向上弯曲的象牙。由于长出如此大的象牙需要充足的营养物质，因此这一地区应该曾经水草丰美。然而，拉布雷亚沥青坑中最多的植食性动物不是猛犸象，而是野牛。数量庞大的野牛牙齿化石为了解它们的种群的年龄结构提供了重要信息。牙齿特征显示，这些野牛死亡时的年龄大多是整岁，比如1岁、2岁、3岁，而不是1.5岁、2.5岁。这种现象和它们的牙齿的磨损方式都反映了野牛每年只在特定的时候来到拉布雷亚沥青坑。换句话说，直到150年前野牛从北美大陆消失之前，它们一直都是逐水草而居的。

拉布雷亚沥青坑中的哺乳动物化石组合存在一个不同寻常的现象，那就是其中90%的动物都是食肉类。其中数量最多的肉食性动物是恐狼，其次是剑齿虎，后者除了3件相当完整的标本外，还有数千件破碎的标本。不同年龄的剑齿虎化石展示了这些长达23厘米的巨大剑齿的生长过程。与剑齿虎一起发现的还有短面熊，它长有锋利的牙齿和强壮的下颌，肩高大约是1.8米，体重接近1吨。天上飞翔的泰乐通鸟（意为"善于飞翔的大鸟"）是秃鹫的近亲，翼展达4米，它目睹了这些强壮的肉食性动物捕食的过程。在美国加利福尼亚州的其他地区还生活着体型更大的秃鹫。

更新世

❶ 古风野牛（*Bison antiquus*）

❷ 恐狼类（*Canis dirus*）

❸ 泰乐通鸟（*Teratornis*，一种秃鹫）

❹ 剑齿虎（*Smilodon*）

❺ 帝王猛犸象

❻ 郊狼

❼ 灰鹭

更新世

更新世

专题　人类的演化

现代人又称智人，其特征包括颅顶厚重、枕骨大孔位于头骨下方、鼻部缩小、脑容量增大、颊齿缩小、下巴发育和眉嵴缺失等。智人是灵长目人亚科人族的一支，大约在500万年前与组成人科的大猩猩和黑猩猩分离。

系统发育分析显示，南方古猿组成人属的姐妹群。1990年以前所有的南方古猿都被归入一个属，但之后新的研究工作认为它们属于3个不同的属，即距今440万年前的最古老的人类地猿、南方古猿和傍人。埃塞俄比亚地猿的犬齿锋利，臼齿较窄，釉质层薄，其形态相对于现生猿类来说更偏向于人亚科。科学家推测，它们应该以树叶和水果作为主要食物。地猿的枕骨大孔的位置靠前，它们已经能够用两足行走。

南方古猿湖畔种化石是由古人类学家理查德·里基在肯尼亚的图尔卡纳湖（旧称鲁道夫湖）附近距今410万~390万年前的地层中发现的。南方古猿湖畔种的很多特征都与地猿相似，因此被认为最原

始的南方古猿。南方古猿非洲种发现于埃塞俄比亚的哈达尔地区，最为人们熟知的是一件叫作"露西少女"的标本。"露西少女"保存了40%的骨架，她生活在大约318万年前，死亡时年仅20岁左右。晚期南方古猿包括南非的南方古猿非洲种和罗百氏傍人（粗壮傍人），以及东非的鲍氏傍人和埃塞俄比亚傍人。傍人在很多方面都是南方古猿中最有意思的。其中，罗百氏傍人的面部呈宽阔的盾牌状，矢状脊发达，臼齿巨大。这些特征都适应取食粗糙的食物。

人属的鉴定存在很大的争议。从现代解剖学和生物力学的角度来看，智人的变异范围比化石人类的差异更大，并且很多科学家将人属7个种之间的差异归结为任何种群中都存在的种内差异。系统发育分析将人属的7个种按照从原始到高级的演化关系排列为能人、鲁道夫人、直立人、匠人、海德堡人、尼安德特人和智人。

能人和鲁道夫人均发现于肯尼亚图尔卡纳湖距

两足行走

两足行走与智力水平和动手能力的提高一同出现，是人类适应稀树草原环境的重要特征（左图）。想要让上半身直立，人类臀部的肌肉必须有足够的力量。因此，人类的臀部比猩猩和大猩猩都要更加显著。人类骨盆比其他人科动物的更像碗状，这样的解剖结构反映了腰臀部肌肉的分布方式。

今240万~150万年的地层中，因此很多人类学家都认为他们属于同一个种。能人是最早出现的人类，而直立人是最早扩散至世界各地的人类。直立人与在非洲发现的匠人很接近，因此也有一些人类学家认为他们属于同一个种。最近在西班牙出土的海德堡人（距今78万~50万年）可能代表了比直立人高级而比智人原始的一个种。尼安德特人具有狭窄而强壮的下颌、粗大的眉嵴、宽阔的鼻孔、发达的矢状脊和巨大的牙齿。由于这些特征完全处于智人的变异范围以外，因此尼安德特人是与智人完全不同的一个种。

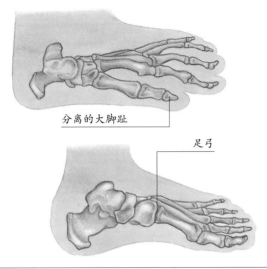

分离的大脚趾

足弓

脚上的弹簧

大猩猩的脚不具有足弓，且趾骨比人类的大拇趾长许多（上图）；人类不仅具有足弓，而且足弓还发挥了十分重要的作用。大猩猩行走时一部分体重可以分配给前肢；而对于两足行走的人类来说，全部体重都会落在两只脚上。因此，人类的足弓就像脚上的弹簧，在行走时吸收由运动产生的冲击。

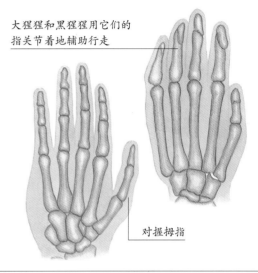

大猩猩和黑猩猩用它们的指关节着地辅助行走

对握拇指

强大的抓握能力

古人类化石的骨骼结构反映了人类逐渐增强的抓握能力（上图），这一过程进而使人类获得了其他灵长类动物所不具备的强大的动手能力。能够对握的大拇指需要强大的肌肉发挥功能，因此人类的大拇指根部形成了发达的拇指球。

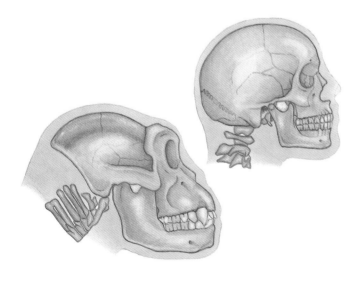

强壮的颌部

雄性大猩猩头上发达的矢状脊是咬肌附着的位置。粗大的眉弓（其功能尚不十分清楚）、强壮的颌部和发达的犬齿反映了大猩猩和人之间的食性差异。

更大的脑容量

智人的脑容量可以达到2000毫升，这远远超过大猩猩的脑容量，并且相当于最早期人类的2倍。和大猩猩的大脑相比，人类的大脑不仅在体积上占据优势，而且结构更加进步。人类大脑皮层的显著扩展与语言的出现不无关系。

更新世

100万年前

更新世 150万年前

罗百氏傍人（*Paranthropus robustus*）

200万年前

鲍氏傍人（*Paranthropus boisei*）

250万年前

埃塞俄比亚傍人（*Paranthropus aethiopicus*）

能人（*Homo habilis*）

300万年前

❸

南方古猿非洲种（*A. africanus*）

南方古猿阿法种（*Australopithecus afarensis*）

南方古猿奇异种（*A. garhi*）

350万年前

新近纪

更新世

400万年前

南方古猿羚羊河种（*A. bahrelghazali*）

南方古猿湖畔种（*Australopithecus anamensis*）

鲁多尔夫智人（*Homo rudolfensis*）

450万年前

❹ 人属

地猿（*Ardipithecus ramidus*）

❷ 人族

500万年前 ❶

人类的祖先

人类的系统发育分支相当稀疏，它描绘了这个类群有限的物种。此外，人类的多样化程度不高，他们的化石也极其稀少。由于证据十分有限，任何系统发育关系都是对人类演化最好的总结，而对于这个关系的争论主要集中在南方古猿和脑容量较大、两足行走的人属之间。

❶ 分化自猩猩。

❷ 南方古猿开始分化。

❸ 南方古猿粗壮种出现。

❹ 早期人属出现。

❺ 两足行走出现。

❻ 智人分化出亚种。

❼ 尼安德特人和智人同时存在。

❽ 尼安德特人消失，其遗传物质成为智人基因库的一部分。

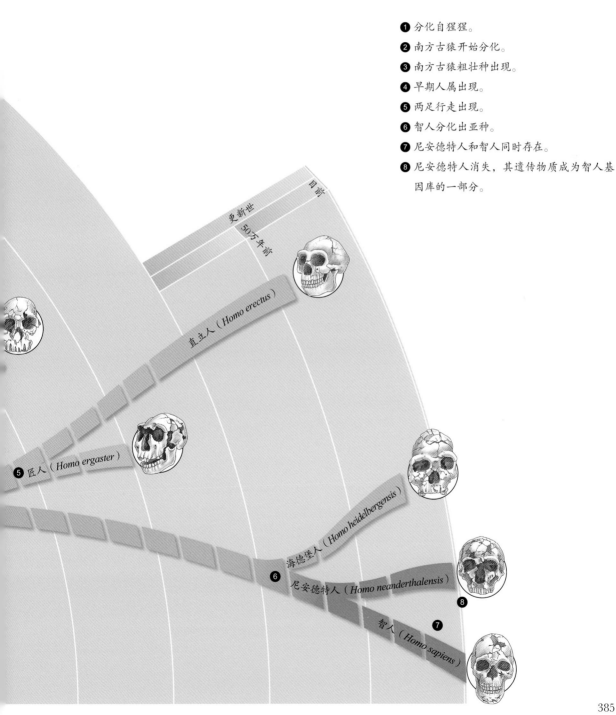

全新世
1 万年前至今

和更新世快速的气候波动相似，当今全球的气候也只反映气候变化的一个阶段。地球现在正处于一个间冰期的中期，这意味着如果地球原有的平衡不受人类活动干扰的话，下一个冰期将在5000~10000年后到来。然而，人类农耕和工业活动引起的快速气候变化已使得全新世成为地球历史上的一个独特的时期。时间尺度是预测未来气候变化的一个难题。人类对气候的详细研究始于17世纪中叶，而对大气圈的直接研究不过是最近几十年的事情。地质记录表明，虽然气候、岩石圈和水圈发生的许多变化持续的时间都短于这个研究周期，但是要预测每个系统的长期变化趋势，尚需积累更多的观测资料。不过可以肯定的是，地球上的生命正在遭受来自人类的威胁。

一般认为，在更新世向全新世过渡的时期，北半球冰原退缩至现在的水平，海平面亦升高到现在的高度。这意味着更新世结束于大约8000年前，但是这个年代颇具争议。如果把更新世－全新世的界线放在全球海洋变暖的中期，那么末次冰期应该结束于1.2万~1.1万年前。尽管全新世处于间冰期，但古老冰川终碛物的碳14测年表明在全新世也曾出现过寒冷的气候。气候波动是冰期结束和间冰期到来的标志，反映了大气圈、水圈和生物圈的微妙平衡以及太阳活动对它们产生的影响。比如，现在已经知道太阳活动极小年与全球气温的下降成正相关。历史上北半球最寒冷、最干旱的时期为公元1540~1890年，这一时期气温比现在低2~4摄氏度。这样的气温

> 虽然偶有寒冷的阶段，但全新世的气候相对温暖，一般被视为间冰期。

关键词
生物多样性、生物地理区系、生物群落、基因库、全球变暖、温室效应、K/T界线事件、大灭绝、臭氧层、孑遗物种

参考章节
太古宙：**板块运动**
侏罗纪：**裂谷**
新近纪：**草原、植食性动物、陆桥**
更新世：**冰河时期、人类**

全新世						
更新世	10000年前	9000年前	8000年前	7000年前	全新世	6000年前
气候	冰期结束	太陆冰川消失				
农业（非洲）		撒哈拉地区畜牧出现• 开始家养牛		•尼罗河流域农耕出现 藤本作物出现		
农业（近东/欧洲）	•开始家养羊和猪 肥沃新月地带的小麦、大麦和豆类种植	•农耕范围拓展到巴尔干地区	•美索不达米亚平原开始出现灌溉农业			
农业（亚洲）		•华北开始种植谷物 华南开始种植水稻	•印度河谷开始出现农耕和家养动物 新几内亚开始种植山药和芋头			
农业（美洲）	•墨西哥开始种植南瓜		•中美洲开始种植玉米			
生态变化	大灭绝事件	较高的降水量使撒哈拉地区再度适宜居住				
	温带森林扩展					

足以导致作物的绝收和欧洲的主要河流的封冻。当然，这个温差在现在全球变暖的大趋势下可能有点儿被夸大了。

更新世北半球巨大冰原的融化引起海冰面显著上升，进而给一些地区的地形和地貌都带来了巨大的改变。亚马孙地区地形的改变就是一个显著的例子：现在南美大陆东北部以外的大西洋曾经是一片陆地，后来海平面上涨了大约120米，淹没了这个地区，形成了今天的样子。

整个全新世，不列颠群岛的地形都没有发生太大的改变。北极冰盖的融化使位于不列颠群岛和欧洲大陆之间的英吉利海峡再次被海水淹没，生活在不列颠群岛上的动物开始了与欧洲大陆的动物完全不同的演化历程。但是由于地理隔离的时间只有1万年，动物产生的变异还不是十分显著。

> 虽然气候变化多多少少与现在所处的间冰期有关，但人类活动对地球前所未有的影响也很难逃得开干系。

当今全球的气候依然具有由冰期向间冰期过渡的特点，这与沉积学、地球化学和化石资料反映出的过去一个时期的气候特点相差不大。当前的间冰期对全球生物圈的影响是显著的。然而，过去1万年来的人类活动不仅加剧了这种影响，也使人类自身产生相应的变化。比如，有证据显示过去数千年仅地中海沿岸就有大量的橡树林遭到了人类的砍伐，而全新世前半段人类对森林的砍伐使欧洲出现了许多沼泽。这些人类活动掩盖了环境效应，因此很难说哪些效应是自然变化，哪些效应是由人类活动引发的。

分析近代的气候特点

树轮是分析最近一段时间气候特征的强大工具。树轮年代学主要是在比较现生和死去的树木的年轮的基础上对过去几千年的气候建立起标准化的年代框架。每一圈年轮的厚度都是树木生长的季节及其气候的忠实记录者，能够反映树木是否生长在严酷的环境中以及冬天是否寒冷。与岩层相比，树轮虽然只能反映最近一段时间的气候特点，但足以为全新世的气候变化提供精确的年代框架。

5000年前	4000年前	3000年前	2000年前	1000年前	现代
寒冷时期		寒冷时期		寒冷时期	小冰期
					中世纪温暖时期
	·高粱、谷子和画眉草的种植形成				
·整个欧洲的农耕形成					·工业革命
	·韩国开始种植水稻				
	·马铃薯的种植和家养火鸡出现		·开始种植烟草		
	可能由于过度放牧，撒哈拉地区的土地开始沙化				
欧洲的林地受到破坏					
美索不达米亚平原灌溉农业的发展导致该地区土壤盐渍化				热带森林遭到砍伐	

全新世

大灭绝事件

有数据显示，在过去5000年中全球气温明显下降。但值得注意的是，全球气温的下降并不是一个渐进的过程，而是呈阶梯式的。在公元前500年，欧洲出现的一次显著的气温骤降事件导致了这个地区泥沼的形成速度陡然加快。这些泥沼在地层中被永久保存下来，表现为深色的氧化泥炭突然间取代了普通沼泽中没有被分解的植物遗骸。这些沉积物的变化为了解过去几千年来气候与生物之间的关系提供了重要的参考。遗憾的是，这些地层的变化只能反映某个地区环境的变化，而且可能只是与这个地区的水系分布有关。然而，格陵兰冰芯中的氧同位素能够准确记录更大范围的气候变化情况。

动物和植物地理分布的变化反映了过去5000年来全球气候变冷对生物圈产生的影响，比如5000年前榛树在欧洲的分布比今天更靠北。动物同样受到了影响，比如水龟曾在欧洲的西北部有广泛的分布，而今天只生活在欧洲的最南端。在那些人类曾经长期生活且人口密集的地区，很难说是气候变化还是人类活动导致了这些动植物类群的减少。在欧洲还必须考虑到智人和尼安德特人出现几千年后的古代文明对环境与气候的影响。

在过去的1万年中，大型肉食性动物的分布范围几乎没有受到气候波动的影响，但受到了人类活动的干扰。比如，欧洲的大型猫科动物在大约3.5万年前[1]灭绝，现存的体型最大的欧洲野猫是身高只有40厘米的伊比利亚猞猁。除了东欧的少数地区以外，熊和狼在欧洲的绝大部分地区踪迹全无。在世界范围内，像大象、狮子和北极熊这样的大型动物也仅分布在人口稀少的地区。虽然一段时间以来，人类都是地球上占据优势地位的大型哺乳动物，而化石记录显示，只有极少数哺乳动物能够延续400万年以上。

了解地史时期板块的运动有助于预测未来全球地理格局的变化。根据目前已经掌握的数据，可以预知3000万年后地球的样子（尽管像小行星撞击地球这样的事件并不能完全预测）：圣安的列斯断裂

来自太空的威胁

迄今全世界发现了100多个陨石坑，其中最大的一个是在6500万年前的白垩纪末期由一颗直径大约为10千米的小行星撞击尤卡坦半岛形成的。这个陨石坑的直径大约为180千米，而这次撞击也导致了全球性大灭绝事件的发生。右图所展示的是位于美国亚利桑那州的巴林杰陨石坑，它的规模较小，而且这次撞击的影响可能也没有白垩纪末期的那次剧烈。未来陨石撞击是否会对地球产生毁灭性的影响，主要取决于陨石的大小以及撞击的位置。陨石撞击产生的破坏力最少相当于一次火山喷发，其对整个气候系统的影响可能长达数月。如今，天文学家正在密切监视那些靠近地球的小行星，以预测哪一颗小行星会在何时对地球构成威胁。但是目前还不清楚即使撞击被成功预测，人类又能做哪些事情避免撞击的发生。

全新世

---

[1] 译者注：此处疑为作者笔误。全新世指的是1万年以前至今的地质时期，且整段话的语境都是过去1万年，故我们推测此处应为3500年前。

带处的板块运动会使洛杉矶移动到和旧金山同样的纬度；北美洲的大部分地区最终都会向北漂移并与阿拉斯加碰撞，进而使加利福尼亚州形成一个半岛。碰撞除了在北美洲西海岸形成与落基山脉规模相当的年轻山脉以外，还在阿拉斯加境内形成与现在的喜马拉雅山脉同样规模的山脉。与此同时，由于侵蚀作用，包括阿巴拉契亚山脉和落基山脉在内的古老山脉的高度不断降低。再过1000万年，落基山脉东部的气候将会变得湿润。

大西洋的扩张使北美洲与非洲和欧洲的距离不

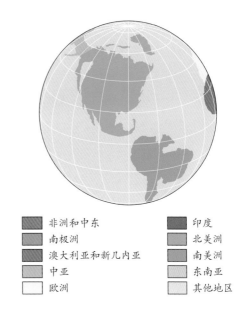

非洲和中东	印度
南极洲	北美洲
澳大利亚和新几内亚	南美洲
中亚	东南亚
欧洲	其他地区

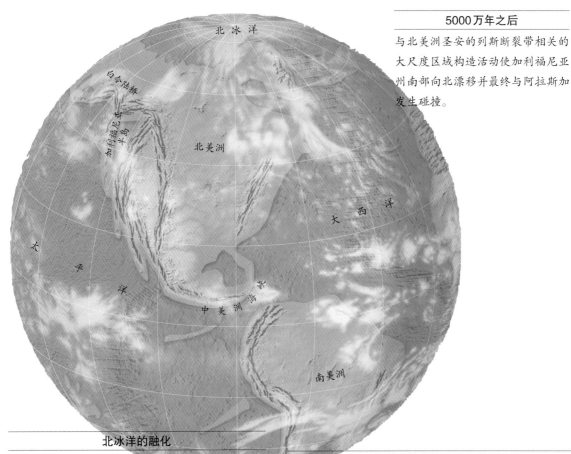

北冰洋

白令陆桥

加利福尼亚半岛

北美洲

太平洋

大西洋

中美洲海峡

南美洲

5000万年之后

与北美洲圣安的列斯断裂带相关的大尺度区域构造活动使加利福尼亚州南部向北漂移并最终与阿拉斯加发生碰撞。

北冰洋的融化

覆盖在加拿大克拉通之上的冰原融化使哈得孙湾一带抬升，无形中扩大了加拿大的陆地面积。随着全球气候变暖和冰川融化，过不了多久，森林就会出现在北极圈内。

南半球将会发生的变化

随着加勒比板块的不断漂移，巴拿马地峡最终将会消失，南美洲和北美洲之间的陆桥也会再度中断。而加勒比海与太平洋的再次连通将会影响到全球海水循环。

全新世

断加大，冰岛也将成为洋中脊"热点"上的众多火山岛屿之一。与此同时，中美洲的陆桥消失，使大西洋和太平洋重新连通，这不仅会使西半球的地理格局发生变化，而且墨西哥湾暖流的中断还会对整个西半球的气候产生深刻的影响。全球变暖和极地冰盖的融化使海平面进一步升高，淹没了亚马孙盆地和巴拉那河一带，使这里的热带雨林再度出现。

大西洋的不断扩张还会加速盐度较高的温暖的大西洋海水和盐度较低的寒冷的北冰洋海水之间的循环。现在的北冰洋是个半封闭的海域，周围大陆上的河流持续不断地向北冰洋补充淡水维持了其较低的盐度，这是北极冰盖稳定存在的原因。但是由于大西洋的扩张，温暖的海水一旦循环到北极地区便会使冰盖融化。失去了北极冰盖，北极地区的气候也将比今天温暖许多。

大西洋的扩张还会向东挤压欧洲西部地区，并使莱茵河向北海注入大量沉积物。在非洲板块向北挤压下，地中海将完全消失，并形成与喜马拉雅山脉同样规模的褶皱山脉。与此同时，非洲东部分裂并向北漂移，在与伊朗发生碰撞后形成另一个高耸的山脉。而位于裂谷之间的地区将形成海底高原，其中露出海面的部分则变成与今天塞舌尔一样的岛屿。由于印度洋板块继续沿着亚洲大陆的南缘俯冲，年轻的喜马拉雅山脉依然高耸。海平面上涨将淹没恒河平原和印度河平原，使印度看上去更像一个半岛。澳大利亚继续向北漂移并与东南亚碰撞，不仅在两个板块的碰撞处形成陡峭的高山，还将形成年轻的非洲–欧亚超大陆。然而，这片超大陆形成之后不久即沿着中亚的贝加尔湖和巴尔喀什湖再度分裂。

在此过程中，全球气候和生物群落都会发生重要的变化。比如，冰盖融化使南极大陆再次披上绿装，欧洲北部再次出现大片的森林。然而，由于大陆在不同的气候带间漂移和冰河时期的反复出现，很多物种都将从地球上永远消失。

19世纪初兴起的工业革命消耗了大量化石燃料，不仅造成了严重的空气污染，而且向大气中排放了过多的二氧化碳，这些都加剧了当前间冰期全球气温的上升。此外，19世纪中叶以来全球气温的确出现了缓慢的上升，1940~1970年间上升的趋势有所放缓，在气温图表上表现为一个平台期。但是在过去的30多年中，气温上升的速度明显加快。

> "全球变暖"本是间冰期正常的气候现象，但化石燃料的燃烧加速了这一过程。

人们对温室效应给予了极大的关注。所谓温室效应就是指当大气中的二氧化碳含量增加时在近地面处会形成一个隔热层，使地面的热量不能散去，进而导致全球气温上升。一些学者认为，温室效应是一种纯自然现象，和工业社会的到来没有任何关系；另外一些学者则认为，温室效应的出现完全是由人类活动向大气中排放了过多的二氧化碳造成的。

臭氧空洞

每年春天，能够抵挡紫外线的臭氧层在南极上方都会形成一个空洞。这个空洞的面积不断增加，到2000年已经相当于美国国土面积的大小。

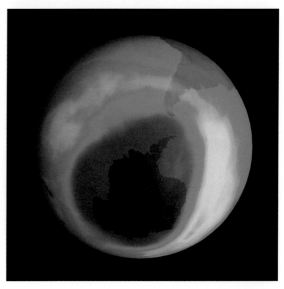

高温和大气中较高的二氧化碳含量非常有益于植物的生长，但对人类来说并非如此。一般认为，全球变暖会导致极地冰盖融化，进而引发海平面上涨和陆地面积减小，其直接后果就是人类丧失家园。冰的密度比水小，因此当海冰融化时，海平面并不会上涨，而是会出现小幅度下降。但是当大陆冰原融化时，情况则会完全不同。大陆冰原并没有占据海水的体积，因此南极冰盖等大陆冰原完全融化会使海水的体积骤增，海平面可能会因此上升60米。从另一个角度讲，全球变暖甚至还有可能使南极冰盖的面积扩大，因为全球气温的升高会加速海水的蒸发，从而使极地的降雪量大增。但是，很难预料

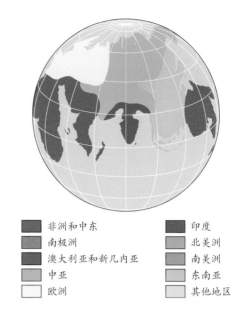

非洲和中东		印度	
南极洲		北美洲	
澳大利亚和新几内亚		南美洲	
中亚		东南亚	
欧洲		其他地区	

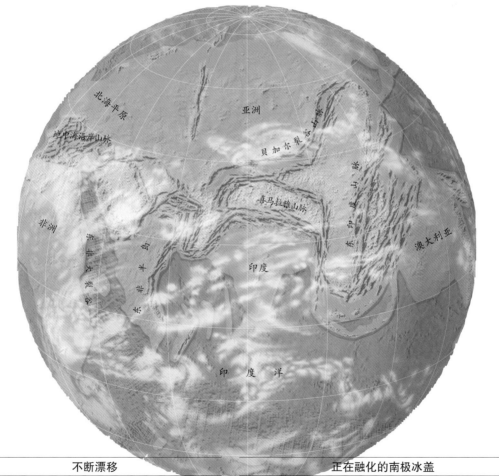

不断漂移

数百万年之后，澳大利亚将会与东南亚连成一片。而由于印度半岛的继续俯冲，亚洲大陆在这一地区形成一系列大型内陆湖。

正在融化的南极冰盖

南极冰盖蕴藏了地球上90%的冰，它的融化将会使海平面上升数十米。但是从另一个角度说，南冰洋的扩大以及南极环流都会使全球气候出现一个寒冷的时期。

究竟哪一种结果会出现。

如果全球变暖使海平面上升，局部地区的气候就会发生根本性的改变。像北美洲西北部这样降水频繁的地带会由于蒸发量的增加而变得更加湿润。而在热带地区，陆地气温的上升会使沿岸遭受更多台风的袭击。高温会加剧内陆地区的干旱化程度，如果与森林砍伐和水土流失共同作用，还会使沙漠面积进一步扩大。

如果温室效应不能够影响下一个冰河时期的到来，下一个冰河时期还会出现吗？世界上主要的工业和农业国家都集中在北半球，如果答案是肯定的，那么当冰原扩展到这些国家的时候，北半球将遭受灭顶之灾。当然，科学技术的进步有可能足以使这些国家免受气候变化的影响，在南极洲建立的耐候研究站已经证明这不是不可能的。尽管如此，欧洲西部、斯堪的纳维亚、俄罗斯和北美洲的农业生产还是难免受到影响。

板块运动正在使现代的非洲大陆发生变化。20

> 未来非洲板块分裂的迹象已经在东非大裂谷有所体现。

世纪20年代，非洲东部因其独特的地形、板块构造以及火山活动最先引起了地质学家的注意。非洲南部的内陆是平坦的高原，那里地形开阔且地势较高。尽管卡拉哈里盆地低于海平面，但是这里绝大部分地区的海拔都超过2000米，而这一巨大的高原又是以非洲裂谷系而著称的。

"裂谷"一词是1921年由格雷戈里提出的，他首次确认了东非大裂谷是由断层产生的。格雷戈里将裂谷定义为两条正断层之间下陷的狭长地体，或者一系列相互平行的阶梯状断层。相互平行的断裂带相距50~80千米，而下陷的中心部分深度可达3000米。

乞力马扎罗山

非洲最高峰乞力马扎罗山（火山）是在更新世东非大裂谷的形成过程中出现的，因此它形成的年代并不久远。作为板块张裂的产物，乞力马扎罗山直到现在依然活跃。

东非大裂谷全长3000千米，从红海的最南端经埃塞俄比亚、肯尼亚和坦桑尼亚向南分成东、西两支。西支裂谷带起自苏丹南部边境并穿过阿尔伯特湖、爱德华湖、基伍湖、坦噶尼喀湖、鲁夸湖和马拉维湖，这些湖泊都位于裂谷的最深处。这一地区最著名的地标之一就是乞力马扎罗山，它的海拔约为5900米。

现代裂谷与岩石圈顶和狭长的向上隆升的地壳结构密切相关。裂谷的宽度与裂谷地壳的厚度基本一致（50~80千米）。裂谷的两侧经常出现阶梯状的正断层，这些断层的活动可以形成频繁的浅源地震。由熔融的地幔物质加热形成的高温水流亦可以形成温泉。上涌的地幔物质使地壳隆起、拉张，进而形成裂谷。

非洲东部的张裂是一个区域性的板块运动，它开始于第三纪阿拉伯半岛与非洲大陆分离的时候。东非大裂谷是一个三叉裂谷的一支，另外的两支分别是红海和亚丁湾。非洲大陆很有可能在数千万年之内沿东非大裂谷完全分裂。印度洋的海水涌入裂谷形成年轻的海洋，就像今天位于阿拉伯半岛和非洲大陆之间的红海一样。

裂谷系中的火成岩通常沿着高原表面的地形流动，比如形成埃塞俄比亚高地的玄武岩流。肯尼亚境内东支裂谷带的火成岩总体积估计有60万立方千米，而形成埃塞俄比亚高原的火成岩体积还要更大。裂谷系中最古老的火成岩发现于埃塞俄比亚，形成于大约3000万年前。利用同位素地球化学和地球物理手段，可以准确测定这些火成岩的年龄，而这些岩石的年龄为在这一地区发现的化石提供了极其精确的地层时代框架，因此这些火成岩具有十分重要的意义。火山喷发、地壳抬升和风化等

> 东非大裂谷中丰富的火成岩对研究人类在这一地区的起源十分重要。

裂谷的各种地质活动交替地埋藏和暴露了几百万年来形成的化石。人们在埃塞俄比亚南部、肯尼亚北部和坦桑尼亚北部的裂谷地带都发现了人类与其他动物的化石。其中人类化石为了解智人的早期演化提供了重要的信息和原始的数据。

从上新世-更新世开始，裂谷中的湖泊就成了早期人类的居所。和现在一样，湖水不仅滋养了茂密的植被，还吸引了附近的动物前来饮水，因而成为大型动物经常出没的地带。不仅如此，这些湖泊和其他较小的水体还是这个地区主要的沉积中心。数万年来，水中的沉积物未曾遭受人类的破坏，因而其中保存的动物遗骸十分完好。动物尸体的埋藏速度越快，保存的状态越好。此外，裂谷中火山喷发产生的火山灰对遗骸起到了进一步的保护作用。现代的图尔卡纳湖全长超过300千米，与英吉利海峡的长度相当。图尔卡纳湖位于东非大裂谷东支的一个更大的盆地中，其不远处曾是一个古代的湖盆。大约400万年前最古老的南方古猿——南方古猿湖畔种曾生活在这个古代湖泊附近。

南美洲持续不断的构造运动形成了完全不同的景色。安第斯山脉沿着南美洲的西海岸延伸，从北部的加勒比海一直绵延到最南端的斯科舍海，全长约10000千米。因此，安第斯山脉是世界上最长的山脉。安第斯山脉的宽度大约为400千米，最高峰海拔将近7000米。

> 南美洲西海岸的造山运动依然活跃，形成的安第斯山脉是世界上最年轻的山脉之一。

位于智利和阿根廷边境的阿空加瓜山海拔达6960米，是南美洲乃至整个西半球的最高峰。

除了其他山脉具有的基本特征以外，安第斯山脉沿线还分布着为数众多的高大而活跃的火山。受到地球赤道隆起的影响，位于赤道上海拔5897米的科多帕希火山的火山口到地心的距离甚至比珠穆朗

从古至今

位于奥杜韦峡谷和图尔卡纳湖之间的Chemoigut组地层中保存了精美的动物化石。（❶）人们在这套形成于150万年前的湖相沉积物中不仅发现了丰富的鳄鱼和羚羊化石，还找到了早期的奥杜韦工具；（❷）25万年前的一次火山喷发在这里形成了厚厚的火山灰，在雨水冲刷出的沟壑中发现的手斧属于旧石器时代晚期的先进的阿舍利型；（❸）大约5000年前，现代裂谷地貌初具雏形，骨制品和其他手工制品反映了当时人们已经可以生产石制工具。

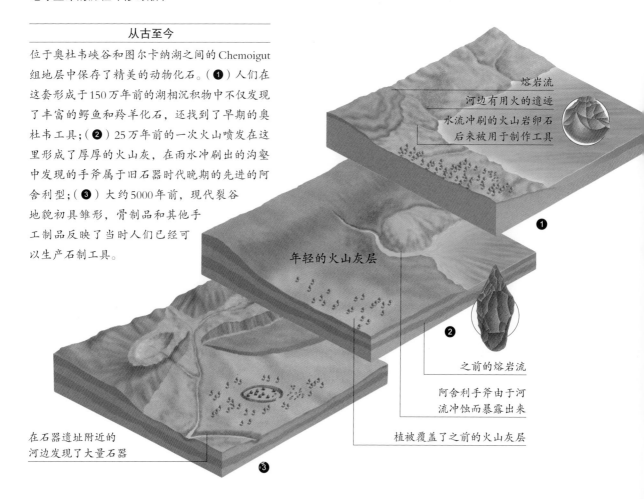

熔岩流
河边有用火的遗迹
水流冲刷的火山岩卵石后来被用于制作工具
❶

年轻的火山灰层
❷

之前的熔岩流
阿舍利手斧由于河流冲蚀而暴露出来
植被覆盖了之前的火山灰层

在石器遗址附近的河边发现了大量石器
❸

玛峰峰顶到地心的距离还要远。

大多数山脉都是由大陆之间的碰撞形成的，但安第斯山脉并非如此。如今，安第斯山脉依然在抬升，它是由南太平洋的大洋板块向南美洲大陆板块的俯冲形成的。沿北美洲、中美洲和南美洲西海岸南北向延伸的构造系统始于北部的胡安·德富卡板块，它的活动与北美洲西海岸的造山运动和地震紧密相关。实际上，整个美洲大陆的西海岸都是俯冲带，太平洋洋中脊的不断增生使大洋板块在这里被挤压到大陆板块之下。纳斯卡板块、科科斯板块和南极板块向南美洲板块下方的俯冲是安第斯山脉形成的主要原因。

大洋板块在南美洲板块西缘向下俯冲进入软流圈上部，并在那里受热熔化。组成洋壳的矿物密度比组成地幔的矿物更小。随着地幔物质的上涌，不同密度的矿物混合，并在南美洲板块边缘的下方聚集。这个活动的区域可以向内陆延伸大约800千米，这是安第斯山脉极其宽阔的原因。最终，这些炽热的地幔物质穿过南美洲陆壳的裂隙涌出地表形成火山。从西北部的圣海伦斯火山到加勒比地区的蒙特塞拉特岛，再到智利境内安第斯山脉的最南端，整个科迪勒拉山系中的火山至今依然活跃。其中，蒙特塞拉特岛的火山在20世纪90年代末曾经喷发了整整一年的火山灰。

安第斯山脉的名字来源于一种名为安山岩的火成岩，这种岩石是安第斯山脉极其常见的喷出岩，也是这一地区上地壳的主要组成部分。安山岩是一种在地壳上部特定环境中形成的细晶火成岩，它们

年轻的山脉

右图所展示的安第斯山脉依然处于不断隆升的状态，因此受到的侵蚀十分有限，这也是这里的山峰大多参差不齐的原因。

的出现与强烈喷发的火山有直接的关系。而夏威夷的火山喷出的是黏度较低、流动缓慢的玄武岩，通常只是从火山口溢出，而非流动。

　　安第斯山脉的另一个地质特征是大型花岗岩岩基。花岗岩岩基是一种由古代岩浆冷却形成的巨大的球状结构，通常位于地壳的深部。这里是岩浆岩分步熔化和安山质熔岩形成的位置。南美洲最南端的巴塔哥尼亚岩基的长度和宽度均为1000千米左右。此外，由古代洋壳抬升形成的岩石叫蛇绿岩，这种岩石在由

> 作为现代地球上最晚形成的地理区域之一，加勒比地区存在的时间可能并不太长。

大陆碰撞形成的山脉中极为常见。然而安第斯山脉中的蛇绿岩非常稀少，因为绝大部分洋壳在俯冲过程中进入南美洲板块的下方，而非挤压抬升形成山脉。安第斯山脉岩基测年的结果显示，这个地区板块的俯冲开始于大约1.3亿年前的早白垩世。这正是南大西洋洋中脊开始形成和太平洋板块与南美洲板块开始汇聚的时期。

安第斯山脉

安第斯山脉是由纳斯卡板块向南美洲板块西岸俯冲形成的（下图）。在俯冲过程中，由于在地球深部熔化的洋壳和海水密度更小，这些物质向上运动并穿过陆壳岩石的裂隙喷出地表形成火山。由于俯冲的角度很小，安第斯山脉的宽度比一般山脉更大，因此火山活动的核心区向内陆移动了200千米。

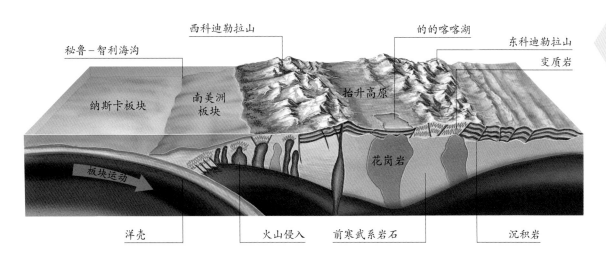

秘鲁－智利海沟　西科迪勒拉山　的的喀喀湖　东科迪勒拉山　变质岩　纳斯卡板块　南美洲板块　抬升高原　花岗岩　板块运动　洋壳　火山侵入　前寒武系岩石　沉积岩

全新世

加勒比地区实际上是由太平洋洋壳从今天南美洲东部的小安的列斯群岛（从维尔京群岛一直到委内瑞拉沿岸）的北部仰冲到大西洋洋壳中部形成的。因此，形成加勒比的小型板块又被称为加勒比板块。而包括古巴、牙买加、波多黎各以及伊斯帕尼奥拉岛在内的大安的列斯群岛则属于安第斯山脉向东北延伸进入加勒比海的余脉。虽然小安的列斯群岛的火山岛链形成的时间较晚，但是小安的列斯群岛和大安的列斯群岛都与安第斯山脉有着些许的联系。

更新世冰原面积的扩大使海平面的降幅达到130米。但是间冰期海平面的回升淹没了加勒比地区的大部分高地，仅有部分科迪勒拉山露出海面形成岛屿。因此，大安的列斯群岛上发育的巨厚石灰岩层受到了长时间的侵蚀作用，形成了这里独特的喀斯特地貌。热带地区气候湿润，降雨充沛，植被茂密，因此这里岩石的风化尤为快速。落水洞是又一种喀斯特地貌，直径一般为100~300米。规模更大的凹陷叫作"麻窝状岩溶"，深度可达200米，比如牙买加的"科克皮特"。牙买加和古巴的喀斯特地貌在被海水淹没后形成了迷宫般的水下洞穴，里面布满了石笋和石钟乳，还生活着高度特化的洞穴生物群落。

加勒比地区的慢生珊瑚礁记录了更新世冰河时期海平面的涨落。当海平面下降使珊瑚暴露于空气中时，它们的生长就会停止；当海平面回升时，年轻的珊瑚又会在早期珊瑚的硬骨骼上再度生长。这种变化使年轻的珊瑚永远生长在死去珊瑚的硬骨骼上，不仅记录了海平面变化的方式，还为了解过去加勒比海岛的近岸环境提供了线索。这些"搁浅"的珊瑚礁在今天的巴巴多斯一带保存得相当完好。

在更新世的冰期，加勒比地区的气温接近珊瑚礁生长的最低温度，因此它们的扩散速度有所放缓。

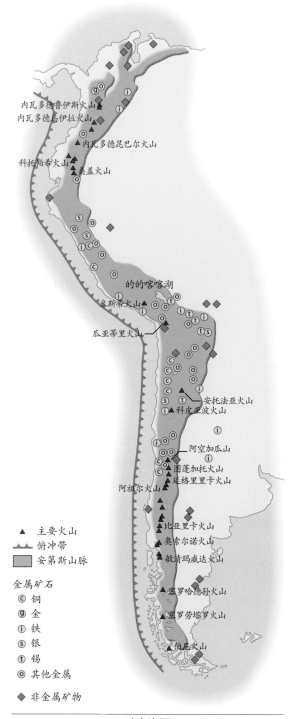

内瓦多德鲁伊斯火山
内瓦多德马伊拉火山
▲ 内瓦多德昆巴尔火山
科托帕希火山
桑盖火山
ⓢ
ⓢ
ⓘ
ⓒⓞ
ⓞ
的的喀喀湖
米斯蒂火山
瓜亚蒂里火山
ⓞ
ⓞ
ⓣ
ⓣ
ⓣⓢ
ⓒ
ⓒ
ⓒ
ⓞ
ⓢ ▲ 安托法亚火山
ⓘ ▲ 科皮亚波火山
ⓞ
ⓞ
ⓞ
ⓒ 阿空加瓜山
▲ 图蓬加托火山
▲ 延格里里卡火山
阿祖尔火山
▲ 比亚里卡火山
▲ 奥索尔诺火山
▲ 敏清玛威达火山
▲ 塞罗哈德孙火山
▲ 塞罗劳塔罗火山
▲ 伯尼火山

▲ 主要火山
⋀ 俯冲带
▦ 安第斯山脉

金属矿石
ⓒ 铜
ⓖ 金
ⓘ 铁
ⓢ 银
ⓣ 锡
ⓞ 其他金属

◆ 非金属矿物

矿产资源

安第斯山脉的矿产资源十分丰富（上图），所有金属和非金属矿都是由造山带核心的一系列地球化学变化产生的。随着山脉的隆升，这些矿产资源裸露于地表，不仅为当地人带来了宝贵的财富，也成为了16世纪欧洲人把枪口对准这里的理由。

这次降温的影响可以从现代加勒比以及西太平洋和印度洋珊瑚的种类上略见一斑。今天的加勒比海域生活着大约60种珊瑚，而太平洋和印度洋的珊瑚种类接近600种。不同地区之间珊瑚种类的巨大差异反映了1.8万~1.2万年前大陆冰原的融化过程。融化的速度在1.2万~1万年前有所减缓，但之后快速回升。在过去的9500年中，海平面上升的速度达到了每百年2.5米。

加勒比海的南岸是广阔的亚马孙三角洲，它位于南美大陆安第斯山脉的东侧。海水与亚马孙河的淡水在这里混合形成面积巨大的半咸水环境。过去200万年来，海平面的涨落对这里的地形和生物群落都产生了深远的影响，并且安第斯山脉的隆升也对这个地区的自然环境产生了巨大的影响。安第斯

> 南美洲广阔的亚马孙平原及热带雨林都是区域性构造运动和更新世海平面波动的产物。

山脉的西侧是南美洲地壳活跃的地带，而东侧则是相对平静的地带，因此整个南美洲的地势西高东低。在这种情况下，南美洲北部众多的河流汇聚到亚马孙平原形成了独特的亚马孙热带雨林。

乍看上去，1万年前的南美大陆水系可能有点

喀斯特岛屿

古巴是大约5500万年前挤入大巴哈马浅滩的一座石灰岩岛屿（下图）。岛上的石灰岩地貌是由雨水渗入石灰岩裂隙形成的。复杂的裂隙和长时间的侵蚀溶解形成了其他地质活动难以形成的小型锋利的山峰，而"喀斯特"这个名字本身则来自南斯拉夫的一处（石灰岩）露头。

全新世

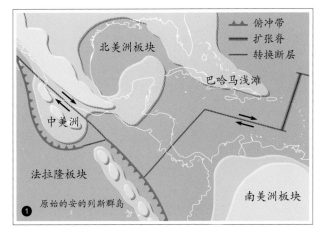

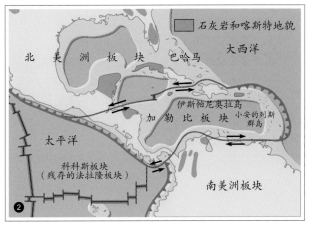

加勒比海岛

大约 1.25 亿年前，位于北美洲和南美洲之间地带的太平洋洋壳形成了加勒比地区（左图）。（❶）大约 1 亿年前法拉隆板块的俯冲带变换方向，使原加勒比岛弧（包括今天的古巴、波多黎各和伊斯帕尼奥拉岛）转向东部并仰冲于大西洋板块之上。岛弧的北部与尤卡坦半岛碰撞形成尼加拉瓜，而中美洲的其他部分是在安的列斯群岛与古巴碰撞时产生的一系列岛弧——这次碰撞不仅使法拉隆板块形成新的俯冲带，而且产生了加勒比板块。大安的列斯群岛开始分裂。（❷）到了大约 1000 万年前，法拉龙板块减小为两小块，即胡安·德富卡板块和科科斯板块。大约 350 万年前，陆桥的出现使加勒比板块和科科斯板块分隔，大西洋板块向加勒比板块的俯冲形成了小安的列斯群岛。

儿杂乱无章，但实际上其中的规律不难发现：最大的河流（拥有最大的流量）总是处在降水量充沛的坡地。亚马孙河的流量达到了 104083 立方米/秒，其水量差不多是非洲刚果河的 3 倍。亚马孙河是大陆河流系统的典型代表，附近的山脉为其提供了充足的水源，干流流经稳定的平原，并在地壳不活跃的地带入海。在更新世冰期到来之前，南美洲的水系大致就是这个样子，但我们今天看到的亚马孙河是到了全新世才完全形成的：亚马孙河起源于安第斯山脉，穿越巨大的坡地，一直向东流入大西洋。1000 多年前，许多小型的支流在亚马孙平原汇入亚马孙河，这些较小的支流又构成了其他水系的干流。每到雨季，从安第斯山脉奔流而下的洪水会淹没河流两岸 20 千米内的森林，积水深达 10 米。

在冰河时期，由于全球海平面的下降，亚马孙三角洲的面积比现在还要大。随着大约 1 万年前北极冰盖的融化，一些低地被海水淹没，进而形成了今天的地貌。南美洲板块未来的分裂还将给这一地区带来更多的改变，很多河流会改道，并淹没新的地区，像红树林这种耐水的新的森林生态系统也会建立。

生态系统的改变使生活在亚马孙地区的很多动物都发生了新的变化，其中最特别的要数亚马孙河流域的淡水海豚。和其他海豚不同的是，亚马孙河淡水海豚的前额与吻部几乎垂直，而且吻部的长度差不多是其他海豚的 2 倍。它们的眼睛高度退化，几乎失明，这是因为在亚马孙三角洲浑浊的和树根密布的水中，视觉几乎没有用武之地。这些淡水海

全新世

豚也可以利用敏锐的回声定位，它们甚至可以在一个游泳池中找到火柴头大小的物体。

更新世的冰川旋回是全新世初期动植物种群规模和地理分布格局形成的主要原因。生物地理区系按照大陆地理位置和大陆气候对生物群落划分的地理区域，随着全球性冰川的扩展和消融曾出现过剧烈的变化。生物地理区系的划分主要依据每个区系中最常见的动植物种类。对于动物群来说，主要依据鸟类和哺乳类等大型脊椎动物；而对于植物群来说，主要基于被子植物（显花植物）。

依据19世纪博物学家华莱士对旧大陆和新大陆的定义，当今世界被划分为六大生物地理区系，分别对应于新生代不同的大洲。南美洲和非洲较其他

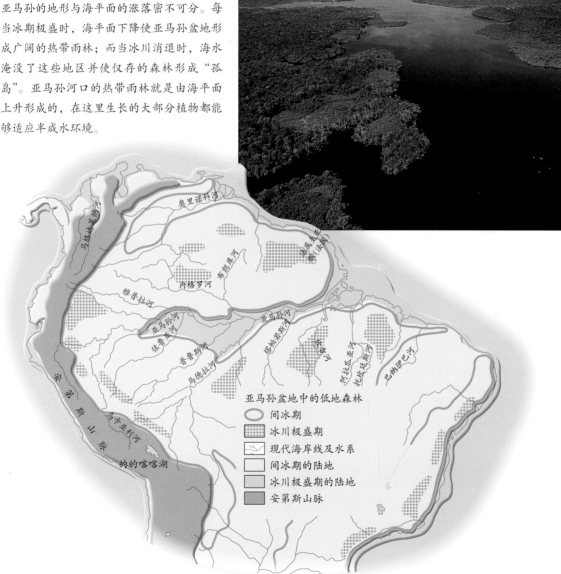

亚马孙盆地

亚马孙的地形与海平面的涨落密不可分。每当冰期极盛时，海平面下降使亚马孙盆地形成广阔的热带雨林；而当冰川消退时，海水淹没了这些地区并使仅存的森林形成"孤岛"。亚马孙河口的热带雨林就是由海平面上升形成的，在这里生长的大部分植物都能够适应半咸水环境。

亚马孙盆地中的低地森林
- 间冰期
- 冰川极盛期
- 现代海岸线及水系
- 间冰期的陆地
- 冰川极盛期的陆地
- 安第斯山脉

全新世

大陆更早分离，因而生活着非常独特的生物群落。尽管印度和东南亚的生物群落与非洲大陆的非常相似，但是它们已经形成了自己的生物区系，即东洋界。澳洲界生活着独特的有袋类哺乳动物，是最后一个与其他大陆分离的区域。新北界和古北界（分别指北美大陆和欧亚大陆）都是更新世冰原大规模出现的地方，且这两个地区的物种相对贫乏。

仅分布于某一特定区域的物种称为特有种，在广大地区均有分布的物种称为普遍种，而广布于世界的物种称为世界种。啮齿动物属于普遍种，它们存在于所有生物地理区中。有袋类动物属于特有种，仅分布于新热带界和澳洲界。奇蹄类、偶蹄类、大象、食肉类和兔形类都属于世界种，除了澳洲界以外，在世界各地均有分布。灵长类也属于世界种，早期类群生活在除新北界和澳洲界以外的其他区系。

由于缺少可利用的液态水，生活在冰冻环境中的动植物也会演化出耐旱性。在冰冻环境下，植物稀疏且生长非常缓慢，不足以满足大型植食性动物的生活需求。生活在该生态系统中的动物必须有能力从极其有限的植物中高效地获取水分。在食物最为匮乏的季节，这些植食性动物将能量消耗降到最

动物地理区系
　新热带界
　新北界
　古北界
　非洲界
　东洋界
　澳洲界

植物地理区系
　旧热带植物区系界
　澳大利亚植物区系界
　南极植物区系界
　新热带植物区系界
　好望角植物区系界
　全北植物区系界
- - - 植物地理区系边界

生物地理区系

地球上的每个生物地理区系都生活着不同的动植物（下图）。温度是决定每个生物地理区系中动植物种类的关键因素，因此热带比寒带拥有更多的物种。由于气候和地形不断变化，高山和海洋形成的阻隔也会对生物地理区系产生影响。

澳洲界

澳洲界的范围非常明确，主要由大型的蜥蜴和有袋类哺乳动物组成。而大多数有胎盘类哺乳动物都是由欧洲殖民者在200多年前引入到这里的。澳洲界的植物也独具特色，这里生长的大面积硬叶植物具有厚厚的蜡质表皮以抵御干燥的气候。

低。相比之下，温带草原的食物充沛，能够满足高能耗大型动物的需要。按照现在的生物地理区系划分，环北带和草原生态系统都处于新北界和古北界内。热带生物群落的物种数量和多样性都是最丰富的。比如，南美洲的被子植物总共有137个科，而北美洲只有94个科。热带地区的气温和降水都十分稳定，全年变化不大。因此，当环境条件发生改变时，热带物种将是最先灭绝的。

板块运动和冰川旋回带来的全球变化正在受到人类活动的影响，比如我们经常在不经意间将动植物带到新的地方。澳洲界在5000万年前完全隔离，逐渐演化出以袋鼠为代表的特有的有袋类哺乳动物，而最近出现的有胎盘类哺乳动物都是由人类引入的。由于长期的地理隔离，澳洲界基本没有大型肉食性

人类的活动对生物群落产生了深远的影响，并影响到未来生物地理区系的范围。

哺乳动物。在过去，许多干旱环境中的大型爬行动物能够将体型庞大的哺乳动物驱除。这种情况的出现仅仅是因为干旱地区的植物匮乏，从而限制了大型植食性动物和肉食性动物（以植食性动物为食）的数量。8000年前引入的家犬取代了袋獾和袋狼这两种塔斯马尼亚岛特有的肉食性哺乳动物，并进一步导致了袋狼的灭绝。

引入物种有可能超过一个生态系统的承载能力，并取代本土的物种。欧洲人在澳大利亚和新西兰引入新的物种就是个例子。澳大利亚原本没有牛和羊等有蹄类食草动物，这里的草原面积也没有北美洲和欧洲的广阔。这些动物的引入迅速摧毁了澳大利亚的草原，由于不能适应这里炎热干旱的气候和夏季的山火，即使在这里种上进口的草料也无济于事。兔子是另一种被引入的动物，曾一度快速繁殖并使草原受到了严重的破坏，以至于在20世纪50年代人们不得不引入一种名叫"多发性黏液瘤"的病

毒，才将兔子的数量控制住。然而，给全新世生态系统带来更大破坏的是以刺梨仙人掌为代表的观赏性植物的引入。刺梨仙人掌入侵了热带地区开阔的平原和湖泊，在采取有效的生物防控措施之前，它们的面积超过了25万平方千米。

子遗物种是指过去分布比较广泛，而今仅存在于某些地区的古老动植物物种，它们使现代生物地理区系变得更为复杂。在欧洲，更新世的冰川作用是子遗生物形成的主要原因。许多过去曾广泛分布的物种如今仅存在于气候和环境适宜的"孤岛"上。它们不一定具有悠久的演化历史，因为一些气候变化是到了最近才发生的。生活在冰原和冰原附近的动植物不得不适应寒冷的气候，而更新世的冰原曾一度向南延伸至地中海。全新世间冰期的开始使适应了寒冷气候的动物仅生活在欧洲高海拔的山区，进而使曾经生活在地中海沿岸亚热带地

> 山顶以及洞穴等与外界隔绝的生境都是子遗物种理想的生存场所。

区的动物向北迁徙至斯堪的纳维亚半岛、冰岛和苏格兰。个别迁徙到北部的物种几近灭绝，成为现代欧洲生物群落中的冰川子遗生物。小型的弹尾目昆虫就属于子遗物种。

北极四刺跳（*Tetracanthella arctica*）是一种深蓝色的弹尾目昆虫，体长仅有1.5毫米，生活在表层土壤和苔藓地衣丛中，以死去的植物和真菌为食。这种昆虫在格陵兰沿岸、挪威的斯匹次卑尔根群岛、冰岛和加拿大北部的一些地区十分常见。但是除了北极圈内的这些地区以外，这种昆虫仅出现在两个

全新世

杨梅树

杨梅树的名字来源于它们胖胖的红色果实。杨梅树在欧洲的分布面积很广，但成为了爱尔兰的子遗物种——这可能与更新世末次冰期冰川的分布范围有关。

地方：一个是西班牙和法国交界处的比利牛斯山，另一个是波兰和捷克斯洛伐克[1]交界处的塔特拉山。此外，在罗马尼亚东部的喀尔巴阡山脉一带也有零星发现。这些山脉中生活的北极四刺跳都位于海拔2000米以上的地区。这么小的昆虫不太可能从北极圈内迁徙到比利牛斯山和塔特拉山地区，这两地之间隔着千山万水，复杂的自然条件是这种小昆虫根本无法逾越的。干旱和高温对于弹尾目昆虫来说是致命的，而且人类和家畜也不太可能将弹尾目昆虫从北极圈内带到那些人迹罕至的高山上。

比利牛斯山和塔特拉山的弹尾目昆虫在冰河时期应该曾广泛分布于欧洲，在冰川消退后，仅存在于少数环境适宜的地区，成为子遗物种。这可能是对它们最合理的解释。令人奇怪的是，人们从来没有在阿尔卑斯山发现过北极四刺跳，而这里的气候更加适合这种昆虫生存，很可能它们也曾经是阿尔卑斯山地区的子遗物种，但不久前在那里消失了。

挪威的艾属植物是子遗植物的代表，它是一种小型的阿尔卑斯山植物，如今仅生长在苏格兰的两个地区以及挪威和俄罗斯境内的乌拉尔山地区。在末次冰期之后不久，挪威艾属植物的分布曾十分广泛，但随着冰期后期欧洲森林面积的扩大，这种植物逐渐成为边缘物种。可以肯定的是，今天的欧亚大陆上依然生活着数百种子遗动物和植物，其中不

大猩猩

严格来说，大猩猩（左图）并不属于子遗物种，但它们的分布是不连续的。大猩猩都来自一个共同的祖先，随后分化成山地大猩猩和低地大猩猩。如今刚果河形成的地理阻隔将山地大猩猩和低地大猩猩完全分隔。

全新世

---

[1] 译者注：1993年1月1日，捷克斯洛伐克正式分裂为捷克共和国和斯洛伐克共和国两个国家。

弹尾类昆虫

弹尾类昆虫（左图）属于原始的节肢动物，有着漫长的演化历史。现代的弹尾类北极四刺跳只分布在格陵兰、冰岛和斯匹次卑尔根群岛，另有两个孑遗种群生活在欧洲大陆。

乏很多适于长距离迁徙的物种——这与上述弹尾目昆虫的例子截然不同。能够变色的雪兔就是一种适于迁徙的动物。雪兔之所以又称为变色兔，是因为它们的皮毛在不同的季节能够呈现不同的颜色：冬天它们的皮毛变成白色，而在其他季节略带蓝色。雪兔主要分布在环北带（包括斯堪的纳维亚半岛、日本北部、西伯利亚以及加拿大北部），与草兔有较近的亲缘关系。在今天的爱尔兰、英格兰南部的奔宁山脉以及阿尔卑斯山等气候并不十分寒冷的地带，雪兔成为孑遗物种。出现这样特殊的地理分布主要是因为雪兔虽然能够适应寒冷的环境，但在和草兔的竞争中处于劣势。双顶蜉金龟是另一种奇妙的孑遗生物。这种甲虫生活在青藏高原上，但最近在英格兰南部泰晤士河流域的一个采石场里发现的化石表明它们曾在末次冰期极盛时生活在这里。

演化生物学中所谓的成功对不同的物种有着不同的意义：对于哺乳动物来说，延续100万年可能就算是成功了；但是对于海洋生物来说，1000万年可能才称得上成功。一般来说，越是高度特化的动物越容易灭绝，而那些占据多个生态位的物种反而有可能在大灭绝事件中幸存下来。比如啮齿类不仅食性多样，而且在任何环境中都能够生存；犬类也是如此，它们是适应能力最强的肉食性动物。剑齿虎显然是捕食大型、笨重的植食性动物的能手，但

鹅掌楸

目前世界上仅存两种鹅掌楸（右图），它们分别生长在北美洲东部和东南亚。这种离散的生活方式说明这类植物曾是世界性分布的，而后才形成今天的孑遗种群。

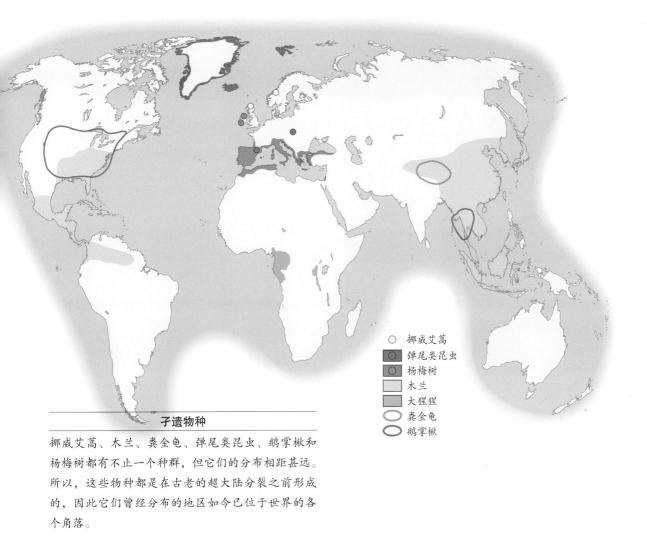

孑遗物种

挪威艾蒿、木兰、粪金龟、弹尾类昆虫、鹅掌楸和
杨梅树都有不止一个种群，但它们的分布相距甚远。
所以，这些物种都是在古老的超大陆分裂之前形成
的，因此它们曾经分布的地区如今已位于世界的各
个角落。

图例：
○ 挪威艾蒿
◉ 弹尾类昆虫
◉ 杨梅树
□ 木兰
▨ 大猩猩
◯ 粪金龟
⬭ 鹅掌楸

> 一个物种是否能
> 够长久地延续取
> 决于许多环境因
> 素，比如是否有
> 新的物种出现。

从演化的角度说是一个十分脆弱的物种。当气候和植被变化导致大型植食性动物灭绝时，剑齿虎并不能迅速转变食性，因此最终也走向灭亡。尽管如此，剑齿在新生代肉食性动物中曾多次出现，说明这个结构非常适于这种特化的生活方式。

一个物种种群数量的变化会受到其他物种的影响。比如，捕食者的种群数量和猎物的种群数量就密切相关。渐新世以来，随着全球气候变冷，稀树草原的面积有所扩大，啮齿动物的种群数量也因此快速增加。但是啮齿动物的繁盛没有给大型猫科动物和其他肉食性动物带来任何好处，因为这些动物并不会挖洞。在这种情况下，一类新出现的、苗条的、高度特化的小型肉食性动物迅速占领了这个生态位。这些小型的哺乳动物几乎全部属于食肉目鼬科，包括黄鼬、白鼬、水獭、獾、臭鼬和狼獾。其中只有白鼬和黄鼬演化出了挖洞捕食的能力，它们在过去的数百万年中演化得非常成功。

北美洲的一种鼬科动物黑足雪貂曾因草原土拨鼠种群数量的激增而一度繁盛。在整个18和19世纪，由于遭到猎杀，土拨鼠的种群数量急剧下降，黑足雪貂紧随其后。由于皮革贸易的繁荣，人们一

405

黑足雪貂

北美洲的草原土拨鼠是黑足雪貂的主要食物。当草原土拨鼠消失时，黑足雪貂的生存也受到了威胁。

度认为黑足雪貂已完全灭绝。直到1986年，人们在美国怀俄明州又发现了10只黑足雪貂，从此便开始人工繁育这种动物。

以欧洲的石貂为代表的其他鼬科动物能够在嘈杂的城市中生活，它们喜欢啃咬汽车引擎中的橡胶零件。

演化的脆弱性似乎就是形态适应性和行为适应性的统一，但是这一点很难通过化石反映出来。尽管石貂和黑足雪貂的演化十分成功，但非常容易受到人类的攻击。另一个人们熟悉的例子就是猎豹。最早的猎豹化石发现于非洲东南部距今350万~300万年的地层中。尽管人们在亚洲和中东地区也发现过猎豹化石，但现生的猎豹主要生活在非洲。现生的猎豹几乎只吃汤氏瞪羚，这种行为对于它们未来的演化具有深远的意义。

在欧洲，直到50万年前还有猎豹的身影出现。

南非兀鹫

虽然南非兀鹫以动物的尸体为食，但必须依靠其他大型动物咬开尸体。鬣狗能够咬碎动物的骨头，而这些刚好成为南非兀鹫幼雏的食物。在当地农民开始消灭鬣狗后，由于南非兀鹫的幼雏无法获得发育所需的足够钙质，南非兀鹫的种群数量明显减少。

速度反成劣势

猎豹能够追击到快速奔跑的猎物，但是对于猎物被更强壮的对手抢走无能为力。栖息地的丧失和猎物数量的减少使猎豹不得不在适应与灭绝之间进行选择，留给它们选择的时间不多了。

> 猎豹的例子证明，即使奔跑速度最快的猎手也不一定衣食无忧。

化石证据显示，彼时欧洲猎豹的体型比今天生活在非洲草原上的猎豹体型还要大，奔跑的速度也可能更快，这些都是适应寒冷气候的特征。有意思的是，生活在今天喜马拉雅山一带的雪豹具有灵巧的头部和纤细的四肢，这些特征使它们看上去比其他的猫科动物更像现代猎豹，提示人们在上新世到更新世欧洲的寒冷山区可能也生活着一种已经灭绝的体型相似的猎豹。尽管猎豹是平原地带的捕猎能手，但是南非的一些猎豹可以在各种复杂的地形中进行捕猎。

北美猎豹是现代猎豹的近亲，生活在距今320万~2万年前的北美洲。和欧洲的猎豹一样，早期的北美猎豹体型庞大，其形态与现代的美洲狮非常接近，并且很可能是美洲狮的祖先。然而，北美猎豹不像现代猎豹那么特化，所以我们无法准确判断它们的食性。人们推测它们的食物很可能是类似于现生叉角羚或体型相仿的大型食草动物。

与猎豹形态相似的其他现生猫科动物还包括美洲狮和雪豹。虽然这3种动物的骨骼结构如出一辙，但猎豹更适于快速追击猎物。和典型的猫科动物不同，猎豹具有能够部分回缩的指爪、强壮的后肢以及灵巧的头部，这些特征使其成为短跑健将。不仅如此，猎豹还具有猫科动物高度灵活的脊椎，使得它们成为陆地上最敏捷的猎手。

正如修长的身形所展现的一样，猎豹最大的缺陷就是力量不足。猎豹能够追击到快速奔跑的猎物，这一点让其他肉食性动物望尘莫及。但由于力量的缺陷，有时一只鬣狗就可以将猎豹到手的美味抢走。由于猎豹并不能进行长时间的奔跑，一旦连续失手，它们就不得不放弃追击猎物。

从这个角度讲，猎豹特别是正在抚育幼崽的母猎豹面临着严峻的挑战。如果得不到足够的食物，幼崽们就很难成活。当生态被破坏而使瞪羚的数量越来越少时，由于无法捕食更强壮的动物，猎豹这个物种整体的生存都会受到影响。可能再过一段时间，猎豹种群的数量就会减少，甚至可能完全灭绝。所以，和剑齿虎一样，猎豹也属于容易受到生态失衡影响的动物。人类的出现并没有给猎豹的处境带

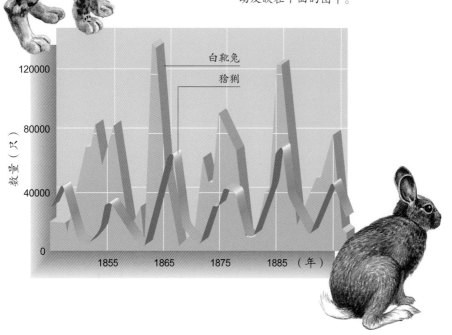

猞猁和白靴兔

加拿大北极地区的白靴兔是加拿大猞猁最喜欢的猎物，以至于它们的80%~90%的食物都是白靴兔。这两种动物数量的变化密切相关：当严寒使白靴兔的数量减少时，加拿大猞猁的数量亦随之减少。在加拿大猞猁的数量减少后，翌年白靴兔的数量又开始回升。这种捕食者和被捕食者种群数量的波动反映在下面的图中。

来多少改变。农耕、狩猎和栖息地丧失都使猎豹未来的生存难上加难。

　　由于岩石圈、水圈和大气圈随时都有可能出现波动，自然界中单一的生物群落一直处于危险之中。无论哪一个系统出现波动，都可以将已经建立的生物群落完全摧毁。地质历史时期曾经发生的大灭绝事件表明这种突如其来的生态灾难在地球历史上已经发生了很多次。虽然在地球历史上曾发生过5次大灭绝，过去的5亿年中也发生过许多规模较小的灭绝事件，但是地球最终还是恢复了生机。

　　人类活动对全球环境持续的破坏或许已经超出

> 虽然物种灭绝也是生物演化的一个环节，但是越来越多的物种灭绝是由人类活动导致的。

了生物的恢复能力。人类活动基本上不可能让微生物、真菌、藻类和其他生活在海底与高空等极端环境中的生物完全从地球上消失。但是对于树木、哺乳动物、鸟类和爬行动物等大型生物来说，它们的前景并不乐观。这些大型生物的生存需要大面积栖息地中各种微环境之间的微妙平衡。藻类的孢子有可能在远离人类活动的地区生根发芽，但大型动物做不到这一点。一旦栖息地不复存在，这些大型动物也终将走向灭亡。一个典型的例子就是，南美洲大面积的森林遭到无节制的砍伐，进而使原本生活在这里的许多鸟类、哺乳动物、爬行动物和植物丧失了生存空间，它们自身的生存也受到了严重的威胁。

　　至少过去的50万年中，人类都在动物演化的历史上扮演了重要的角色。人类对自然的影响绝不是从工业革命才开始的。早在工业革命开始前的100多年，人类活动就已经导致生活在与工业社会相距数千千米的印度洋毛里求斯岛的渡渡鸟灭绝。和世界上的其他小岛一样，毛里求斯可能曾经被世界各地的许多航海家光顾过，但在16世纪初英国航海家抵达之前都未曾有人类居住。在人类到达之前，岛上的山脉被黑檀林覆盖，成群的大海龟在海滩上产卵。这里曾经是鸟类的天堂，许多鸟类都不曾有天敌，因而没有演化出自我防御的本能，渡渡鸟就是由于这一缺陷而最终灭绝的。

由于栖息地丧失而导致的物种灭绝是人类活动间接作用的结果。当然，人类活动还可以直接作用

消失的毛里求斯动物群

16世纪欧洲的航海家抵达毛里求斯时，他们曾见过生活在这里的一种特有的、体型巨大的不飞鸟类——渡渡鸟。由于在毛里求斯并没有什么天敌，渡渡鸟的飞行能力逐渐丧失。事实上，它们连逃跑的本能都丧失殆尽了。对于人类来说，渡渡鸟是很容易捕捉的动物。它们的肉不仅可以食用，还可以用来饲喂荷兰移民的宠物狗。自此，猫和老鼠毁掉了渡渡鸟的蛋与幼雏，而人和狗猎杀了所有成年的渡渡鸟个体。到了1680年，渡渡鸟彻底从地球上消失。同样的厄运再次降临到蓝鸠的身上。虽然蓝鸠会飞，但是它们产在树顶巢中的蛋经常被殖民者引入的猴子偷去。其他因为人类活动而灭绝的物种还包括重达45千克的象龟，除了被人类猎杀以外，它们的蛋和幼崽也经常被引入的猪吃掉。

❶ 毛里求斯蓝鸠
❷ 毛里求斯鹦鹉
❸ 圆顶毛里求斯巨龟
❹ 渡渡鸟
❺ 毛里求斯红秧鸡

全新世

> 猎杀不仅使动物的种群数量减少，而且使基因库缩小，进而阻碍了物种的变异和适应。

于生物。比如，以获取鲸脂和其他鲸类制品为目的的大规模捕鲸活动已经使很多鲸类的种群数量减少到了相当低的水平。当一个种群的个体数量快速减少时，它的基因库（一个群体中所有个体的全部基因的总和）就无法积累足够的变异，进而使该物种适应环境变化的可能性变小。由于种群数量的减少，近亲繁殖产生了更多不健康的后代，有害的突变也开始在后代中积累。这就是一些种群数量较少的濒危物种面临的挑战，也是人类希望解决的问题。

同样是栖息地遭到破坏，相似的动物可能会有不同的处境。比如，欧洲的石貂可以有机会适应新的城市生态系统，而北美洲平原上生活的黑足雪貂并没有这样的机会。如果把这两种动物的生存环境对调，尽管石貂细长的四肢和树栖的习性能给它带来不少优势，但结果也应该和现在差不多。

还有一些动物，即使人类付出巨大的努力想消灭它们，它们也几乎没有受到人类活动的影响。老

海豹受到的威胁

上图展示的是北极地区的海豹遗骸。为了获取皮毛，人类过度猎杀海豹已经使一些海豹的种群数量锐减。如不加以控制，更多的物种将受到威胁。

鼠和蟑螂就属于这类动物。与高度特化的猎豹、黑足雪貂不同的是，即使环境发生变化，大多数"害虫"也能维持种群数量的稳定，这是因为它们的生活方式使其能够适应各种环境。化石记录显示，蟑螂至少经历了两次生物大灭绝。除此以外，青蛙、小型蜥蜴和龟鳖类也都是适应性很强的动物。需要

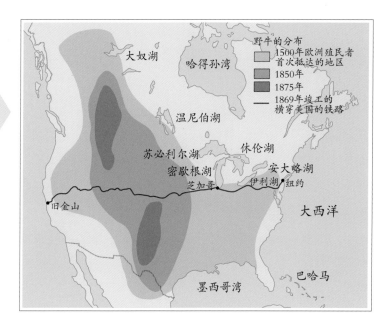

野牛栖息地的丧失

在欧洲殖民者抵达之前，整个北美洲生活着数以十万计的野牛。但是到了1875年，野牛的分布范围缩减至遥远的西部，并形成了两个种群。如今，即使是成群的野牛数量也不会超过500头。

指出的是，所有这些非濒危的动物体型都不会太大。

像渡渡鸟这种大型动物反而成了猎杀的目标。北美洲的4种野牛曾经生活在从美国俄勒冈州到东部的宾夕法尼亚州之间、面积大约为2600平方千米的土地上。随着北美洲的大平原被欧洲殖民者和他们的后裔开发，草场消失，野牛也遭到猎杀。"野牛比尔"科迪一个人在一年中就猎杀了4862头野牛。为了征服依靠牛肉和牛皮生活的美国原住民，美国政府全力支持猎杀野牛，因此在1850~1880年间至少有7500万头野牛被捕杀。在政策的鼓励下，俄勒冈州和宾夕法尼亚州的野牛濒临灭绝，但是另外两种美洲野牛从20世纪初开始得到了保护，如今体型较小的美洲草原野牛大约有3万头，而北部的欧洲森林野牛依然濒危。

大型动物往往因具有艳丽的外表而博得公众的同情，而那些不甚美丽的生物的处境就没那么乐观了，其中包括许多昆虫和植物，它们由于生存环境被人类破坏而变得稀少。由于蠕虫、苔藓等体型微小的生物并不像老虎和红杉树那样的大型生物引人注意，所以它们的消失不易被察觉。

人类对于全球气候的影响甚至要大于冰川作用。由于衣食住行都要从环境中索取，人类对自然界的

> **人类对自然的影响始于农耕的出现。**

改造已经超过了100万年。最初，人类小规模的狩猎和采集活动对自然界的影响并不比其他大型动物大多少，但是最近1万年来，技术的进步开始对景观和环境都产生了深远的影响。

人类最早掌握的技术就是农耕。大约8000年前，农耕开始出现在中东、东南亚、中国、中美洲和南美洲。从此，大片的土地被开垦或被用于饲养家畜，成片的森林开始遭到砍伐，台阶修到了山坡上，灌渠改变了河流。技术的进步驱走了饥饿，人口的急剧膨胀进一步增加了环境的负担，人类不得

不继续寻找和开垦赖以生存的土地。在16世纪英国进行殖民统治之后，新开垦的土地遍布美洲、澳大利亚和新西兰。1700~1850年，全世界的耕地在原来265万平方千米的基础上翻了一番，达到537万平方千米。

这些人类活动产生的后果直到现在才完全搞清楚。由于地球上一半的土地都被冰川、积雪、沙漠和高山占据，可供人类耕作的土地是有限的。全世界人口能够用以生活和耕作的土地只占到地球陆地面积的21%，并且过去的200年来这些土地的压力与日俱增。不仅如此，这些土地中至少有1/3还面临着过度种植和过度放牧所导致的退化。

农耕的出现还使地球上1/3的森林消失。因为农业和工业对土地的需要，森林以每年20万平方千米的速度锐减，这比其他任何生物消失的速度都要快。大部分消失的森林属于热带雨林，那里生活着

收获神

下图展示的石刻是一尊匈牙利的神像。这尊神像的右手拿着一把镰刀，制作的时代大约是公元前4~前3世纪。这个时期欧洲谷物的耕作已经形成。

农耕的发展

农耕在世界上不同的地区独立出现（上图）。在中东，末次冰期结束后的充沛降水促进了野生稻谷的生长。而农耕在墨西哥、亚洲北部和巴尔干地区出现的时间也都很早。

开始发展农业的地区
- 公元前8000年以前
- 公元前6000年以前
- 公元前3000年以前
- 公元前500年以前
- 以狩猎和采集为主的地区
- 无人居住的地区
- ≋ 最早使用犁的证据

全世界一半以上的物种。森林需要经过上千年的生长才能形成现在的规模。即使遭到砍伐的森林得到再生，也需要很长的时间才能恢复到现在的状态，而在此期间生活在森林中的其他物种很可能已经灭绝。由于表层土壤被破坏，森林的砍伐同时摧毁了林下植物，水土流失也愈发严重。过度放牧同样会造成水土流失，进而使土地失去生态功能。

雨水可以将裸露的土壤冲走，形成沟渠，从而使耕地进一步减少。被冲走的土壤要么淤积在河道、水渠和水库中影响供水，要么被大风扬起形成在撒哈拉地区和20世纪30年代北美洲中部平原上出现的沙尘暴。恢复被破坏的表层土壤不仅无济于事，而且经常使情况变得更糟。新的表层土壤还会遭到侵蚀和破坏，而植物也难以在这些地方重新扎根。快速腐烂的植物会堵塞河道。在干旱和半干旱地区，这些退化的土地很快就会变成沙漠。20世纪90年代，联合国公布的数据显示，全世界1/3的土地正在沙漠化，直接威胁到8.5亿人的生活。在干旱的中东和非洲国家以及亚洲和北美洲的部分地区，饮水问题已经成为一个敏感的政治问题。

森林的砍伐

由于植物能够吸收大气中的二氧化碳，森林的砍伐（右图）可以导致全球变暖。因此，砍伐森林成了一个重要的环境问题。

森林的砍伐和沙漠化

现存的热带雨林

热带雨林砍伐区

受沙漠化威胁的砍伐区

受沙漠化威胁的地区

沙漠

在过去10000年中，人类的生产和生活导致世界上1/3的森林遭到砍伐（上图），大片的树木和其他植物消失，而这个过程是不可逆的。被雨水冲走的泥土堵塞河道，大片的土地开始沙漠化。如今，世界上的许多地区都在遭受这样的威胁。

无论人类和其他物种在这些事件中受到多么大的影响，可能都不是最重要的，因为即使大多数物种都灭绝了，终将有新的物种取代它们的位置。更严重的生态问题则是地球自身遭受了多大的破坏。

自19世纪大范围的工业化以来，人类活动已经从对土地的过度使用发展到污染了整个生态环境。

> 空气、水、陆地以及生物圈都受到了污染。如今，地球上几乎已经找不到没有受到污染的地区了。

除了土地，大气圈、水圈和岩石圈也都遭到了破坏。工厂和汽车每天都向大气中排放成千上万吨有毒有害的化学物质。这些物质与大气中的水蒸气结合形成酸雨和雾霾，破坏了臭氧层并导致全球变暖。

大气中的二氧化硫、氮氧化物和碳氢化合物能够增加雨水的酸度并形成酸雨。酸雨还会增强土壤和地表水的酸性，进而使植物吸收土壤中的铝、镉等有毒元素，导致叶片凋落、枝丫枯萎。东欧和北美洲东北部整片的森林都曾因此消失，而幸存的植物也处于危险的境地——它们无法忍受干旱、霜冻或者病害。酸雨还会杀死水里的鱼类和其他无脊椎动物，使河流和湖泊"死去"。而淡水是十分宝贵的资源，可供人类使用的淡水仅占地球水资源总和的0.25%，其余的全部为咸水。

位于大气圈上部，距离地面15~20千米的臭氧层能够吸收太阳光线中有害的紫外线，但氟氯烃类化合物（CFCs）能够与臭氧发生反应并使其分解。20世纪80年代以来，氟氯烃类化合物在各类喷雾剂和冰箱中被大规模使用，而它们在大气中可以稳定存在数十年之久。氟氯烃类化合物可以使臭氧层变薄，并在春季使南极上空出现"臭氧空洞"。1987年，这个"臭氧空洞"与美国的国土面积相当，此后不断扩大，使更多的紫外线照射到地表。

全新世

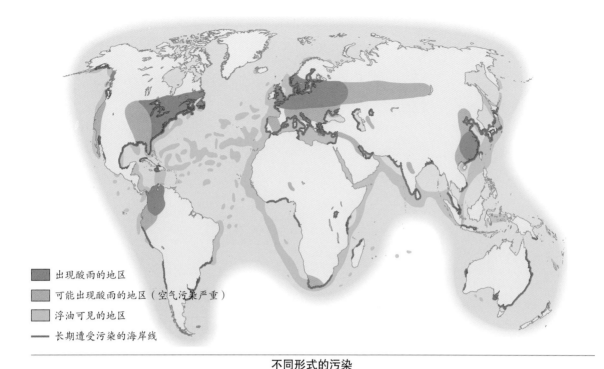

出现酸雨的地区

可能出现酸雨的地区（空气污染严重）

浮油可见的地区

—— 长期遭受污染的海岸线

不同形式的污染

如今，地球上只有很少的地区没有遭受过污染（上图）。每个大陆的近海都受到了浮油、工业废水和城市生活污水的污染；而在内陆，酸雨就像是工业区的瘟疫，随着大气污染的蔓延愈演愈烈。而那些没有受到工业污染的土地又正在面临着沙漠化的威胁。

氟氯烃、二氧化碳和甲烷都属于温室气体，它们阻止了地球热量的散失，进而使全球的气温上升。但是这些气体也是不可或缺的。如果完全没有这些气体，全球的平均气温将会低至零下18摄氏度。在过去100年中，人类向大气中排放的温室气体使全球的平均气温上升了0.5摄氏度。这个幅度看上去不大，但是绝大多数科学家相信如果人类继续以现在的速度向大气中排放二氧化碳，全球气温将上升3~5摄氏度。上一次如此剧烈的气温波动还是出现在冰河时期，但是速度也仅是此次气温变化的1%~10%。全球变暖可能会阻碍下一个冰河时期的到来，但是后果可能会更加严重，它将带来严重的洪涝灾害、

浮油与海鸟

海运事故会对海洋生物产生灾难性的影响（左图）。浮油会破坏鸟类羽毛天然的保护层，使海鸟和滨岸鸟类大量死亡。沾染油污的海鸟不能够继续漂浮，而误吞下油污的海鸟一般很快就会死去。

沙尘暴和干旱。

海洋具有吸收和循环利用包括二氧化碳在内的许多物质的巨大能力。但是，海洋遭到的破坏并不比陆地和空气少，对土地有害的废物都被排入了大海。比如从20世纪40年代人类开始利用原子能以来，核废物就被排入大海。虽然核能的利用大大降低了工业化国家对化石燃料的依赖，但核废物的安全性成为这一技术的致命缺陷。

过去30亿年来，水圈和岩石圈曾出现多次变化，但人类真的能够将整个地球置于危险的境地吗？如果水圈、大气圈和岩石圈都与生物圈没有直接的联系，那么答案可能就是"不会"。即使所有的生命都从地球上消失，地球上各个系统的循环也会按照过去40亿年的样子继续运转。在太阳燃尽之前，地球的寿命还有50亿年。但是，如果一个物种凭借智慧的力量凌驾于其他生物之上并引以为傲，结果将赖以生存的其他生物彻底摧毁，这将是一个多么大的讽刺！

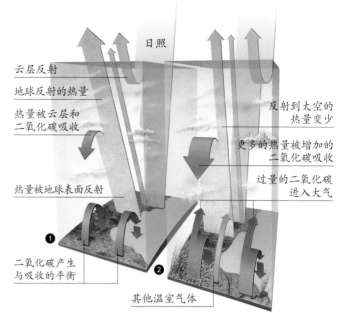

日照

云层反射
地球反射的热量
热量被云层和
二氧化碳吸收

反射到太空的
热量变少

更多的热量被增加的
二氧化碳吸收

过量的二氧化碳
进入大气

热量被地球表面反射

❶

二氧化碳产生
与吸收的平衡

❷

其他温室气体

温室效应

地球吸收的部分太阳能会再度被反射回太空（上图）。然而，大气中的二氧化碳、一氧化碳和甲烷等温室气体能够吸收部分反射的太阳能。在自然条件下，森林和海洋中的浮游生物能够吸收尸体腐烂、呼吸与化学风化所产生的二氧化碳（❶）。但是人类燃烧化石燃料释放出越来越多的二氧化碳，将本应反射回太空的一部分太阳能吸收（❷），全球气温即开始上升。

大堡礁

澳大利亚的大堡礁是世界上最脆弱的生态系统之一（左图）。这里生活的400多种珊瑚维持了其他5500多种生物的生存，海水温度的一点点波动都会使这些生物遭受灭顶之灾。

全新世

专题 现代生物灭绝

灭绝是正常的生命轮回的一部分。化石记录了物种的形成和灭绝，地球上曾经生存过的大约95%的物种已经灭绝。体型和特化的食性等因素都可以决定哪一种动物将走向灭亡。这也是过去35亿年来地球上保持每年灭绝一个物种的稳定

灭绝物种
1 毛里求斯巨龟
2 加拉帕戈斯象龟指名亚种
3 留尼汪岛石龙子
4 巴勒斯坦油彩蛙
5 加拉帕戈斯象龟平塔岛亚种
6 尖吻南茴鱼
7 岛蚺
8 渡渡鸟
9 毛里求斯红秧鸡
10 象鸟
11 留尼汪孤鸽
12 瓜德罗普绿鹦鹉
13 绿色和黄色的金刚鹦鹉
14 罗德里格斯小鹀
15 白令鸬鹚
16 恐鸟

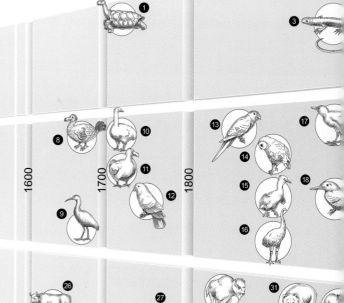

17 牙买加纯色秧鸡
18 琉球翠鸟
19 候鸽
20 卡罗来纳长尾鹦鹉
21 霍岛绣眼鸟
22 粉头鸭
23 夏威夷海雀
24 马达加斯加蛇雕
25 短嘴导颚雀
26 原牛
27 大海牛
28 山蓝鸭
29 东部野牛
30 斜齿鼠
31 阿特拉斯棕熊
32 福克兰狼
33 欧洲野马
34 缅因州海鼬
35 白氏斑马
36 波图格萨北山羊
37 牙买加食果蝠
38 亚利桑那州的美洲豹
39 纽芬兰白狼
40 巴巴里狮
41 巨兔袋狸
42 叙利亚野驴
43 熊氏鹿
44 袋狼
45 巴厘虎
46 图拉克袋鼠
47 加勒比僧海豹
48 墨西哥灰熊

濒危物种
49 加利福尼亚湾石首鱼
50 大西洋鲟
51 扬子鳄
52 铃蟾
53 蓝岩鬣蜥
54 圣克鲁斯长趾蝾螈
55 安提瓜岛黑蝇蛇
56 米洛斯岛的蝰蛇
57 金蟾蜍
58 马略卡岛蟾蜍
59 玳瑁
60 澳洲短颈龟
61 加州兀鹫
62 美洲鹤
63 爱斯基摩杓鹬
64 火冠蜂鸟
65 欧洲秃鹳
66 斯皮克斯金刚鹦鹉
67 塞舌尔鹊鸲
68 斑林鸮
69 毛里求斯粉鸽

⑦⓪ 夜鹦鹉　　　⑦⑤ 扎巴鹩鹋　　　⑦⑨ 罗德里格斯狐蝠

⑦① 泰国八色鸫　⑦⑥ 非洲野驴　　　⑧⓪ 灰鲸（亚洲种）

⑦② 黑脸琵鹭　　⑦⑦ 巴基斯坦黑熊

⑦③ 长冠八哥　　⑦⑧ 麋鹿

⑦④ 黑长脚鹬

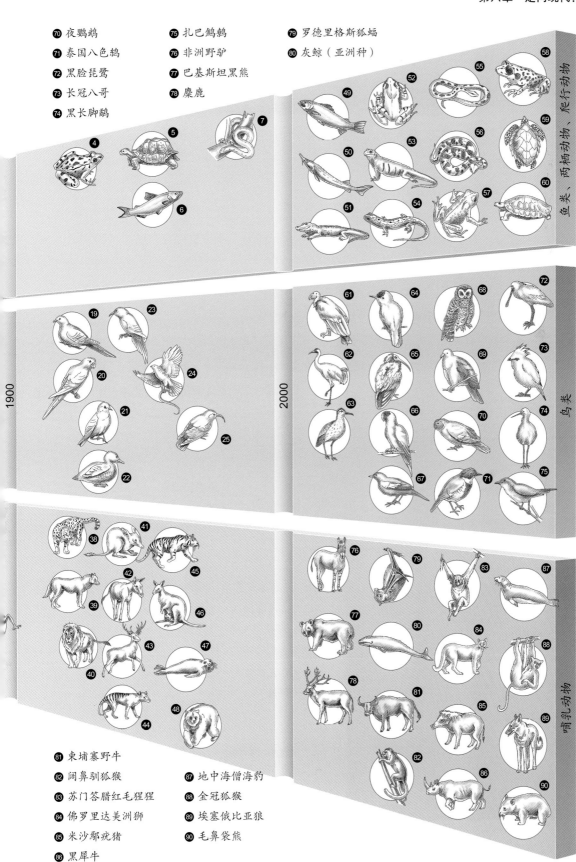

⑧① 柬埔寨野牛

⑧② 阔鼻驯狐猴　　　　⑧⑦ 地中海僧海豹

⑧③ 苏门答腊红毛猩猩　⑧⑧ 金冠狐猴

⑧④ 佛罗里达美洲狮　　⑧⑨ 埃塞俄比亚狼

⑧⑤ 米沙鄢疣猪　　　　⑨⓪ 毛鼻袋熊

⑧⑥ 黑犀牛

速度的原因。除此之外，包括小行星撞击和周期性全球气候变化在内的灾难性事件也会引起大灭绝的发生。其中，周期性的全球气候变化对于生物多样性丰富的热带地区往往是毁灭性的。

几乎所有的现代生物灭绝都是人类活动直接或间接的结果。有的物种因为猎杀而灭绝；有的物种因栖息地遭受破坏、污染而灭绝；还有的物种，特别是那些一次只产一胎的大型动物，由于种群数量过于稀少而导致繁殖过于困难，最终从地球上消失。

根据美国生物学家爱德华·威尔森的保守估计，20世纪90年代，地球上平均每小时有3个物种灭绝，即每年约有27000个物种从地球上消失。但是，不超过30年的时间，这个速度就可以达到每天上百个物种灭绝，其后果不堪设想。比如，每一种植物的灭绝就可以使多达30种以它为食的动物消失。

没有人知道当今世界上究竟有多少物种，但是据推测，应该在500万种和1000万种之间。在过去的400年中，有611种动物灭绝，至少相当于现生哺乳动物种类的1.8%和鸟类的1%。鸟类和软体动物是主要的灭绝类群，哺乳动物居于第三。在哺乳动物中，啮齿动物和翼手类灭绝的速度最快，并且比其他种类拥有更多的濒危物种。尽管现在并没有任何灵长类灭绝，但它们也处于相当危险的境地。

地球本身是可以自我恢复的，生命的演化也从未停歇。在最后一次生物大灭绝以后，新物种的快速辐射将占据所有尚未填补的生态位。杂草就是一个典型代表。除此之外，烦人的八哥以及受污染水体中泛滥的、降低水体氧含量并使水体恶臭的蓝藻都是这样的例子。如果人类能够从他们自己制造的灾难中幸免，也无法等到与野花、海豚和大熊猫等这些生物共同分享这个星球的那一天。但是，由于我们的家园变成沙漠或被海水淹没，粮食出现短缺，我们人类自身也很有可能走向灭亡。

抓住拍照的机会吧

蓝鲸和其他大型哺乳动物的危险处境已经引起了公众的注意，而那些外表不甚光鲜的小型动物则面临更大的灭绝危险，比如啮齿类、翼手类、鱼类和为数众多的无脊椎动物。

全新世

灭绝的速度

化石记录显示一个物种一般只能延续500万~1000万年，因此对于500万~1000万个现生种来说，正常的灭绝速度应该是每年一个。虽然我们不清楚当前物种灭绝的准确速度，但可以肯定超过了正常的速度。在过去400年中有611个物种灭绝，但是这个数字并不包括占现生动物物种数量95%的昆虫。如今，世界上超过5000个物种的生存受到威胁，但是仍有一大批物种的生存状况亟待评估。

推荐阅读

第一、二章

Cairns-Smith, A.G. *Seven Clues to the Origin of Life.* Cambridge, England: Cambridge University Press, 1985.

Cone, J. *Fire Under the Sea.* New York: William Morrow & Co, 1991.

Conway Morris, S. *The Crucible of Creation: The Burgess Shale and the Rise of Animals.* Oxford; New York; Melbourne: Oxford University Press. 1998.

Darwin, C. *On the Origin of Species by Natural Selection.* London: John Murray, 1859.

Decker, R. and Decker, B. *Mountains of Fire.* Cambridge, England: Cambridge University Press, 1991.

Dixon, B. *Power Unseen: How Microbes Rule the World.* New York: WH Freeman and Company, 1994.

Fortey, R. *The Hidden Landscape: A Journey into the Geological Past.* London: Pimlico, 1993.

Glaessner, M. F. *The Dawn of Animal Life.* Cambridge: Cam-bridge University Press, 1984.

Gould, S. J. *Wonderful Life: The Burgess Shale and the Nature of History.* New York: Norton, 1989.

Gross, M. Grant. *Oceanography: A View of the Earth.* Englewood Cliffs, NJ: Prentice-Hall, 1982.

Hsu, K.J. *Physical Principles of Sedimentology: A Readable Textbook for Beginners and Experts.* New York: Springer Verlag, 1989.

McMenamin, M. A. S. and D. L. S. McMenamin. *The Emergence of Animals. The Cambrian Breakthrough.* New York: Columbia University Press, 1990.

Margulis, L. and Schwartz, K. 1998. *Five Kingdoms: An Illustrated Guide to the Phyla of Life on Earth.* (3rd ed.) New York: WH Freeman and Company.

Norman, D. *Prehistoric Life.* London: Boxtree, 1994.

Sagan, D. and Margulis, L. *Garden of Microbial Delights: A Practical Guide to the Subdivisible World.* Dubuque, IA: Kendall-Hunt, 1993.

Schopf, J.W. *Major Events in the History of Life.* Boston: Jones and Bartlett, 1992.

Stewart, W. N. and G. W. Rothwell. *Palaeobotany and the Evolution of Plants* (2nd edition). Cambridge: Cambridge University Press, 1993.

Rodgers, J.J.W. *A History of the Earth.* Cambridge, England: Cambridge University Press, 1993.

Whittington, H. B. *The Burgess Shale.* New Haven: Yale University Press, 1985.

Wood, R. *Reef Evolution.* New York: Oxford University Press, 1999.

第三、四章

Alvarez, W. *T. Rex and the Crater of Doom.* Princeton, NJ: Princeton University Press, 1997.

Bakker, R.T. *The Dinosaur Heresies.* New York: William Morrow & Co, 1986.

Brusca, R.C. and Brusca, G.J. *Invertebrates.* Sunderland, Mass.: Sinauer Associates, 1990.

Currie, P.J. and Padian, K. *Encyclopedia of Dinosaurs.* San Diego: Academic Press, 1996.

Dingus, L. and Rowe, T. *The Mistaken Extinction: Dinosaur Evolution and the Origin of Birds.* New York: W.H. Freeman and Company, 1997.

Erwin, D.H. *The Great Paleozoic Crisis: Life and Death in the Permian.* New York: Columbia University Press, 1993.

Feduccia, A. *The Origin and Evolution of Birds.* New Haven: Yale University Press, 1996.

Fraser, N.C. and Sues, H–D. *In the Shadow of the Dinosaurs: Early Mesozoic Tetrapods.* Cambridge, England: Cambridge University Press, 1994.

Kenrick, P. and Crane, P. *The Origin and Early Diversification of Land Plants.* Washington, DC: Smithsonian Institution Press, 1997.

Lambert, D. *Dinosaur Data Book.* New York: Facts on File, 1988.

Lessem, D. *Dinosaur Worlds.* Hondsale, Pennsylvania: Boyd's Mill Press, 1996.

Long, J.A. *The Rise of Fishes.* Baltimore, MD and London: The Johns Hopkins University Press, 1995.

Savage, R.J.G. and Long, M.R. *Mammalian Evolution: An Illustrated Guide.* London: British Museum of Natural History, 1987.

Thomas, B.A. and Spicer, R.A. *The Evolution and Paleobiology of Land Plants.* London: Croon Helm, 1987.

第五、六章

Alexander, David. *Natural Disasters.* London: University College Press, 1993.

Andel, T. van. *New Views of an Old Planet.* Cambridge, England: Cambridge University Press, 1994.

Goudie, A. *Environmental Change.* London: Clarendon Press, 1992.

Hsu, K.J. *The Mediterranean Was a Desert.* Princeton, NJ: Princeton UP, 1983.

Johanson, D.C. and Edey, M.A. *Lucy: The Beginnings of Humankind.* New York: Simon and Schuster, 1981.

Lamb, H.H. *Cimate, History and the Modern World.* London: Routledge, 1995.

Lewin, R. *The Origin of Modern Humans.* New York: Scientific American Library, 1993.

McFadden, B.J. *Fossil Horses.* Cambridge, England: Cambridge Univesity Press, 1992.

Pielou, E.C. *After The Ice Age: The Return of Life to Glaciated North America.* Chicago: University of Chicago Press, 1991.

Prothero, D.R. *The Eocene-Oligocene Transition: Paradise Lost.* New York: Columbia University Press, 1994.

Stanley, S.M. *Children of the Ice Age: How a Global Catastrophe Allowed Humans to Evolve.* New York: W.H. Freeman and Company, 1998.

Tattersall, Ian. 1993. *The Human Odyssey: Four Million Years of Human Evolution.*

Tudge, C. *The Variety of Life: A survey and a celebration of all the creatures that have ever Lived.* Oxford, England: Oxford University Press, 2000.

Young, J.Z. *The Life of Vertebrates* (2nd ed.) Oxford, England: Oxford University Press, 1962.

致谢

AL   Ardea London
BCC   Bruce Coleman Collection
C   Corbis
NHM   Natural History Museum, London
NHPA Natural History Photographic Agency
PEP   Planet Earth Pictures
SPL   Science Photo Library

12–13 & 14–15 Royal Observatory, Edinburgh/AATB/SPL; **19** NASA/SPL; **22t** Bernhard Edmaier/SPL; **26** © NASA/Roger Ressmeyer/C; **29** Dr. Ken Macdonald/SPL; **34–35** © Buddy Mays/C; **36** SPL; **40–41** Sinclair Stammers/SPL; **44** E.A. Janes/NHPA; **45** M.I. Walker/NHPA; **47** © W. Perry Conway/C; **48** CNRI/SPL; **49** Volker Steger/SPL; **51** © Stuart Westmorland/C; **52** © Manuel Bellver/C; **54** Bruce Coleman Inc.; **57** Manfred Kage/SPL; **61** © C; **64t** A.N.T./NHPA; **64b** RADARSAT International Inc.; **65** © Kevin Schafer/C; **67** © Ralph White/C; **70** SPL; **72** Martin Bond/SPL; **73** Sinclair Stammers/SPL; **77** © James L. Amos/C; **78** Image Quest 3-D/NHPA; **80** © Kevin Schafer/C; **85** © Stuart Westmorland/C; **86–87 & 88–89** Paul Kay/OSF; **91** Andrey Zhuravlev; **94** P.D. Kruse; **101t** Digital image © 1996 C: Original image courtesy of NASA/C; **101b** Andrey Zhuravlev; **104t** S. Conway Morris, University of Cambridge; **105** © Raymond Gehman/C; **109** Andrew Syred/SPL; **113** © Raymond Gehman/C; **116t** © David Muench/C; **116b** Breck P. Kent/OSF; **120** Rick Price/Survival Anglia/OSF; **121 & 124** Sinclair Stammers/SPL; **128** P.D. Kruse; **128b** Andrey Zhuravlev; **132** © James L. Amos/C; **138** Laurie Campbell/NHPA; **140** © Ralph White/C; **143** Jens Rydell/BCC; **146** Sinclair Stammers/SPL; **149** Breck P. Kent/Animals Animals/OSF; **152** Sinclair Stammers/SPL; **156** Norbert Wu/NHPA; **158–159 & 160–161** Alfred Pasieka/SPL; **166** Jane Gifford/NHPA; **169** Jon Wilson/SPL; **170** © Jonathan Blair/C; **172** NHM; **173 & 177** © James L. Amos/C; **183** Oxford University Museum of Natural History; **183** © Patrick Ward/C; **186** Trustees of The National Museums of Scotland; **187** Richard Packwood/OSF; **195** © David Muench/C; **198** Tony Craddock/SPL; **204** George Bernard/SPL; **210** Tony Waltham/Geophotos; **212b** NHM; **213** Brenda Kirkland George, University of Texas at Austin; **214** © Buddy Mays/C; **215** Hjalmar R. Bardarson/OSF; **221** © Jonathan Blair/C; **222–223 & 224–225** François Gohier/AL; **232t** © Scott T. Smith/C; **232b** NHM; **233** © David Muench/C; **235t** Jane Burton/BCC; **235b** © Kevin Schafer/C; **239** C. Munoz-Yague/Eurelios/SPL; **246t** © C; **247** Jane Burton/BCC; **248** NHM;

249 François Gohier/AL; **251** © James L. Amos/C; **258** Ken Lucas/PEP; **260** © Michael S. Yamashita/C; **265** Ron Lilley/BCC; **267** U.S. Geological Survey/SPL; **268** Martin Bond/SPL; **272 & 273** François Gohier/AL; **274** Louie Psihoyos/Colorific; **279** © C; **281** SPL; **286–287 & 288–289** Jeff Foott/BCC; **292** John Mason/AL; **295** Digital image © 1996 C: Original image courtesy of NASA/C; **297** Patrick Fagot/NHPA; **299** © Douglas Peebles/C; **302** Dr. Eckart Pott/BCC; **305** Tony Waltham/Geophotos; **307** NHM; **308t** S. Roberts/AL; **310t** John Sibbick; **310b** NHM; **311** Bruce Coleman Inc.; **314** © Jonathan Blair/C; **318** AL; **320** Anup Shah/PEP; **326** CNES, 1986 Distribution Spot Image/SPL; **331** © Michael S. Yamashita/C; **334** Digital image © 1996 C: Original image courtesy of NASA/C; **335** © Liz Hymans/C; **336** François Gohier/AL; **337** B & C Alexander/PEP; **339** BCC; **344** Ferrero-Labat/AL; **346** NHM; **347** © Sally A. Morgan; Ecoscene/C; **348bt & 349t** NHM; **352** G.I. Bernard/NHPA; **356** Nigel J. Dennis/NHPA; **357** Andy Rouse/NHPA; **360–361 & 362–363** F. Jalain/Robert Harding Picture Library; **368** Peter Steyn/AL; **371** Simon Fraser/SPL; **374t** Wardene Weisser/AL; **374b** David Woodfall/NHPA; **377** M. Moisnard/Explorer; **378** François Gohier/AL; **381** Kevin Schafer/NHPA; **382** NHM; **383l** NASA/SPL; **383r** inset Jane Gifford/NHPA; **384** Chris Collins, Sedgwick Museum, University of Cambridge; **385** Volker Steger/-Nordstar-4 Million Years of Man/SPL; **387** NHM; **388** J.M. Adovasio/Mercyhurst Archaeological Institute; **390** © Gianni Dagli Orti/C; **394** © Peter Johnson/C; **399** Sheila Terry/SPL; **400** inset © Charles & Josette Lenars/C; **402** NASA/SPL; **404** Matthew Wright/Been There Done That Photo Library; **407** © Galen Rowell/C; **409** Tom Bean; **411** Luiz Claudio Marigo/BCC; **413** A.N.T./NHPA; **414** Felix Labhardt/BCC; **415t** © Mike Zens/C; **415b** Adrian Warren/AL; **416t** © Robert Pickett/C; **416b** © Eric Grichton/C; **418t** Steven C. Kaufman/BCC; **418b** © Clem Haagner; Gallo Images/C; **419** Gunter Ziesler/BCC; **422** Jeff Foott/BCC; **423** Erich Lessing/Archiv für Kunst und Geschichte; **424** © Yann Arthus-Bertrand/C; **426** David Woodfall/NHPA; **427** D. Parer & E. Parer-Cook/AL; **430** Mark Conlin/PEP.

GENERAL ACKNOWLEDGMENTS

We would like to thank Dr. Robin Allaby of the University of Manchester Institute of Science and Technology (UMIST) and Dr. Angela Milner of the Natural History Museum, London for their specialist help, and John Clark, Neil Curtis, and Sarah Hudson for editorial assistance.